郑州国际会展中心工程设计与施工新技术

郑州国际会展中心工程建设项目部
郑　州　市　建　设　委　员　会　主编

中国建筑工业出版社

图书在版编目（CIP）数据

郑州国际会展中心工程设计与施工新技术/郑州国际会展中心工程建设项目部，郑州市建设委员会主编. —北京：中国建筑工业出版社，2007
ISBN 978－7－112－09526－1

Ⅰ. 郑... Ⅱ. 郑... Ⅲ. ①会堂－建筑设计－郑州市②会堂－工程施工－新技术－郑州市 Ⅳ. TU242. 1－39

中国版本图书馆 CIP 数据核字（2007）第 137299 号

郑州国际会展中心工程在建设过程中成功应用了许多新工艺、新材料、新技术，攻克了很多设计、施工和管理难题，本书汇集了该工程在设计、施工、管理等多方面的研究成果和经验总结，包括6大篇，共41篇文章，均为该工程的关键技术和创新技术，对促进同类大型公共建筑建设技术提高和创新有积极的作用。

本书适合从事建筑设计、结构设计、给水排水设计、土建施工、钢结构制作与安装、建筑智能化、建筑节能等工作的专业人士学习参考，也可供科研院所、大专院校相关专业人士阅读。

责任编辑：刘　江　范业庶
责任设计：张政纲
责任校对：汤小平

郑州国际会展中心工程设计与施工新技术

郑州国际会展中心工程建设项目部
郑　州　市　建　设　委　员　会　主编
*
中国建筑工业出版社出版、发行（北京西郊百万庄）
各地新华书店、建筑书店经销
北京嘉泰利德公司制版
北京蓝海印刷有限公司印刷
*
开本：787×1092 毫米　1/16　印张：24¾　字数：598 千字
2007 年 10 月第一版　　2007 年 10 月第二次印刷
印数：3001—5000 册　　定价：**48.00** 元
ISBN 978－7－112－09526－1
（14617）

编辑委员会名单

BIANJIWEIYUANHUIMINGDAN

序　一

XUYI

中部崛起看中原，中原崛起看郑州。在我国即将进入会展时代、会展经济大规模发展暗流涌动之际，郑州市委、市政府坚持科学发展观，为进一步发挥郑州的空间区位、信息交通、物流商贸等得天独厚优势，2002年果断提出将郑州建设成区域性会展中心，把郑州打造成中部地区的会展名城，郑州国际会展中心应运而生。立项伊始，郑州市委、市政府对会展中心工程建设提出了“一流规划、一流设计、一流队伍、一流工程”的总体要求，“鲁班奖”总体质量目标。

郑州国际会展中心工程建设历经三年余，建设过程中得到了上至中央领导下至普通百姓的广泛关心和支持，邀请了院士、长江学者、建筑规划大师等各类专家学者进行论证决策、现场咨询，成功应用了许多新技术，攻克了很多设计、施工及管理难题，工程建设始终严密组织、科学决策、合理安排，又好又快。目前郑州国际会展中心正以其鲜明的特点、独到的风格、大气磅礴的外观造型呈现在世人面前，已成为郑州市的标志性建筑。而运营中的会展中心也是佳绩频传：获中国建筑钢结构金奖、中国展馆新锐奖、国家市政金杯奖、中建杯金奖、建设部科技示范工程等十多个奖；被评为中国会展业十大优秀展馆、中国十大会议中心、中国（硬件设施）最佳展览场馆。近期，郑州国际会展中心荣获2006年度我国建筑工程质量最高奖——“鲁班奖”。

谨借本书出版之际，向郑州国际会展中心工程的落成与获奖表示祝贺！向所有参建者致敬！向所有关心支持本工程的领导、专家及朋友们致以衷心感谢！并祝愿郑州国际会展中心成为郑州会展经济腾飞的强劲翅膀！

中共河南省委常委、常务副省长：李克

2007年3月

序　二
XUER

郑州国际会展中心位于郑州市郑东新区中央商务区（CBD）中心，由世界著名规划和建筑大师日本的黑川纪章成主持规划设计，整个建筑造型简洁、新颖、灵动、大气磅礴，是郑东新区CBD的三大标志性建筑之一。该工程总占地面积68.57hm^2，一期工程总建筑面积22.7万m^2，由会议中心和展览中心两部分通过一个两层的连廊巧妙组合而成，其中会议中心建筑面积6.1万m^2，展览中心建筑面积16.6万m^2，平面布局、功能分区科学合理，是集会议、展览、商务、餐饮、娱乐为一体的功能齐全、设备先进的大型综合型现代化的会议展览中心。工程总投资概算22.4亿元，是建国以来河南省一次性投资最多、单体建筑面积最大的公共建筑工程。

郑州国际会展中心工程的科技含量高、工程质量好，是一项令人赏心悦目的精品工程。为了使这座美仑美奂的建筑能够从方案变成现实，我们的工程技术人员又进行了精心后续研发再创新，创造了多项自主知识产权，实现了多项国内首创和第一。据专家评审，它在国内首次攻克了超大规模的清水混凝土施工及保护技术难题，清水混凝土墙柱用量目前位居全国第一，国际上名列前茅；在国内首次成功把大规模斜拉悬索吊杆结构应用于大型民用公共建筑；把钢结构连接中的特大铸钢节点应用在建筑工程亦属罕见，其铸钢节点单件最大重量达35.8t，在国内建筑工程中排首位；在钢结构屋盖安装中成功采用高空定点高空组装、空间多轨道累积同步滑移施工法，其技术含量之高、难度之大，在国内尚不多见，曾被国内钢结构工程界认为是2004年国内最有特色的工程之一；展览中心的屋盖钢结构张弦梁屋面桁架安装，采用液压整体提升、高空对接技术将该区域屋面桁架安装就位，这种利用原结构——吊杆式斜拉悬索结构为载体进行柔性整体提升在国内尚属首次，同时也实现了我国第一的无柱大空间设计构思；约42000m^2超大面积的透水混凝土室外广场成功设计、施工与应用，目前位居全国第一，国际领先；近5万m^2超大面积的地面石材铺设，技术精细，质量优良，没有出现石材返水现象，这在同类公共建筑项目中是非常罕见的。此外，郑州国际会展中心还采用了多项先进的设计与施工技术，如超大规模的钛合金屋面施工技术；大跨度钢结构桁架转换层的设计、施工及减振技术；超厚超大钢结构焊接及检测技术；超长结构预应力施工技术；超大规模的地面石材整体研磨技术；超大空间的消防性能化设计等。正是基于上述先进技术和优良品质，郑州国际会展中心工程荣获了2006年度我国建筑工程质量最高奖——“鲁班奖”；其会议中心钢结构、展览中心钢结构分别获得2004年度、2005年度我国钢结构最高奖——金奖；展览中心配套引桥获我国市政金杯奖。

与此同时，我们还关注到，郑州国际会展中心工程在建设中应用许多新技术、新材料、新工艺、新设备，努力实现大型公共建筑“四节一环保”（节能、节地、节水、节材、环保）的目标，也取得了诸多令人满意的成效，其试点示范作用值得其他大型公共建筑设计建造时学习借鉴。

郑州国际会展中心工程的参建单位和同志在精心组织、精心设计、精心施工、精心维护的同时，注重对建设过程中科技创新、管理创新工作做好总结和研究。他山之石可以攻玉，我相信他们所奉献的辛勤劳动成果必将会让我国的工程技术人员受益匪浅。在此，我非常荣幸地向行业同仁推荐《郑州国际会展中心工程设计与施工新技术》。

建设部总工程师： 王铁宏

2007年3月

目 录

MULU

第一篇 概述

第二篇 工程设计部分

第三篇 会议中心施工技术部分

第四篇 展览中心施工技术部分

第五篇　建筑智能化

第六篇　节能环保及其他

第一篇　概述

郑州国际会展中心工程建设回顾与总结

魏深义
（郑州国际会展中心工程建设项目部经理）

1　工程建设概况

郑州国际会展中心位于郑东新区中央商务区中心，是CBD三大标志性建筑之一，也是一座大型5A级智能型公共建筑。工程总占地面积68.57hm^2，总建筑面积33.3万m^2，分两期建设。目前完工的是一期工程，总投资22亿元，总建筑面积22.7万m^2。这是建国以来郑州城建史上一次性投资最多、单体面积最大的建设项目。整个会展中心由会议中心和展览中心两部分组成，共设国际标准展位3560个，是一个集会议、展览、商务、旅游、餐饮、娱乐为一体的功能齐全、设备先进的国内一流的大型会展设施。

郑州国际会展中心工程自2003年1月20日开工建设以来，参与会展中心建设的各有关单位严格按照“四个一流”总体建设目标要求，克难攻坚，历经1000多个日日夜夜的奋战，于2005年12月正式竣工。目前，郑州国际会展中心正以其鲜明的特点、突出的个性、大气的造型、美丽的景观呈现在世人面前，成为郑州城市建筑中一道亮丽的风景、一个形象的标志。而运行中的会展中心也是佳绩频传：获中国建筑钢结构金奖、中国展馆新锐奖。至今，已正式承接了10多次大型展会。它的落成，使我市又增添了一项大型公益设施，将有力地拉动郑东新区的开发建设，推动郑州会展业的发展与进步，服务于中原崛起战略大格局。

2　工程主要特点

2.1　会展中心设计新颖、造型别致，是一个规模宏大，气势宏伟的建筑工程

会展中心设计造型别致，具有强烈的现代气息与优美的景观效果，是全国独一无二的悬索吊杆斜拉公共建筑。该工程规模宏大，建筑面积、展厅面积、展位数在全国都是位居前列，其中3.4万m^{2}无柱超大空间创了全国之最、亚洲第一。会议中心总体造型看起来如一把张开的大伞，这是国内首次采用的桅杆支撑悬索下拉大跨度折板状屋盖结构。其中会议中心布局紧凑，设施先进，建筑外观呈圆柱型，总建筑面积近6.1万m^2，中央大堂总高度59m，由容纳5000人规模的多功能厅、1200人的国际报告厅、2个400人的会议厅及17个中小型会议厅组成；展览中心建筑面积16.67万m^2，主体两层，展厅总建筑面积7.2万m^2，展厅跨度102m，二层展厅为面积达3.4万m^{2}的无柱超大空间，不但可布展，还可举办各类大型文体活动，拓展了展厅的使用功能。展览中心的另一亮点是长250m、建筑面积2.5万m^{2}的中央走廊。另外，屋面钢结构采用桅杆悬索斜拉结构，桅杆高耸入

云，气势巍峨壮观，蕴涵着开拓、进取、奋发、向上的时代最强音。整个建筑从功能到造型，从景观到内涵，无不体现出恢弘、大气、宏伟。

2.2 会展中心科技含量高、智能化程度高，是一座科技化、现代化的建筑工程

会展中心在设计、材料、施工、功能等方面充分体现了现代建筑的特点，功能齐全，设施先进，科技含量高，数字化程度高。整个工程拥有先进的建筑设备监控系统、安全防范系统、计算机和网络系统、智能化会展管理信息系统、通信网络系统、卫星电视及有线电视系统、火灾自动报警与消防联动控制系统、门票管理系统、智能照明系统、变配电综合自动化系统、视讯服务系统、无线局域网系统等30个智能化控制系统。另外，桅杆悬索斜拉结构、大跨度折板状屋盖结构、多系统集中安装技术及一些高科技材料及技术的应用，无一不体现了建筑的科技含量，充分实现了5A级智能型建筑的要求，为打造自动化、智能化、高科技的会展中心工程打下了基础。

2.3 会展中心工艺复杂、施工难度大，是一项极具挑战性的建筑工程

会展工程既有普通混凝土结构，又有高强预应力结构混凝土和型钢劲性混凝土结构；既有钢框架结构又有大跨度桅杆缆索桁架结构。据统计，整个施工过程中共创新和推广了25项新技术，多项技术全国领先，并申报了一项国家级工法，如：国内首创的钢屋盖安装“空间多轨道旋转滑移”新技术，实现了计算机仿真技术、电气自动化技术与工程实际的高度融合和成功突破，该项技术已申报了国家级工法。钢结构另一难点是铸件多，重量大，长度长，此次在现场安装、所用设备同时创了中国之最，主桁架总长152m，中间跨度102m，国内罕见。并且整个建筑全部铸钢件共有2200多吨，最大的铸钢架共有36t，在施工中500t大吊车吊装和200~880t液压顶升相结合，无论是技术难度和吊装强度都创了国内第一。另外，清水混凝土施工面积大，难度高，国内罕见，无标准，无规范，前后共历经11次试验终获成功，开创了国内首次清水混凝土饰面大面积施工的先河。三年施工，会展中心是同复杂技术挑战、战胜困难、创新技术的过程。三年建设，相继攻克了深基坑支护设计与施工、模板高支撑体系施工、大跨度预应力施工技术、超长混凝土构件抗渗防裂、复杂结构定位、屋面桅杆悬索斜拉结构施工等诸多技术课题和工程施工的难点。一系列技术成果和有益的实践，为郑州市重大工程建设积累了宝贵的经验，提供了有益的借鉴。

2.4 会展中心参建单位多、协调难度大，是一项组织、管理创新型的建筑工程

会展工程专业多、单位多、人员多、工种多、工序多、交叉多，对工程管理带来相当大的难度。为加强管理，市委、市政府成立了郑州国际会展中心建设协调领导小组，时任市长的王文超书记亲任组长，设立了以市建委人员为主的郑州国际会展中心建设项目部，实施对工程的统一管理。整个会展工程，高峰期时共有56个专业公司、7100多名建设人员，同一操作面上有土建、设备安装、水电暖通、消防、智能化、装饰装修等多个专业在交叉施工，单位来自全国各地，人员来自五湖四海，施工推进中专业化、效能化管理成为第一特点和重点。对外，充分发挥政府专项建设项目部的职责，抓好和郑东新区管委会、市建设协调领导小组、市政府、市直有关委局、CBD建设指挥部以及供水、供电、通信等

有关部门的联系和沟通，沟通经常化、协调制度化，为工程创造良好的施工环境，成为工程组织管理的一大特点。

3 建设中的几点体会

三年建设历程，项目部和各参建单位始终思想统一，目标明确，瞄准国际国内一流水平，艰苦奋斗、克难攻坚，实现了会展中心工程在CBD第一个开工建设，第一个跃出地面，第一个竣工使用，较好地完成了市委、市政府的重托。积累了大型政府工程施工管理的有益经验，工程的顺利建设，是省市领导高度重视、建设者团结一心、工作指导思想明确、工程施工组织科学、管理创新艰苦奋战的结果。

3.1 领导高度重视、各方大力支持，是会展中心顺利开工和有序推进的重要前提

三年中，郑州国际会展中心工程得到了上至中央政治局领导，下至普通百姓的关注和支持。中央领导吴官正、李长春、周永康等先后视察会展中心建设并给予肯定。省委书记徐光春上任伊始，就带队到了会展中心的工地现场。会展中心建设过程中，徐光春书记、李成玉省长及前省委书记李克强等省主要领导、省直有关部门多次到现场视察工作，协调解决实际问题。李克副省长、王文超书记、赵建才市长在工程建设三年间，时常听取工程进展汇报，深入施工现场，实地踏勘，并多次召开现场办公会，协调解决建设中方方面面的问题。市委、市政府每年对会展中心建设资金全力保证，人员配备全力满足，出现困难千方百计予以解决。市四大班子的所有领导，建设过程中全部到过会展中心施工现场视察指导工作，为工程建设提出了很好地指导性意见和要求。社会各界的参观者，各地的来访者更是不计其数，领导的关心，社会的支持，鼓舞了建设者的干劲，坚定了建设者的信心，有力推动促进了会展建设。

3.2 指导思想明确、工作思路清晰，是会展中心建设实现高水平管理的有力保证

2002年9月，时任郑州市委书记的李克副省长提出了“以一流的规划为前提，以一流的设计为基础，以一流的队伍为保证，以一流的工程为目标，努力把郑州国际会展中心建设成为国际一流的精品建筑”的建设指导思想。三年间，项目部和各参建单位矢志不移的贯彻落实了这四个一流。提出：“甘为人先，勇于超越，抓住机遇，要以会展中心为竞赛的平台，与上海、北京比一比单体建筑的建设，全面展示新郑州建设的靓丽风彩，展现郑州工程组织建设的水平。”三年间，做到坚决执行规划设计不动摇，一张蓝图绘到底；在创建目标上坚持创“鲁班奖”工程不动摇、以一流质量保一流精品工程；在资金、项目控制上抓住科学管理不放松，坚持落实组织实施、管理措施、经济措施和技术措施不放松，力争少花钱办大事，花大钱办大事。明确的指导思想，科学的工作目标，清晰的工作思路，奠定了工作成功的基础。三年间，指挥部正是按照这样一种思想和思路去操作和执行，才有力保证了三年建设不抛锚，三年管理不放松，三年建设不间断，三年标准不降低。

3.3 严密组织、科学决策、合理安排是会展中心工程实现高质量建设的坚实基础

大型工程，组织是基础，管理是根本。会展中心建设中的“六个严格”保证了整个项

目高标准要求、高水平施工、高效能管理。一是严格各项内部管理制度是关键，从指挥部成立到工程竣工，建立了各项规章共计19项，如每日碰头会议制、每周工程例会制、阶段技术讲评制、工程竞赛奖罚制等，保证了管理到位，奖优罚劣，依规办事。二是严格工程施工样板引路，对会展建设中的所有重要工序和关键部位，严格推行样板引路，只有样板段验收完全合格，方准进入下道工序。三是严格专家论证，讲求科学办事。所有重大技术问题，全部推行专家论证。三年间，在方案设计、初步设计、钢结构设计、消防工程等35个环节上，举行专家论证会63次，邀请了各类专家共计310余人次，其中有院士15名，长江学者6名，教授、副教授290多名。四是严格现场指挥制度，做到监理人员全过程旁站监理，项目经理全过程在岗负责，整个施工全部按照国际质量管理体系的标准和要求进行。五是严格招投标管理，整个会展招标项目共有107项，95%以上公开招标，其余也全部按国家规定进行，所有公开招标，邀请监察、检察、纪检等有关部门介入全过程监督；最后在签订相关合同时同时与相关单位签订廉政合同。六是严格基本建设程序管理，会展工程从前期准备、开工到竣工，所有程序做到了完备合法，建设立项、项目选址、土地使用、规划许可、施工许可等两书三证和方案审批、抗震审批、文物钻探、可研审批、环境评介、初设审批、消防审查共15项建设程序的手续，涉及发改委、建委、规划、土地、环保、消防等多个部门。正是在各个环节组织上的严密，施工上的科学，有力保证了工程建设的质量，推进了管理的创新。

3.4 求真务实、拼搏奉献，是会展中心工程实现预定目标的强力支撑

会展中心工程是郑州市建设史上划时代的工程，作为参与这一光荣任务的建设者，大家对参与这样一个千载难逢的工程是倍感珍惜和自豪。三年风雨兼程路上，众多的领导、管理者、建设者付出了辛勤努力和汗水。三年间，项目部和广大建设者，三年没有过星期天，并全面取消休假制度，重大节假日所有管理人员、施工人员照常在岗；三年间，会展中心的建设者克服了遇到的一个又一个困难，2002年非典的影响，2003年77天的漫长雨季，2004年初的原材料价格暴涨。但是，1000多个日日夜夜，会展中心建设做到了困难面前不退缩，正常工作不间断，施工建设不停顿。三年间，作为指挥中枢的建设项目部大本营因工程需要，三次搬家迁移，从宾馆到工地现场，从工地现场到简易房，并在施工现场吃了几个月的盒饭，度过了一段难忘岁月。三年间，广大建设者付出了太多，从退休的老专家到普通的工程技术人员，从身先士卒的管理者到默默无闻的一线工人，舍小家为大家，体现出了高尚的情怀和主人翁意识，带病坚持工作者有之，几天几夜加班不喊苦不叫累者有之，轻伤不下火线者有之，为工程几推婚期者有之，虽不惊天动地，但却有成有绩、可敬可赞。2003年1月开工，7月份全面完成桩基施工任务，完成工程桩4220根，累计钻孔长度150公里。2004年9月，土建主体工程完成，进入多专业交叉、立体作业的攻艰阶段；12月份，会展中心屋面钢结构工程正式封顶。2005年10月，会展中心供电工程完工，确保了会展中心首次投入使用，中原工业博览会10月21日正式举行，开展迎宾。2005年12月，郑州国际会展中心全部竣工，而这一时刻也将成为一个永恒，将永载郑州建设史册。

郑州国际会展中心工程概要

郑州国际会展中心工程建设项目部

郑州国际会展中心位于郑州市郑东新区中央商务区（CBD）中心，与107国道和京珠高速公路相邻，距离郑州新郑国际机场26km。由世界著名规划和建筑大师日本的黑川纪章成主持规划设计，整个建筑造型简洁、新颖、灵动、大气磅礴，是郑东新区CBD的三大标志性建筑之一（见图1）。该工程总占地面积68.57公顷，一期工程总建筑面积22.7万m^2，由会议中心和展览中心两部分通过一个两层的连廊巧妙组合而成，其中会议中心建筑面积6.02万m^2，展览中心建筑面积16.67万m^2，共设标准展位3560个，平面布局（见图2）、功能分区科学合理，是集会议、展览、商务、餐饮、娱乐为一体的功能齐全、设备先进的大型综合型现代化的会议展览中心。工程总投资概算22.4亿元，是建国以来河南省一次性投资最多、单体建筑面积最大的公共建筑工程。

图1　会展中心西面实景

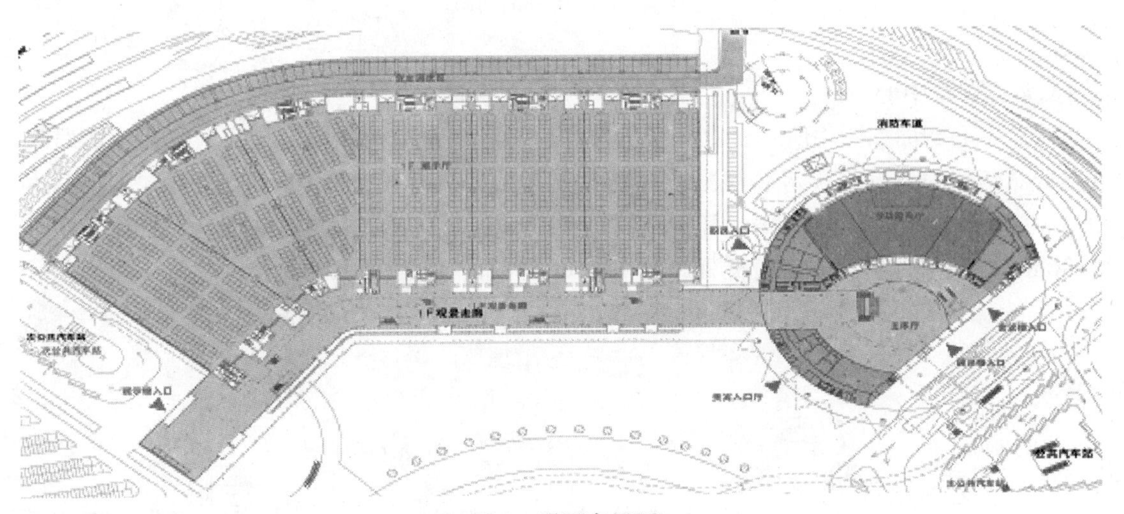

图2　平面布局图

1　建筑结构简况

会议中心和展览中心在建筑结构上是相对独立的，这两部分通过一个两层的钢结构连廊连接，组成整个会展中心。

1.1 会议中心

会议中心剖面如图3所示，由相对独立的五层钢桁架支撑的钢筋混凝土楼板、圆形混凝土框剪钢骨混凝土结构体系结构与钢结构折板桁架屋盖组合而成。钢屋盖结构体系有三个重要组成部分：中央桅杆和缆索，内外环梁及折叠平面桁架。混凝土结构与钢结构屋盖系统相互分离独立，使用玻璃材料封闭相互的间隙。屋面桁架和支撑柱以中央桅杆为圆心，沿圆周均匀布置，屋面桁架每13°一榀，支撑柱每30°一组。其建筑面积6.0175万m^2，主体5层圆柱形结构，半径77m（屋顶外缘半径95m），由会议中心的主要入口、国际会议大厅（主大厅）、多功能厅、国际报告厅、大、中、小型会议室、中西餐厅、办公室等辅助用房组成。局部设有地下室。多功能大厅层高16m，室内净高10m。

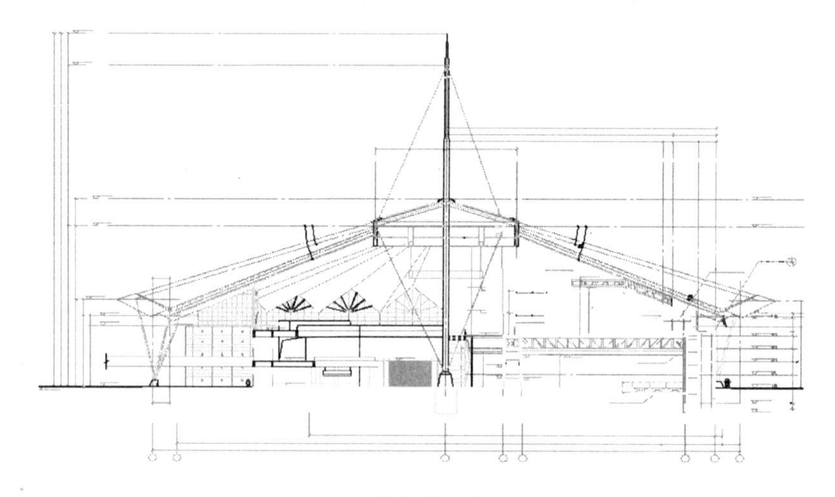

图3　会议中心剖面图

1.2 展览中心

展览中心剖面如图4所示，上部结构由预应力悬索钢结构屋面、预应力混凝土大跨楼板和分布两侧的附属6层钢筋混凝土框剪结构组成。其建筑面积16.6707万m^2，总高度40.5m，主体展厅2层，辅楼地下两层、地上6层。一层展厅层高16m，楼板底净高13.96m；二层展厅屋架下弦最低处净高17.6m，屋面板底净高20.1m。

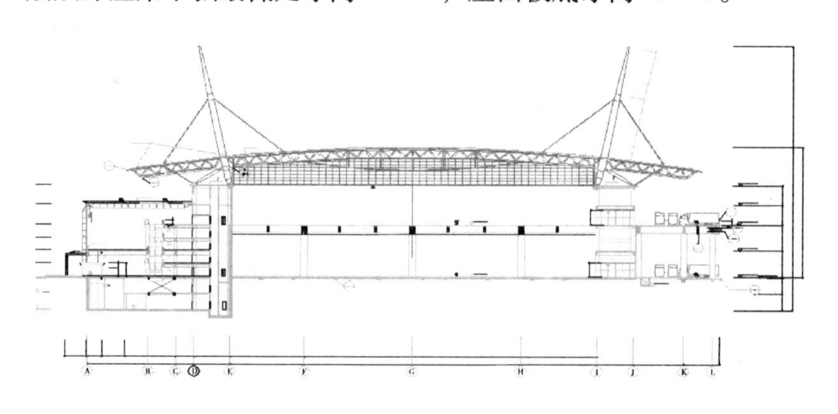

图4　展览中心剖面图

2 功能设置分区简况

郑州国际会展中心主要满足特大型的会议与展览功能，由相对独立的会议中心和展览中心两大建筑组团，通过两层的步行连廊通道连接成为一个会展功能完整的大型场馆。

2.1 会议中心配置

会议中心兼主序厅，由拥有大型中庭的主入口大厅，具有酒会功能的能容纳 5000 人的多功能厅、1200 人规模的大型国际报告厅、2 个 400 人规模的中型国际会议报告厅及 17 个大、中、小型会议室以及中西餐厅、办公室等辅助用房组成，详见表 1。局部设有地下室、作为厨房和设备用房。

会议中心功能分布　　表 1

层数	功能名称	建筑面积（m^2）	层数	功能名称	建筑面积（m^2）
1F	中央大厅	5056.8	3F	办公室	784.1
	多功能厅	4236.6		中型会议室 1	161.5
	会展公司办公室	1440		中型会议室 2	118.7
	消防控制室	96.6		中型会议室 3	128.1
	弱电控制室	194.7		其他	2953.9
	大型会议室	236.8	4F	餐厅包间	1568.3
	中型会议室	110		空调设备室	764.7
	其他	3621.7		其他	2083.4
2F	会展公司办公室	1405	5F	1200 座国际会议厅	3087
	工作人员餐厅及备餐间	461.5		1 号 400 座报告厅	1283.8
	大型会议室	236.8		2 号 400 座报告厅	1283.8
	中型会议室	161.5		贵宾休息室	351.2
	其他	3170.4		其他	4410.3
3F	中餐厅	814	6F		2543
	西餐厅	538.6	金属伞盖下建筑面积		7038.7
	观景走廊	2518.9	B1F		7404.8

主入口大厅　主入口大厅设置在与预计将来建设的 LRT 车站连接的公共汽车站部分，通过与车辆分离的步行专用走道连接起来。该进入厅设有两个独立的入口将用于会议中心的入口和用于展览中心的入口分开。这两个入口的内部空间可以共用。在举办大型展览活动时，也可以实现一体利用。进入厅具有宽约 70m、纵深约 70m、以及高度约 45m 的宽敞空间，在适当的位置设置饮食餐厅，向参观人员以及来宾提供各方面的服务。在与主入口门厅独立的位置设置 VIP 专用入口。经由该专用入口进入厅内之后，设有 VIP 专用房间，也可以单独饮食就餐。此外还设置了从该入口开始至五层的空中走廊的专用通路，无须经由主入口大厅即可到达国际会议厅。

多功能厅　多功能厅可以容纳5000人，同时具有作为宴会厅的功能，也可以分隔使用。对于供该大型多功能厅使用的器材可以直接从外部运入，同与会人的流线实现完全分离。

国际会议厅　国际会议厅能够完成八国语言的同声翻译，可以容纳1200人。在相同五层设置2个可以容纳400人的中型会议厅。与会人员从共用门厅进入独立门厅。由于会议厅采用了阶梯式座席，因此将门厅分双层设置，无论从上层还是从下层都可以进入到大厅。通过设置这种双层门厅，可以实现避难流线的分离和避难人员的分散，使得该计划更加安全。另外，在建筑物外围部分设置约5m的平台，与门厅连接，不仅可以作为休息场所，而且还可以提供安全的避难通道。

大中小会议室　会议室集中设置在多功能厅的南侧。大会议室4个、中小会议室13个、分别设置在一层、二层和三层，通过专用自动扶梯相互连接。

饮食餐厅　在会议中心的三层设置有中餐厅、西餐厅两个饮食餐厅，并各设有一定数量的单间。

内部办公场所　为了确保如此大型建筑物的顺利运营，将内部工作人员的办公室集中设置在会议中心多功能厅北侧。该处也最靠近展览中心，使得工作人员至这两个设施的流线为最短。另外，还设有电气、机械、电脑控制室。工作人员专用车辆也可以从东侧场地的道路进入。

2.2　展览中心配置

主体展厅2层，辅楼地下2层，地上6层，各层情况详见表2。展厅总建筑面积7.2万m^2，共设国际标准展位（3m×3m）3560个。展厅由跨度102m、宽60m的单元建筑和扇形单元建筑构成，分别为6120m^2和4580m^2。展厅上下有两层，位于一层和五层。一层展厅可直接从一层散步道出入，五层展厅则从三层散步道，乘专用自动扶梯进出。

展览中心功能分布　　**表2**

<table>
<tr><th>层数</th><th>建筑面积（m^2）</th><th>设施名称</th><th>层数</th><th>建筑面积（m^2）</th><th>设施名称</th></tr>
<tr><td rowspan="6">1F</td><td rowspan="6">71102.17</td><td>展览厅</td><td rowspan="3">4F</td><td rowspan="3">4132.3</td><td>咖啡厅茶座</td></tr>
<tr><td>贵宾室</td><td>淋浴阀间</td></tr>
<tr><td>观景走廊</td><td>其他</td></tr>
<tr><td>多功能室</td><td rowspan="5">5F</td><td rowspan="5">43568</td><td>展览厅</td></tr>
<tr><td>变电所</td><td>贵宾室</td></tr>
<tr><td>其他</td><td>会议室</td></tr>
<tr><td rowspan="5">2F</td><td rowspan="5">5999.4</td><td>走廊、商店</td><td>多功能室</td></tr>
<tr><td>会议室</td><td>仓库及其他</td></tr>
<tr><td>快餐厅</td><td rowspan="4">6F</td><td rowspan="4">7225.7</td><td>会议室</td></tr>
<tr><td>网络机房</td><td>办公室</td></tr>
<tr><td>其他</td><td>空调机房</td></tr>
<tr><td rowspan="5">3F</td><td rowspan="5">15515.3</td><td>观景走廊</td><td>其他</td></tr>
<tr><td>售票处</td><td rowspan="2">B1F</td><td rowspan="2">7453.8</td><td rowspan="2"></td></tr>
<tr><td>办公室</td></tr>
<tr><td>空调机房</td><td rowspan="2">B2F</td><td rowspan="2">11710.5</td><td rowspan="2"></td></tr>
<tr><td>其他</td></tr>
</table>

一层展厅的顶棚高度为13.96m，一个单元（6120m²）可以布置332个国际展位；二层展厅的顶棚最高高度为22.5m，一个单元（6120m²）可以布置348个国际展位。一层、五层展厅均可以按照每60m分隔，设置活动隔断。货物可以从一层和五层东侧的专用卡车通道运入，与参观人员的流线实现完全分离。另外，在防灾方面，该专用卡车通道也可以作为避难以及消防灭火场地使用。

一层和三层观景散步道均设置在展厅的西侧，从这里可以眺望水池的景色，形成公共汽车总站与副公共汽车站连接的通过空间。此外，一层的观景散步道与外部在各处都直接相连，形成了室内空间与室外空间的流通。在该散步道的各处设置小吃店和商店，为参观人员提供方便。用于活动主办单位的自用办公室和洽谈场地设置在展厅两侧的辅楼各层。

3 场馆设备设施简况

会展中心场馆内外设施设备包括给水排水、供电及电气照明、消防、空调与通风、电梯、天然气及弱电智能等系统，可概括为以下11个方面：

（1）幕墙　展览中心部分外墙采用明框式玻璃幕墙；会议中心部分外墙采用桁架式玻璃幕墙；玻璃幕墙采用断热铝型材及充入氩气的6+12AR+6中空玻璃。

（2）室内装修　会议中心的主入口大厅、多功能厅、中西餐厅、VIP休息室和等待室，2个400人和1个1200人的报告厅及其辅助用房、17个大中小会议室、馆长室及馆长接待室，展览中心的观景走廊、贵宾专用通道、会议室、业务洽谈室等为高级装饰，其余为一般装饰。

（3）视频显示　视频系统是以满足会议资料显示为目的的，在多功能厅和各会议厅均布设了显示设备。5000人多功能厅使用150英寸LCD电动投影幕与吊装的高亮度LCD投影仪；1200座国际会议厅在主席台两侧各设置一个120英寸LCD投影大屏，另外使用3台摄像机进行实时摄像；400人会议厅在主席台两侧后方使用一个150英寸LCD电动投影幕与吊装的LCD投影仪，在会议厅两侧各设两个50英寸等离子屏，同时配置了3台摄像机进行实时摄像；其他各大小会议室也按需要配置了投影系统、视频展台、电子白板等以满足要求。

（4）音响系统　本部分按音乐厅堂的标准进行设计，以语言清晰度和声场均匀度为主，根据各会议场所现场情况及功能不同，分别设置音箱、功放、调音台、周边设备及话筒，满足会议扩声的需要。

（5）空调与通风　会展中心设置中央空调系统，设有锅炉房、通风、空调系统的风机房以及通风排烟系统。空调冷负荷共计33640kW，其中展览中心空调冷负荷为27000kW，会议中心空调冷负荷为6640kW，并且会议中心部分房间设有VRV系统，其制冷量为863kW；制冷设备装机总冷量为33860kW，采用离心式冷水机组3台和直燃型溴化锂吸收式冷热水机组4台；离心式冷水机组，其中制冷量为7032kW的2台，制冷量为3516kW的1台，机组采用10kV高压供电，冷媒为R134a环保型制冷剂。直燃型溴化锂吸收式冷热水机组每台制冷量均为4070kW；冷水供水温度7℃、回水温度12℃，热水供水温度60℃、回水温度52℃。

（6）供电与电气照明　本工程由市政电网引入四路10kV电源，每两路一组，设母联联络。10kV 系统设计为单母线分段，正常工作时，每组两路电源同时供电，互为备用，一路电源出现故障时，另一路电源供全部负荷，详见表 3。同时在地下一层设置 4 台自备柴油发电机组，其中展览中心设 3 台，每台 1400kW，会议中心设一台 400kW。会议中心照明系统 421kW，灯具约 8700 套；展览中心展厅照明系统 1866kW，灯具约 14300 套。

变电所及其主要变电设备 **表 3**

变电所		干式变压器（台）			箱变
编号	部位	800kVA	1000kVA	1600kVA	
1 号	展览地下二层		2		
2 号				2	
3 号	会议地下一层			2	
4 号	展览一层		2		
5 号		1	1		
6 号		1	1		
7 号	展览五层		2		
8 号		1	1		
9 号		1	1		
室外预装式变配电所					5
合　计（台）	23	4	10	4	5

（7）给水排水　从城市自来水管网引入两根进水管，管径为 *DN*500 和 *DN*400，分别引至会展中心地下室的生活水箱及地下消防水池。生活水箱设两座，有效容积分别为 200m^3 和 100m^3，分别使用两套变频供水设备供水。热水系统采用强制定时循环供应系统，上行下给制，展览中心与会议中心分别设置。开水供应分别在会议中心和展览中心设 10 台和 24 台电开水炉。生活污水采用 UPVC 螺旋消音管经过 HZ440 型奥德曼组合式生物化粪池处理后排放。

（8）消防系统　室外在靠近展览中心地下室水泵房处设置总水量为 1869m^3 的消防水池一座，储存室内外全部消防水量。在展览中心六层屋面设消防用不锈钢椭球型保温水箱两座，每座水箱有效容积均为 30m^3，储存室内初期消防水量，水箱之间设有连通管。共设置了室外消火栓系统、室内消火栓系统、闭式自动喷水灭火系统、雨淋系统、水喷雾灭火系统，24 门固定消防水炮、七氟丙烷灭火系统等，详见表 4。设计中对超过规范要求的部分采用了消防性能化设计。

水暖及消防主要设备 **表 4**

名　称	会议中心	展览中心	合　计
变频供水设备	2	5	7（台）
潜水排污泵	18	36	54（台）
冷却塔		24	24（台）

续表

名　称	会议中心	展览中心	合　计
多功能循环冷却水处理设备		1	1（套）
直燃式溴化锂吸收式冷热水机组		4	4（套）
立式半容积式热交换器	2		2（台）
地下消防水泵接合器	13	36	49（台）
固定消防水炮	4	48	52（门）
落地型带灭火器箱组合式消防柜	9	12	21（套）
电开水器	12	30	42（台）
燃气蒸汽锅炉（2t）	3		3（台）
混凝土隔油池	4		4（座）

（9）弱电智能系统　共设包括智能集成管理系统、会展管理信息系统、通信网络系统、安全防范系统、火灾自动报警系统、建筑设备监控系统、综合布线系统、电源与接地系统等八大系统，近30个智能化子系统。

（10）电梯系统　会展中心用于垂直交通及运输的电梯共有89部，电梯种类及其分布详见表5。

电梯统计表　　**表5**

种类 / 分布位置	客梯（部）	客货梯（部）	自动扶梯（部）
展览中心	8	17	32
会议中心	13	5	14
总　数	21	22	46

（11）室外展场及停车场　郑州国际会展中心室外展场（兼作室外广场），设置在建筑物的西侧，能承受30t大型车辆的轮压，整个广场采用了整体性透水混凝土铺筑，面积达4万多平方米，它集功能性、景观性、标志性于一身。会展中心一期工程设置了占地面积达6万多平方米的是外地面停车场，设有塑胶复合材料植草格停车泊位约2000个，见图5。若需要，二期工程可在一期工程的停车场位置续建，届时可在二期工程展厅地下设二层地下停车场；目前，郑州国际会展中心室外展、停车场必要时可互用。

图5　外地面停车场

第二篇　工程设计部分

郑州国际会展中心建筑设计的思考与实践

张海燕　龙文新
（机械工业第六设计研究院）

摘　要：“要创造一个与自然共生、与历史共生、与车辆共生，新陈代谢式的分期开发、建设，创造值得让人骄傲、独具文化价值的新城中心”；新材料、新技术、新工艺在建筑中的大量应用对建筑师提出了如何充实与拓展知识面，提高自身职业素养的要求。

关键词：共生城市（Symbiotic City）和新陈代谢城市（Metabolic City）　技术美和建筑美的和谐统一　建筑技术

1　总体规划

在郑东新区项目中，郑州国际会展中心位于新区 CBD 中心中央花园内，是新区的启动性项目，建成后也是这个地区的标志性建筑。要解读中心，必须从总体规划开始。

郑东新区的整体规划以“如意”为形，而 CBD（商业中心）地区处于“如意”柄的位置，设计是极具独特性、象征性的圆形环状城市结构，中央有一水池，往外依次有两圈高度分别为 80m 和 120m 的高层建筑。不久的将来，这里不仅会成为郑东新区的核心，也将成为国家区域性中心城市——郑州的核心，它将形成汇集办公、研究、教育、文化、商业、居住等多种城市综合功能的新型城区。新区的规划概念中以共生城市（Symbiotic City）和新陈代谢城市（Metabolic City）为基础，以中原文化和自然环境为背景，将水系引进规划中，把历史景观中的郑州的河与水作为景观的主题。

CBD 中央不规则形状的中心水池，利用运河与规划中远处的龙湖相连，“郑州国际会展中心”、“河南省艺术中心”、“郑州会展宾馆”就散落在水池两边，会展中心展开双翼，几乎环抱半个水面，像是被中心公园的风景吸引来的一只凤鸟，安详、美丽。可以说，这样的平面只能存在于这个规划中，换一个地方也许它就不成立，但在这里，如果换了别的形状，也无立足之地，也许这就是建筑在方案中提到的“要创造一个与自然共生、与历史共生、与车辆共生，新陈代谢式的分期开发建设，创造值得让人骄傲、独具文化价值的新城中心”。会展中心外部临近池水的一面是可用于室外展览的大片铺装地，渐渐向水面接近时设计 8m 宽的水上栈道，沿岸布置各种亲水台，周围以一排林荫树与室外展览空间半分半合。建成后这里波光粼粼，绿草依依，绿树成荫，将形成一处集展览、观光、休憩、娱乐、文化等综合功能为一体、独具特色的新兴城市广场。

2　郑州国际会展中心

作为广场的近期主要客体——会展中心，由展览中心和会议中心两部分组成，是郑州市政府投资兴建的一处大型现代化公共事业项目，集展览、会议、商务、餐饮娱乐、文化休闲、旅游观光为一体，功能齐备、设施先进、服务完善。会展中心总占地面积68.57hm^2，一期工程总投资22.4亿元，建筑面积22.7万m^2（其中展览中心16.67万m^2，会议中心6.02万m^2），综合了会议和展览两种使用功能。

2.1　平面功能设计

2.1.1　展览中心

展览中心建筑地上6层，地下1层（主要布置电气、暖通、水管等公用设备用房和仓库）。平面呈L形水平延伸开，各个展示厅采取单元式布置。每层由四个102m×60m的长方形展示厅和2个扇形展示厅组成，主体虽为钢筋混凝土结构但屋面采用先进的H型钢张弦桁架的斜拉结构，跨度达102m，以充分展示大体量、大跨度的建筑在现代高科技的支持下，依然可以呈现其轻盈、飘逸的迷人姿态。主要展示厅上下分两层，位于一层和五层，各厅之间由西边临水池一侧的观景走廊相连，其余各个夹层中布置会议室、洽谈室、多功能室、仓库、设备等辅助用房。大型集装箱可以由东边临内环路一侧的货运室外走廊直接进入各个展示厅，这与主要从观景走廊上出入的人流流线彻底分开，各行其道，互不干扰。为提高二层展示厅的使用率，在观景走廊里设有多部自动扶梯，穿梭于各层之间，为参观人员提供便捷服务。一层展示厅层高16m，可做一般展览场所，平均每个展示厅可以提供300多个国际标准展位。二层展厅屋顶呈弧形，至钢檩架下弦最低点高达22.5m，原来在一层每个展示厅中间有的三根柱子在二层全部取消，形成一个纯净的大空间，使得室内高敞、开阔，特别适合举行航空、航天等大型展览。悬索结构形式缩小了室内鱼腹式钢檩架的断面尺寸，结构构件变得精巧、细致，空间也变得更加通透和一览无余，充分体现现代工程技术带来的视觉美。另外，各个单元展示厅之间均设有可自由移动的活动隔断，让场馆的租用灵活多变，空间可分可合，更能适应市场的需求，并且项目中使用的活动隔断高度达到13.15m，不用时可以隐藏进两边的储藏间里，即方便使用又不影响美观。

2.1.2　会议中心

会议中心地上6层，地下1层。地下1层主要布置设备用房和一个可提供2000人同时用餐而准备的主厨房。

地上部分被最高点为58.5m的中央大厅分为东、西两侧。西侧共4层，一、二层主要为会展公司办公室、贵宾入口门厅、休息室等，三、四层为中、西餐厅及包间。东侧一层布置的多功能大厅采用空间钢桁架结构实现了将近4200m^2的无柱大空间，这在国内是首屈一指的，可以供5000人集会同时使用，占四层层高16m，内设双层活动隔声隔断，可根据需要分成3个不同的活动厅，其余部分各夹层内布置各种办公室、中小型会议室、设备用房等。五层以上为会议厅部分，主要包括1个1200座国际报告厅、2个400座中型会议厅，布置在多功能厅上方，设有多部直达的垂直梯和自动扶梯，交通顺利，空间开敞，视野开阔与人流比较多的展览彻底分开是理想的会议场所，另外还布置有贵宾室、衣帽间、接待室、演员休息室等辅助用房，结合下层的多个小会议室可以形成完善的会议功能系统，满足各种大、中型学术会议的要求。六层结合报告厅空间布置设备用房和同声翻译室。

会议中心的整个6层建筑完全覆盖在一个半径95m的伞形屋盖下，伞盖采用轻钢桁架结构，由一个110m高的中央立柱高高擎起，四周有12组三叉形钢柱支撑，再由上、下弦杆和钢索一起将屋盖连成整体，依附在中央立柱上，严密的结构体系支起了这个庞然大物，看后颇给人一种“大辟天下寒士尽欢颜”的快感。值得一提的是，在伞盖中央设有一个半径20m的采光天窗，在功能上起着采光、排烟双重功效，而在丰富空间形态、创造生动变化的室内空间上起着更重要的作用。试想，闲坐在西侧的景观屋面上，品着绿茶，透过被袅袅白烟散射了的从顶部泻下的阳光，看着在中央大厅里穿梭的人影、光影、灯影，被不停上上下下的自动扶梯有意而无意的送往各自想去的目的地时，你一定不禁会浮想联翩。然而，当你有些迷乱时，回身透过四周的落地点式玻璃幕墙往外看，却见中央公园波光帆影，新城风光无限，原来天是那么蓝，阳光那么灿烂，生活那么幸福，这也许就是高超的建筑艺术及新科技带给人的心情变化，人可以改造自然、创造世界，但也要尊重自然、尊重规律。

2.2 造型创意与技术表现

郑州国际会展中心的设计以创造新郑州具有21世纪水准的大型展览建筑形象为总体设计理念。总体规划是国际一流的，在建筑单体设计中我们更注重追求高科技，以新材料、新技术、新工艺为依托，表达新时代的特征。强调技术美学、结构美学与建筑美学的统一。

现代技术的发展，对建筑造型产生了巨大影响，技术与艺术的结合，改变了建筑创作的观念，拓展了建筑设计的方法和表现力。高技术派风格的建筑打破了以往单纯从美学角度追求造型表现的框框，开创了从科学技术的角度出发，以“技术性思维”捕捉结构、构造和设备技术与建筑造型的内在联系，将技术升华为艺术，并使之成为富有时代气息的表现手段。

郑州国际会展中心设计为高技术派建筑风格，主体结构为现代钢结构，运用钢结构的造型和袒露结构构件的手法表现技术美。其整体形象雄伟、壮观、浑然大气，流线型的外部造型既与内部空间有机结合，又有利于自然通风，形式与功能达到完美统一。展览中心大跨度屋面采用张弦梁与钢缆支索组合构成的悬吊式屋面结构，其长度在一期工程就达到390m。会议中心屋盖形式如前所述。两者的难度和复杂程度在国内都是首屈一指的，都是现代高新技术的结晶。

在整体造型上，设计师将大型屋盖与两侧下部起支撑作用的钢筋混凝土结构的辅楼脱开，采用透明的玻璃幕墙衔接，形成强烈的实与虚的对比。白天在灿烂的阳光下，玻璃隐含在大屋盖投下的深远的落影里，弱化了这部分的视觉强度，整个大屋盖婉若漂浮于空中，使得这个本来很庞大的建筑物显得轻灵、飘逸。

金属屋面全部采用双立边咬合接缝屋面系统，面板采用0.7mm厚钛锌板，其板块经系统方向用专有的自动化立边成型机成型，屋面的不同部位有着不同的立边专用扣件，包括固定扣件与滑动扣件，根据屋面坡度的不同具体排列，扣件通过拉铆钉固定在1mm厚找平钢板上，为间距250mm设计一个，将屋面板固定于屋面基层之上，屋面板上无一螺钉外露，这样既彻底杜绝了由拉铆钉或螺钉穿透屋面板而导致的渗漏水隐患，又保障了大面积屋面的整体性，形成流畅、纤巧、平滑的视觉效果。

建筑实体墙面全部采用纯粹的灰色清水混凝土墙面，每个立面都经过精心划分，会议中心部分在每个分隔中央设计有一直径600mm的圆形凹痕，隐隐约约的纹路与不经意间流露出设计师细部设计的独具匠心，使得这种历史悠久的建筑材料经过现代施工技术的锻造，重新又焕发出恒久的魅力。不久的将来，站在这栋建筑下，你一定仿佛听见简朴的混凝土墙面在向熠熠生辉的金属结构讲述着历史的发展，他们的共生，让人不禁联想起这些词，喧嚣与宁静，明亮与幽暗，复杂与简洁，华丽与俭朴，五彩斑斓与素净，这些正反义词能平静的摆放在一起，是因为他们统统涵盖在那外表柔和却洋溢着色彩的微妙和深刻激情的灰色外表下——一种没有色彩的色彩，一种无色、无感的色调，它概括了多种对立因素经过相互抵消而达到共存和连续的状态。

3 设计感想

设计周期非常短，工作干的很辛苦，不过，这么大一个工程做下来，如果偶有所得，也算有收获，及时记下来，以求日后进步。

（1）在不多的中外合作项目中，体会最深的是应该完整而准确地理解国外建筑师的设计思想。这个项目合作方式也比较特殊，合同规定结构和各个设备专业施工图全部由我院承接，而建筑专业则由日方参与、双方共同负责，因此接到会展中心这个项目时，建筑设计人员前期很长一段时间都是在读图，而日方几乎没有对我们进行直接而准确的交底，他们只是定期地将图纸一批一批地传过来，图中的改动和错误是靠我们发现了、反问回去之后才能确定的。所以，施工图设计开始之后，建筑专业等于做着两份工作，一边是与自己院的同事配合协调，确定准确的尺寸定位和设备布置、选型；一边是对日方图纸的校对和审核，最后的施工图是在尊重原设计的基础上，自己绘制的。但回想起来，设计并非完美，很多管道和设备的布置还有待进一步精益求精。这也就提示我们，无论哪个工程，在实际设计中都需要各个专业在创作理念和操作意识上均应完全达成共识，才能够最后做到技术美和建筑美的和谐统一。

（2）新材料、新技术、新工艺在建筑中的大量应用对建筑师提出了如何充实与拓展知识面，提高自身职业素养的要求。一方面建筑师需要从掌握的资料中学习先进的设计手法，但同时也应更关注技术措施，由表及里地加以消化吸收；另一方面，从实践中学习掌握现代技术与材料也是一个途径，建筑师是设计者，但离不开专业厂商的深化设计工作，建筑师与专业厂商的关系应该是互动的关系，在与厂商技术人员的沟通过程中，我们不应该放弃自己的职责与学习的机会，比如在这次的施工图设计中，玻璃幕墙和钢结构部分的图纸多是专业厂商协助绘制的，我们双方的合作应该是积极而满意的。但是，作为建筑师本身应认识到，只有自身职业素质的提高才能有效地协调各个专业、施工单位与各专业厂商的关系与职责，才能全过程地、全面地把握工程设计。

（3）新材料、新技术的国产化逐步降低了工程造价，使得新材料、新技术大量应用成为可能。然而长期以来，我国整体建筑技术水平不高，使得现阶段技术表现较为粗糙，与国外先进的工业技术和精湛的工艺不可同日而语，实际中我们往往发现，一个工程的建筑效果图非常漂亮，可建造出来后完全不是那么回事。这次设计中的大跨度、大体量、结构复杂的钢结构屋面和表面工艺水平要求很高的清水混凝土外墙面就是对我们设计、施工、制造、安装等各个方面质量的严格考验。但是，我们也不能因为目前的问题而裹足不前，不敢迎接挑战，展望未来，我们应该在这方面赶上世界潮流，除了经济因素和观念更新之外，还需要建筑师和各个专业工程师的通力合作，需要全社会普遍加强对建筑技术的重视，需要建筑各相关产业，包括技术、材料、施工工艺、管理等各方面不断前进、更新与发展。

郑州国际会展中心结构设计

李亚民
（机械工业第六设计研究院）

摘　要： 郑州国际会展中心是一座复杂的大型综合性建筑，为满足其特殊功能的要求，结构设计上采用了大量的先进技术、新型的结构形式及新型材料，本人与国外同行合作主持了该项目的结构施工图设计，本文对该工程的结构设计作简要的介绍。

关键词： 预应力混凝土结构　钢骨混凝土　铸钢构件　桅杆　预应力平行钢丝束拉索　张弦梁

1　引言

郑州国际会展中心是我院与日本黑川纪章都市建筑设计事务所联合设计的一座大型公共建筑，由于其功能及外观设计上的一些特殊要求，结构设计人员采用了国际上较为先进的结构形式，并应用先进的设计程序进行了结构分析，为结构工程设计技术的进步与发展做出了贡献。

2　工程概况

郑州国际会展中心总建筑面积214087m^2，分展览中心与会议中心两部分。

（1）展览中心：总建筑面积166707m^2，总高度40.50m，主体2层；辅楼地下二层，地上6层。展厅跨度102m，展厅总建筑面积67120m^2，共有3560个国际标准展位，一层展厅层高16m，楼板底净高13.96m；二层展厅屋架下弦最低处净高17.60m，屋面板底净高20.10m。

（2）会议中心：总建筑面积47380m^2，主体圆形，半径77m。本建筑物内布置了会议中心的主要入口、国际会议大厅（整体建筑的主大厅）、能容纳5000人的多功能厅、2个400座的会议厅、一个1200座的国际会议厅以及中西餐厅、会展公司办公室等附注用房。局部设有地下室，作为厨房和设备用房。多功能厅层高16m，室内净高10m。

3　设计条件

3.1　设计规范

3.1.1　我国规范及规程

《建筑结构荷载规范》　　　　（GB 50009—2001）

《建筑抗震设计规范》　　　　（GB 50011—2001）

《建筑抗震设计分类标准》　　（GB 50223—95）
《混凝土结构设计规范》　　（GB 50010—2002）
《钢结构设计规范》　　（GB 50017—2003）
《建筑桩基技术规范》　　（JGJ 94—94）

3.1.2　国际规范

《熔接构造用铸钢品》　　（JIS G 5102）
《Cable 构造设计同解说》

3.2　自然条件

建筑物安全等级：一级；
结构重要性系数：钢结构部分：1.1，混凝土部分：1.0；
基本风压值：0.45kN/m^2；
基本雪压值：0.40kN/m^2；
地震基本烈度：7 度；
地震设防烈度：7 度；
结构抗震等级：框架二级，抗震墙一级（A 级）；
地基土标准冻深：0.27m；
地下水位：－1.50m；
地下水位的侵蚀性：无；
冬季采暖室外计算温度：－14℃。
荷载取值：
地震荷载
设计基本加速度：0.15g
设计地震分组：Ⅰ
场地类别：Ⅲ
水平地震影响系数最大值：$\alpha_{max}=0.12$
设计特征周期：$T_g=0.45$s
抗震类别：丙类

3.3　使用荷载

活荷载取值（kN/m^2）

（1）位置及类别	板值	次梁值	主梁值
（2）空调机房	7	7	7
（3）展厅楼面	15	15	10.5
（4）展厅楼面下部吊挂荷载	1	1	1
（5）电梯机房	7	7	7
（6）汽车道	30	21	21

屋面

（1）钢结构屋面	0.3		

（2）混凝土结构上人屋面　　　　　　1.5
（3）混凝土结构不上人屋面　　　　　0.5

3.4　地基及基础

场地地层结构情况　　表1

土名及土层号	岩性描述	层底标高	承载力特征值	灌注桩极限侧阻力	灌注桩极限侧端阻力
填　土①	分为两类：素填土和杂填土。素填土主要以粉土和粉质黏土为主。杂填土含大量生活垃圾和建筑垃圾	88.33～89.79			
粉　土②	黄褐～褐灰色，可塑～软塑，个别土样呈流塑状态，饱和。含粉砂及粉质黏土夹层，为新近沉积土	81.12～83.48	80～100	30～33	
粉　土$③_1$	以粉土为主，含粉质黏土夹层或透镜体。褐灰～灰色，软塑～流塑，饱和。土中含少量云母片，蜗牛壳，黑色碳质斑点及铁锈色氧化物	77.67～80.10	100～130	30～35	
粉质黏土$③_2$	以粉质黏土为主，含粉土，粉砂及黏土夹层或透镜体。灰～灰褐色，可塑～软塑，饱和	69.15～73.73	90～110	35～40	
粉细砂$④_1$	灰黄色，中密～密实，饱和。砂质成分以石英，长石为主，含少量云母碎片	68.15～69.90	220～250	50～55	
中细砂$④_2$	灰黄～黄褐色，密实，饱和。砂质成分以石英，长石为主，少量云母碎片，均匀纯净	58.90～63.73	280～320	70～75	1600～1800
粉质黏土⑤	以粉质黏土为主，夹粉质夹层及粉细砂透镜体。其中场地北部砂层透镜土厚度大，向南逐级减小至尖灰，粉质黏土为褐黄～黄褐色，可塑，饱和。含大量铁质条纹及少量钙质结核。局部钻孔本层下部含少量圆砾	44.35～51.23	200～240	65～70	900～1000
粉质黏土⑥	以粉质黏土为主，下部含有粉土及细砂薄层或透镜体。褐黄～黄褐色，可塑～硬塑，饱和。含大量铁质条纹及钙质结核	33.15～37.43	220～260	68～75	1000～1200
粉质黏土⑦	以粉质黏土为主，下部含有粉土及细砂薄层或透镜体。褐灰～红褐色，可塑～硬塑，饱和。含大量铁质条纹及钙质结核，局部富集成层，底部含少量圆砾	19.50～21.05	240～280	70～75	1100～1300
粉质黏土，粉土⑧	以粉质黏土，粉土为主。土层为黄褐～褐红色，硬～可塑，含大量铁锰质斑点及少量钙质结核，局部含少量圆砾	≤7.85	260～320		

3.4.1　地质情况

根据机械工业勘察设计研究院2002年9月提供的《郑州国际会展中心岩土工程勘察报告》，拟建场地位于原郑州机场内，场地地形平坦，地面标高介于89.20～90.25m，稳定地下水位埋深介于1.50～3.45m。场地地层结构情况见表1。勘探深度范围内的地基土层主要由全新世冲击成因的粉土、粉质黏土、含有机物的粉质黏土、粉细砂、细中砂、晚更新世冲击成因的粉质黏土和中更新世冲洪积成因的粉质黏土、粉土等组成。饱和粉土有可能产生液化，地基液化等级为轻微。场地及附近无其他不良地质作用，建筑场地稳定，适宜建筑。建筑场地类别为Ⅲ类。

3.4.2　基础选用

根据上部结构的荷载情况及场地地质情况，展览中心展厅重载荷柱及附房筒体基础采用$\phi1.0\times50$m大直径钻孔灌注桩，以满足大载荷及控制沉降的要求。其他部分采用$\phi0.8\times27$m钻孔灌注桩，地下室部分设置了部分抗拔桩以满足抗浮的要求。

4　结构选型

4.1　地上结构

展览中心由钢结构屋盖、大跨度预应力钢筋混凝土框架和分布于两侧的核心筒组成，如图1、图2、图3所示。

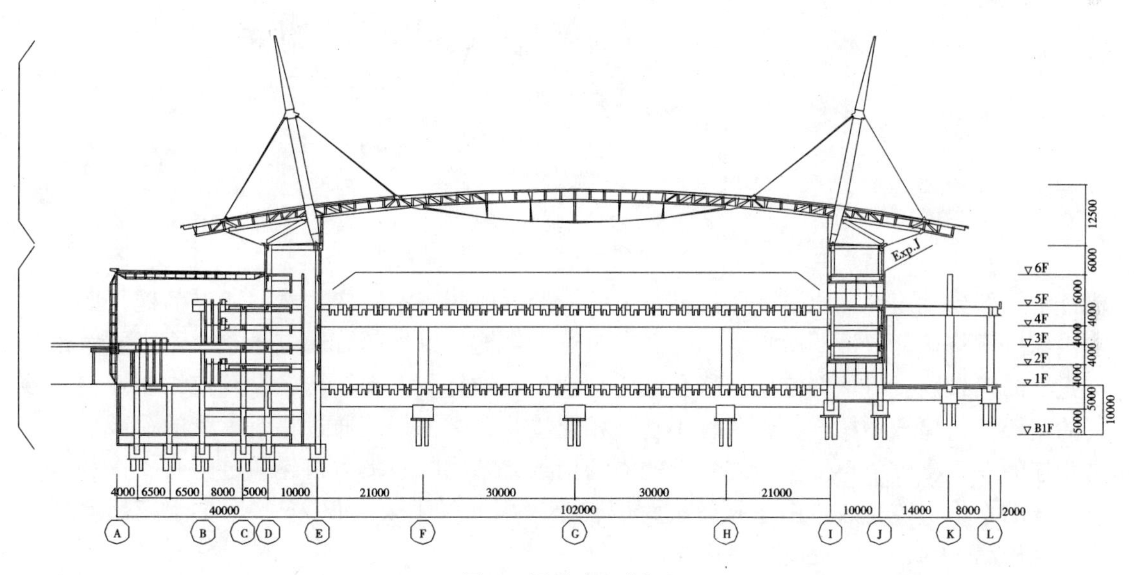

图1　展览中心剖面

钢屋盖的传力体系为桅杆和缆索悬吊支撑的空间框架式桁架。主桁架标准受力单元为纵向60m部分，屋盖的大部分重量通过6根缆索传至桅杆，再由桅杆、撑杆及稳定索组成的稳定承载体系传至下部的混凝土结构，小部分重量通过350mm直径的小立柱传至下部的混凝土结构。为了减少桁架的高度，在中间60m跨度范围内，即缆索与桁架的两吊点之间采用了张弦梁（简称为弓型桁架）。直接和桅杆相连接的桁架分为两部分，一部分是两

图 2　展览中心模型图

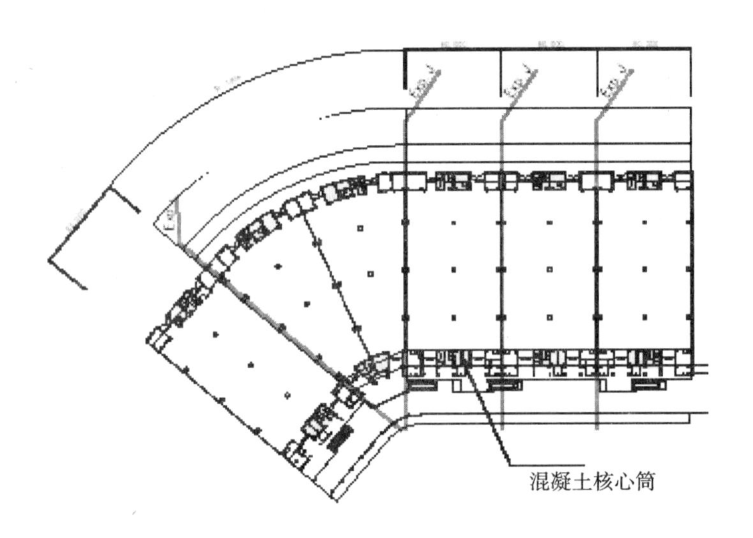

图 3　展览中心一层平面

桅杆中间部分，该部分通过下弦拉索与上弦桁架形成张弦梁结构，然后通过与桅杆的铰接连接和拉索将该部分桁架所承受的荷载传至桅杆。桅杆以外部分通过吊索、稳定索及桁架与桅杆的铰接连接将该部分桁架所承受的荷载传至桅杆和下部结构。没有拉索相连但有腹杆的桁架，与桅杆不相连，部分有小立柱相连接。该类桁架是通过将所承受的荷载传给与之相连的垂直支撑，再传至与之邻近的横向桁架。结构的水平力传递通过垂直支撑和分布于上弦的水平支撑完成。由于张弦梁跨度较小，因此梁下矢高仅 4m，远小于广州会展的张弦梁矢高 11m，大大提高了室内净空。

为了减少结构振动，屋盖下展示厅及附属设施等采用钢筋混凝土结构体系，每 60m 形成独立长方形结构单元，与桅杆分布相对应。转角处为扇形单元。每一单元间由防震缝分开。展示厅为 30m 大柱网，采用大跨度预应力钢筋混凝土框架结构，分布于两侧的核心筒为钢筋混凝土（或钢骨混凝土）框架—剪力墙结构。桅杆传来的荷载通过核心筒框架柱传至基础。这种结构形式对预应力的施加是很不利的，但我们采用设置剪力墙后浇带的方法解决了两侧筒体刚度过大的问题，又采用次梁上设无粘结预应力筋且将其锚固于筒体外侧的方法，解决了超长钢筋混凝土结构温度收缩裂缝的问题。另外充分利用预应力梁高度较大的特点，公用专业管道尽量穿梁，大大提高了一楼展厅的净空。

会议中心结构形式：

会议中心由钢屋盖、钢桁架支撑的钢筋混凝土楼板以及钢骨混凝土结构体系组成，如图4所示。

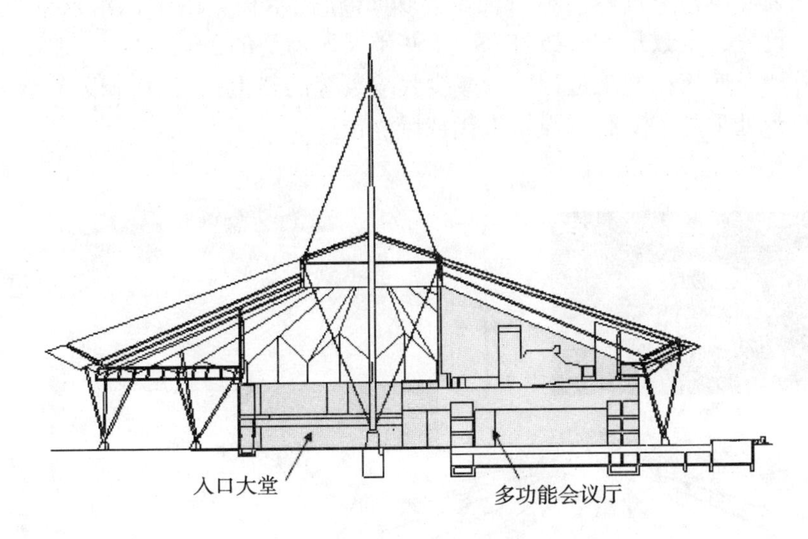

图4　会议中心剖面

轻巧雅致的会议中心钢屋盖，其结构体系有三个主要组成部分：中央桅杆和缆索、内外环梁及折叠平面桁架，如图5所示。

屋面折叠桁架沿圆形屋顶的径向均布于内外环梁之间。内环梁受压，外环梁受拉，形成屋顶稳定体系。三枝树柱沿外环梁形成刚性抗侧力框架。

位于圆心的桅杆和缆索支撑内环梁，对减少构件的内力和变形起到辅助作用，从而提高了结构的整体性。

会议中心下部主体结构由以下两个部分组成：

(1) 入口大堂；

(2) 多功能厅、国际会议厅等。

由于各功能区之间交接复杂，为了避免结构传力不明确，钢屋盖与下部结构完全独立，而会议厅的上述两个组成部分亦由变形缝进一步分隔成两个独立结构。

入口大堂采用钢筋混凝土框架结构体系。为满足建筑要求，10m无柱空间采用预应力钢筋混凝土大梁。

会议室区域的首层为可容纳5000个席位的无柱多功能厅，跨度达46m，国际会议厅则位于第五层。两层之间6m高范围内是机电设备层。因此结构体系采用4m高巨型大跨度转换钢桁架，布置在设备层内。

4.2　地下结构

展览及会议中心均设有局部地下室，其中展览中心为地下2层，每层层高为5m，会议中心地下室为1层，层高为5m。地下室功能为设备用房及其他辅助用房。地下结构采用框架—剪力墙结构。除周边挡土墙外，剪力墙的布置同首层结构，柱的布置也同首层结构。地下室周边设钢筋混凝土外墙，地下室外墙在竖向承受构件自重及部分地下室楼板和次梁传来的荷载。在水平方向承受水压力及土压力的作用。地下室外墙按竖向连续板计算配筋。地下室外墙从底到顶的厚度分别为500mm、400mm。

基础采用独立承台下桩基，承台间设600mm厚挡水板。由于挡水板承受着较大的水压力，在柱间设置一定数量的抗拔桩来减少基础梁所承受的荷载。

地下室外墙及底板在施工过程中为减少收缩裂缝的产生，每30m设置后浇带一道，但在后浇带跨承台处采用了膨胀加强带来代替后浇带。

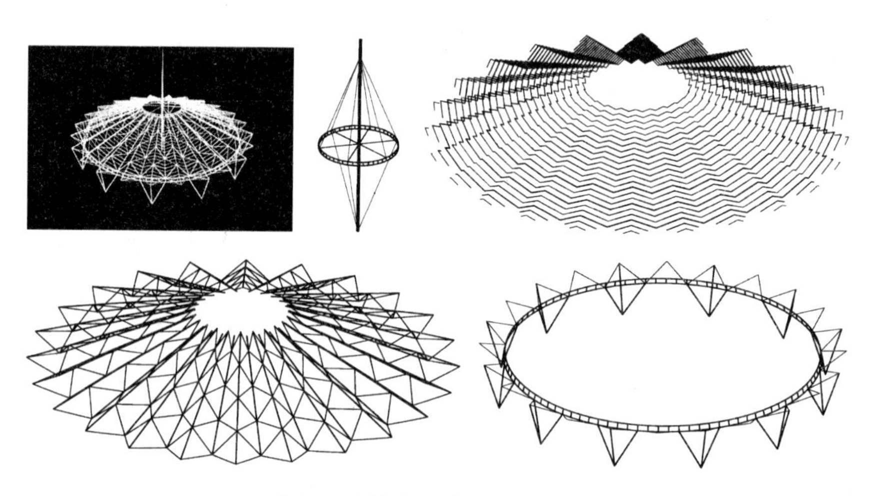

图5　会议中心伞形屋盖结构

5　材料采用

5.1　混凝土

本工程所采用的混凝土等级：柱、剪力墙及预应力梁板采用C40混凝土，其他部位构件采用C35混凝土，基础垫层采用C15混凝土。地下室有防水要求的结构构件采用掺有防水剂的防水混凝土，抗渗等级为S8。

5.2　钢筋与钢材

（1）钢筋：HPB235级钢筋主要用于楼板中的受力钢筋及分布钢筋，梁、柱中的箍筋，剪力墙中暗柱的箍筋等；HRB335级钢筋、HRB400级钢筋主要用于基础底板以及梁、柱、剪力墙中受力钢筋，楼板受力钢筋以及柱内箍筋等。

（2）预应力筋：1860级的$\phi^{s}15.2$低松弛钢绞线，主要用于大跨度预应力梁。

（3）缆索采用平行钢丝束，平行钢丝束的抗拉强度不小于1570N/mm^2。

（4）钢材：Q235B，主要用于钢结构次要构件及混凝土结构预埋件等，Q345B主要用于钢结构主要构件及钢骨柱、梁中的钢骨。

（5）焊条：手工焊条应与主体钢材相匹配。当Q235B钢材之间或Q235B钢材与Q345B钢材焊接时，采用低氢焊条E4315及E4316，当Q235B钢材之间焊接时，采用低氢焊条 E5015 及 E5016。

（6）锚具：锚具采用 HVM 加片锚具。张拉方式均采用两端张拉。

6 结构分析

6.1 风荷载作用下的结构分析

本工程由于体形较为复杂，因此专门做了风洞试验，并依据风洞试验的数据，采用 SAP2000 计算程序对结构进行风荷载作用下的受力分析，以保证结构受力构件在风荷载作用下的安全使用。

会议中心钢屋盖风荷载分布考虑以下 3 个工况，如图 6 所示。

展览中心钢屋盖风荷载分布考虑以下 3 个工况，如图 7 所示。

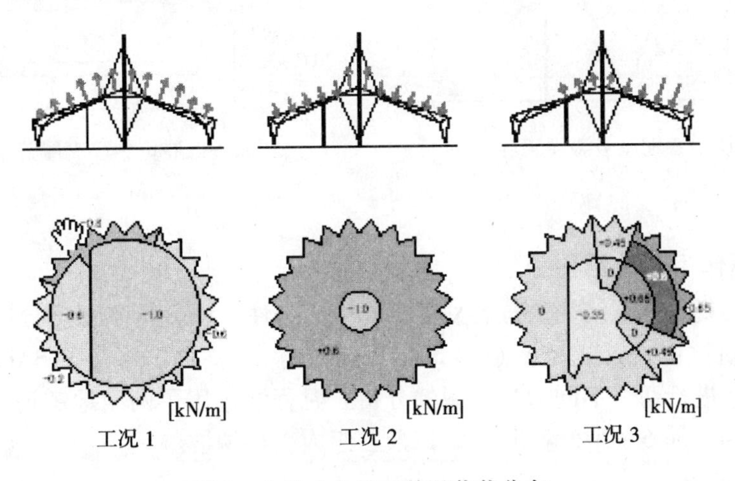

图 6　会议中心钢屋盖风荷载分布

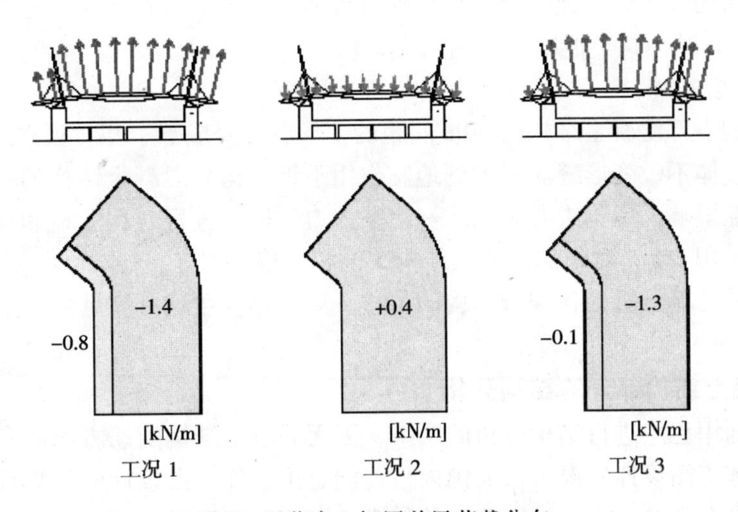

图 7　展览中心钢屋盖风荷载分布

6.2 温度应力作用下的结构分析

会议中心钢屋盖和展览中心钢屋盖均未设变形缝，尺度较大，因此结构受力分析时温度变化所引起的构件应力是不能忽视的。

会议中心钢屋盖温度应力作用考虑以下工况，如图8所示。

展览中心钢屋盖温度应力作用考虑以下工况，如图9所示。

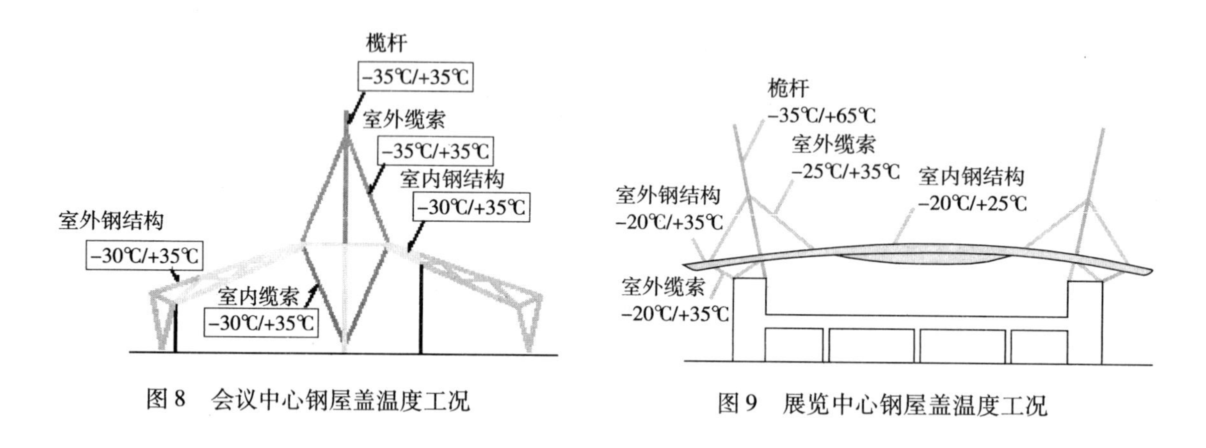

图8 会议中心钢屋盖温度工况

图9 展览中心钢屋盖温度工况

6.3 地震作用下的结构分析

由于结构的复杂性，结构的抗震性能分析采用弹性时程分析和振型分解反应谱方法分析。根据《建筑抗震设计规范》（GB 50011—2001）的要求，选用了SAP2000和ANSYS两套计算程序，进行两个不同力学模型的分析。时程波选用了两组地震记录波：EI Centro NS（1940）、Lanzhou 5～3（兰州波），以及三组人工模拟波。

6.3.1 会议中心

会议中心由三个相对独立的结构组成：钢屋盖、入口大堂和多功能会议厅，会议中心地震作用下的结构分析针对此三个结构分别进行弹性时程分析和反应谱分析。对钢屋盖结构阻尼比为2%，其他两个混凝土结构则为5%。

6.3.2 展览中心

展览中心的下部混凝土结构由60m间距的变形缝分隔成五个相对独立的结构，而钢屋盖则保持一个整体不设变形缝。考虑到地震作用下钢结构和混凝土结构的不同反应，以及两者之间的相互影响，展览中心采用了一个整体力学模型进行时程分析和反应谱分析，结构阻尼比统一采用2%，对下部混凝土结构来说相对偏于保守。

经过以上的计算分析，各部分结构的位移、周期等参数均可满足规范要求。

6.4 混凝土结构部分的结构分析

根据国际通用程序进行结构分析的结果，因无混凝土结构配筋方面的参数，无法满足混凝土结构的施工图设计的要求，而国内目前能运用于施工图设计的计算程序又不具备对本工程这种大型混合结构进行计算分析的能力。因此，我们对本工程的混凝土结构部分采取了下列简化方法进行分析计算。

6.4.1 会议中心

入口大堂和多功能会议厅为两个独立的结构单元，其中，入口大堂为混凝土结构，不需简化。多功能厅为混合结构，下部5层为混凝土结构，五层以上为巨型钢桁架转换梁支撑的钢结构，为满足程序的要求，将巨型钢桁架转换梁假定为一刚性梁，梁支座假定为铰支。计算模型如图10、图11所示。

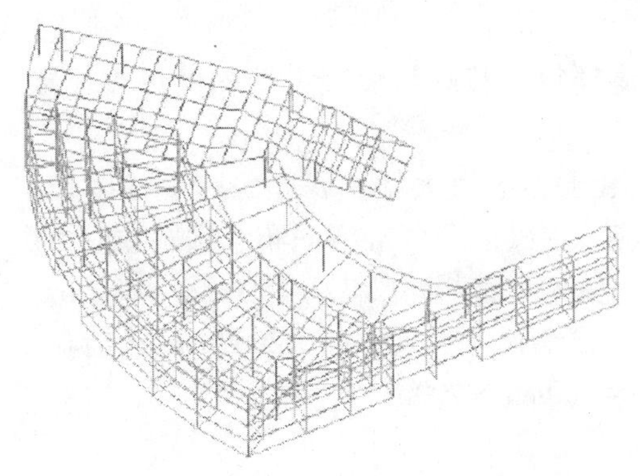

图10 会议中心入口大堂结构计算模型

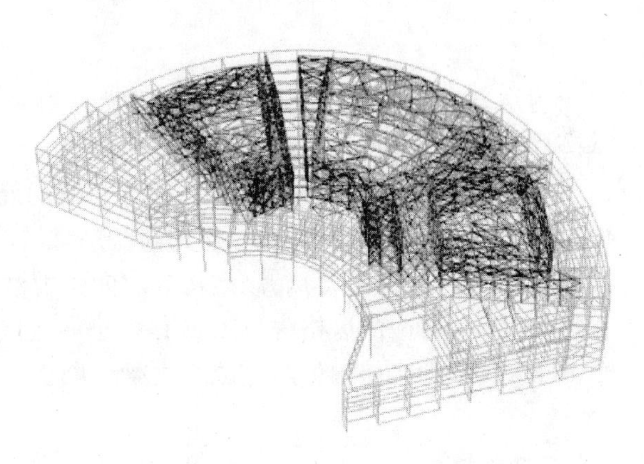

图11 会议中心多功能会议厅结构计算模型

6.4.2 展览中心

展览中心由一个整体钢屋盖和下部5个相对独立的混凝土结构组成。钢屋盖跨度大，重量轻，相对比较柔，对下部混凝土结构几乎无约束作用。相比之下，下部混凝土结构由变形缝分隔成5个单体结构刚性大，单体之间的相对变形很小，对上部钢屋盖的影响可忽略不计。考虑到以上两方面，下部各单元混凝土结构可分别进行结构计算。计算模型如图12、图13所示。

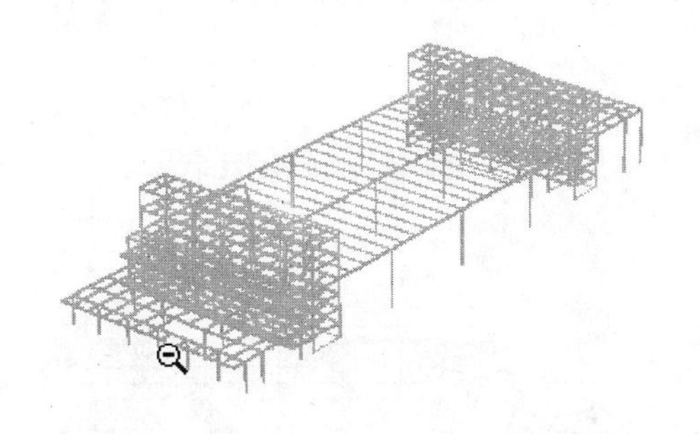

图12 展览中心混凝土结构计算模型1

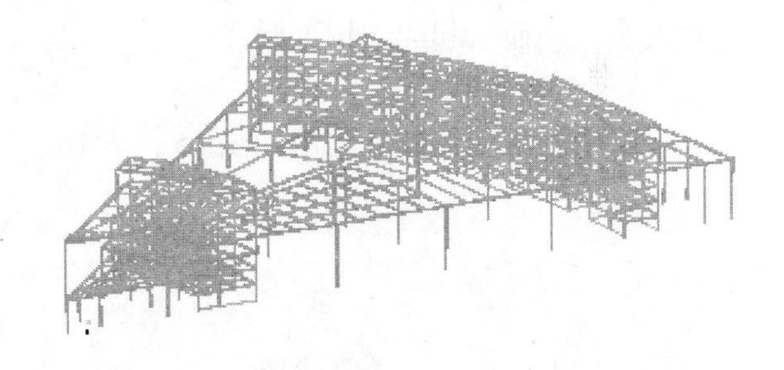

图13 展览中心混凝土结构计算模型2

根据以上简化后的计算模型，采用中国建筑科学研究院编制的《多层及高层建筑结构空间有限元分析与设计软件SATWE》进行结构计算分析。该程序采用空间杆单元模拟梁、柱，采用在壳元基础上凝聚而成的墙元模拟剪力墙；墙元不仅有平面内刚度，也有平面外刚度，可较好的模拟工程中剪力墙的实际受力状态。楼板可简化为刚性楼板、半刚性楼板，也可按弹性楼板考虑。该程序可分析框架、框架—剪力墙、框架—筒体结构等各种复杂的结构体系。采用SATWE分析软件，建立完整的结构模型，考虑竖向荷载、水平风荷载及地震作用，按弹性方法计算结构内力及位移。在地震作用下求周期、振型采用总刚分析方法，并将计算结果用于施工图设计。其计算结果与 SAP2000 及 ANSYS 的分析结果相比，相差不大，证明结果分析是正确、可靠的。

7 构件设计

7.1 梁

附房部分梁采用钢筋混凝土框架梁，为保证桅杆斜撑基座与混凝土结构的可靠连接，基座周边设置了型钢混凝土梁。

展览中心二层展厅楼盖大跨度梁采用钢筋混凝土预应力大梁。展厅大跨度柱网长向 102m，短向 60m。自结构体系沿 102m 方向设置预应力主梁，沿 60m 方向布置预制预应力次梁（包括 30m 跨框架梁）。该结构为双向受力框架，框架主梁断面尺寸为 1500mm × 2800mm，在每个 30m × 30m 的区格内每 10m 设一道一级次梁（断面尺寸为 700mm × 2000mm），后在每个 10m × 10m 的区格内设两道二级次梁（断面尺寸为 300mm × 700mm）。

7.2 柱

展览中心钢屋盖桅杆及斜撑下框架柱，会议中心与钢桁架相连的框架柱均采用钢骨混凝土柱，其中钢骨上设置抗剪栓钉。钢骨的设置便于柱与铸钢节点连接，并增加了结构的延性。其他部位采用一般混凝土柱。

7.3 桁架

7.3.1 会议中心

会议中心多功能厅上部转换梁采用巨型钢桁架，最大跨度 46m，高度 4m，如图 14 所示。巨型钢桁架上部为三个大型报告厅，钢桁架上设置了 36 个 TMD 阻尼减震器，以减小大量人员走动而引起的结构振动。

7.3.2 展览中心

展览中心钢屋盖部分采用如图 15、图 16、图 17 所示的桅杆拉索张弦梁桁架结构。

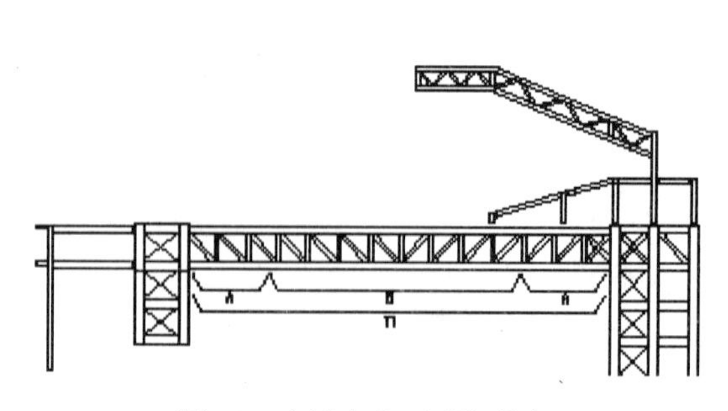

图 14　会议中心巨型钢桁架

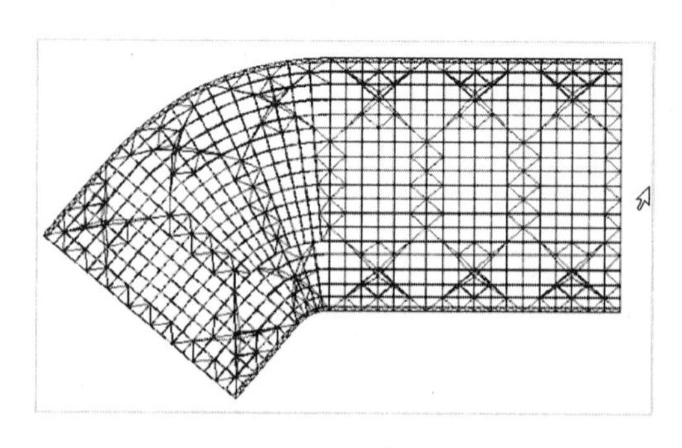

图 15　展览中心钢屋盖结构平面

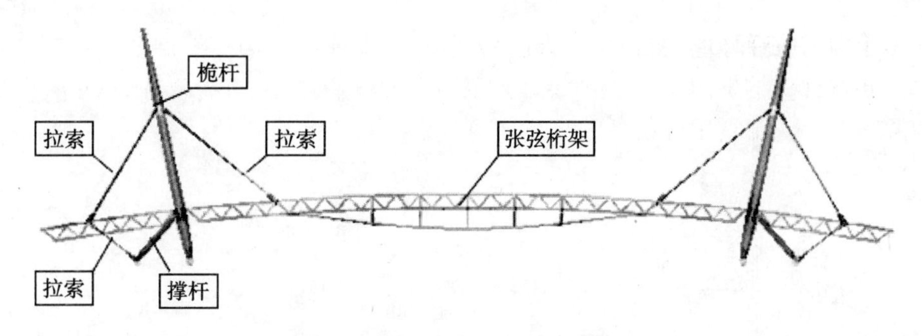

图 16　展览中心钢屋盖主桁架

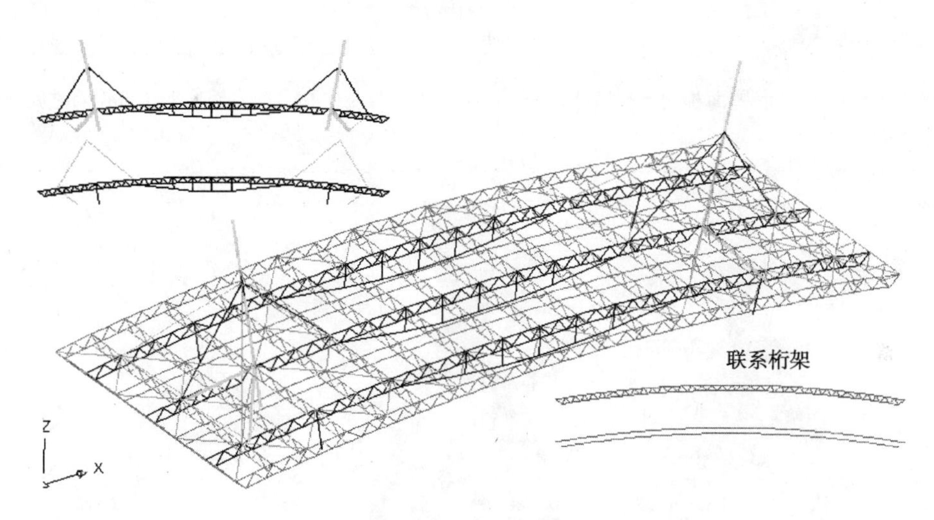

图 17　展览中心钢屋盖标准单元

8　连接节点

本工程钢结构设计中，存在多个钢结构构件交叉连接的问题。在这些连接节点位置，受力比较复杂，若采用常规的焊接连接，不仅相关线位置确定困难，还会产生焊接质量无法保证，节点位置易产生变形及焊接应力等诸多问题。为了避免出现这些问题，本工程钢结构设计中采用了大量的铸钢节点，所采用的铸钢件数量及总重量均创国内钢结构工程之最，最大铸钢件重量大 35t。为保证铸钢节点的安全使用，在设计过程中我们采用美国大型商用有限元程序 ANSYS 对重要节点的受力情况进行了大量的力学分析。这里将节点分为两类，一类是拉索与桁架和桅杆的连接节点，该类节点基本都是使用的铸钢件；另一类是 H 型钢桁架与 H 型钢支撑的连接节点。

对于铸钢节点，根据郑州地区的常年气温情况，设计选用了焊接性能优良，低温冲击功高的德国标准 DIN17182 中的 20Mn5V 材质。首先，根据铸钢件设计的一般要求，确定其壁厚等各种要求，然后根据其设计荷载的大小，利用有限元进行计算分析。铸钢件与普通钢材之间的连接，均采用焊接连接。铸钢件与拉索之间，则采用机械连接，如螺纹连接、销接等。下面以图形的形式对部分重要节点作简单的介绍。

8.1 会议中心部分（见图 18 ~ 图 28）

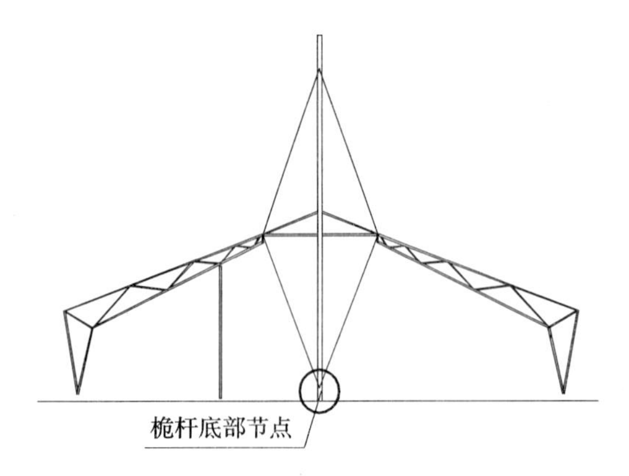

图 18　会议中心伞形屋面桅杆底部节点

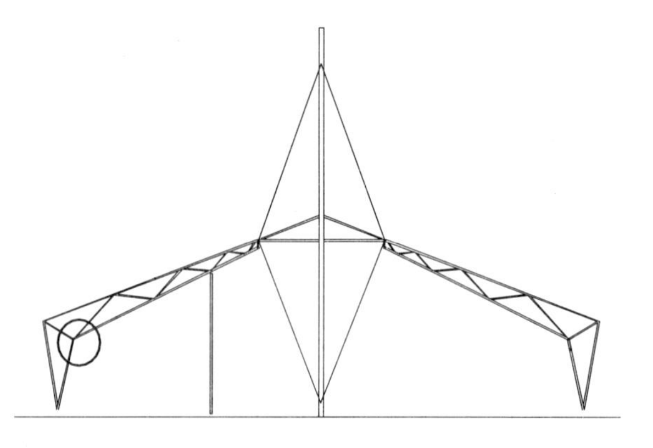

图 19　会议中心伞形屋面桁架相贯钢管之间连接节点

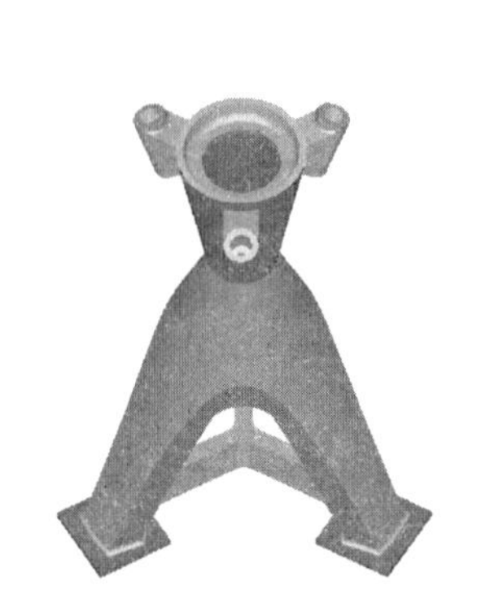
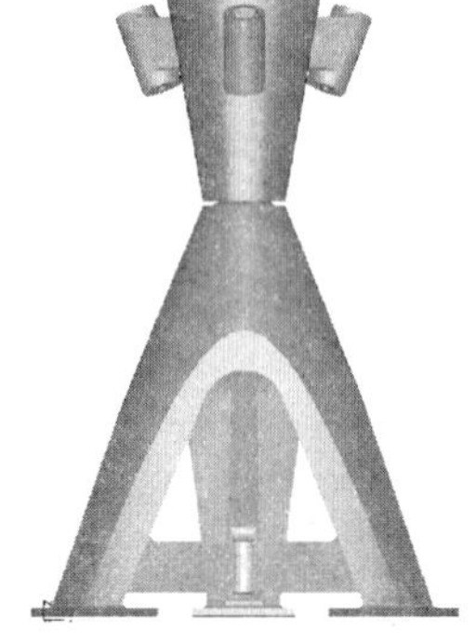
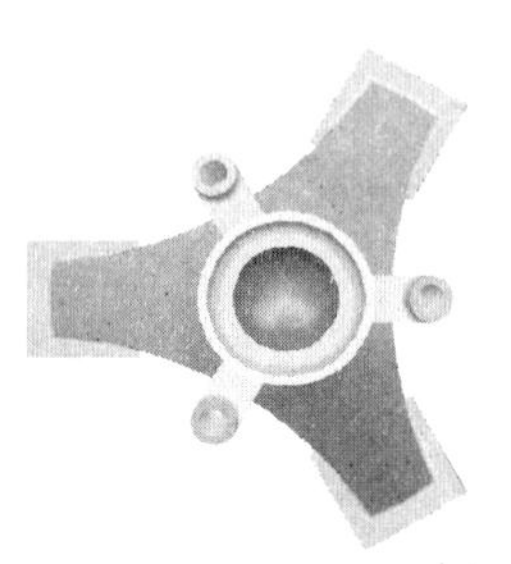

图 20　会议中心伞形屋面桅杆底部节点大样

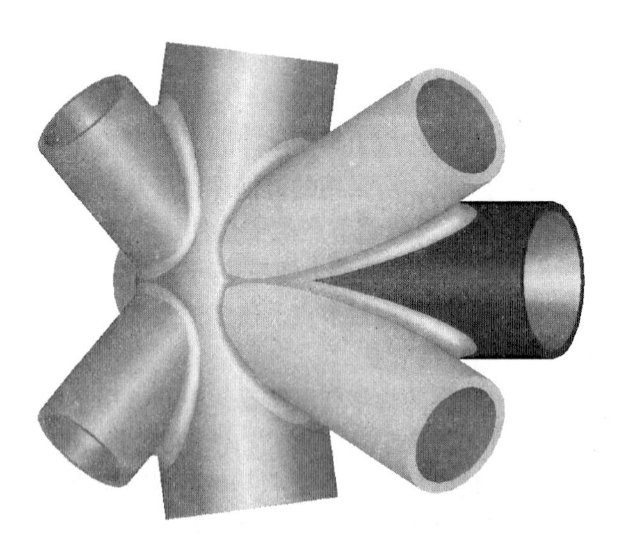

图 21　会议中心伞形屋面桁架相贯钢管之间连接节点

8.2 展览中心部分

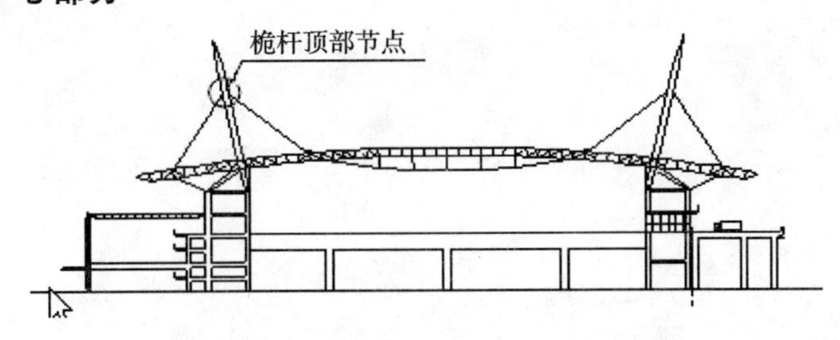

图 22　展览中心钢屋面桅杆顶部节点位置

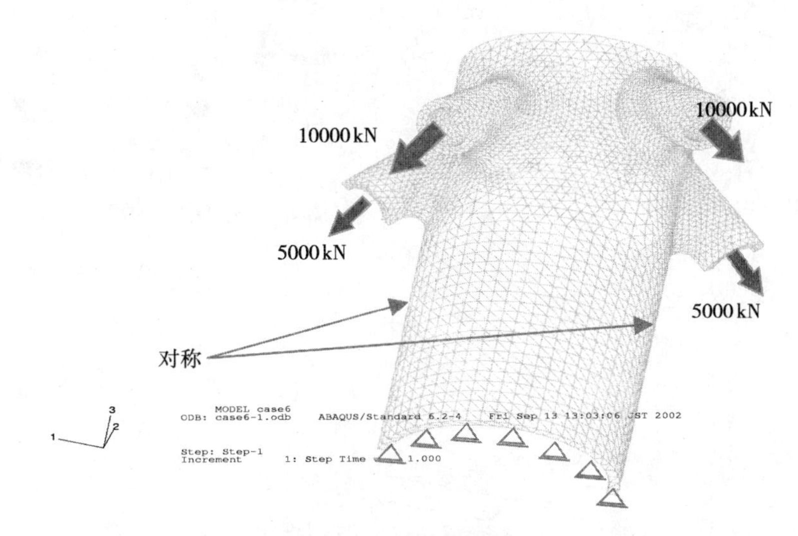

图 23　展览中心钢屋面桅杆顶部节点受力模型

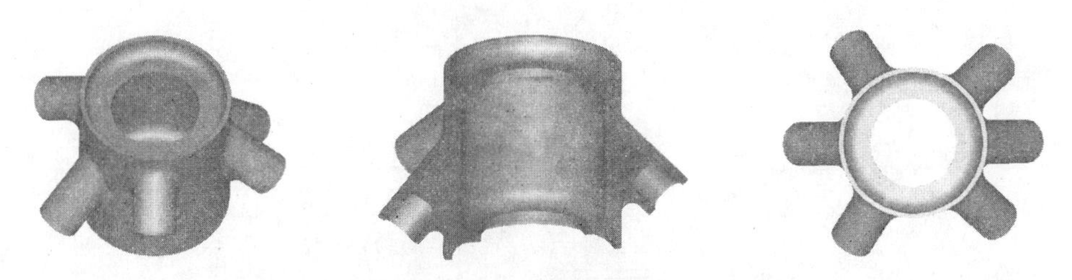

图 24　展览中心钢屋面桅杆顶部节点大样

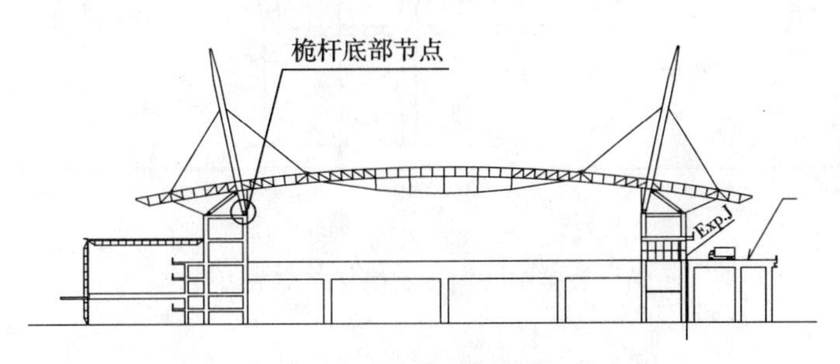

图 25　展览中心钢屋面桅杆顶部节点位置

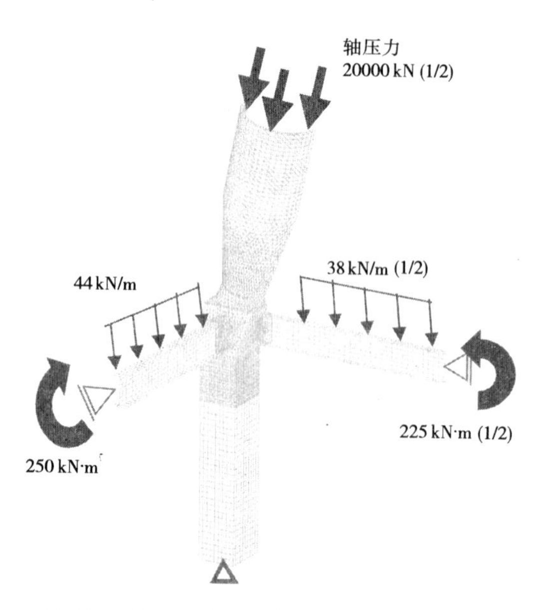

图 26　展览中心钢屋面桅杆底部节点受力模型

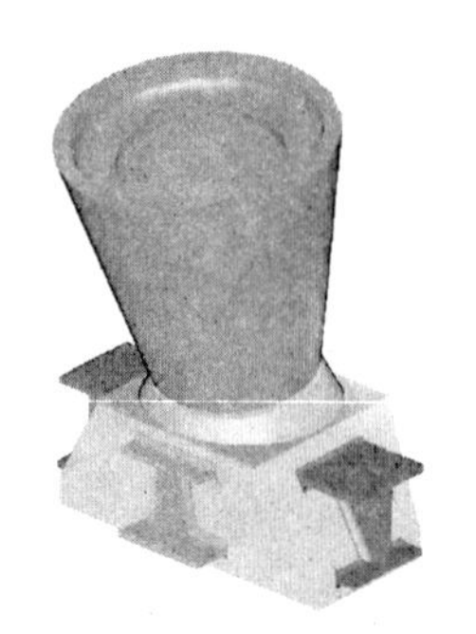
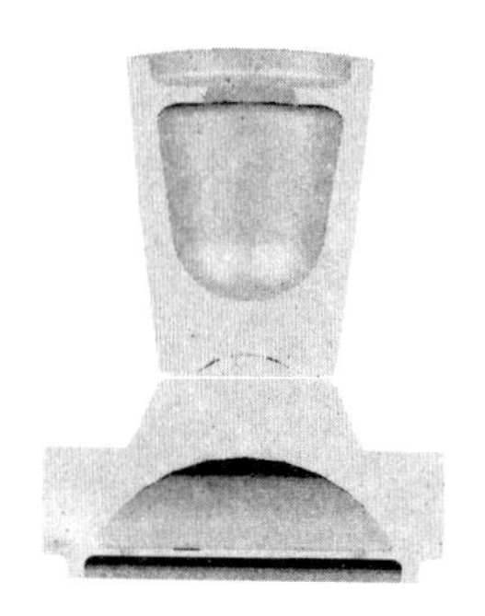

图 27　展览中心钢屋面桅杆底部节点大样

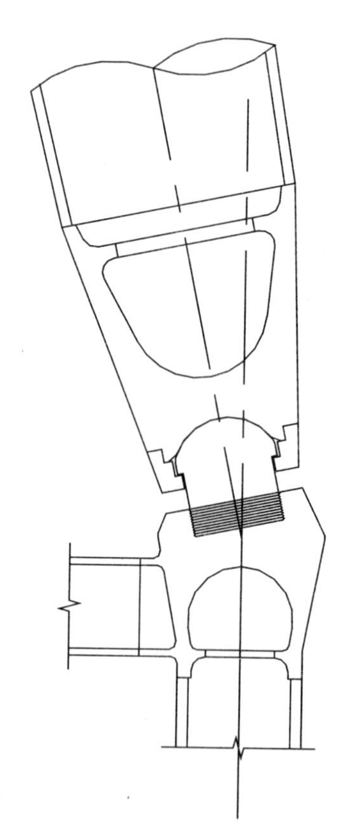

图 28　展览中心钢屋面桅杆底部节点详图

9　钢结构防腐与防火

9.1　钢结构的防腐

为提高钢结构的安全性与耐久性，钢结构必须采取防腐措施。钢结构在使用过程中，受大气环境的影响易产生腐蚀现象。结构构件受到腐蚀，将严重影响其使用寿命，降低结构的安全度。为防止这种现象发生，目前采用的主要防腐方法是在钢结构构件的表面涂刷防护涂层。采用喷涂或刷涂等方法，在钢材表面形成保护膜，用其隔离水分、氧气、二氧化碳等能促进钢材腐蚀的化学成分，达到钢材防腐的目的。防腐涂料分底漆和面漆两种。底漆对钢材起保护作用，应选用防锈性能好、渗透性强的品种。在底漆涂层外罩以面漆，对钢材的防锈涂层起保护作用。本工程采用水性无机富锌底漆（耐盐雾试验 10000h），抛丸除锈完成后至底漆的时间间隔不得大于 3h，防腐年限 50 年，厚度不小于 75μm。另外采用了中间漆环氧云铁，厚度不小于 50μm。室外钢结构面漆采用可覆涂聚氨酯面漆，厚度不小于 60μm。室内钢结构面漆采用氯化橡胶面漆，厚度不小于 60μm。

9.2　钢结构的防火

钢结构防火是需要解决的一个重要问题，其目的是保证钢结构构件遇火灾发生时具有足够的耐火时间。因此，在钢结构设计中，应采取适当的防火措施。《高层民用建筑设计防火规范》（GB 5045—95）对钢结构构件的耐火时间有明确的规定。本工程钢柱及桅杆的耐火极限为 3h，钢梁的耐火极限为 2h，结构所用钢材本身是无法满足上述要求的。因为发生火灾时，钢结构构件在烈焰下的温度会迅速上升。由于钢材的耐热性能较差，在高温条件下钢材的强度及弹性模量将迅速下降。当温度达到 600℃时，结构会完全丧失承载能力，钢材屈服，变形增大，从而导致结构破坏。为了在火灾时能够保证结构安全，必须对钢结构构件的外表面加保温隔热材料。常用的防火保护材料是防火涂料。防火涂料喷涂在钢结构构件的表面，能形成耐火隔热保护层，提高钢材的耐火极限。本工程外露部分的钢构件表面外涂薄型防火涂料，其他隐蔽部分采用厚形防火涂料。

10　结束语

郑州国际会展中心主体结构目前已经完成并通过了验收，由于其结构形式集复杂性、独特性、新颖性于一体，已引起了国内建筑业同行们的普遍关注。本项目的结构设计对设计人员也提出了新的挑战，只有不断提高结构设计及计算水平，将日新月异的新技术、新工艺、新材料运用于结构设计中，才能满足不断发展的建筑功能的要求。

水泥的表情
——郑州国际会展中心清水混凝土设计与实践

张海燕
（机械工业第六设计研究院）

摘　要： 郑州国际会展中心内外墙体装饰大量采用清水混凝土，是目前国内最大面积的清水混凝土工程；西方建筑的豁达与东方建筑的婉约在郑州国际会展中心项目中巧妙地揉合在了一起，焕发出神奇的建筑魅力；在清水混凝土的施工中，传统工艺与现代建筑之间并不矛盾，高超的木模制造工艺、优质的混凝土施工以及严格的工程管理，共同造就了清水混凝土的美。

关键词： 清水混凝土　建筑与环境的极度融合　一次性浇筑　分格缝　色彩　色差　质感

郑州国际会展中心位于郑东新区 CBD 中央公园内，一期工程总建筑面积 21.44 万 m^2，由展览中心和会议中心组成，是郑东新区的标志性建筑物，也是郑州市未来发展会展产业的重要依托。

1　感受清水混凝土

郑州国际会展中心内外墙体装饰大量采用清水混凝土，是目前国内最大面积的清水混凝土工程。第一眼看到该建筑，你也许会觉得它是那样安静，甚至禅意扑面，似一杯苦茶的滋味，寒素苦涩。

以大面积裸露的清水混凝土的直墙、弧墙作为压倒性的建筑语言，也许中国人会嫌它粗糙、生硬气氛，但其如老僧入定般的纯粹素净，使得西方建筑的豁达与东方建筑的婉约在郑州国际会展中心项目中巧妙地揉合在了一起，焕发出神奇的建筑魅力。

带圆孔的清水混凝土墙面是会展中心实体墙面的外装修做法，这种墙面不加任何装饰，墙面上的圆孔是残留的模板穿孔螺栓，清水混凝土在此演奏出一曲光与影的和谐旋律。传统工艺并且利用现代外墙修补技术，将水泥墙面拆掉模板后进行处理，使得混凝土的运用到了高度精炼的层次。在清水混凝土的施工中，传统工艺与现代建筑之间并不矛盾，高超的木模制造工艺、优质的混凝土施工以及严格的工程管理，共同造就了清水混凝土的美。原本厚重、表面粗糙的清水混凝土，转化成一种细腻精致的纹理，以一种绵密、近乎均质的质感来呈现。对这种精确筑造的混凝土结构，我们可以用“纤柔若丝”来形容。如此细腻的混凝土表现，会让你感受到混凝土“母性”的一面，而墙面上的圆孔好像是“手的痕迹”，并非工业化的产物，仿佛由手工触摸捏合而成的。通过我们的触摸，感受到“母性”的安全。而这随手一触可及的自然，又令人感受到建筑与环境的极度融合。

郑州国际会展中心清水混凝土的运用给人一种素面朝天的感觉，一种“清水出芙蓉，天然去雕饰”的美感。所显示的是一种最本质的美，所谓“绚烂之极归于平淡”，最高级的审美就是自然，“大巧若拙”就是这个道理。最质朴的往往是最美的，而清水混凝土恰恰就是混凝土材料中最高级的表达形式，一种最真实的美。这种装饰也体现了这样一种理念，即用最少的装饰表达最丰富的内容，也正是密斯“少即是多”箴言的写照。

2 清水混凝土设计实例

素面朝天看似简单，其实比金碧辉煌、银装素裹还难弄得多。正如一位建筑师所言，“那是一种昂贵的朴素”。郑州国际会展中心清水混凝土饰面的总面积达到6万多平方米，面积之大、制作难度之高，现在看来的确很不容易。就连这种饰面的名称都很难统一，有叫原浆混凝土的，有叫清水混凝土的，根据国内杂志用的较多是清水混凝土，顾名思义就是不加雕琢的混凝土墙面，从设计、施工到验收都是没有现成依据和标准的。

摸着石头过河，采集各方专长，只能成功不许失败，——从设计之初，我们全体参建单位就定下了这样的目标。他山之石，可以攻玉，会展中心项目部组织了由业主、设计及施工各方参加的赴日考察团，对清水混凝土运用较早也较成功的各工程实例进行了专题实地考察。

2.1 东京幕张国际会展中心

该会展中心建成于1989年10月，是日本第一个真正意义的会展中心，也是当时亚洲范围内最大规模的会展中心，总展览面积7.2万m^2，与郑州会展中心的规模相似，主要场馆均采用清水混凝土饰面，如此大面积的清水混凝土在内外立面上的使用，是比较令人震惊的。在东京喧闹的迷宫曲径中，该作品外表恬静，造型简朴，基本构件稀少，采用清水混凝土外饰面处理，大玻璃和平滑的壁面等这些典型的现代主义手法，第一感觉并无惊人之处，静下心来则如品一杯茗茶。观其清水混凝土细部则有如下特点：

（1）由于面积较大，在细部构造中做了横竖向分格，使得该建筑既可远观又可近视。

（2）整体色差较小，体现出十几年前日本较高的混凝土施工水平。

（3）混凝土粗犷的质感和纹理，与精致的钢结构、玻璃形成了强烈的对比，有独特的韵味，人们喜欢用“菊花与剑”来形容日本人的双重性格，而该建筑正是这种阳刚之气与阴柔之美的综合体。

当然，缺点也是明显的：

（1）由于墙体面积较大，存在较多的裂缝和蜂窝麻面。

（2）经历了十余年的风雨侵蚀，部分墙体出现了苔癣和霉点，对于像郑州国际会展中心之类的百年建筑，墙面的耐久性更是应当注重。

（3）室内的大面积原浆混凝土使得内部色彩显得灰暗沉闷，与中国人的审美观有一定差距。

2.2 日本新国立美术馆

位于东京六本木区，是黑川纪章建筑事务近期作品，总用地面积3万m^2，总建筑面积4.79万m^2，高度32.5m，室内外均采用大量的清水混凝土，有如下几个特点：

（1）色彩较浅，色差很小，整体效果均匀。

（2）拆模后表面光滑，蜂窝麻面少，施工水平高。

（3）阴阳角、分格缝的处理措施得当，使得线条很挺拔。

（4）全部采用木模板，模板为一次性使用，加上混凝土材料过硬，使墙面居然有丝绸般的效果。

2.3 北京联想研发基地

这是国内目前做得相对较好的清水混凝土工程，由安藤忠雄事务所承担建筑设计，安藤忠雄在日本被称为“清水混凝土诗人”，因为他把水泥“玩”到了极致，也成为建筑界的一种“时尚”。论规模虽然不及郑州会展清水混凝土的用量大，但也确实体现了中国土建施工的工艺水平，说实在，一点也不比国外的差。除了上述清水混凝土的一些特点外，该工程给人留下较深印象的是，随着技术的发展，清水混凝土后期处理水平也得到了体现。主要是在面漆（氟碳漆）之前，加刷了一道经过精心调制，便于统一色彩效果的涂层，使整体效果更胜一筹。

3 清水混凝土在郑州国际会展中心的实践

尽管清水混凝土是20世纪来自国外的成熟技术，但像郑州国际会展中心的项目如此大面积的运用，也是建筑师在这一项目中独具特色而又艰难的选择。设计初期，各方面对这种做法都表示出一定的质疑，这中间有观念和审美的原因，有技术和施工条件的限制，也有经济和材料的制约，但最终业主坚定了信心，取得了目标上的共识，既然做了就要做精品，一定要把清水混凝土的味道做足、做好。

设计过程中，针对清水混凝土一次浇筑完成不可更改的特性，采取了如下措施：

（1）加强对细部节点的推敲，对分格缝、门窗、洞口、勒角及材料变换交接处的构造做法都进行了认真分析，做了重点处理。

（2）尽量将可能遇到的矛盾和技术问题考虑在事先。

（3）在大面积施工前，根据不同的典型部位制作样板墙。

随着设计的深入，一些很具体的问题也渐渐呈现出来，主要体现在四个方面：

（1）展览中心山墙挂板与现浇清水混凝土墙的衔接问题。

（2）会议中心后浇带如何与设计中的竖向分格条相结合的问题。

（3）大面积清水混凝土裂缝问题。尤其是会议中心长达250m清水混凝土未设温度变形缝，裂缝的出现很难避免。

（4）关于清水混凝土分格缝问题，郑州会展中心的清水混凝土基本采用了4m×2m的竖缝和横缝，这种分格缝在现场支模、拆模有较大难度。

展览中心山墙部分的清水混凝土是设计与施工过程中遇到的最棘手的问题之一，该部分高28m，宽达122m，两侧各10m是现浇的清水混凝土。根据结构设计要求，中间部分必须是轻质隔墙，经过反复研究和对比，决定采用预制清水混凝土挂板，具体做法与幕墙类似。为此精心制作了放大图，分格及其穿孔螺栓均与现浇一致，而这仅仅是第一步。选择制造厂，选择水泥，选择模板，保证与现浇混凝土色彩相同及质感的类似，这些都一步一步环环相扣，当然其他的问题在艰苦的努力下也都迎刃而解。

在问题的解决和探索过程中，施工单位的努力也是功不可没，清水混凝土的施工及完成实际是对施工单位技术、管理诸方面水平的全面考验，这里面包括模板的施工与技术、混凝土拌合物的控制和技术、混凝土的施工技术、混凝土的保护和修补技术、饰面效果设计与施工技术等。负责混凝土施工的中建八局和中建二局都做出了很大的努力。

通过各方的艰苦努力，从完成的混凝土效果上看基本上达到了设计的要求，体现在：

（1）大面积清水混凝土墙上无明显色差。

（2）蜂窝麻面很少出现，未出现大面积的裂缝。

（3）横向分格缝、竖向分格缝、拉孔螺栓孔等均整齐对位。

（4）经氟碳漆保护的外表面平整光滑。自建成后，也受到了参观人员的一致好评。

最后谈谈施工验收的依据和标准问题。技术虽然成熟、国外也使用了几十年，但在我国这方面还是一片空白，笔者认为，作为装饰做法，感观要求应该是第一位的，具体在色彩、色差、质感等因素。然而观感的差异是显而易见又捉摸不定的，作为设计者的建筑师对其形象的把握显得十分重要。在郑州国际会展建设过程中，始终排立着几组施工单位制作的样板墙，从样板墙上都可以获得其对阳角、阴角、门窗洞口、横竖缝、穿孔螺栓的具体的实样，这样，样板墙也就成为业主、设计及监理等各方控制施工质量的一道标尺，为工程的实施及即将达到的预期效果提供了保证。

从混凝土的施工到现在已一年有余，每每驻足在已建成的郑州国际会展中心高大的清水混凝土墙一侧，看着阳光洒落在片状的实体墙面上，宁静、朴素、优雅，像是洗去了尘间的一切喧闹与嘈杂，淡淡的烟灰色水泥居然也能流露出如此生动的表情，虽然这其中还透着许多不成熟的地方，但已足以让人领悟到平淡之中显神奇的力量，难道我们不能说这就是建筑的表情吗?

展厅钢结构设计

刘中华[1]　黄明鑫[1]　李亚民[2]　郭磊[2]

（1. 浙江精工钢结构公司；2. 机械工业第六设计研究院）

摘　要： 郑州国际会展中心展厅钢结构为国内第一个悬挂式张弦桁架结构。介绍了该项目结构设计中结构体系的组成、荷载的取值、模型的建立、预应力拉索的设计、节点的设计、全过程计算分析方法的使用。

关键词： 悬挂式张弦桁架　预应力索　全过程计算方法　铸钢件

1　工程概况

展览中心钢结构屋盖形状由174m×180m的矩形平面与174m×60m的矩形平面用角度为50°的扇形平面相连接而成，如图1所示。屋盖投影面积约为55000m²。展览中心钢结构屋盖由桅杆、撑杆、拉索及张弦桁架组成，如图2所示。在矩形平面区域，每60m宽为一个标准受力单元，每个单元中有两根桅杆、三榀主桁架、26根半平行钢丝束拉索和若干次桁架，桅杆横向间距102m，主桁架间距20m。屋盖位于标高28.000m的混凝土楼面上，屋盖标高40.500m，桅杆顶部标高71.838m。屋盖桁架下弦最低处净高17.600m，屋面板底净高20.100m。主桁架总跨度152m，最大跨度102m，在跨中60m范围内为张弦桁架结构。

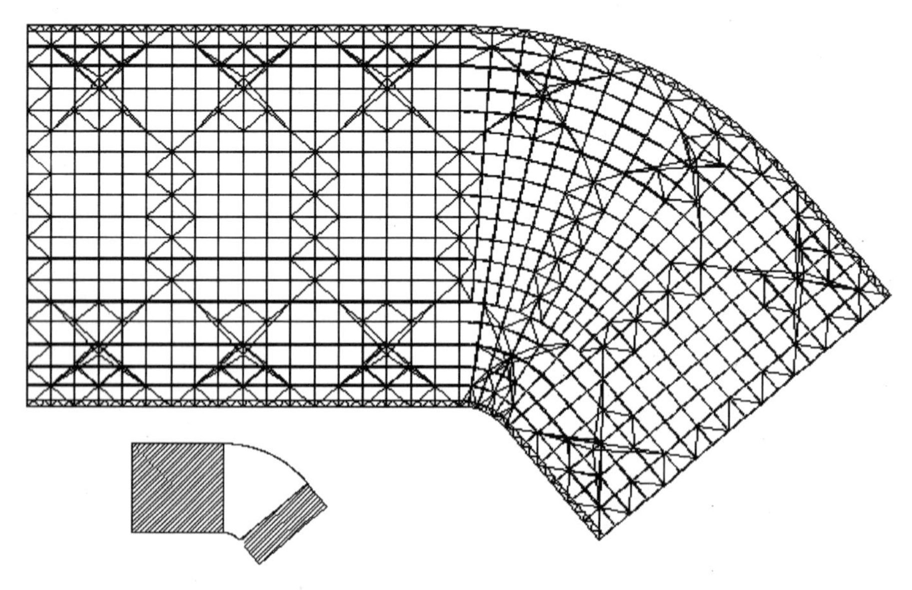

图1　结构平面布置简图

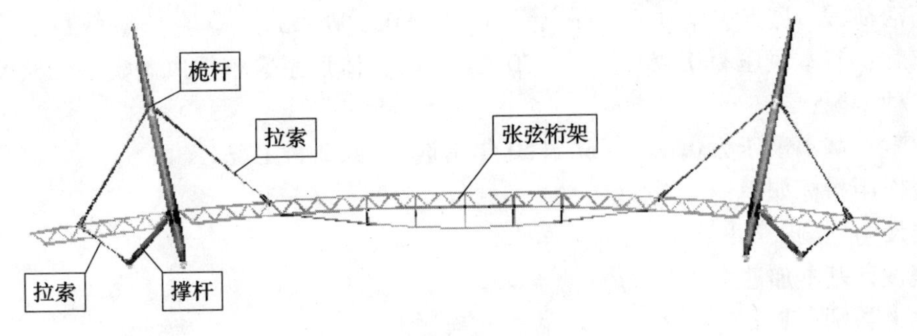

图2　典型单元构成图

该钢结构屋盖为悬挂式张弦桁架结构体系。主桁架沿纵向间距20m分布，每个单元屋盖横向的中间和两端的大部分重量通过6根缆索传至桅杆，再由桅杆、撑杆组成的稳定承载体系传至下部的混凝土结构，靠近桅杆附近的小部分重量通过桅杆和与桅杆位于同一纵轴线上直径350mm的小立柱传至下部的混凝土结构。根据传力的直接性，可以将主桁架分为两类，一类是直接和桅杆相连接的，悬挂拉索与桁架位于同一平面内，其传力十分直接；另一类是未直接与桅杆相连的，由于其悬挂拉索与桁架不位于同一平面内，其传力相对较差。在两榀主桁架间还布置有一榀联系桁架，该桁架也可分为两类，一类是有腹杆的，一类是没有腹杆的，即空腹的。这两种桁架尽管形式不同，但其传力模式完全相同，都是将其承担的荷载先传给与其垂直相连的次桁架，再由次桁架传给两边的主桁架。标准受力单元如图3所示。

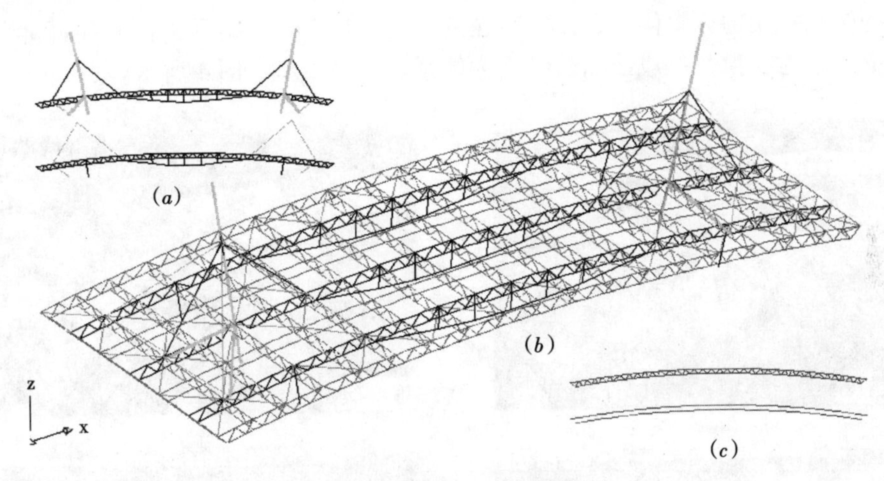

图3　标准受力单元图

(*a*) 主桁架；(*b*) 标准单元；(*c*) 联系桁架

2　整体计算

2.1　荷载作用

该项目设计中所取的基本荷载作用如下：

屋面恒荷载：屋面荷载 0.4kN/m^2，吊顶管线 0.1kN/m^2；

屋面活荷载：展厅上空0.7kN/m^2，展厅挑檐0.5 kN/m^2；

风荷载：基本风压为0.45kN/m^2（50年一遇），体形系数依据风洞实验的实验结果确定，共4种工况；

雪荷载：基本雪压为0.40kN/m^2（50年一遇），共2种工况。

地震作用指标如下：

地震设防烈度：7度

地震设计基本加速度：0.15g

场地土类别：Ⅲ

水平地震影响系数最大值：0.12

设计地震分组：Ⅰ

设计特征周期值：0.45s

温度荷载：+42℃，-14℃

2.2 计算模型

结构整体计算分析采用的是美国 Computers and Structures，Inc. 研制开发的大型有限元程序SAP2000。对一般杆件，采用可以同时考虑弯剪扭共同作用的frame单元，对于拉索，则采用只拉不压frame单元，索中预应力通过温度荷载进行模拟。由于该结构为悬挂式张弦桁架结构，且桁架为拱形，因此，其最终受力状态与其安装过程密切相关。考虑结构受力的合理性与安装方法的可行性，将计算模型简化为了四个阶段：第一阶段，两端桅杆部分形成独立稳定的受力体系；第二阶段，中间张弦桁架部分张拉到位；第三阶段，将张拉到位的张弦桁架部分整体提升并安装在两端已经形成的稳定受力体系桅杆部分上；第四阶段，拆除临时支撑，形成结构最终受力体系。计算模型如图4所示。

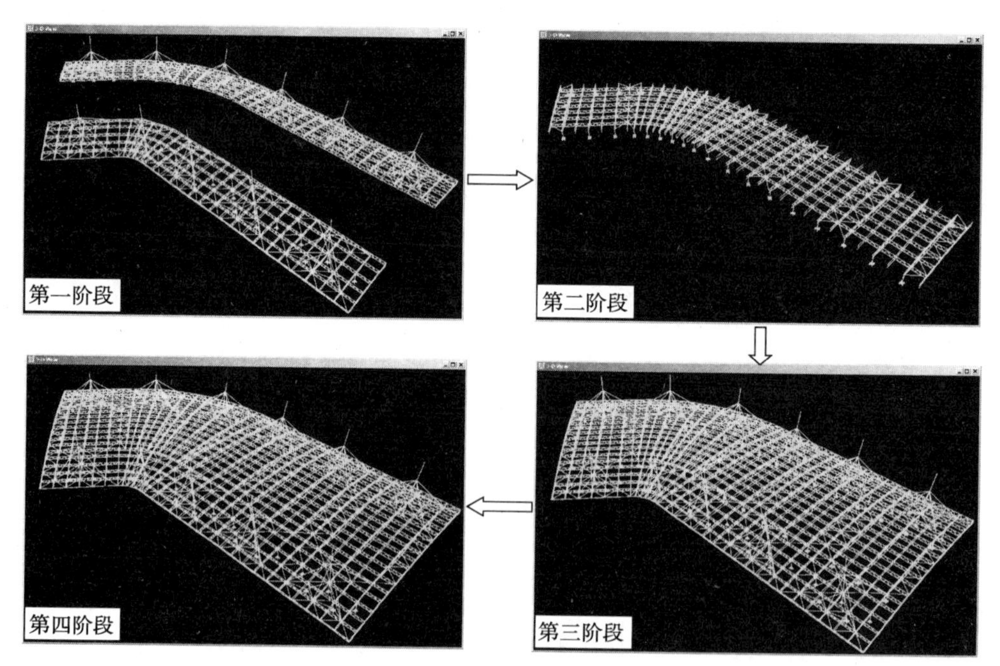

图4 计算模型与步骤

2.3 计算分析

现在进行结构设计时，一般是直接以结构最终成形的模型来施加荷载进行计算分析的。对常规结构体系，这种计算方法是准确可靠的，但对于该项目中使用的悬挂式张弦桁架结构体系，这种计算方法是不准确的，因为，结构的安装过程不同，其最终的受力状态也不同，因此，在该项目的设计中采用了全过程设计法。从计算模型上可以看出，中间60m跨张弦桁架独立张拉完成后再安装至两端的已经形成独立稳定受力体系这种处理方法，将大大减小拱的推力。这里选取第一类主桁架上弦杆的一半对常规的计算方法与全过程计算方法进行了对比，结果如图5所示。

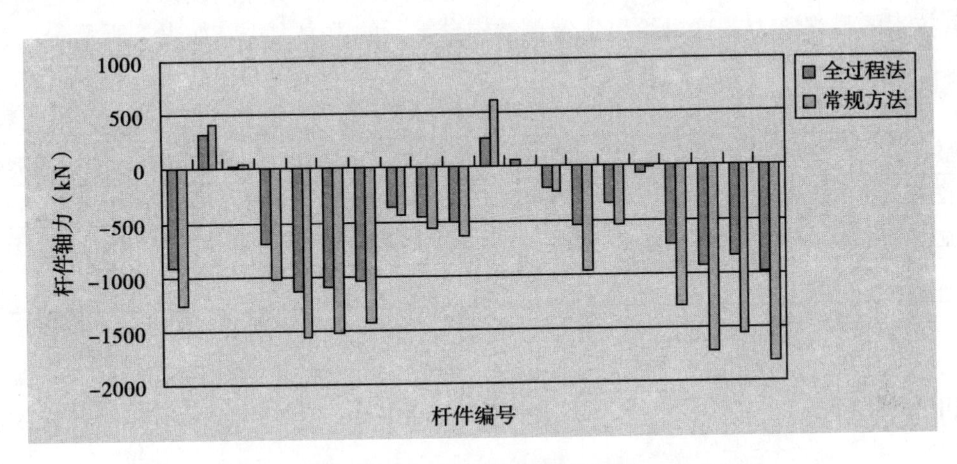

图5 常规计算法与全过程计算法杆件内力对比图

从表中可以明显看出，采用常规计算方法所得的杆件轴力比全过程方法计算所得的杆件内力大20%~30%，对该工程来讲，这种设计方法大大节约工程成本。

3 预应力拉索设计

该项目中大量使用了预应力拉索，每个标准单元中就多达16根之多，由于结构形式为悬挂式张弦桁架体系，其索内预应力值的确定是该项目设计的一个关键点。根据索所处的位置及作用的不同，设计中将索分为了三类，一类是悬挂桁架的上拉索，每个标准单元6根；第二类是位于桁架悬挑端的稳定索；第三类是跨中60m范围内的张弦索。各类索位置如图6所示。

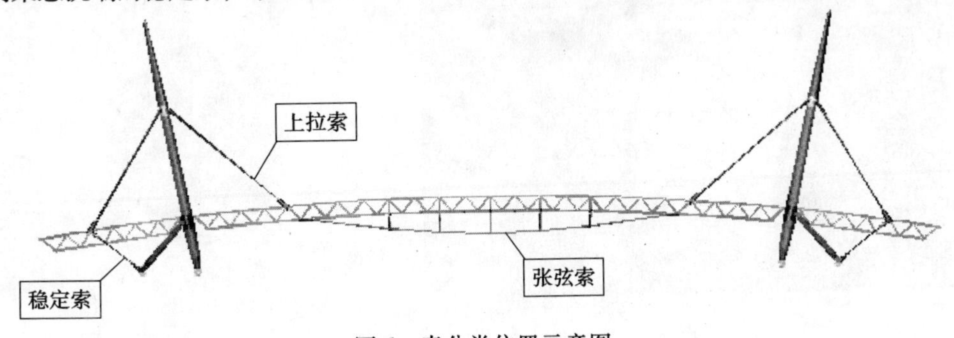

图6 索分类位置示意图

根据索受力大小的不同，各类索在规格上也不尽相同，上拉索的规格有三种，分别为 283 × ϕ7、301 × ϕ7、241 × ϕ7；稳定索的规格有两种，分别为 283 × ϕ7、367 × ϕ7；张弦索有一种，其规格为 2 × 121 × ϕ7。索的材质均为 1670MPa 级半平行钢丝束。

从图中可以看出，每个标准单元内的拉索构成了一个索系，各索的索力相互影响，这给索力的确定带来了很大的困难。根据确定的四个计算阶段分析，中间张弦索索力的大小对其他索影响甚微，设计时将该类索相对独立来进行考虑。设计张弦索时，首先，根据索的设计荷载为其破断荷载的 0.4 倍确定索的最大允许设计荷载，然后根据跨中允许挠度通过反复试算来确定最终的索力。对于上拉索和稳定索，则先确定各索的最大允许设计荷载，然后通过三个控制点——上拉索与桁架的连接点和桅杆顶点的变形，使其达到最小来确定各拉索的最终索力。这里给出各索在结构自重下的索力大小，如表 1 所示。

各规格索力表 **表 1**

索类别	上拉索				稳定索		张弦索
索的位置	中间内侧	内侧两边	外侧中间	外侧两边	中间	两边	桁架下弦
索的规格	283 × ϕ7	301 × ϕ7	283 × ϕ7	241 × ϕ7	283 × ϕ7	367 × ϕ7	121 × ϕ7
索力（t）	70	90	80	50	15	25	75

4 节点设计

节点设计是一个钢结构工程设计成败的关键，此项目当然也不例外。这里将节点分为两类，一类是拉索与桁架、桅杆的连接节点，该类节点基本都是使用的铸钢件；另一类是 H 型钢桁架与 H 型钢支撑的连接节点。

对于铸钢节点，根据郑州地区的常年气温情况，设计选用了焊接性能优良，低温冲击功高的德国标准 DIN17182 中的 20Mn5V 材质。首先，根据铸钢件设计的一般要求，确定其壁厚等各种要求，然后根据其设计荷载的大小，利用有限元进行计算分析。铸钢件与普通钢材之间的连接，均采用焊接连接；铸钢件与拉索之间，则采用机械连接，如螺纹连接、销接等。该项目中使用的典型铸钢节点如图 7 所示，设计中采用美国大型商用有限元程序 ANSYS 对铸钢件进行了计算分析，其应力云图如图 8 所示。

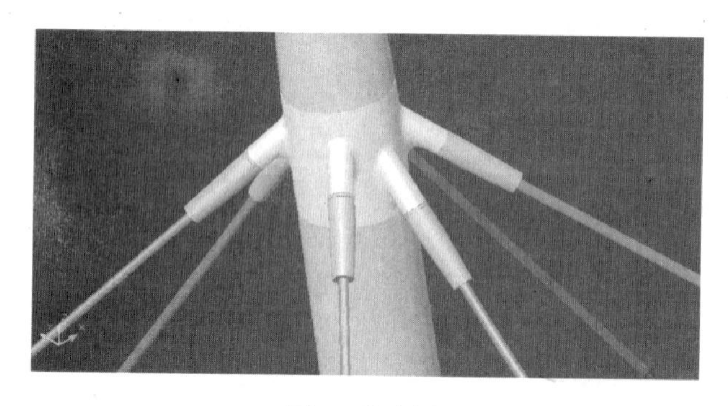
图 7　节点图

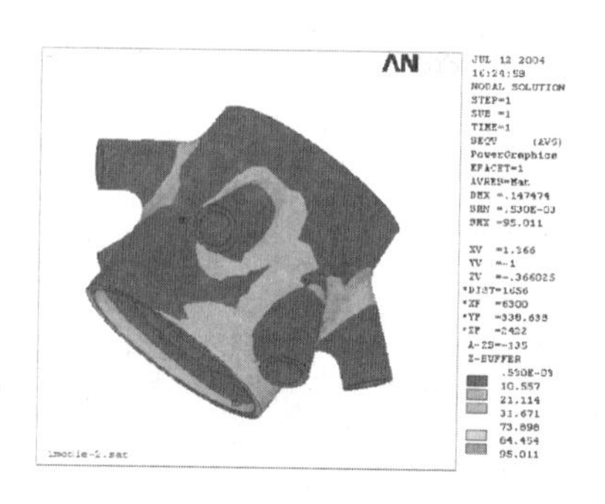

图 8　应力云图

对于H型钢节点，由于桁架与支撑相连的节点相交杆件数太多，焊接十分困难，因此，设计中对这类节点采取了图9所示的做法，在杆件腹板的交汇点，增加了一个25mm厚的圆管，所有的腹板均熔透焊接在圆管侧壁，很好地解决了焊接问题，方便了现场安装。上下翼缘板则采取整板下料的方式，充分保证了节点的整体性，使节点的受力性能得到充分保障。在翼缘板相交位置，均进行了设置了半径50mm的圆角，避免了在该部位的应力集中问题。

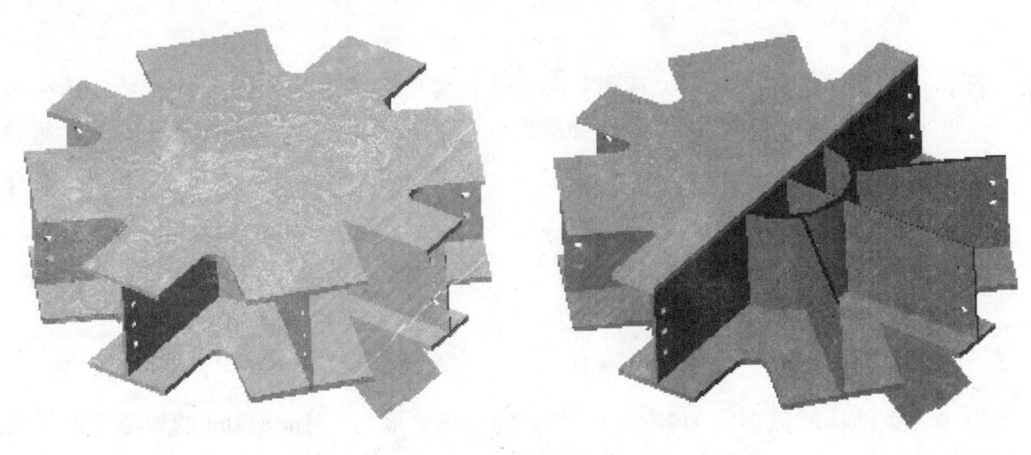

图9　典型H型钢节点

5　结语

本工程的设计中存在诸多难点，设计中对这些难点进行很好的解决。首先，设计中首次使用了全过程计算分析方法，充分保证了结构最终受力状态的准确性；其次，该项目中使用了国内目前在建筑领域内最大的铸钢件（最重达35t）；索的预应力值的确定等。这些难点的一一解决为该项目的最终顺利实施建成提供了充分的保证。

参考文献

[1] 林同炎，S·D·斯多台斯伯利. 结构概念和体系［M］. 北京：中国建筑工业出版社，1999

钢屋盖动力分析

刘中华[1]　**黄明鑫**[1]　**李亚民**[2]

（1. 浙江精工钢结构公司；2. 机械工业第六设计研究院）

摘　要： 由于郑州国际会展中心结构复杂特殊，需要了解结构的动力特性对结构受力性能的影响，因此对结构进行动力分析很有必要。根据结构的特点，对结构的动力计算分析共进行了模态分析、谱分析和时程分析，并对分析结果进行了对比，提出了设计建议。

关键词： 钢屋盖　动力分析

1　工程概况

展览中心钢结构屋盖形状为174m×180m的矩形平面与174m×60m的矩形平面用角度为50°的扇形平面相连接而成，其屋盖面积约为55000m²。展览中心钢结构屋盖由桅杆、撑杆、拉索、桁架及弓型桁架组成。桅杆沿展览中心纵向布置，间距60m，横向两桅杆距离为102m。主桁架沿纵向每20m分布。屋盖位于标高28.000m的混凝土楼面上，屋盖标高40.500m，桅杆顶部标高71.838m。屋盖桁架下弦最低处净高17.600m，屋面板底净高20.100m。主桁架总跨度174m，最大跨度102m，在主桁架跨中60m跨度内为张弦梁结构。

钢屋盖的传力体系为桅杆和缆索悬吊支撑的空间框架式桁架。主桁架标准受力单元为纵向60m部分，屋盖的大部分重量通过6根缆索传至桅杆，再由桅杆、撑杆及稳定索组成的稳定承载体系传至下部的混凝土结构，小部分重量通过350mm直径的小立柱传至下部的混凝土结构。为了减少桁架的高度，在中间60m跨度范围内，即缆索与桁架的两吊点之间采用了张弦梁（简称为弓形桁架）。直接和桅杆相连接的桁架分为两部分，一部分是两桅杆中间部分，该部分通过下弦拉索与上弦桁架形成张弦梁结构，然后通过与桅杆的铰接连接和拉索将该部分桁架所承受的荷载传至桅杆。桅杆以外部分通过吊索、稳定索及桁架与桅杆的铰接连接将该部分桁架所承受的荷载传至桅杆和下部结构。没有拉索相连但有腹杆的桁架，与桅杆不相连，部分有小立柱相连接。该类桁架是通过将所承受的荷载传给与之相连的垂直支撑，再传至与之邻近的横向桁架。结构的水平力传递通过垂直支撑和分布于上弦的水平支撑完成。标准受力单元如图1所示。

2　计算模型及荷载作用

动力分析采用ANSYS有限元程序，计算模型中分别采用BEAM44、LINK8单元来模拟结构中的桁架杆件和拉索，采用MASS21单元来模拟相应的质量。计算模型如图2所示，各单元数量见表1。

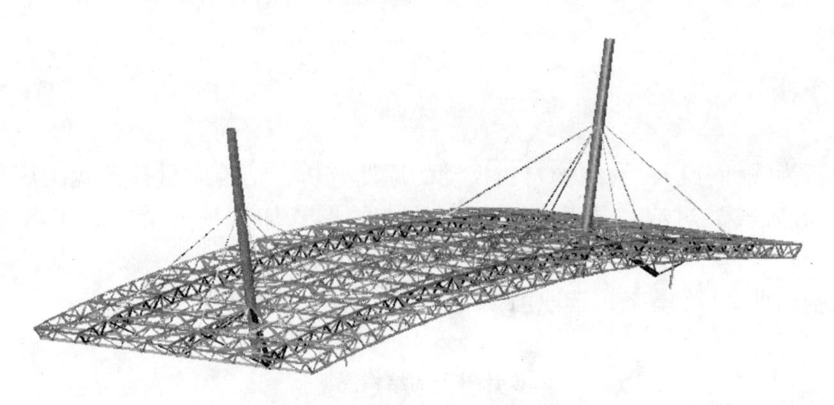

图1　标准受力单元空间示意图

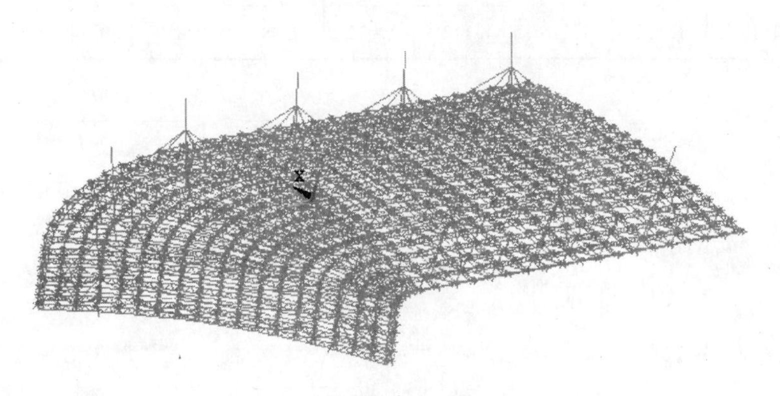

图2　结构 ANSYS 计算模型

单　元　列　表　　　　**表1**

单　元　编　号	单　元　名　称	数　　量
1	BEAM44	11153
2	LINK8	218
3	MASS21	691

根据结构和郑州市情况，结构计算所采用荷载如下：

屋面恒荷载：屋面荷载 0.7N/m²，吊顶管线 0.3kN/m²；

屋面活荷载：0.5N/m²；

风荷载：基本风压为 0.45kN/m²（50 年一遇），体形系数依据风洞实验的实验结果确定；

雪荷载：基本雪压为 0.40kN/m²（50 年一遇）。

地震作用指标如下：

地震设防烈度：7；地震设计基本加速度：0.15g；

场地土类别：Ⅲ；水平地震影响系数最大值：0.12；

设计地震分组：Ⅰ；设计特征周期值：0.45s；

温度荷载：+42℃，-14℃。

3 模态分析

模态分析为线性分析，为结构自由振动的周期分析，结构质量按照我国规范规定取为“恒载+0.5倍活载”对应的质量，质量以质点的形式加于杆件节点，不考虑结构的预应力。

计算结构的前20阶模态，选取前10阶模态见表2。

设计得到的结构周期　　表2

	1	2	3	4	5	6	7	8	9	10
周期（s）	1.181	1.178	1.159	1.112	1.072	0.985	0.859	0.743	0.664	0.636

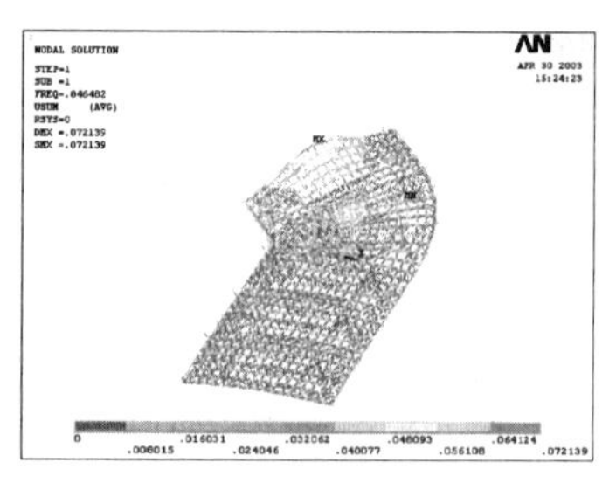
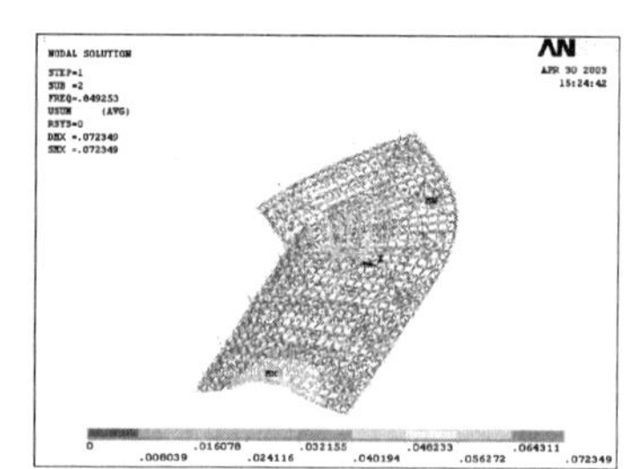
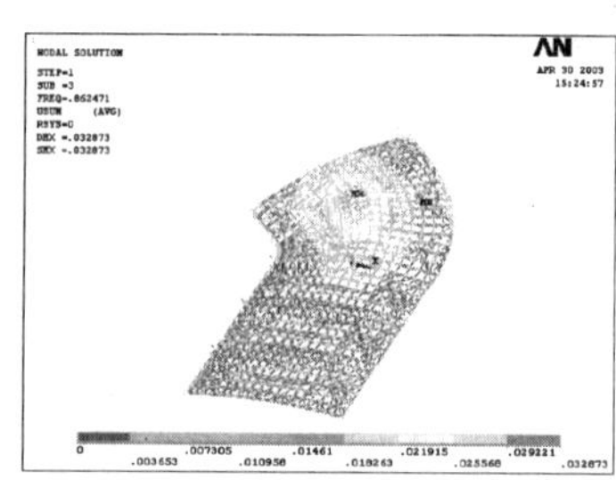
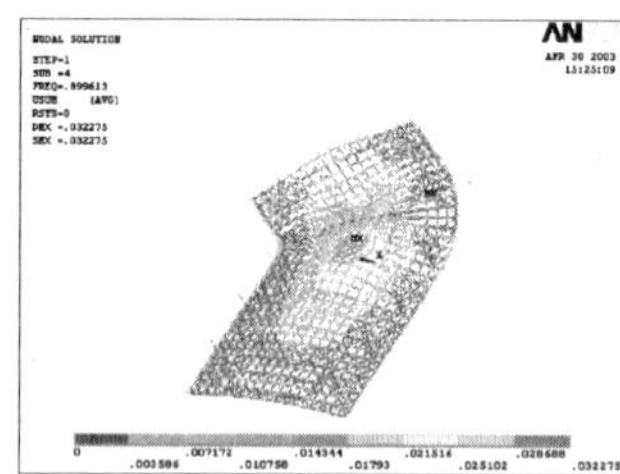
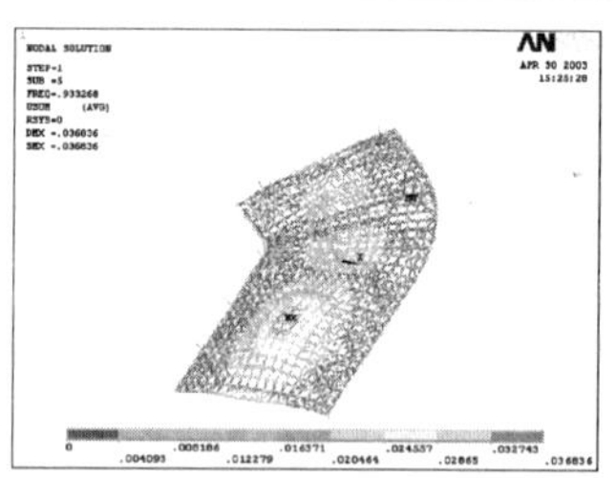

图3　结构前5阶振型图

从振型图上可以看到结构前三阶振型分别发生在结构平面转角处和两侧边桁架处。两侧桁架由于只有单侧和内部连接因而约束较弱，且刚度也较低，在此处发生了结构的一、二阶振型，结构平面转角处由于平面形式上的变化引起刚度在这里较其他部位弱，同时质量较集中，因而第三振型发生在此处。同时由模态计算结果可以看到，计算周期结果前几周期均在1s附近，前三阶振型都发生在结构转弯部位和结构的两侧。这表明结构的转弯部位和结构两侧的刚度较其他部位为低，在地震作用下将较其他部位的反应敏感一些，故设计时应特别考虑中部转弯处及结构两侧的抗震能力。

4 振型分解反应谱分析

采用规范地震影响系数曲线，其中主要参数取值如表3所示。

加速度设计反应谱参数取值　　表3

α_{max}	T_g	ζ
0.12	0.45	0.02

反应谱法分析只考虑结构在加速度反应谱激励下的应力变形情况，重力荷载代表值取为“恒载+0.5倍活载”，考虑索的预应力。

分别考虑沿结构 X、Y 及与 X 方向成140°角方向等三种工况对结构进行激励。

计算结构前100阶模态，保证结构振型参与质量大于总质量的90%，采用SRSS法进行振型叠加。

计算用反应谱曲线如图4所示。

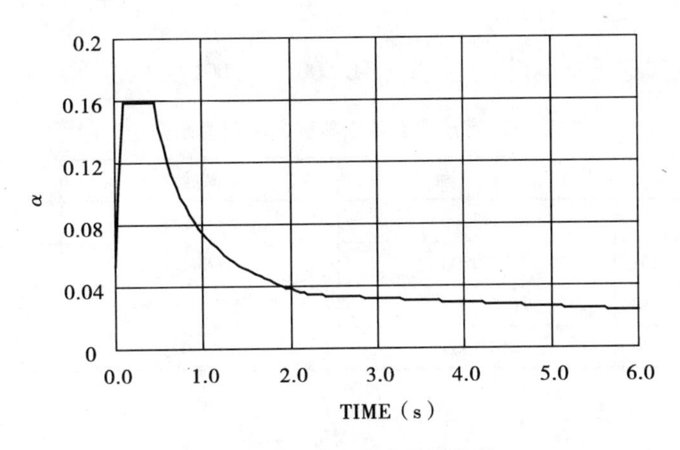

图4　水平地震影响系数曲线

在三个工况下，结构的整体位移分别如图5~图7所示（仅列部分位移图）。

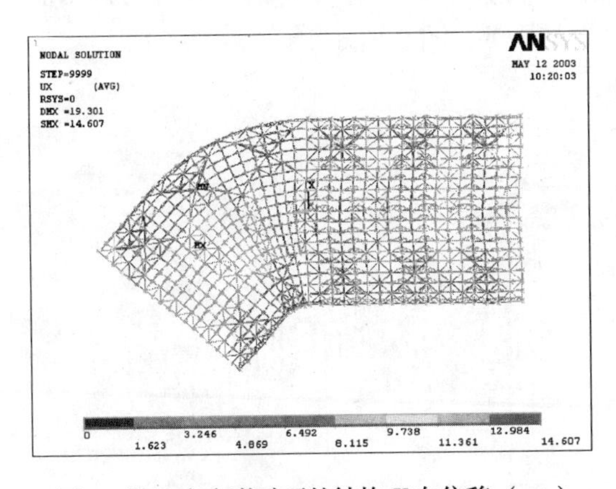

图5　沿 X 方向激励下的结构 X 向位移（mm）

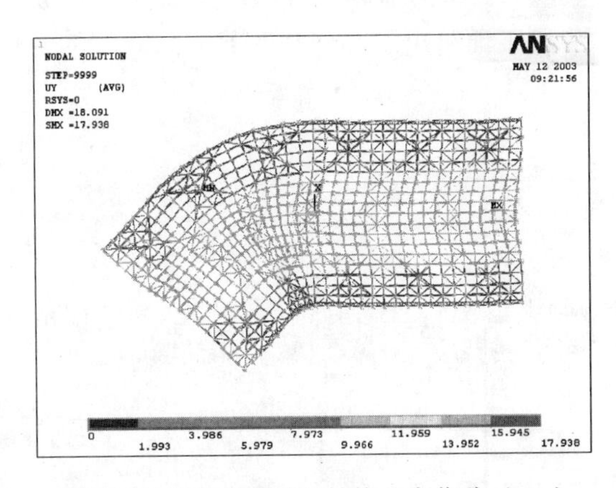

图6　沿 Y 方向激励下结构 Y 向位移（mm）

由图可以看出结构在水平地震作用下的位移普遍很小。对结构进行的三个方向加速度反应谱激励计算得到的结构底部剪力及相应的剪力系数见表4，由表4可以看到，结构的水平

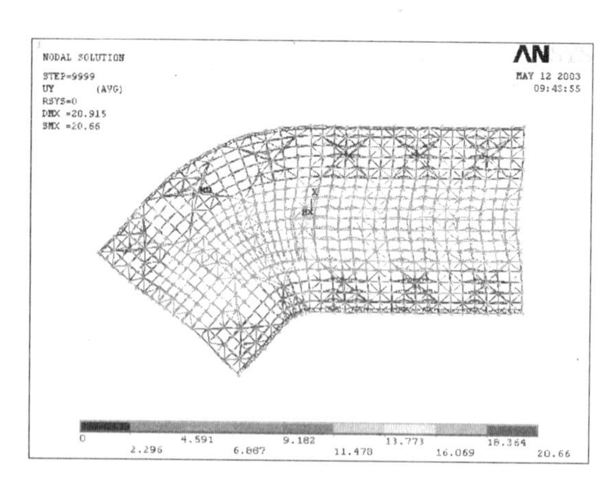

图 7　沿与 X 夹角 130°方向激励下的结构 Y 方向的位移（mm）

地震剪力系数满足《建筑抗震设计规范》（GB 50011—2001）的最低要求 1. 15 ×0. 024。

反应谱法得到基底总剪力及剪力系数　　**表 4**

	X 向激励	Y 向激励	X - 135°激励
X 向剪力	5343000	5582200	5812100
Y 向剪力	5176600	6523800	6530500
X 向剪力系数	0. 055767	0. 058263	0. 060663
Y 向剪力系数	0. 05403	0. 068091	0. 068161

5　时程分析

选择 El centro 波南北向、东西向加速度记录，峰值加速度取为 55cm/s^2，计算长度 13. 64s。重力荷载代表值取为“永久荷载 +0. 5 倍可变荷载”，计算考虑索预应力的作用。下面给出了部分基底剪力随时间的变化曲线，如图 8、图 9 所示。

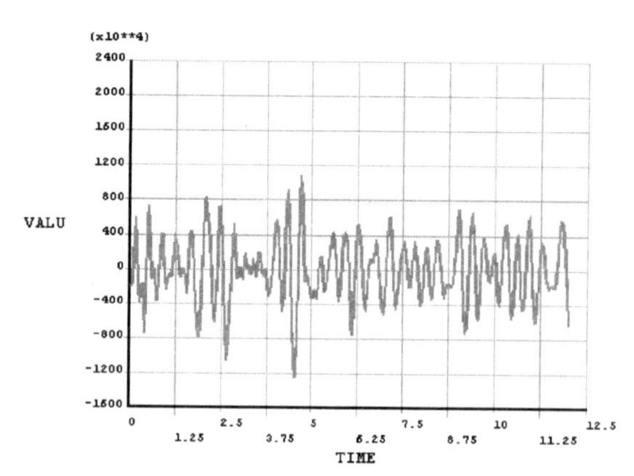

图 8　X 向基底总剪力随时间变化曲线
（El centroX 沿结构 X 向输入）

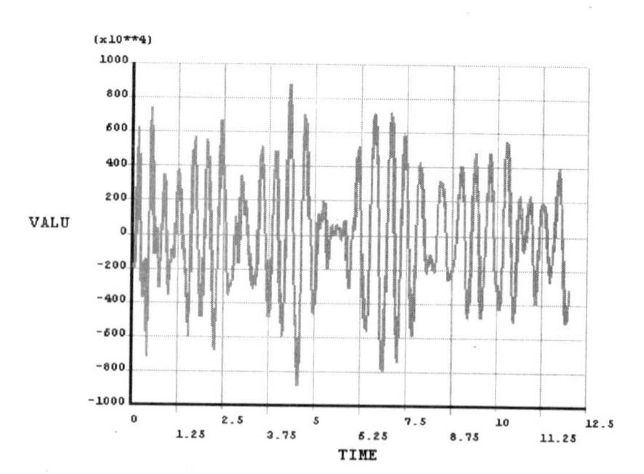

图 9　Y 向基底总剪力随时间变化曲线
（El centroY 沿结构 Y 向输入）

在地震波的激励作用下，基底总剪力和各节点的剪力分别见表5，可以看到剪力系数满足规范最低要求0.024×1.15。

地震波输入下基底总剪力最大值及其相应的剪力系数 **表5**

		发生时刻	剪力	剪力系数
El centroX X向输入	FX	4.56	-1.26×10^{7}	0.131
	FY	6.04	6.03×10^{6}	0.063
El centroX Y向输入	FX	5.72	-8.77×10^{6}	0.092
	FY	9.00	1.27×10^{7}	0.133
El centroY X向输入	FX	1.56	-1.07×10^{7}	0.112
	FY	2.76	-5.45×10^{6}	0.057
El centroY Y向输入	FX	4.32	8.86×10^{6}	0.092
	FY	9.12	1.42×10^{7}	0.148

由以上反应谱分析和时程分析，给出了时程分析结果与反应谱分析结果对比。对两者分析所得的基底剪力系数进行对比，对比结果见表6，根据反应谱和时程分析的原理可知两者是吻合的。

对比结果表 **表6**

			发生时刻	剪力系数
时程分析得到的最大剪力系数	El centroX X向输入	FX	4.56	0.131
		FY	6.04	0.063
	El centroX Y向输入	FX	5.72	0.092
		FY	9.00	0.133
	El centroY X向输入	FX	1.56	0.112
		FY	2.76	0.057
	El centroY Y向输入	FX	4.32	0.092
		FY	9.12	0.148
反应谱法得到的剪力系数	X向剪力系数		0.055767	0.058263
	Y向剪力系数		0.05403	0.068091

6 结语

郑州国际会展中心结构复杂特殊，是国内目前第一个大型H型钢张弦桁架结构，同时由于采用了桅杆和悬挂拉索相结合的受力体系，组成了一个完整的索系结构。因此了解结构的动力特性对结构受力性能的影响，对结构设计相对重要。本文对结构的模态分析、谱分析和时程分析结果，给结构设计提高了依据。

预应力楼盖的设计

马红玉　刘锡朝　张建北

（机械工业第六设计研究院）

摘　要：郑州国际会展中心展览中心五楼单个展厅的楼面结构平面尺寸为 60m × 121m，支撑该楼面的最大柱网尺寸为 30m × 30m，楼面活荷载为 15kN/m^2。本文详细介绍了该楼面预应力混凝土结构的设计思路和设计方法。

关键词：大跨度结构　预应力　混凝土结构

1　工程概况

郑州国际会展览中心的展览中心首层展厅柱网尺寸达 30m × 30m，5 层为 6 个大空间展厅，每个展厅平面尺寸为 60m × 122m，中间无柱，其屋盖为有桅杆和缆索支撑的空间框架式桁架。支撑五楼展厅的框架梁采用钢筋混凝土预应力结构，最大柱网尺寸为 30m × 30m，楼面活荷载为 15kN/m^2，这给楼面结构设计带来了一定的难度。

2　工程设计的调整方案

本工程结构专业初步设计由 ARUP 做，我院进行施工图设计。我院通过详尽的计算和仔细分析后，认为初步设计主要存在以下两个问题。

2.1　框架体系为单向受力

展厅大跨度柱网长向 102m，短向 60m。自结构体系沿 102m 方向设置预应力主梁，沿 60m 方向布置预制预应力次梁（包括 30m 跨框架梁）。在分析计算后，我们认为该结构改为双向受力框架更为稳妥，在不影响建筑使用净空及不增加太多结构自重的前提下，将框架体系改为双向受力（框架主梁断面尺寸为 1500mm × 2800mm），在每个 30m × 30m 的区格内每 10m 设一道一级次梁（断面尺寸为 700mm × 2000mm），后在每个 10m × 10m 的区格内设两道二级次梁（断面尺寸为 300mm × 700mm）。

2.2　混凝土强度等级问题

为避免高强度等级混凝土构件由于过高水泥水化热及混凝土收缩徐变产生裂缝，经研究决定把混凝土强度等级由初设的 C50 改为 C40。经反复计算比较，混凝土强度等级改变后的构件截面尺寸，钢筋配筋量与初设相差不大。

3 施工措施

确定总体楼盖系统的结构形式后，为保证结构安全，针对大体积超长混凝土结构及有粘结预应力的特点，预应力施工的可行性及构件预应力作用连续，采取以下措施：

60m 长方向预应力钢筋的张拉位置设置在梁的两端。102m 方向框架梁及一级次梁中有粘结预应力采用连接器连接，采用连接器连接可以有效地缩短施工工期，且能保证预应力作用连接。施工时在 102m 方向设置四条后浇带，单元中部的两条后浇带主要为保证中间 60m 有效地施加预应力，减少预应力损失且使预应力分布合理，单元两端的两条后浇带主要为解决端部 21m 跨施加有效预应力，克服筒体对施加有效预应力的影响。

4 工程预应力结构设计

本工程利用 PKPM（SATWE）对结构进行整体计算，因本层杆件数超出了 SATWE 的容量，故用 SATWE 进行结构分析时，去掉了一定数量的次梁。在计算中考虑了活荷载不利组合，因框架梁的受荷面积达 $900m^2$，一级次梁的受荷面积达 $100m^2$，所以对框架主梁楼面活荷载取 0.7 的折减系数，一级次梁采用 0.85 的折减系数。

预应力梁的计算采用上海交通大学陈晓宝教授的预应力设计程序 PRCS 进行，并根据 SATWE 的内力计算结果对 PRCS 的内力结果进行调整。

4.1 设计计算参数的确定

根据《混凝土结构设计规范》（GB 50010—2002），本楼盖的环境类别为一类，梁的裂缝控级等级为三级（$w_{\lim}=0.2$mm），楼板的裂缝控制等级为二级。张拉控制应力为 $0.75f_{ptk}$，预应力度≤0.75，纵向受拉钢筋按非预应力钢筋抗拉强度设计值折算的配筋率≤3.0%，框架梁考虑受压钢筋的梁端受压区高度 $x \leq 0.35h_0$。

4.2 预应力梁断面尺寸的确立

框架梁断面尺寸取 1500mm×2800mm，在支座处考虑 3000mm（b）×700（h）mm 的加腋，这样可以有效地减少框架梁的挠度及支座处的裂缝。一级次梁尺寸取 700mm×2000mm。二级次梁断面尺寸为 300mm×700mm。在用 PRCS 对预应力梁进行设计时，均按翼缘高为 150mm 的 T 形截面梁，翼缘宽按《混凝土结构设计规范》（GB 50010）的相关规定取值。

4.3 预应力曲线线型的确立

根据波纹管与普通钢筋的关系及双向波纹管交叉的位置关系确立曲线最高和最底点位置；根据双向主次梁普通钢筋与预应力筋的交叉点的位置关系确立反弯点于 1/10～1/8 之间，最终确定连续梁预应力筋布筋曲线线型。

4.4 预应力钢筋的配置

为了保证大跨度楼盖的安全性及可靠性，框架梁及一级次梁采用有粘结预应力。因一级次梁的间距为10m，为防止楼面开裂，在102m方向二级次梁及其他部位配置一定数量的直线预应力钢筋。预应力钢筋采用高强度低松弛钢绞线$\phi^j 15.24$（$7\phi 5$，$A_p=139mm^2$），$f_{ptk}=1860MPa$，$f_{py}=1320MPa$。

预应力损失的计算按《混凝土结构设计规范》（GB 50010—2002）的规定执行，有粘结的预应力梁均采用超张拉，张拉控制应力为$0.80f_{ptk}=1488MPa$，超张拉后再放松锚固。

4.4.1 承载能力极限状态验算

预应力钢筋和非预应力钢筋的配置要满足受弯承载力的要求，即

$$A_{sr}f_y+A_{sp}f_{yp}\geqslant A_sf_y$$

$$A_{sr}+f_{yp}A_{sp}/f_p=A_{sr}+4.26A_{sp}\geqslant A_s$$

式中，A_s为程序按普通钢筋混凝土梁计算所需的普通钢筋面积，A_{sp}为预应力钢筋面积，A_{sr}为实配普通钢筋面积。

4.4.2 钢筋的选配

预应力钢筋确定后，根据上述4.3及《混凝土结构设计规范》及《建筑抗震设计规范》对预应力筋与普通钢筋配置比例的规定和框架梁梁顶及梁底普通钢筋的配置比例的规定，最后确定预应力梁中的普通钢筋的数量。

4.5 正常使用极限状态验算

框架梁及一级次梁的最不利截面为支座及跨中。等跨连续梁的支座负弯距一般是跨中弯距的两倍左右，但预应力钢筋是通长布置，如果支座截面裂缝满足规范要求，则跨中预应力钢筋会有较多的富余量，采取在支座截面加腋的方法有效地解决了这一问题。在梁的挠度控制方面，考虑《混凝土结构设计规范》的最大挠度要求及预应力钢筋数量两方面的因素，尽量减小梁的挠度。

4.6 温度及混凝土收缩徐变的影响

温度应力的计算采用ANSYS程序建模分析，温度取为±30℃。计算结果中在降温30℃时，楼面中部拉应力一般为2.2MPa左右，楼面和剪力墙相交处拉应力为3～5MPa。在计算中所取的±30℃温差是一个概念性的温差，主要由三部分组成，包括季节温差、水化热散热温差和混凝土收缩当量温差，这几个数值可通过相关资料查得，但结果不应是简单的累加，应是概念性的组合，而且还要考虑混凝土徐变的影响。为防止上述原因在楼板中产生的裂缝，在设计中最初考虑在板中沿102m方向建立2.0MPa的预加应力，采用通长布置无粘结预应力筋。后来就这个问题查阅了相关的资料并咨询了有关的专家，最终认为在楼板中建立预应力存在着进行装修及设备安装时在楼板中打洞易将预应力筋打断，布置在二级次梁中既可以解决这个问题而且还可以有效阻止梁的开裂。后改为沿102m方向在二级次梁中通长设无粘结预应力筋。

4.7 构造设计

板内普通钢筋尽可能细直径密间距分布，以控制板混凝土表面裂缝的发生与开展。

梁侧腰筋间距遵循规范要求。框架主梁为24 ⌀20，一级次梁为16 ⌀16；梁、柱节点箍筋加密区长度大于规范要求，为轴线至第一道后浇带范围内全面加密；以控制梁侧向的

裂缝发生与发展。

4.8 张拉阶段验算

考虑最不利工况“结构自重＋预应力作用”，跨中截面为反拱的最不利截面。在进行跨中预应力反拱抗裂验算最不利荷载组合时，恒载产生的跨中弯距对其有利，但因在预应力梁施工时，楼面面层还未做安全储备，故对恒载乘以 0.85 的折减系数。通过 PRCS 计算，计算结果符合规范要求。

4.9 设计中裂缝控制

（1）采用预应力技术，设计中充分考虑温差及混凝土收缩徐变的影响，在施工及使用过程中混凝土拉应力均满足规范要求。

（2）采用 C40 混凝土，既利用收缩徐变量较小的特点，又满足规范的要求，保证经济合理。

（3）二级次梁长向内加设通长无粘结预应力筋。

（4）合理设置后浇带。

5 结语

本工程属于大跨度、重荷载、超长预应力钢筋混凝土结构体系，活荷载占的比例较大，如果预应力筋配置较多，会在跨中截面产生较大的反拱裂缝，为了使结构即安全又经济，工程设计遵循如下原则：

（1）配置一定数量的非预应力筋，保证截面在最不利活荷载作用下及施工阶段，不出现反拱裂缝。

（2）预应力钢筋和非预应力钢筋的配置满足强度的要求。

（3）支座部分考虑加腋，有效地解决了跨中与支座处弯距相差较大的矛盾，在满足梁的挠度及裂缝要求的前提下减少预应力钢筋的数量。

（4）在满足计算要求的前提下加强构造措施。

本工程的设计于2003 年 7 月份完成，并于2004 年 11 月份完成施工，已投入使用两年多，楼面梁、板均未发现任何裂缝。

参考文献

[1] 混凝土结构设计规范（GB 50010—2002）. 北京：中国建筑工业出版社，2002

[2] 建筑抗震设计规范（GB 50011—2001）. 北京：中国建筑工业出版社，2001

[3] 舒宣武，韦宏. 广州国际会议展览中心大跨度预应力混凝土梁设计. 建筑结构，2003（12）

会议中心 T6 钢管桁架结构设计

熊 猛　郭 磊

（机械工业第六设计研究院）

摘　要： 郑州国际会展中心是郑州市的标志性建筑之一，它的结构设计中包含了许多新型的结构和构件的设计。本文介绍了T6钢管桁架的结构设计，以及从设计中得到的一些体会，可以展望空间桁架有着广阔的应用前景。

关键词： T6钢管桁架　空间桁架　扭矩　支座

1　结构选型

T6钢管桁架是郑州国际会展中心会议中心的一个子项。T6钢管桁架位于会议中心的室内，作为大梁主要用于悬挂一扇1.350m高的钢筋混凝土装饰墙，剖面如图1所示。初步设计中，T6钢管桁架采用图2的结构形式，其目的是利用空间桁架的良好作用效果来跨越大空间。但在施工图设计中发现，初步设计的选型不甚合理，而且在节点验算中发现，初步设计的节点选型不符合我国《钢结构设计规范》（GB 50017—2003）中对钢管节点的一般规定和构造要求。所以在施工图设计中我们对初步设计作了修改，选取了受力更合理，节点符合我国规范要求的结构形式，如图3所示。

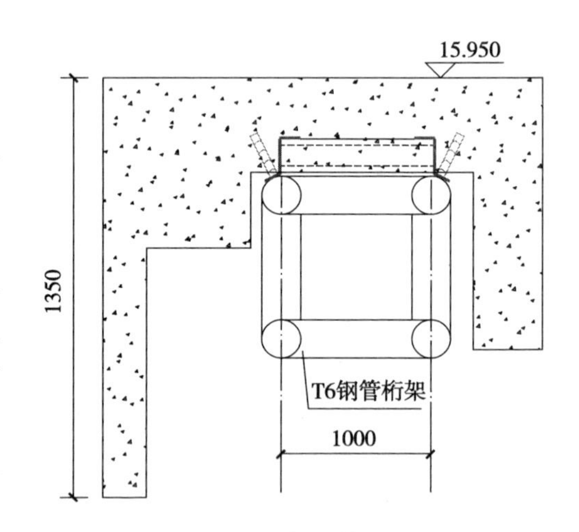

图1　T6钢管桁架横截面

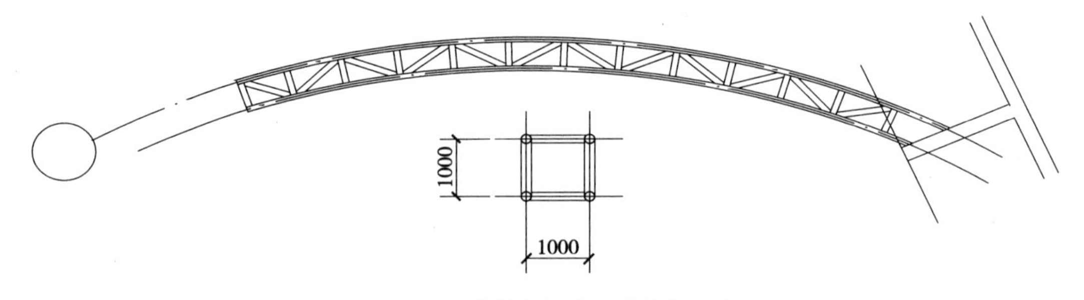

图2　T6钢管桁架初步设计结构形式

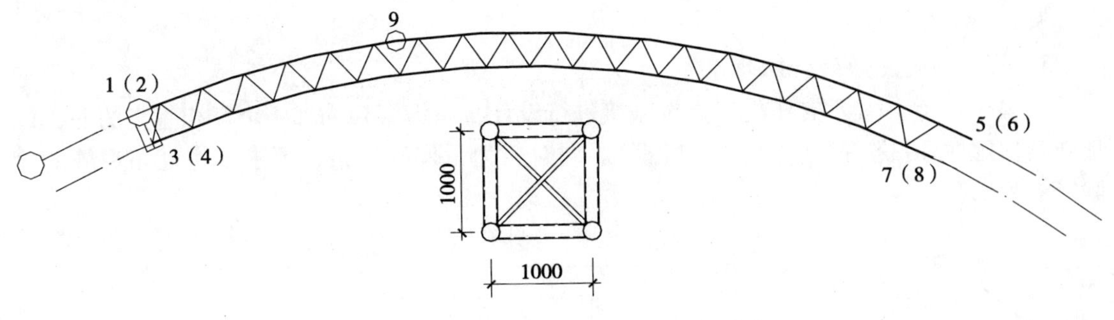

图 3　T6 钢管桁架施工图设计结构形式

2　T6 钢管桁架结构设计

2.1　计算假定

2.1.1　节点刚接

经过结构选型，本设计所选择的杆件不符合我国的《钢结构设计规范》（GB 50017—2003）中第 10.1.4 条的要求，故节点没有按照铰接来进行计算，按照刚接来进行计算。

2.1.2　6 个固定支座，3 个铰支座

1、2 支座与钢管混凝土柱相连接，5、6、7、8 支座与剪力墙中的预埋钢板相连接，这 6 个支座视为固定支座。9 支座下有一钢管混凝土柱支撑，3、4 支座与钢梁的腹板相连接，将这 3 个支座视为铰接支座。

2.2　内力计算

结构为空间桁架，并且桁架的弦杆带有曲率，采用通用软件 SAP2000（8.1.2 版）来进行建模计算。

2.3　杆件设计

（1）计算结果中，发现 5、6、7、8 支座反力较大，故加大了与 5、6、7、8 支座相连的弦杆的截面面积，以提高其可靠度。

（2）为加强空间桁架的空间作用，在桁架内部加入 5 个空间交叉支撑，通过计算表明，空间桁架的空间作用进一步加强，9 支座附近的倾覆位移大大降低。

（3）通过计算可以看出，大部分杆件的应力比还是较小的，杆件截面可进一步减小，使钢管充分发挥作用。

3　节点设计

3.1　一般节点

一般节点的节点尺寸及构造符合我国《钢结构设计规范》（GB 50017—2003）的要求，节点为需搭接的 K 形节点或不需搭接的 T 形节点。

3.2 特殊节点

3.2.1 固定支座的特殊处理

1、2、5、6、7、8 支座处节点按刚接进行设计，在钢管四周加 4 个互相垂直的肋，以加强其稳定性和抗扭能力（如图 4 所示）。同时，为了保证质量，要求支座处角焊缝的检验等级为二级。

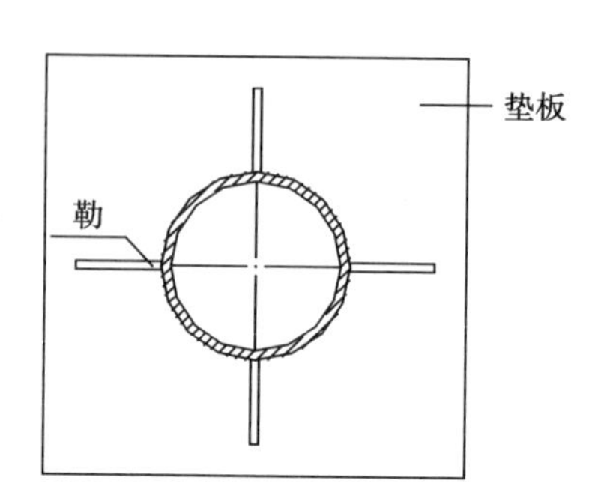

图 4 钢管桁架固定支座节点剖面

3.2.2 铰支座的特殊处理

钢梁截面高度较大，3、4 支座对钢梁的作用可以看作是对牛腿结构的作用，所以在采取 1 中的加强措施的基础上，对与铰支座相接的钢梁也进行了构造上的加强。钢梁分别加了横向加劲肋和纵向加劲肋；同时，为抵抗 T6 桁架对钢梁的扭转作用，钢梁加设一个斜撑，形成了与 T6 桁架垂直的牛腿结构，保证了钢梁构造上的稳定性。

4 结束语

（1）空间桁架选型时应选择传力路径简明，形式灵巧，各杆件间成 60°左右夹角的空间支撑体系。这样不仅能够满足我国《钢结构设计规范》（GB 50017—2003）对钢管结构的一般规定和构造要求，而且各杆件长度相差不大，节点间距离趋于合理。这样选型还可大大改善结构的传力途径，减小敏感节点的节点内力，提高结构的利用效率，并且美观经济。

（2）本设计分别针对不同假设作了计算，并进行了结果比较。按节点铰接（支管与主管铰接、主管与主管刚接）进行内力计算的结果同按节点刚接进行内力计算的结果进行比较，可以发现，杆件内力最大的几根杆件的杆件内力相差在 5% 以内，但按节点铰接计算所得的杆件内力比按节点刚接计算所得的杆件内力更趋于合理。若将交叉支撑去除，按节点铰接（支管与主管铰接、主管与主管刚接）进行计算，此结果与按节点刚接的计算结果进行比较，可发现此结果中的杆件内力增大许多，结构变形加大，有十几根杆件甚至进入屈服状态，结构几乎丧失稳定。可以得出结论，交叉支撑对于加强此钢管桁架梁的空间作用是非常明显的，交叉支撑是空间桁架稳定性的可靠保证。

（3）空间桁架梁在设计中需要特别注意扭矩对桁架梁的作用，在本地设计中因为加入了数个交叉支撑，空间桁架梁的空间作用得到了充分体现，不仅较经济合理地跨越了较大的跨度，而且较好地降低了 9 支座的支反力和挂板对桁架梁的倾覆作用。但是，要使空间桁架梁既可靠又经济，到底需要加入多少个交叉支撑，这是个值得探讨的问题。

（4）在设计中，遇到了钢管结构设计资料匮乏，特殊钢结构计算软件稀少，《钢结构设计规范》中关于钢管结构的说明条文及构造条文过少等等诸多限制。现今钢管结构以及空间桁架已经越来越广泛地应用于工程当中，但这方面的经验和资料还是相对缺乏的，对于这个问题，今后需要各方面、各部门的关注与重视。

参考文献

[1] 钢结构设计规范（GB 50017—2003）. 北京：中国计划出版社，2003

[2] 包头钢铁设计研究院，中国钢结构协会房屋建筑钢结构协会. 钢结构设计与计算. 北京：机械工业出版社，2000

[3] 王国周，瞿履谦. 钢结构原理与设计. 北京：清华大学出版社，1993

隐蔽式安装排水系统在郑州国际会展中心中的应用

杨　飞

（机械工业第六设计研究院）

摘　要：郑州国际会展中心建筑规模宏大，造型独特，是郑东新区一道靓丽的风景线。会议中心建筑形式复杂，内部装修美观要求很高。比较了下排水、降板排水、隐蔽式安装排水方式的特点，并选择合理的排水方式，以及如何解决地漏及清扫口在隐蔽式安装同层排水系统中的应用。

关键词：会展中心　会议中心　隐蔽式安装同层排水　下排水

1　会展中心工程概况

郑州国际会展中心坐落于郑州市郑东新区 CBD 中心，建筑面积为 21000m^2，由会议中心、展览中心两部分组成，是功能齐全、设备先进的大型综合性现代化的会议展览中心，主要供国内外一些重要的会议及展览使用。

2　会议中心工程概况

随着经济的发展，生活水平的提高，人们对生活品位、品质都有了更高的追求。会展中心特别是会议中心的定位、装修档次很高，如何使建筑内部的各个功能分区都能有一个统一、和谐的布局，充分、合理的利用空间，特别是卫生、洗浴区，如何使它与会议中心内部其他功能区有效地协调起来，创造美观、整洁的卫生场所，就显得十分重要。

3　排水系统简介

室内排水系统的任务就是将生活污水及时、畅通无阻的排至室外排水管网或污水处理设施内，为人们创造良好的居住环境。排水系统按其管道安装形式大致可分为下排水、降板排水及隐蔽式安装同层排水三种形式。

下排水（即传统的排水方式）是指卫生器具排水支管穿过楼板至下一层，然后由排水横管汇集至污水立管中排出；降板排水是卫生间的结构楼板局部下沉（约 40 ~ 350mm）作为管道敷设空间，然后汇集至立管排出；隐蔽式安装同层排水系统是指给排水管道及其附件均敷设于楼板以上假墙内，由排水横管汇集至污水立管中排出。

三种排水方式示意图如图 1 所示。

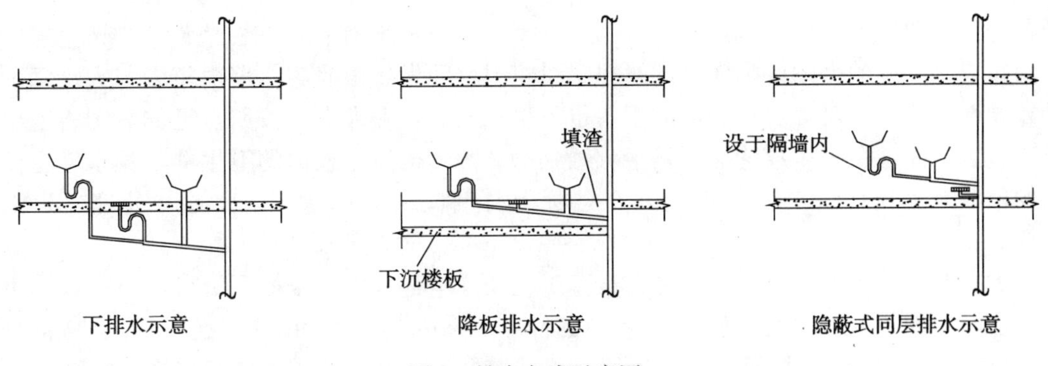

图1　排水方式示意图

下排水、降板排水在技术应用方面较为成熟，已经广泛地应用于各种工业及民用建筑内，但经过大量工程实例的实践后也都暴露出不同的问题。下排水存在的缺点：卫生间楼板被排水管道穿越破坏了楼板的整体性，带来了卫生间渗漏水的隐患；卫生间楼板上的预留洞使卫生器具的布置受到限制；管道维修需要到下层进行；上层排水管噪声对下层有影响。降板做法的缺点：楼板局部下沉后结构设计比较困难；排水管漏水带有隐蔽性，下沉楼板积水后卫生间管道维修比较困难；楼板的承重要求比较高。

4　隐蔽式安装同层排水系统

隐蔽式安装同层排水系统是一种新型的管道安装系统，它始创于欧洲，近些年来在国内发展十分迅速。在"健康舒适、以人为本"的现代建筑设计理念的指导下，隐蔽式安装同层排水系统已经越来越多地在一些工程中被采用。同传统的一些管道安装方式相比较，隐蔽式安装系统有着特殊的优势与特点。下面笔者就会议中心设计及施工过程中的一些体会，再结合其他两种排水方式在民用建筑中的应用情况浅谈一下隐蔽式安装同层排水系统。

4.1　隐蔽式安装同层排水系统的优点

4.1.1　整个卫生间卫生器具排水支管无需穿越楼板，以横排水的方式与立管相连，使卫生间的布局更加自由

在工程设计、施工应用过程中常出现的问题有：(1) 卫生器具的排水管在楼板上的留洞问题。按照下排水的设计方法，卫生器具的排水支管需要穿楼板，穿楼板时需要避开结构的梁。由于郑州会展中心的建筑形式比较复杂，结构方面抗震等级要求也都比较高，导致结构的梁截面比较大，而建筑专业方面由于不断采用一些新型材料，墙体厚度反而慢慢变小，最后出现的结果经常是建筑100～200mm的墙体落在结构400～600mm宽的梁上。由于卫生器具都是靠墙设置，排水横管和立管均是沿墙敷设，这样就不可避免地会与结构的梁相冲突，这样安装出来的管道不仅不美观，安装时也不好处理。(2) 卫生器具排水管道漏水问题。这个问题在民用住宅设计里尤为突出。下排水的排水方式需要层层穿越楼板，这样，水流的噪声不仅会顺着管子传到下层用户，而且排水管道漏水的现象也屡屡发生。这势必会影响到下层用户的正常生活，也可能会给他人的财产造成损失，因此而造成

的各种民事纠纷也屡见不鲜。(3) 设计达不到个性化、多样化。在住宅设计中，每层的卫生间布置是一样的，设计师在设计时也尽量将卫生间做得很完美。但由于人与人之间的各种差异性，每个人对美观、舒适的理解也不尽相同。很多人都想按照自己的意图将卫生间重新布置，而这在大多数情况下是很难做到的，因为楼板上预留的卫生器具排水管道预留洞的位置是无法改变的，如果重新在楼板上打洞又会破坏建筑防水层，处理起来十分麻烦。

为克服下排水系统以上的不足，很多工程设计中都采用了楼板下沉排水方式以解决排水管道所出现的上述问题，但此举同时也带来一系列其他的问题：卫生间处层高将会降低；排水管道漏水带有隐蔽性；污水将会聚集在两层板之间造成污染；维修困难等。

隐蔽式安装同层排水系统将有效地解决上述问题。因为是同层排水，不需要穿越楼板，用户在装修的时候不会再受到卫生器具留洞的限制，可以按照自己的意图装修，布置更加自由；采用后排式卫生器具，排水横管沿地面敷设，直接排入污水立管，卫生间的层高不会受到影响；若排水管道堵塞，把卫生器具的充水盖板取下即可清通排水横管。所以采用隐蔽式同层排水系统可以有效地做到优化设计，减少专业之间配合过程中潜在的问题，而且由于排水支管位于本楼层内，也避免了上下层用户噪音及漏水的相互干扰而产生不必要的纠纷。

4.1.2 墙前隐蔽式安装，不破坏墙体结构，节省安装时间

传统的管道暗装的方法一般是在建筑墙体上开槽，开槽尺寸的宽度一般为管道外径加100mm，深为管道外径加30mm。由于现在建筑上采用的很多墙体材料，比如说多孔砖、加气砌块等，在作为承重墙时按照结构规范均不宜横向开槽，如必须横向开槽还需要在开槽位置上部加一条混凝土板带以增加墙体抗压强度。而给水管道上带有很多阀门、弯头等附件，不仅会对施工安装造成困难，而且以后检修维护管道时也很不易操作。

郑州国际会展中心是河南省的重点建设项目，受到社会各界的普遍关注，其施工安装时间非常紧张，虽然卫生器具的安装不再是整个给水排水系统的主要部分，但是其管道的密集及复杂程度在各个系统中却是比较大的，各个专业（建筑、结构、水、电）之间的配合也比较多（小便器、洗手盆均为电气自动控制），再加上建筑形式复杂，错层很多，这样在提高了卫生间给排水管道安装进程的同时也在同等程度上加快了其他相关专业的施工进度，对于提高整个的工程的施工进度也是很有帮助的。卫生器具与墙体之间砌一道250mm 厚隔墙，不仅排水管道可以设置其中，龙骨、卫生器具水箱和阀门也置于其中，既加快了施工进度，以后检修维护管道的时候只要把隔墙板拆除下来就可以操作。隐蔽式安装系统的这些特点，可以给卫生器具的安装节省约 2/3 的时间。

4.1.3 不再有错综复杂的给水排水管道和卫生死角

目前，建筑内的卫生间大多采用下排水的排水方式，楼上的排水管道要“侵占”楼下部分的空间，使卫生间的布局显得呆板又不灵活，在装修卫生间的时候，只能做隔板或吊顶将管道“藏”起来，浪费空间又欠美观。隐蔽式安装同层排水系统给水排水管道均设置于假墙中，不仅避免了空间浪费，具有出色的视觉效果，还能起到隔离噪声的作用。另一方面，由于不用考虑楼板预留洞的问题，可以充分地实现业主的装修意图，使整个卫生间布置起来灵活且富有个性，视觉效果流畅。在打扫卫生间时，也减少了许多卫生死角，完全克服了传统排水方式的不足。

通过方案比较，会议中心里的所有贵宾休息室内的卫生间均采用隐蔽式安装同层排水系统。

4.2 隐蔽式安装同层排水系统存在的问题

4.2.1 排水管道坡度问题

对于会议中心内的一些大面积的卫生间，排水管道比较长（最长段为17～18m），按照《建筑给水排水设计规规》（GB 50015—2003）（以下简称《建规》）室内排水铸铁管的最小坡度：*DN*50，0.025；*DN*75，0.015；*DN*100，0.012。计算此管道坡降约为300mm，排水横管中心距楼板约为350mm。按照国标99S304—71，后出水坐便器的排水管就接不进排水横管中。

4.2.2 地漏的设置

对于会议中心内贵宾接待室内的小卫生间及住宅设计中，在隐蔽式安装同层排水系统中，地漏设置于靠近污水立管处（此处排水横管最低，基本贴住楼板），选用侧墙式地漏（地漏箅子置于隔墙上）接入横管。当卫生间面积不大，卫生间功能比较单一的状况下，地漏设置是没有问题的，建筑地面也好找坡。而会议中心内卫生间划分的功能区很多，包括残厕、开水间等，这些区域中均需设置地漏，结果由于排水管道标高比较高，地漏很难接进排水横管中。

4.2.3 清扫口的设置

根据《建规》中4.5.12.2条，在连接两个及两个以上的大便器或三个及三个以上卫生器具的铸铁排水横管上，宜设置清扫口，这样当管道横管堵塞的时候可以把清扫口盖取下即可清通。但是同地漏的原因相同，清扫口的设置也存在技术上的一些困难。

由于上述原因，会议中心内部一些面积较大的卫生间不可能做到同层排水，但考虑到会议中心的重要性及高档性，这些卫生间设计中采用了笔者称之为隐蔽式安装异层排水系统的一种排水方式。此系统同时具备了隐蔽式安装同层排水及下排水的一些特点，即上部设有200mm厚的隔墙，给水管道、阀门、坐便器水箱均置于其中，而排水管道则穿过楼板由排水横管连接汇入立管。

采用隐蔽式安装异层排水系统，可能会出现两个问题，一个是上层漏水影响下层，另一个是上层排水噪声影响下层，但由于会议中心为公用建筑，这种影响不是很大，在考虑到技术及维修上的一些原因的对比，采用异层排水系统还是十分合理的一种排水方式。

5 结论

在会议中心的设计过程中，笔者注意到制约隐蔽式安装排水系统应用的主要问题是地漏与清扫口的问题。

5.1 地漏的问题

根据《建规》第4.5.7条，“经常从地面排水的地面，需要设置地漏”，这里很重要的一点就是经常，欧美一些国家的私人住宅就不设置地漏，国内许多高级旅馆卫生间均不设置地漏。笔者分析原因有以下几点：（1）目前大多数住宅为产权房，打扫卫生已不用拖把、水桶等清扫，地漏的使用率极低，水封很容易被破坏，易造成室内环境的污染；（2）洗脸盆、浴缸都有溢流口，卫生间使用时，一般只溅起少量水珠，清扫时通常用较干的抹布擦拭；（3）地漏在实际施工中，很难保证其位于地坪最低处，即使地面有少量积水，也无法通过地漏排除。所以对于一些高档住宅，笔者认为除洗衣机排水地漏外，卫生间内可以不设地漏。

而对于会议中心内的比较复杂的卫生间，由于面积大，功能分区、卫生器具比较多，一些地方必须要设置地漏。对于隐蔽式安装同层排水系统，解决地漏问题的措施：（1）采用侧墙式地漏，存水弯设置在管道井中；（2）将地漏及管道预埋在楼板中；（3）开发新型地漏来适应国内情况。

5.2 清扫口的问题

清扫口的作用主要是清通管道。对于隐蔽式安装同层排水系统，由于卫生器具构造的特殊性，这样当管道堵塞的时候只要把卫生器具充水盖板取下即可清通，完全可以取代清扫口。所以笔者认为《建规》中第 4.5.12.2 条只适用于下排水及楼板下沉的排水方式，并不适用于隐蔽式安装排水系统。

5.3 小结

隐蔽式安装同层排水技术在欧洲已经广泛应用，有成熟的技术规范和行业标准可以参考。中国与欧洲的具体情况不同，此技术与我国现行的建筑设计规范还有冲突，而且没有相应的技术规范和行业标准，大规模的推广还存在不少困难。随着人们的生活质量及生活品质的提高以及国家标准和适应各地实际情况的地方规范的制定，隐蔽式安装同层排水系统将会被越来越广泛地应用。

参考文献

[1] 俞科，蒋红波. 浅谈卫生间同层排水设计. 给水排水，2004.9，P74~76

郑州国际会展中心雨水系统设计

杨　飞　王项瑜

（机械工业第六设计研究院）

摘　要： 郑州国际会展中心建筑外观总体规模宏大，造型独特，是郑东新区一道靓丽的风景线。会议中心屋面建筑形式比较复杂，雨水排水量大。比较了重力流、虹吸流排水的特点，并着重介绍了会议中心采用的屋面雨水虹吸排水系统的设计。

关键词： 会展中心　会议中心　虹吸排水　雨水斗

1　会展中心工程概况

郑州国际会展中心坐落于郑州郑东新区 CBD 内环上，建筑面积为 210000m^2，主要供国内外一些重要的展览及会议使用。

会展中心建筑物外观总体规模宏大、造型独特、气势雄伟，与会展广场内的中心湖交相辉映，已经成为郑东新区一道靓丽的风景线。

2　会展中心屋面概况

会展中心屋面主要由会议中心屋面和展览中心屋面两部分组成，屋面均采用大跨度的钢结构，其中展览中心屋面汇水总面积为 52057m^2，会议中心屋面汇水总面积为 22080m^2。

3　系统的选择

郑州国际会展中心屋面的形式、构造对屋面雨水排放造成的主要影响因素有：独立区域多；支撑屋面的杆件造型不规则；屋面结构有最大降雨荷载要求；钢结构在各种荷载下的变形影响；屋面雨水的排水立管管井和雨水出户管设置位置等。在对屋面构造及其对雨水系统影响的分析思考过程中，并在参考了大量国内外屋面雨水的有关文献的基础上，对多个雨水方案进行了比较。在方案讨论过程中，重点对已得到广泛工程应用的传统重力排水系统及近二三十年兴起的虹吸排水系统进行了比较。

3.1　重力排水系统

重力排水系统为一般工程较常采用，由普通雨水斗、悬吊管、立管、埋地管及出户管等组成，其工作原理主要主要是利用屋面雨水本身的重力作用由屋面雨水斗经排水管道自流排放。因为重力排水系统按非满流状态设计，为避免雨水悬吊管连接过多的雨水斗所造成的不均匀排水影响整个系统的排水效果，《建筑给水排水设计规范》（GB 50015—2003）（以下简称《建规》）规定重力排水系统宜采用单斗排水。

该系统有如下特点：（1）重力排水系统呈气液两相流，空气占据了大约1/3的管道空间，因此排水管管径较大；（2）按《建规》要求，重力流屋面雨水排水管系的悬吊管应按非满流设计，其充满度不大于0.8，且排水坡度不小于0.01，因此占据较多的建筑空间；（3）由于单管连接的雨水斗不宜太多，因此使用的立管数量较多；（4）普通雨水斗排水量较小，因此系统使用雨水斗数量也较多。以上这些水力特征，影响了重力流屋面雨水排水系统在大屋面工业、公共建筑雨水排放系统中的应用。

3.2 虹吸排水系统

虹吸雨水系统产生于欧洲，三十多年来，该系统以其独特的优势，在全球范围内得以迅速发展和不断改进。其工作原理是利用屋面专用虹吸雨水斗实现气水分离，使系统呈负压状态形成压力排水，虹吸排水系统实质上是一种多斗压力流雨水排水系统。

相对于重力排水系统，虹吸排水系统具有如下特点：（1）系统排水量大，所耗用的管材少；（2）减少埋地管和地下部分工作量；（3）由于虹吸排水系统具有较高的流速，系统可保持较好的自清作用；（4）节约大量的建筑空间；（5）虹吸排水系统虽然一次性投资比重力排水系统略大，但维修保养费却要比重力排水系统低得多。

3.3 系统的选择

会展中心的屋面建筑形式十分复杂，尤其是会议中心，整个屋面是褶皱状的。当采用虹吸排水系统时，雨水经雨水斗收集，用悬吊管连接，雨水管道均沿结构桁架敷设，埋入基础短柱后排出（图3），系统十分简捷。当采用重力流排放系统时，由于重力流为气液两相流，排水能力较虹吸系统来说较小，导致立管管径较大，管道重量大，同时需要较大型的吊架，大大增加了屋面结构荷载，对建筑美观也有很大的破坏；当排水干管降落到地面以下时，由于管径大，安装、检修占用的地下建筑空间很大，再加上建筑形式的影响，有的排出管无法直接排出室外，给设计上带来很多困难。

通过上述比较，虹吸排水系统在会展中心中的优势是显而易见的。本工程会议中心、展览中心屋面均采用虹吸雨水排水方式。

4 虹吸排水系统在会议中心中的应用

限于篇幅，本文主要介绍虹吸排水系统在会议中心屋面排水中的应用。

会议中心的屋面形式造型独特，犹如一个巨大的、美丽的雨伞矗立在郑东新区CBD内环上。建筑物的主体靠12个较大规格的混凝土基础来承受荷载，每个混凝土基础与伞形屋面间依靠2个斜支撑进行连接。整个屋面均分为24个面积均等的四边形，会议中心屋面建筑形式如图1所示。

设计方案一：按重现期 $P=10$ 年设计，按重现期 $P=50$ 年校核溢流设施。此方案理论上可行，能满足相关规范要求，但造价较高（详见表1中的主要经济技术指标对比），且系统相对复杂，增加的溢流排水管将沿会议中心斜钢结构支承敷设，这样无疑会破坏整个

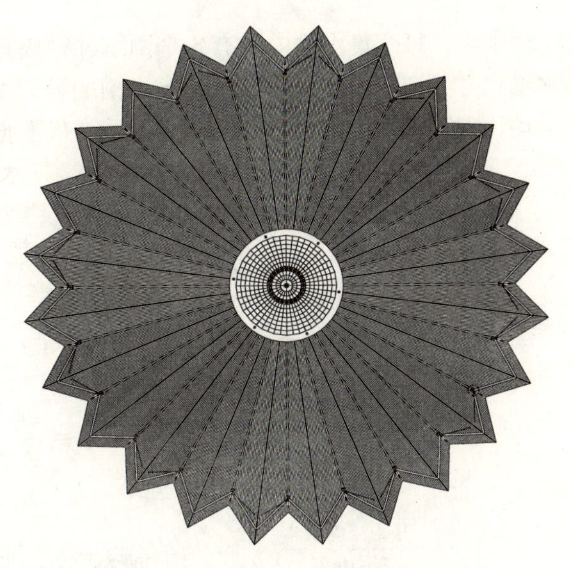

图 1　会议中心屋面平面示意图

会议中心外观的对称性并进而影响建筑物立面美观。

设计方案二：按重现期 50 年进行设计，不再增加溢流设施。两种方案主要经济技术指标对比见表 1。

主要经济技术指标对比　　**表 1**

		设计方案一	设计方案二
		按 $P=10$ 年设计，$P=15$ 年校核	按 $P=50$ 年设计
设计雨水量 Q		1514.69L/s	2020.32L/s
雨水斗		72 个	48 个
管径	De110	1338m	60m
	De125		669m
	De160	411m	411m
	De200	65m	65m
主材造价合计		约 72 万元	约 60 万元
系统复杂程度		系统复杂、方案可行	系统简洁、方案可行
现场施工		复杂	简洁

经过上述两种方案比较，按照重现期 $P=50$ 年进行设计的立管管径与 $P=10$ 年经行设计的立管管径相比仅增大一级管径，方案可行。因管径的变化增加的工程造价微乎其微，而系统简洁明了、安全、运行可靠，能满足相关规范的要求。

会议中心屋面汇水面积为 22080m^2，按设计重现期 $P=50$ 年，暴雨强度 $q_5=9.15$L/（s·100m^2），5min 的暴雨强度达 2020.32L/s。屋面被褶皱均分为 24 个独立的单元，每个单元集水区对应一个独立的虹吸排水系统，单元的汇水面积为 920m^2，排水量达到 84.18L/s。

设计采用 YG 型虹吸雨水斗，每个集水槽内设有 3 个雨水斗，设计排水能力可以满足整个屋面的雨水排放。集水槽尺寸为 2000mm × 1000mm，集水槽的设置可保证系统能迅速形成虹吸，不锈钢雨水斗型号均为 YG100B 型。每个单元的虹吸系统布置形式如图 2 所示。

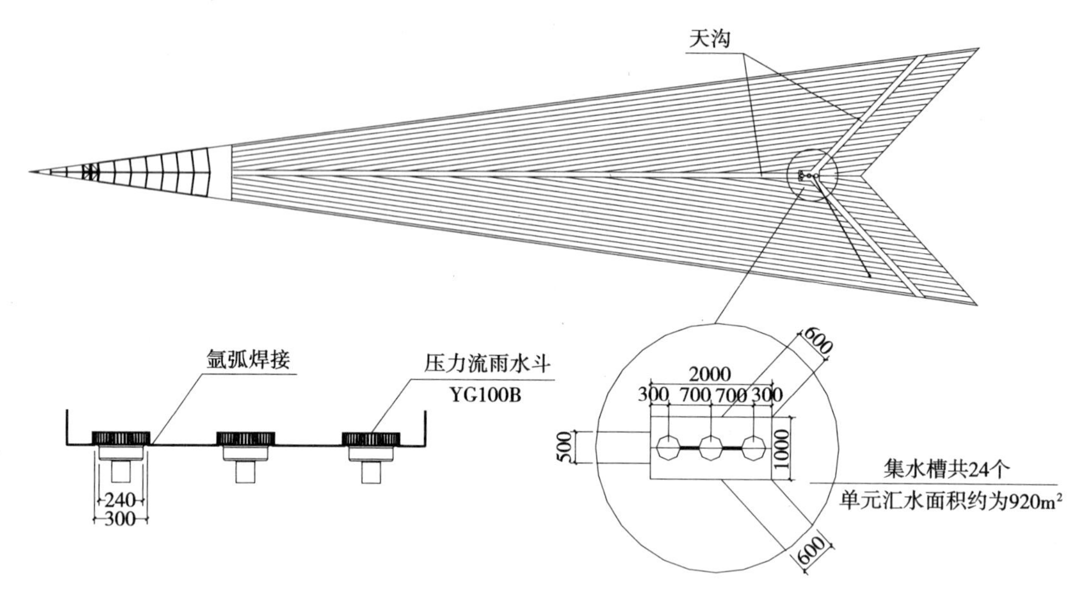

图 2　单元虹吸排水系统图

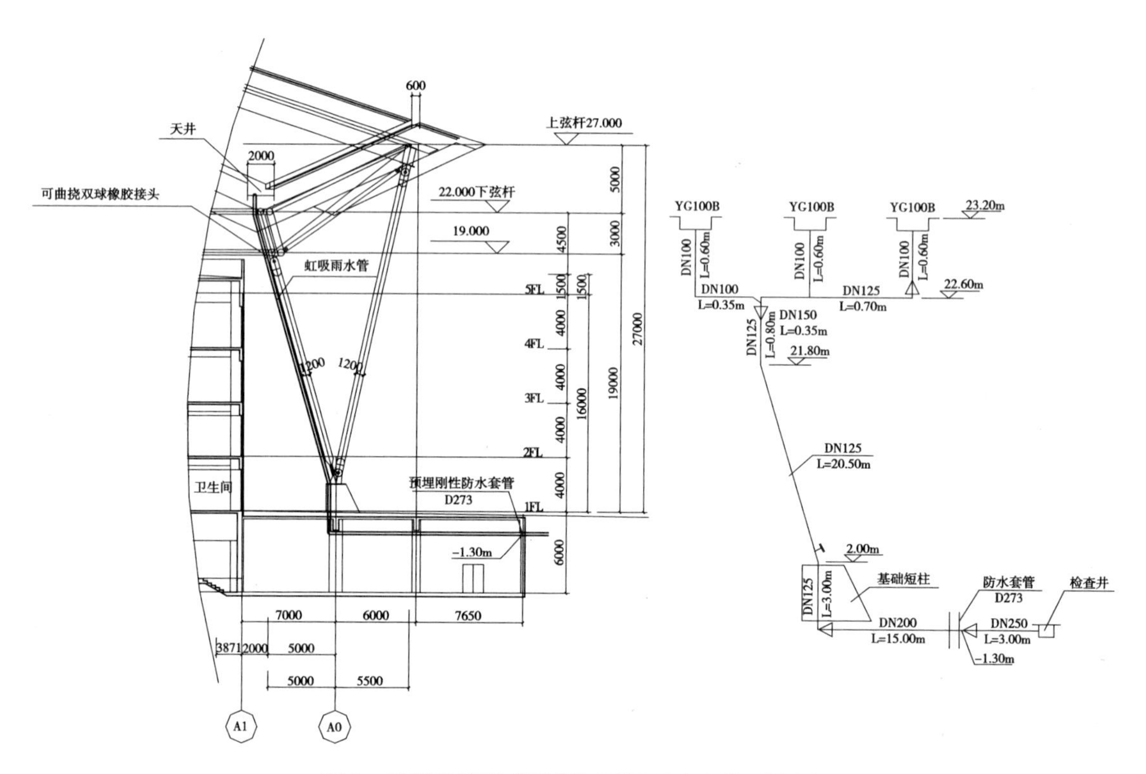

图 3　管道沿桁架敷设剖面图及雨水立管系统图

本设计采用的是三斗排水系统，悬吊管及立管均沿结构桁架构件安装，管道布置见图3。同一悬吊管的雨水斗安装在同一水平面上，确保雨水斗在同一水位进水，使系统不进气，呈压力流状态。

系统的悬吊管及立管选用不锈钢管，埋地管道选用高密度聚乙烯管（HDPE）。不锈钢管采用氩弧焊接，HDPE管采用热熔焊接及电焊管箍连接。管道穿越伸缩缝处，加不锈钢波纹伸缩器，两端用法兰连接。经计算，悬吊管管径为 ϕ133 不锈钢管，最大负压值 <0.08MPa，立管管径为 ϕ133 不锈钢管。管道外露部分配合建筑设计立面要求安装，使不锈钢管与结构桁架完美地结合在一起，仿佛钢结构构件的一部分。

5 结论

会议中心屋面雨水设计采用50年重现期、不设溢流设施及雨水立管沿结构桁架敷设的做法，不仅有效地克服了重力流雨水系统的种种弊端，而且在不影响建筑立面效果的情况下达到了实用与美观的完美结合。由于本工程设计是在《建规》（GB 50015—2003）发布实施前完工的，部分设计参数套用的旧规范。因此建议设计人员在今后的设计中要有超前意识，在造价提高不多的情况下合理地将设计标准定高些，使设计在较长的时期内都能保持先进性。

在中国，随着大跨度大面积的建筑日益增多，建筑要求不断提高，建筑材料迅猛发展，以及虹吸雨水系统在一些机场和展览馆等建筑上的成功应用，该系统正越来越被广大的设计工作者所接受。郑州国际会展中心已竣工一年多，屋面虹吸雨水系统运行正常，它是虹吸排水系统在大规模屋面排水中的又一次成功的实现。

参考文献

[1] 梁景晖. 广州新白云国际机场航站楼雨水系统设计. 给水排水，2004.8，P68～70
[2] 刘鹏，赵昕. 国家体育场屋面雨水排水系统的选择. 给水排水，2004.11，P77～78

郑州国际会展中心会议中心大跨度楼盖减振控制

赵　均[1]　李亚民[2]　陈永祁[3]　赵　玲[1]

（1. 北京工业大学建筑工程学院；2. 机械工业第六设计研究院；3. 北京奇太振控科技发展有限公司）

摘　要： 郑州国际会展中心的会议中心大跨度楼盖采用调谐质量阻尼器（TMD）进行减振控制，通过设计合理的TMD参数，以解决由行人走动引起的楼盖振动问题。经分析对比不同工况下TMD的减振效果，表明TMD可以有效地减小楼盖的动力响应，使之满足舒适度要求。

关键词： 楼盖　振动控制　调谐质量阻尼器　行走激励　舒适度

1　工程概况

郑州国际会展中心的会议中心在建筑上分为5层，其中第4层设有大跨度的1200人会议大厅，其楼盖结构平面见图1。该会议大厅主要由半径为68.5m和67.95m的两个扇形以及两侧的柱列所围成，外弧长为126.6m，内弧长为75.4m，最大跨度为42m（沿径向）。楼盖结构的组成形式为：沿径向的每一轴线设置主承重钢桁架（高度为4m），支承于周边的混凝土结构，各主承重桁架之间设置次桁架，采用100mm厚的混凝土楼板。

计算表明，楼盖结构体系设计满足了强度和挠度要求，但由于跨度大，在行人走动等正常使用条件下不能满足舒适度的要求，振动较大，对于处在静止位置的人来说会引起不舒服感，甚至心理上的不安。为了解决这方面的问题，有必要采取有效措施，以减小其反应。这里采用了调谐质量阻尼器（TMD）技术对该大跨度楼盖进行减振控制。

由于本文主要控制的是楼盖竖向振动，故仅建立了会议大厅楼盖结构模型。经计算分析得到楼盖的前四阶自振频率为2.95Hz、4.14Hz、5.01Hz、6.12Hz，前两阶振型在行人走动等条件下容易引起共振，因此为主控振型。

2　TMD原理

TMD体系是附加在主结构中的一个子结构，由质量块、弹簧、阻尼器组成，质量块通过弹簧和阻尼器与主结构相连接。该体系的工作原理是：主结构承受动力作用而振动时，质量块也随之产生惯性运动，经过合理选取子结构参数，当TMD的自振频率调谐到与主结构的频率或激励频率达到某种关系时，TMD将通过弹簧、阻尼器向主结构施加反方向作用力来部分抵消输入结构的扰动力，并通过阻尼器集中消能，使主结构的振动反应衰减，从而达到减振的目的[1]。

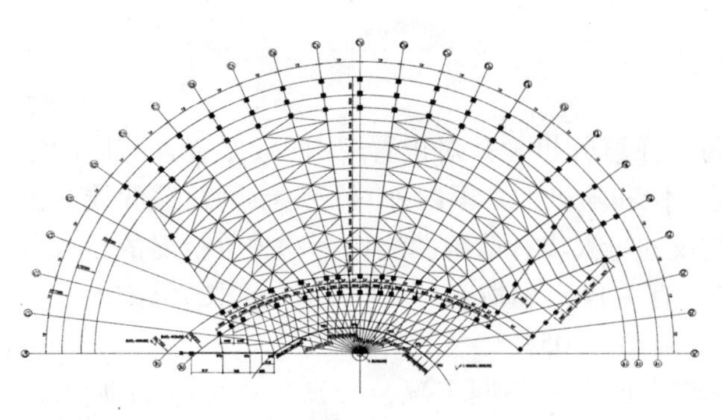

图1　楼盖结构平面图

图2　安装在楼盖上的TMD装置

3　TMD减振装置的设计和布置

本工程采用的TMD减振装置由北京奇太振控科技发展有限公司设计生产。

TMD减振控制存在有效控制激励频宽的问题，一般来说，装设一个子结构，只对以某个频率为主的外部激励进行有效减振控制[2]。计算表明，本工程楼盖第一自振频率和人正常行走、跳跃的频率接近，是一定要控制的；还要考虑高阶共振的问题。为此，经过多次优化计算，确定在会议中心楼盖上共设置两种TMD减振装置（分别称为1号装置和2号装置），频率分别调谐至结构的第一和第二频率。每套减振装置的组成，均包含有质量块、4个大弹簧、16个小弹簧、4个粘滞阻尼器（由美国Taylor Devices Inc. 生产）和若干连接件（见图2）。通过试验反复调整，最后确定了这两套TMD装置的参数值（见表1）。

本工程楼盖上布置的TMD减振装置共36套，其中1号装置26套，2号装置10套。具体布置位置如图3所示。

TMD减振装置参数　　**表1**

减振装置编号	弹簧总刚度系数（N/m）	调谐质量（kg）	阻尼器阻尼系数（N·s/m）	调谐频率（Hz）
1号	1083682.5	3050	11498.2	3.0
2号	1519712.7	2290	11789.6	4.1

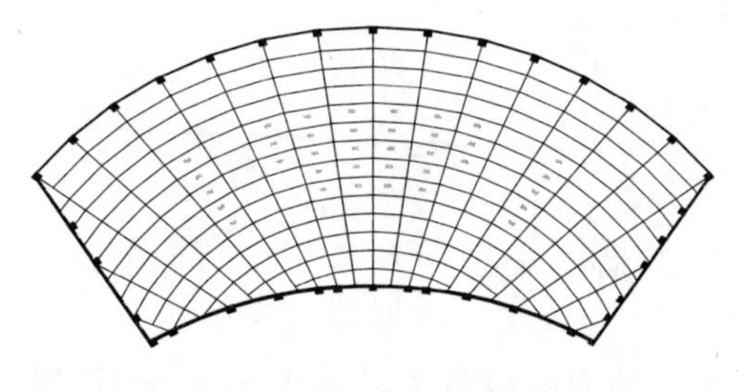

图3　TMD装置的布置

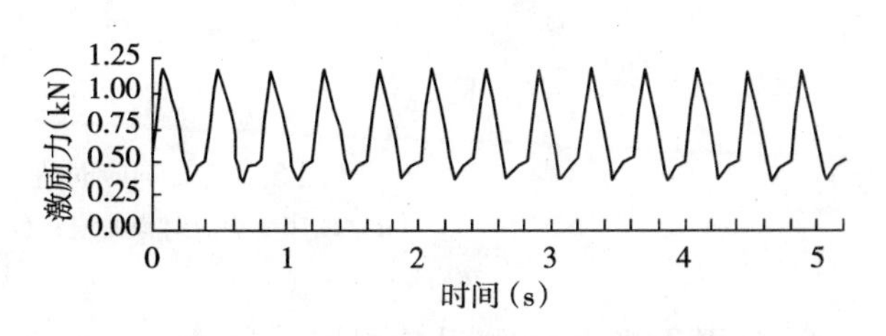

图4　IABSE中建议的行走激励荷载曲线

4 楼盖减振效果分析

本文采用SAP2000程序进行楼盖振动的计算分析，并对设置TMD减振装置前后的结构响应加以对比。由于行人行走过程的复杂性和随机性，国内外对行走激励荷载曲线还没有一个统一的标准。本文采用IABSE中建议的行人步行荷载曲线作为动力分析时的行人外荷载激励曲线（见图4）；参考ATC1999的有关规定和取值[3]，人的质量取70kg/人。考虑楼盖上的座位及人的阻尼作用，结构阻尼比取0.05。

在本文分析中，考虑了楼盖在行人作用下的3种不同工况，分别是：考虑1200人以同频率、同相位在会议大厅中走动的情况（工况1），考虑500人以同频率、同相位在过道上走动的情况（工况2）和考虑200人以同频率、同相位在会议大厅前台一起跳动的情况（工况3）。

由于工况不同，因此人的具体活动状况和所处位置就有所差别，对应于每种工况下行走步频也不相同。本文计算时，3种工况下所采用的IABSE行人激励荷载频率依次为：2.4Hz、2.0Hz和2.7Nz。

经SAP2000程序计算得到楼盖中动力响应最大点的加速度和位移值见表2。为了直观对比每种工况下减振前后的位移和加速度，图5~图7给出了各工况下竖向位移和加速度响应时程曲线。

减振前后最大响应点的挠度和加速度对比　　表2

	工　况	激励频率（Hz）	减　振　前	减　振　后	减　振　率
加速度（m/s^2）	1	2.4	0.288	0.145	49.65%
	2	2.0	0.086	0.050	41.46%
	3	2.7	0.175	0.062	64.57%
挠度（mm）	1	2.4	1.670	0.850	49.10%
	2	2.0	0.549	0.322	41.35%
	3	2.7	0.711	0.269	62.17%

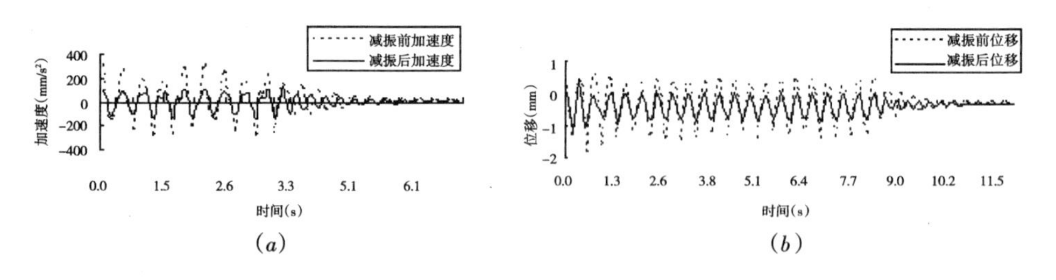

图5　楼盖响应时程曲线（工况1）

（*a*）加速度响应时程曲线；（*b*）位移响应时程曲线

从表2和图5~图7中可以看出，在3种工况下，动力响应最大的是工况1，未设置TMD减振装置时，加速度和位移响应最大幅值分别为0.288m/s^2、1.67mm，动力响应最

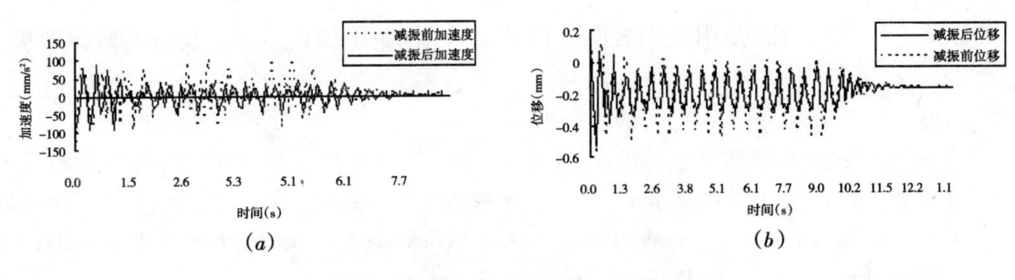

图6　楼盖响应时程曲线（工况2）

（*a*）加速度响应时程曲线；（*b*）位移响应时程曲线

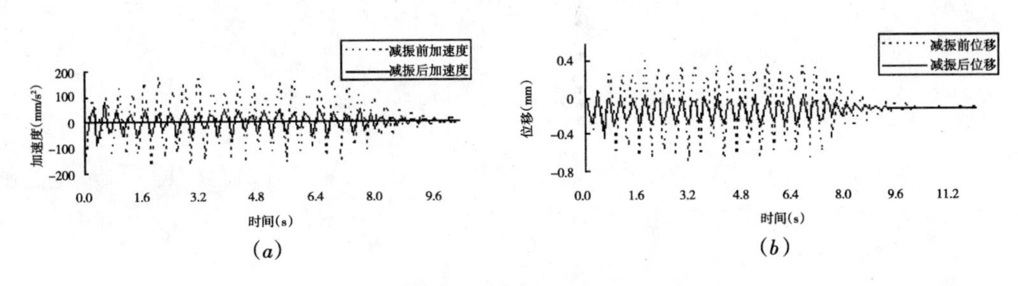

图7　楼盖响应时程曲线（工况3）

（*a*）加速度响应时程曲线；（*b*）位移响应时程曲线

小的是工况2，加速度和位移响应最大幅值分别为0.086m/s^2、0.549mm，前者约为后者的3倍以上。这表明，作用在楼盖上的人员数量、行人的活动状况和所处位置对楼盖动力响应影响很大。在楼盖上装设TMD后，各种工况下位移和加速度都有不同程度的减小。其中，外荷载频率越接近楼盖结构频率（尤其是基频），TMD的减振效果就越好。工况3减振效果最为明显，加速度和位移减振率均为60%以上，而工况2减振效果低于其他两种工况，但位移和加速度减振率也超过了40%。

楼盖在行走激励作用下振动舒适度的评价方法体现在一些国家的振动舒适度标准中，目前比较常用的是ATC1999，主要控制楼盖的最大加速度响应值。按照本工程的实际情况，应要求会议大厅的最大加速度值≤0.015g。从表2可以看到，当楼盖上未设置TMD减振装置时，工况1、3最大加速度值均不能满足要求；而当装设TMD装置之后，得到的加速度响应值为0.145m/s^2、0.062m/s^2，均小于上述限值，满足了楼盖的舒适度要求。从本工程建成后的效果来看，采用TMD后的该楼盖，没有行走振动所带来的不舒适感，确实达到了预期的减振效果。

5　结论

（1）郑州国际会展中心的会议中心1200人会议大厅由于楼盖跨度大，其竖向振动的低阶频率接近行人步频，如不采取减振措施，易导致过大的振动位移和加速度，影响正常使用。

（2）分析表明，楼盖上安装TMD减振装置后，在不同工况下楼盖上各节点的最大位移和加速度都大幅度减小，减振率约为40%～60%，效果明显，满足了相关规定的要求。

（3）该工程建成后的使用效果表明，该楼盖采用TMD装置达到了良好的减振效果。

参考文献

[1] 周福霖. 工程结构减震控制 [M]. 北京：地震出版社，1997.

[2] T. T. Soong and G. F. Dargush. Passive Energy Dissipation Systems in Structural Engineering [M]. John Wiley & Sons Ltd. , New York. 1997.

[3] ATC Guide on Floor Vibration [S]. Applied Technology Council. Redwood City, CA, 1999.

第三篇　会议中心施工技术部分

会议中心工程测量控制综合技术

杜建锋　冯瑞丽　刘英鹤　罗艳辉

（中国建筑第二工程局）

摘　要： 本文主要总结了在郑州国际会展中心工程施工中，测量控制技术的综合应用。详细介绍了在工程施工中，从水准、坐标控制网的精度要求到控制网的建立，以及采用坐标放样的方法进行测量控制的各个环节和操作方法。并且介绍了在钢结构的施工中，通过对组装全过程的测量保证措施，对钢结构安装的定位、标高、垂直度、变形等方面的观测，为圆满体现郑州国际会展中心工程的设计特色发挥了积极的作用。

关键词： 复杂结构　测量技术　控制网　精度

1　工程概况

郑州国际会展中心工程会议中心部分的结构类型为框架 + 剪力墙 + 钢结构复合体系，主体总高度27m，中央桅杆总高度110m。基础由400多个形状各异、底标高不一的独立承台组成，地下1层，地上5层，其中标高为15.95m以上为转换层钢结构，标高为50.5m为内桁架最高点。屋盖由每30°间隔的树形柱支撑。该工程建筑平面图形基本由3个圆心 O_1、O_2、O_3 控制，最大半径分别为84m、95.52m、29.05m。圆心 O_1 处为一直径1m、深100m的中心桩，中央桅杆下端支撑于该桩基础上。

2　测量重点、特点与难点

（1）线型、尺寸复杂多变是该工程测量控制的主要特点，因此放样点坐标的准确计算是测量控制的关键之一。

（2）各关键点位的坐标精确定位是重点，以保证各施工段及各施工部位轴线的准确性与一致性。

（3）难点在于对各种不同性质的曲线图形，应建立合适的坐标体系，运用相应的数学公式，对施工放线测设时所需的数据进行计算，将复杂的图形、众多的数字进行计算、整理、简化，最终绘制成放线测设简图和有关数据表格，供实地放线测设时使用。

3　测量平面控制网布置

该工程单层建筑面积大，作业环境差，交叉施工频繁，场区内大型施工机械多，使得控制点之间不仅通视困难，而且布点位置受到种种限制。而平面控制网布设的精度和合理性将直接影响今后测量工作的实施。测量精度的选取既要满足施工的需要，又要经济实用，满足合理性要求。而合理性则是要充分考虑不同施工阶段、作业环境的变化对测量控制网的要求。

3.1 测量平面控制网的建立

通过现场考察，分析比较，我们建立如图1所示的控制网，并将圆心与一公里外的固定标志（两个水塔尖部）联测方向，这样做一方面可以检核圆心位置的变化，另一方面可以提高定向观测的精度和效率。

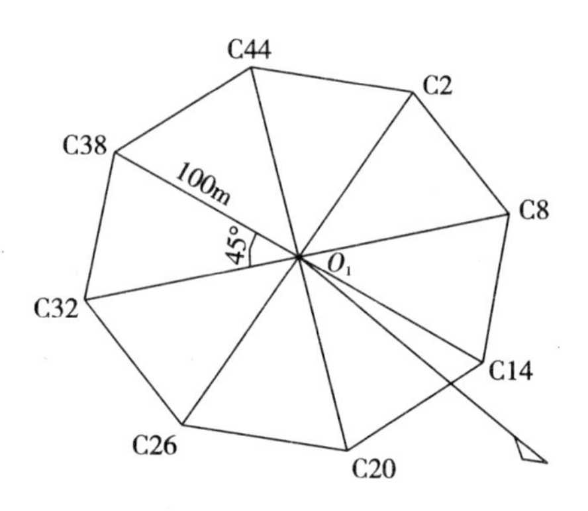

图1 控制网布置示意图

3.2 控制网精度要求

根据《工程测量规范》（GB 50026—93）条文说明第7.2.13条，建筑构件中心位置允许偏差$\triangle_{限}=\pm 5$mm的要求最高，取限差的1/2作为点位中误差$m=\pm 2.5$mm，由误差传播定律

$m^2=\sqrt{m_{控}^2+m_{放}^2+m_{安}^2}$（$m_{安}$为安装中误差），

$m_{放}=1.5$mm，$m_{安}=1$mm，推出$m_{控}=\pm 1.73$mm，相对中误差$=m_s/S=1/44000$（S取80m），测角中误差$m_\beta=m_s/S\times\rho''=\pm 5''$。

3.3 测量平面控制网的测设

因规划部门提供的定位已知点距施工现场较远，通过导线测量并严密平差，放样并多次归化改正，定位出中心桩的圆心$O1$位置，其他控制网点由圆心$O1$用全站仪极坐标法定出，所有控制网点组成小三角测量，进行测量平差。由《工程测量规范》（GB 50026—93）表7.2.14，角度观测采用方向观测法，角度观测的测回数为3次，测距数也为3次。精度评定$m_\beta=\sqrt{[\omega^2]/3n}$，并要求$|\omega|\leqslant 15''$。

3.4 控制点埋设

为保证控制网点施工期间的完好，防止被破坏，并尽可能解决通视困难，控制网点砌筑1.2m×1.2m×1.2m混凝土基础，中心埋设20cm见方带铆筋的钢板，在钢板上设点，钢板上加盖板，并用螺栓将盖板与钢板相连接，以加强对控制网点的保护。

3.5 控制点定时检测

为了保证控制网点的精度，控制网点需定时检测，检测方法是由基准点及定位方向直接测定网点坐标，如变动大，及时用最新成果代替原有坐标成果。

4 竖向测量控制

4.1 方案分析

测量方案分析如表1所示。

竖向测量控制方案比 表1

序号	方案	优 点	缺 点
一	内控法	常规方法，方便快捷，精度高，不受场地限制	各区域施工进度不一，层高不一，且转换层及钢结构处不便留洞
二	圆心投测法	在圆心直接联测水塔尖定位方向，进行坐标放样，误差小，精度高	随着施工层的增高，需将圆心投测至一特制的操作平台，费用高
三	外控法	由外控点进行坐标放样、精度高	要求通视良好，且外控点需定时检测

经分析论证，因方案一可操作性差，方案二费用太高，实践中采用了方案三。对方案三精度分析如下。

4.2 竖向测量控制精度分析

图2中，当不计算控制点A、B的误差时，用极坐标测定P之点位中误差

$$m_p = \sqrt{(S_{AP}/\rho^2 \times m_\alpha^2 + m_s^2 + m_{对中}^2 + m_\tau^2)}$$

（m_τ 为点位标定中误差），式中取 $m_\alpha = 5''$，因使用精度为（2mm + 2ppm）的全站仪，对于测距仪的测距精度公式采用

$$m_s = \sqrt{(m_1^2 + \ (s \times R^2) \ \times ppm)}$$

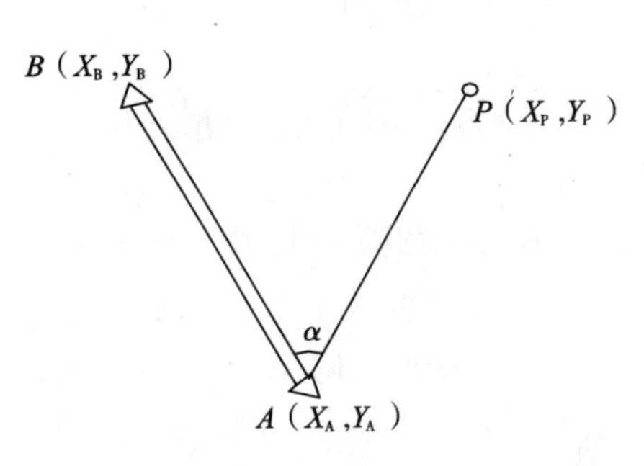

图2 极坐标放线图

（m_1 为测距仪常误差；R 为以 ppm 表示测距的比例误差系数；最大测设距离为 s = 80m），推出 m_s = 2mm，从而推定 m_p = 2.44mm，实际操作中，对关键点位坐标放样，我们采用两次放样点位取中的方法，此时，m_p 中 = 1.73mm，由《工程测量规范》（GB 50026—93）表7.3.5，金属结构，装配式钢筋混凝土结构、建筑高度100～120m或跨度30～36m，竖向传递轴线点的中误差≤4mm，所以该方法满足精度要求。

4.3 坐标放样的精度复核

为了进一步检验坐标放样的精度，对在不同外控点投测的点位之间，相同的外控点之间都要进行角度及距离复核，如图3所示。

由上述论证，坐标放样点P点位误差 $m_{P1} = m_{P2} = 1.73$mm，因使用高精度测距仪，测距误差完全可达到 ±1.0mm，故 $m_{\Delta s} = \pm\sqrt{0.5m_{p1}^2 \times 2 + 1} = \pm 2$mm，取2倍中误差为容许误差值，得 $\Delta s = \pm 4.0$mm，同样复核角度 α 时，将仪器对中误差和照准误差控制在 ±1.0mm以内，则可以得到由点位误差、对中误差、照准误差引起的方向观测中误差

$$m_\alpha = \pm\sqrt{0.5m_{p1}^2 + 1 + 1} = \pm 1.8\rho''/s,$$

角度中误差为 $\sqrt{2m_a} = \pm 2.5\rho''/s$

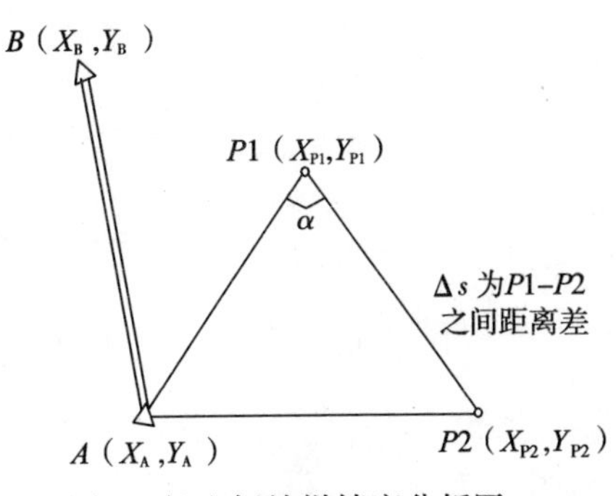

图3 极坐标放样精度分析图

取 2 倍中误差为容许值得 $\Delta\alpha = \pm 5\rho''/s$（$s$ 以 mm 计）。

由上述分析可以知道，对坐标放样的检测结果，若 $\Delta s \leqslant \pm 4.0$mm，$\Delta\alpha = \pm 5\rho''/s$，说明投点精度满足要求，事实证明，投点精度完全满足要求。

5 坐标系的建立

本工程采用坐标放样的方法进行点位定位测量控制，需计算大量点位坐标，因此建立恰当的坐标系以简化计算和统一测量成果有着重要意义。由总平面图知，C48 轴的大地方位角为 26°，为了计算方便，我们将 C48 轴设为零方向（即 X 轴），垂直于 C48 轴的 C12 轴方向作为 Y 方向，并假定圆心 O_1 坐标为（$X = 200$，$Y = 200$），保证建筑物上各点位相对坐标均为正值。

6 特殊部位定位放样

6.1 圆弧形曲线上点位定位放样

对圆弧曲线上点位采用坐标放样及弦高法进行。

会议中心升降舞台、会议报告主厅、辅厅等平面形状呈圆弧形，半径大且圆心处无法架设仪器，采用坐标计算法，能获得较高的施测精度且操作方法比较简便，加密点则采用弦高法，保证足够的圆弧等分点，如图 4 所示。

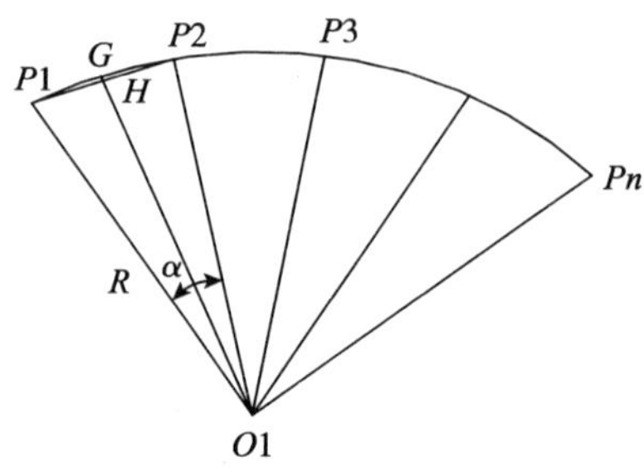

图 4 圆弧形曲线点位定位示意图

各点用坐标放样法定位，复核各弦长 $P1P2 = P2P3 = \cdots = 2 \times R \times \sin(\alpha/2)$，误差≤2mm 时，进行加密点定位，连接 $P1$、$P2$，确定 $P1$、$P2$ 的等分点 H，过 H 作 $P1$、$P2$ 的垂直平分线，并量取拱高 $GH = R \times (1 - \cos(\alpha/2))$，同理加密其他各点，将所得各等分点以平滑的曲线相连即可。

6.2 椭圆形曲线点位定位放样

对椭圆形曲线点位采用坐标及拉线法进行，如图 5 所示。

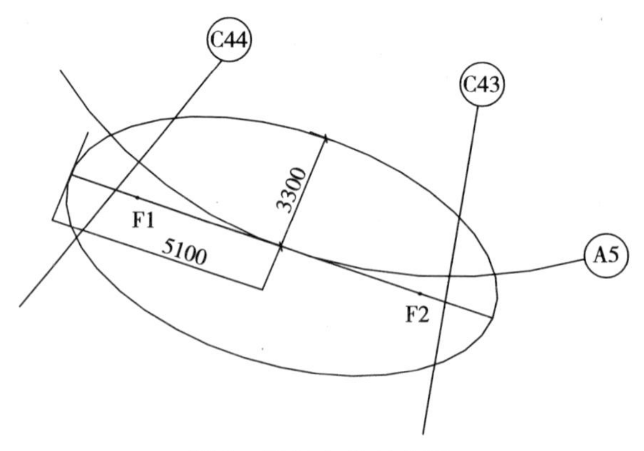

图 5 椭圆定位示意图

会议中心标高 20.75m 处有一椭圆形构筑物，$a = 5.1\text{m}$，$b = 3.3\text{m}$，$c = \sqrt{a^2 + b^2} = 3.888\text{m}$，首先计算 4 个顶点及 2 个焦点坐标，实地定位，然后用直接拉线法定出其他椭圆点位置。

6.3 原浆混凝土墙测量控制

该工程外墙结构、女儿墙、屋面上楼梯间及钢屋盖支撑短柱均采用原浆饰面混凝土。根据施工组织的需要，原浆墙要在主体结构施工完后单独施工且对测量精度要求很高。墙体边线定位依据是柱角连线，如图 6 所示。根据实际情况，需要定出距墙边线 200mm 的控制线上的 A、B 两点，已知柱边长为 a，柱中心半径为 R，计算出 A 点及 B 点坐标，然后进行坐标放样，分别定位 A、B 点实际位置，两点连线。

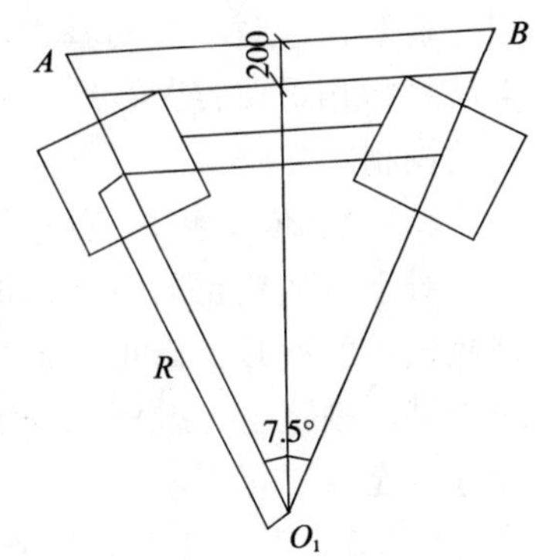

图 6 原浆外墙定位示意图

7 转换层桁架及相关钢结构工程测量控制

7.1 桁架标高控制

桁架标高控制程序为：

（1）根据设计要求及起拱要求，首先确定每一拼装节点处的桁架标高；

（2）在支架上测设出基准标高作为桁架吊装就位的依据；

（3）桁架错边及桁架平面度校正完毕，利用架设在首层楼板上的高精度水准仪，依据高程控制点，采用“垂直大盘尺”的方法精确校正桁架接口处的标高来确保桁架标高。

7.2 桁架直线度及平面位置测量控制

控制程序为：

（1）每榀桁架在现场制作预拼装完成；

（2）在地面上测设出定位轴线；

（3）桁架支架拉设缆风绳，以确保支架的侧向稳定；

（4）在支架上用坐标投点法测设出桁架轴线；

（5）桁架就位时确保桁架中心线对齐支架上测设的轴线；

（6）焊接前，利用地面上的轴线采用“借线法”复核桁架拼装接点中心线。

7.3 钢柱校正安装

7.3.1 建立安装测量的三校制度

钢结构安装过程中，基准线的设立、平面网的投测、闭合、排尺、放线以及标高控制等一系列的测量准备工作相当重要，当钢柱吊装就位后，就由钢结构吊装过渡到校正阶段，钢柱吊装以后必须进行三次校正：

（1）对柱底进行初校，保证钢柱的就位尺寸。

（2）钢柱垂校，调整垂偏。安装螺栓紧固后，钢结构已具有一定的刚度和一定的空间尺寸，这时应对钢结构吊装后垂直度进行全面的重新校正；校正的方法是使用经纬仪，借助手拉葫芦进行校正，使钢柱的垂直度偏差达到规范允许的要求。

（3）临时点焊固定后的复校。临时点焊固定结束后的复校，是防止在点焊过程中发生钢柱垂偏，这时测量的垂偏和标高尺寸，应考虑采用焊接收缩变形校正。钢结构安装的结构尺寸和相对位置关系质量，通过三校工序使钢结构安装的结构尺寸和相对位置关系得到有效控制。

7.3.2 修正施工顺序，保证安装精度

对于三次校正后钢结构的空间尺寸情况进行复核，如果复校尺寸有问题或者局部情况有变化，就有必要修正施工顺序和施工方法。现场工程师可以根据复校实测公差和方向等的结果，制定施工顺序和确定施工方法，来保证安装精度。在施工过程中还需要对安装精度进行连续跟踪观测。

7.3.3 垂直度校正方法

钢结构平面轴线及水准标高核验合格后，排尺放线，钢柱吊装就位在基础上。用经纬仪检查钢柱垂直度的方法是用经纬仪架设在基础平面的轴线基线上，后视柱角下端的定位轴线，然后仰视柱顶钢柱中心线，互相垂直的两个方向柱顶中心线投影均与轴线重合，或误差在规范允许的范围之内，认为合格。垂直度偏差在螺栓紧固、焊接前后都应严格控制。

7.3.4 视线受阻处理

钢柱吊装时，用两台J2经纬仪在相互垂直的两根轴线上跟踪校正，挡视不通时，可将经纬仪偏离轴线15°以内。

7.4 钢结构变形观测

钢结构施工时由于受到自身重量、焊接时高温等因素的影响，会产生一定的变形。监测这种变形，使变形控制在允许范围之内是变形观测的主要任务。会展中心主要对钢结构竖向变形进行观测。

在每榀桁架组装完毕施焊前，对所有观测点进行第一次标高观测，并做好详细记录，次榀架安装完毕，支架拆除后，进行第二次标高观测，并与第一次观测记录相比较，测定桁架的变形情况。

8 桁架的安装测量

8.1 内环支撑胎架的安装测量

本工程的设计内环桁架下没有正式的支撑构件，为便于内环桁架和屋面桁架的安装，设置临时支撑胎架，共计12榀，临时支撑胎架或安装于地面设置的独立基础上，或就位于+16.00m平台的钢梁上，支撑胎架自成体系，上部设置环形联系桁架，之间设置三组柱间支撑，使之形成空间稳定结构体系。支撑胎架的定位关键在于平面位置定位和标高控制以及安装时控制垂直度。

（1）安装前应对胎架基础的预埋件中心用全站仪进行精确测量，比较预埋件的实际位置与设计位置的偏差值，用水准仪精确测量预埋件的标高（一个预埋件测四个点），以指

导胎架精确就位。

（2）对预埋件中心进行复测时，应对预埋件和胎架立管上分别进行中心定位，作好十字线，标记鲜明，以便于落位时对位。

（3）安装测量要点：预埋件标高、定位中心位置精确、两向垂直度。

8.2 内环桁架的安装测量

内环桁架就位在内环支撑胎架的固定管座上，内环桁架的下弦设置调节管座，这样内环桁架的安装精度可以精确控制。

（1）内环桁架安装前在固定管座上精确放出中心轴线和标高，控制调节管座的安装精度，以便于内环桁架就位。

（2）内环桁架的垂直度测量直接用吊线锤方法测量。

9 屋盖钢结构滑移测量控制

郑州国际会展中心会议中心部分屋盖钢结构安装受施工条件限制，屋面桁架不能一次组装成型吊装就位。施工中采用"圆周旋转累计滑移"的方法就位，即：设置直接吊装组装区域，在该区域内将钢结构组装成局部稳定整体，然后将组装好的局部稳定整体沿圆周旋转累积滑移到不能吊装区域，进行整体拼装。可以直接吊装的屋面桁架用大吨位吊车直接吊装。首先根据地面控制网在内环支撑胎架测设出轴线及标高。在试牵引滑移阶段一切正常情况下开始正式滑移，通过预先在各条轨道两侧所标出的刻度来测量复核每一支座滑移的同步性。同步滑移时，旋转相同角度，内环轨道、外环内侧轨道及外环外侧轨道旋转滑移位移之比为1∶3.41∶3.55，直至旋转至设计位置。

10 变形观测

10.1 反力架拆除时变形检测

郑州国际会展中心会议中心屋盖钢结构采取"空间多轨道旋转滑移"的施工方案，为保证滑移方案的实施和树状支撑柱的精确就位，在各树状支撑柱处设置了滑移用临时支撑架，必须拆除。拆除时，考虑可能发生的问题，对树状支撑进行沉降和偏移观测，如图7所示。本方法是在混凝土基础和树状支撑上定"十"字形标记点，场外作一固定控制桩（三点在一条线），采用小角度观测法，进行相对数据测量，即拆前和拆后之差。则偏移值 $q=\alpha''/p''\times d$（α''为测角之差，d 为控制桩至观测点之间距离）。同时对"十"

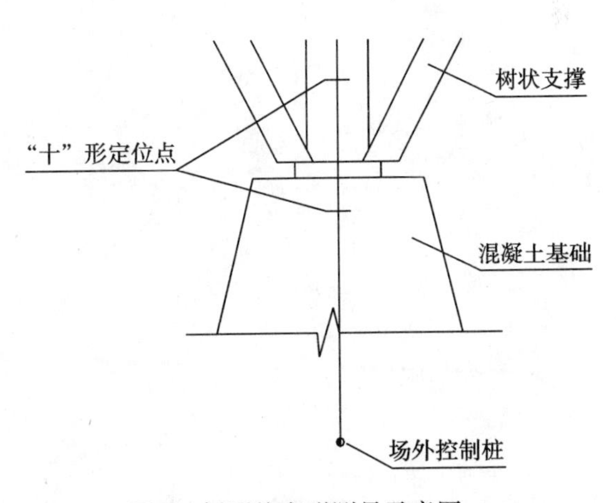

图7　树形柱变形测量示意图

字形标记点进行沉降观测。

10.2 沉降观测

郑州国际会展中心工程在首层施工时沿四周墙体设置了沉降观测点，进行定时观测。沉降观测的精度根据《建筑变形测量规程》（JGJ/T8—97），二级建筑物控制观测误差，其“观测点测站高差中误差”应小于0.5mm精度进行。水准观测的限差按规程变形测量等级的二级主要技术要求进行，由于得到了大量的沉降观测数据，为顺利施工创造了条件。像这样重大的建筑物必须坚持长期的沉降观测。

10.3 中央桅杆垂直度观测

中央桅杆垂直度用前方交会方法进行观测。

11 结束语

通过选择合理的测量控制方案，加强测量控制手段，保证各构件定位精度要求和各构件结构尺寸正确，对今后施工类似的、造型独特的、平面结构复杂的建筑物具有一定的参考意义。

施工区内作业环境差，交叉施工频繁，这要求我们在选点埋石及精度控制等问题要综合考虑。

参考文献

[1]《工程测量规范》（GB 50026—93）. 北京：中国建筑工业出版社，1993
[2]《建筑变形测量规程》（JGJ/T 8—97）. 北京：中国建筑工业出版社，1998
[3] 吴来瑞，邓学才. 建筑施工测量手册. 北京：中国建筑工业出版社，1997
[4]《钢结构工程施工质量验收规范》（GB 20205—2001）. 北京：中国建筑工业出版社，2002

超大深复杂基坑支护综合施工技术

杨金铎　杜建峰　刘英鹤
（中国建筑第二工程局）

摘　要： 郑州国际会展中心工程外观造型独特、新颖，是一座综合性公共性建筑。作为基础施工，基坑非常复杂，深度在3.5～9.5m之间，深浅基坑相互交错，施工难度大。

关键词： 基坑支护　土钉墙

1　工程概况

郑州国际会展中心工程会议中心建筑面积约60808m^2。地下1层，地上4层，局部6层。基础形式为独立桩承台及倒桩承台筏板基础，基坑面积约7500m^2，为半地下室结构，呈扇形布置。本工程室内±0.000相当于绝对标高高程89.5m，现场场区自然地面标高为90m，基坑底板、承台底标高为-6m、-7m、-9m，浅基坑承台底标高为-3.50m，基坑开挖深度在7～9.5m之间，深浅基坑高差在4.5～6.5m。

基坑平面布置示意如图1所示。

工程地质情况：

（1）素填土，粉质黏土为主，局部分布有杂填土，层厚0.3～1.9m；

（2）粉土（新近堆积）②$_1$，混有砂土颗粒，夹有粉砂薄层，层厚1.3～3.5m；

（3）粉土（新近堆积）②$_2$，表层有一流塑状粉质黏土薄层，层厚3.3～5.7m，层底埋深6.6～9m；

（4）粉土③$_1$，混有砂粒，有粉质黏土透镜体，层厚1.8～5m，层底埋深9.0～13.2m；

（5）粉质黏土③$_2$，可塑—软塑，局部有高压缩性土，层厚0.5m～3.6m，层底埋深11～14.6m；

（6）粉土③$_3$，中压缩性土，层厚0.4～3.5m，层底埋深13.5～16.3m；

（7）粉土③$_4$，可塑—软塑，有机质含量平均值7.1%，属有机质土，层厚0.6～3.4m，层底埋深14.9～18.0m；

（8）粉土③$_5$，含砂粒，为中压缩性土，层厚0.4～5m，层底埋深16.2～20.2m；

（9）粉细砂，上部混有粉土颗粒，层厚1.1～5.1m，层底埋深19.2～22.2m。

本工程地下水位较高，位于自然地面以下3m左右，土质表层2m左右是回填杂土层，以粉土和粉质黏土为主。

本工程基础施工正处于雨季，必须采取可靠的措施来降低地下水位，同时必须采取必要的措施保证雨水顺利排放，保证施工期间的安全可靠。

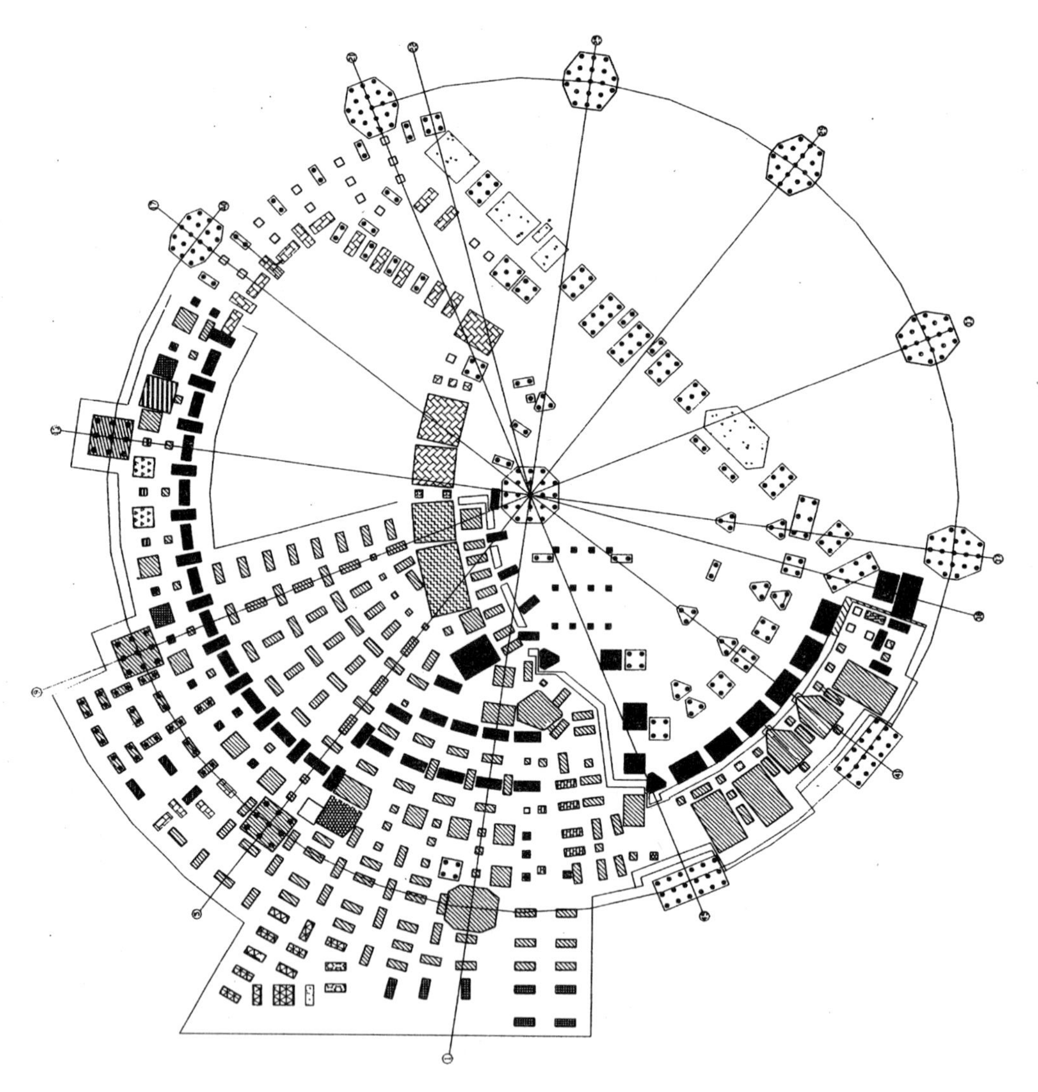

颜色	标高(m)	颜色	标高(m)
	-2.6		-8.1
	-6.8		-8.2
	-7.0		-8.3
	-7.1		-8.5
	-7.3		-8.7
	-7.6		-9.2
	-7.7		-9.3
	-7.8		-9.5
	-7.9		-9.7
	-8.0		

图1 承台底标高示意图

2 施工方案选型及可行性分析

2.1 施工方案选型

根据该工程地质勘探报告显示，该工程土层构造较为复杂，在深度25~28m之间存在黏土构造层，该土层属于隔水层，通过前期降水试验，该土层降水曲线属于明显的“双漏斗”形状。该工程四周没有重要建筑物，对于基础埋置深度在3.5~9.5m之间的基坑深度，在支护结构选型上有以下方案：

基坑侧壁安全等级为二级，对基坑侧边变形控制指标为：基坑坡顶、垂直沉降、边坡整体位移三项监测数值控制在60mm、80mm、60mm。对于基坑深度在6~8m的部位支护方案主要有排桩、土钉墙、深层搅拌桩，基坑深度在3.5~5m之间的部位可以采用土钉墙、放坡或密目网砂浆固面等方法。

2.2 实施难点及可行性分析

2.2.1 支护设计实施难点

(1) 雨季施工季节的影响

由于基础部位施工正处于7~9月份雨季期间，对于土层以粉土、细砂土为主来讲，要防止地表水侵入土层，对支护结构造成不利影响；另外对于土钉墙支护、深层搅拌桩及砂浆固面结构影响较大，因此必须采取可靠的排水措施，以确保地表水及基坑内存水及时排出。

(2) 多变复杂土层结构对支护结构的影响

根据现场实际开挖土方土层结构来看，上表以回填杂土为主，厚度在2m左右；下层存在黑色淤泥、细砂层，底层土多为粉土、黏土层，这些不同复杂土层对支护结构都有较大影响。

(3) 工期紧

该工程由于前期临时设施拆迁、图纸修改等因素，实际土方开挖在2003年7月20日才开始施工，恰又处于雨季，工期及施工环境比较严峻，这对支护结构方案选择造成一定的影响；另外对经济指标业主控制严格。

(4) 高地下水位对支护结构的影响

本工程地下水位高，地下水对缺少帷幕结构的支护形式如土钉墙、砂浆固面等来讲是致命的，即使采用复合土钉墙体系，对于土钉锚杆比较密集、土层以砂土为主的结构来说，也容易产生管涌、流砂及边坡失稳等事故，因此必须采取可靠的手段，保证降水效果，能够满足支护结构选型需要。

(5) 多变深浅复杂基坑交叉多，支护结构施工难度大。

深浅基坑高差在4.5~6.5m之间，交叉长度达到150m左右，浅基坑以独立桩承台为主，因此，在该部分土方开挖既要保证深浅基坑土方开挖安全，又要保证土方开挖不能够破坏原浅基坑土层结构。同时会议中心工程为不规则形状，定位及支护结构施工难度都很大。

2.2.2　支护结构可行性分析

根据现场周边环境及支护结构施工特点，结合工程实际情况，最终确定以下施工方案：

（1）降水方案。根据现场抽水试验的结果，确定以大口径深井降水为主，局部根据实际情况采取轻型井点降水作为辅助。降水井直径600mm、布置间距20m、深度25m呈梅花形布置，另外在周边及基坑中央设置6口观察井。

（2）深基坑支护方案。深度在5～9.5m的深基坑区域，支护形式采取土钉墙为主；深浅交叉区域采取深层搅拌桩为主；浅基坑区域以砂浆固面支护形式作为补充。

可行性分析：

根据以上支护结构形式，我们认为在方案选择上是可行的。首先，施工速度较快，其次，质量容易控制，能够得到保证，另外经济造价低廉。在支护结构安全上，我们选择了二级安全等级，为了保证雨期施工的安全，分别在基坑边、距基坑5m设置变形观测点，随时掌握基坑变形情况。

3　支护结构设计

支护形式主要有以下三种：土钉墙、深层搅拌桩、砂浆固面。平面分布如图2所示。对于砂浆固面做法属于构造做法，按照相应规范执行。对于深层搅拌桩和土钉墙要进行设计计算。

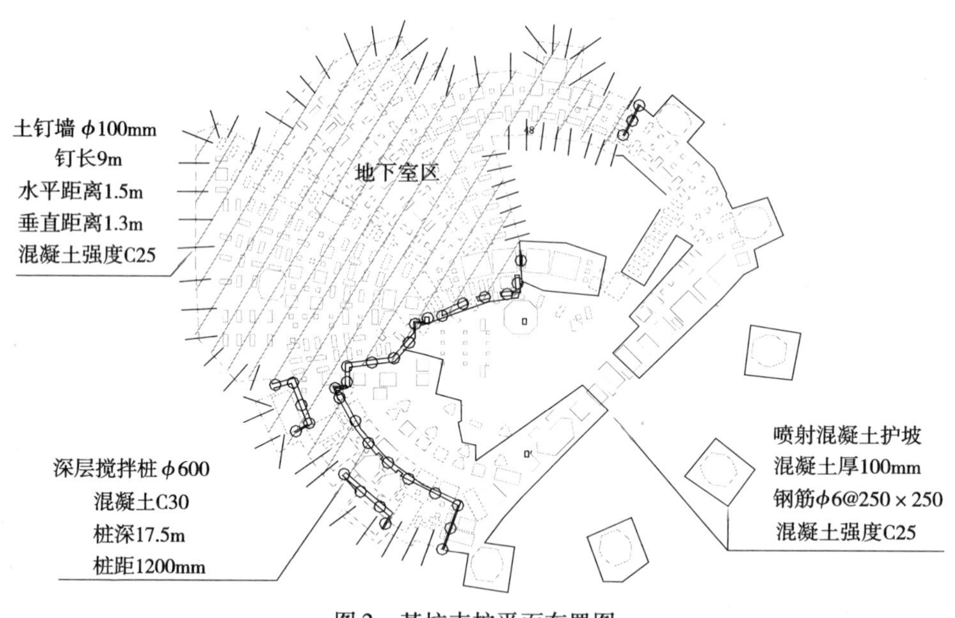

图2　基坑支护平面布置图

土钉墙其结构类似于重力式挡墙，将拉筋（又称为土钉）利用人工或机械成孔植入土体内部，并在坡面上喷射混凝土，形成土体加固区域共同作用，从而形成支护体系。土钉墙主要计算控制指标承载力如下：

单根土钉抗拉承载力应满足 $1.25\gamma_0 T_{jk} \leqslant T_{uj}\xi$

其中 γ_0 为基坑侧壁安全重要系数，本工程取二级，系数 1.0；

T_{jk}第 j 根土钉受拉荷载标准值；T_{uj}第 j 根土钉抗拉承载力设计值；单根土钉受拉荷载标准值按照下公式计算：

$$T_{jk} = \xi e_{ajk} S_{xj} S_{zj} / \cos\alpha_j$$

式中 ξ——综合系数，与土层内摩擦角、放坡角度有关；

e_{ajk}——第 j 个土钉位置处的基坑水平荷载标准值；

S_{xj}、S_{zj}——第 j 个土钉与相邻土钉的水平、垂直间距。

本工程侧壁安全等级为二级，土钉抗拉承载力设计值需要通过试验确定。在本工程中现场进行了四组不同土层土钉抗拉承载力试验，现场分别在距地面 1.5m、2.5m、3.5m、4.5m 深度进行，实验用钢筋采用 HRB335 级、直径 25mm，试验值经过实际测量分别为 7.95kN、21.12kN、36kN、59kN，分别比理论计算大 10.7%、16.25%、3.75%、25%。根据实际进行调整，在 5m 深度范围内采取 4 层土钉，7m 范围内采用 6 层土钉，9m 范围内采用 8 层土钉。土钉长度为深度的 1～1.5 倍之间，经过修整，土钉直径调整为 ϕ22、ϕ20。

土钉墙支护剖面如图 3 所示。

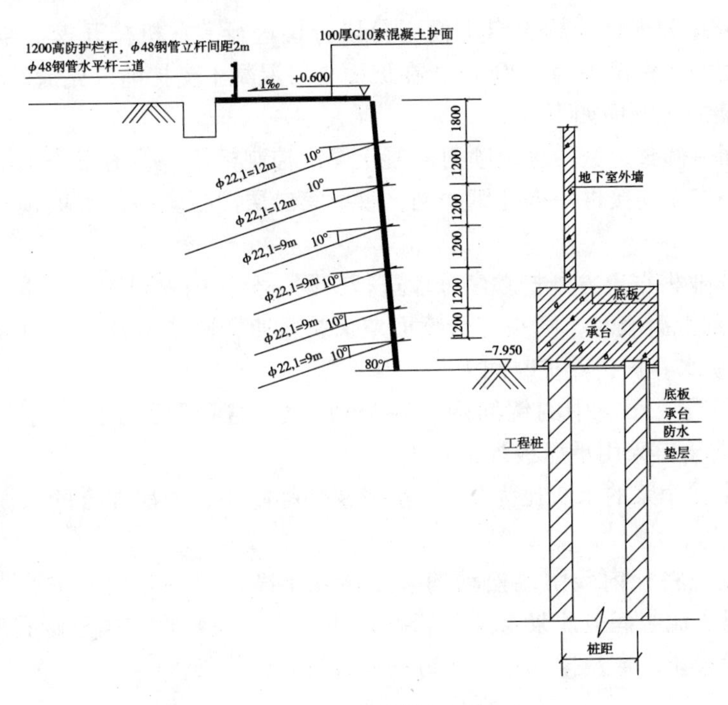

图 3　土钉墙支护剖面图

土钉墙支护实体照片如图 4 所示。

同时需要演算基坑底承载力，对于软弱土层承载力不满足的情况下，需要对基底土进行加固，常用的加固方法主要有水泥土桩、高压注浆、置换土层等方法。

计算软件采用 PKPM 电算软件，计算过程略。

图4　土钉墙支护实体照片

4　主要施工方法

4.1　土钉墙

（1）土钉墙施工时，上层土钉注浆体及喷射混凝土面层达到设计强度的70%后方可开挖下层土方及下层土钉施工。

（2）基坑开挖和土钉墙施工自上而下分段分层进行。在机械开挖后辅以人工修整坡面，坡面平整度的允许偏差为±20mm，在坡面喷射混凝土支护前，先清除坡面虚土。

（3）土钉墙施工顺序如下：

开挖工作面→修整边坡→埋设喷射混凝土厚度控制标筋→喷射第一层混凝土→钻孔安设土钉→注浆→安设连接件→绑扎钢筋网、喷射第二层混凝土→设置坡顶、坡面和坡脚的排水系统。

（4）喷射作业根据土方开挖顺序分段进行，同一分段内喷射顺序自下而上一次喷射厚度为40mm；喷射混凝土时，喷头与受喷面应保持垂直，距离宜0.6～1.0m；喷射混凝土终凝2h后，应喷水养护，养护时间为3～7h。

（5）喷射混凝土面层中的钢筋网应在喷射一层混凝土后铺设，钢筋保护层厚度为40mm；钢筋网与土钉采用承压板焊接相连。

（6）采用水泥净浆的水灰比为0.5，水泥浆随拌随用，一次拌合的水泥浆必须在初凝前用完。

（7）注浆前应将孔内残留或松动的杂土清除干净；注浆开始或中途停止超过30min时，应用水或稀水泥浆润滑注浆泵及其管路；注浆时，注浆管应插至距孔底250～500mm处，孔口部位设置止浆塞及排气管；土钉钢筋设置定位支架。

4.2　深层搅拌桩

（1）水泥深层搅拌桩采取切割搭接法施工。在前桩水泥土尚未固化时进行后序搭接桩施工，施工开始和结束的头尾做搭接加强处理。

（2）深层搅拌水泥土桩每米水泥掺入量不小于60kg。

（3）水泥深层搅拌桩采用浆喷工艺。

4.3 支护结构质量控制标准

(1) 锚杆、土钉墙支护工程质量检验标准及实测值

锚杆、土钉墙支护工程质量检验标准及实测值对比详见表1。

锚杆、土钉墙支护工程质量检验标准及实测值对比 表1

项目	序号	检查项目	允许偏差或允许值		检查方法	实测值
			单位	数值		
主控项目	1	土钉长度	mm	±30	用钢尺量	12
	2	锚杆锁定力	/		/	/
一般项目	1	土钉位置	mm	±100	用钢尺量	+30
	2	钻杆倾斜度	±5%		测钻机倾角	-2%
	3	浆体强度	≥M10		试样送检	M10
	4	注浆量	大于理论计算浆量		检查计量数据	0.071m³
	5	土钉墙面层厚度	mm	±10	用钢尺量	+5
	6	面层强度	C25		试样送检	C25
	7	孔径允许偏差	mm	±5		+3

(2) 水泥土桩质量检验标准

水泥土桩质量检验标准详见表2。

水泥土桩质量检验标准 表2

项目	序号	检查项目	允许偏差或允许值		检查方法
			单位	数值	
主控项目	1	水泥及外掺剂质量	试验确定		查产品合格证书或抽样送检
	2	水泥用量	每米60kg		查看流量计
	3	桩体强度	/		送试验部门检验
	4	地基承载力	/		/
一般项目	1	机头提升速度	m/min	≤0.5	量机头上升距离及时间
	2	桩底标高	mm	±200	测机头深度
	3	桩顶标高	mm	+100，-50	水准仪（最上部500mm不计入）
	4	桩位偏差	mm	<50	用钢尺量
	5	桩径		<0.04D	用钢尺量，D为桩径
	6	垂直度	%	≤1.5	经纬仪
	7	搭接	mm	>200	用钢尺量

4.4 砂浆固面

边坡按照1:1放坡，坡面人工清理平整，对局部缺陷部位软弱土层清理干净。采用密

目钢丝网满铺，与土层接触面留置 25mm 厚保护层，钢丝网采用 ϕ12 钢筋、间距 600mm、长度 1200mm 梅花形打入土层固定。面层用 1∶2.5 水泥砂浆罩面。固面层施工完毕后，及时洒水湿润。

5 控制措施

5.1 降水效果必须达到设计要求

对于选用的支护结构来讲，水对支护结构的安全影响最为严重，因此降水效果的好坏直接影响到支护结构的安全使用。本工程中采取深井降水，每天观测水位变化情况，准确掌握了水位情况，由于前期采取了抽水试验，测定不同土层的渗透系数及深井降水的影响半径，为降水工程提供了可靠的一手资料，降水工程实施顺利，效果也达到了预期目标。

5.2 地表雨水防水措施

对于土钉墙支护结构，变形是必然的，也必然在地表产生裂缝。如果不对这些裂缝及时有效地处理，会加剧裂缝的变化，因此，在施工中加强对地表裂缝的观察及处理。由于雨季及地下降水的影响，有效的防水措施是保证基坑安全的重要措施。实际施工距基坑 6m 设置专用排水沟，基坑边与排水沟之间采取混凝土硬化，并施工成坡度为 5% 的坡面，及时有效地将地表雨水及基坑雨水抽出排放。

5.3 基坑变形、位移监测

分别在基坑坡顶面、间距 15m 和距基坑 6m 设置变形观测点，土方开挖期间每天观测两次，土方开挖完成后每天观测一次，发现超出规定的变形及时处理。实际施工中由于加强了监测，个别部位变形超出了控制范围，及时采取了加固措施，有力地保证了基础施工顺利进行。

5.4 土钉墙施工注意事项

（1）土钉墙土方开挖放坡坡度控制在 1∶0.2，坡面人工修整平整，对于软弱土层要清理干净，局部缺陷较大部位要采取换土方法，进行加强。

（2）严格按照分层开挖、分层支护、上层支护强度达到 70% 设计强度后，才能再往下继续开挖的原则执行，每层开挖深度不超过 2.2m，严禁超挖，更不允许一次开挖到位。

（3）土方开挖、基坑支护、变形观测要紧密配合，发现异常情况，及时上报，并及时处理。

（4）喷射混凝土强度按照规定及设计要求，要检测强度，可以采取同类施工方法，做一 500mm × 500mm × 500mm 的模块，做成试样，喷射完成初凝前及时修边、养护，做成标准试块，进行实验。

6 结束语

该工程支护结构方案由于选择合理，实施过程中监督和监测到位，整个基础施工较为顺利。从土方开挖开始，仅用了 70d 时间就全部完成了复杂的基础部分施工。在经济方面，采取相对低廉的支护形式，造价相对较低，支护总费用不超过 350 万元，经济效果明显。

通过对郑州国际会展中心工程复杂、不规则形状基坑支护方案的实施，我们认为在复杂土层、深度多变、深浅交叉不一的不规则结构施工，要采取多方面可靠的保证措施，降水工程、监测、过程控制、支护结构施工、季节性施工等诸多因素，必须周密部署，科学安排；同时对于复杂土层，最好要进行实际试验，掌握第一手资料，对保证设计安全性、经济性都有重要的意义。同时在该工程支护工程实施中，充分体现了试验—总结—分析—措施—实施—信息反馈—再提高的科学工作思路，为今后施工同类项目积累了丰富经验。

参考文献

[1]《建筑基坑支护技术规程》(JGJ120—99). 北京：中国建筑工业出版社，1999

[2]《锚杆喷射混凝土支护技术规范》(GB 50086—2001). 北京：中国建筑工业出版社，2001

[3]《工程测量规范》(GB 50026—93). 北京：中国建筑工业出版社，1993

大面积圆弧结构清水装饰性饰面混凝土综合施工技术

杨金铎　何光全　杜建峰　刘英鹤　梁一中　冯瑞丽

（中国建筑第二工程局）

摘　要： 随着国内建筑业的迅速发展，新工艺、新方法在土建工程施工中得到广泛应用，清水混凝土施工技术是近年来发展起来并应用于民用建筑、公共建筑、构筑物结构中，替代装饰石材、抹灰、装饰涂料的一种新型混凝土施工技术，此项技术在欧美、日本等发达国家已得到普遍采用，在我国应用较少。

关键词： 结构外墙　清水饰面混凝土　施工技术

由于清水混凝土的生产工艺复杂、质量要求高、技术难度大、应用前景广阔，为了全面掌握清水饰面混凝土施工技术在不同结构类型中的应用方法，缩短我们与国外在该领域的技术差距，中建二局特选择大面积应用于圆弧结构的清水混凝土饰面工程——郑州国际会展中心工程作为研究、应用示范工程，确定“大面积、圆弧结构清水混凝土饰面综合施工技术”作为研究课题，对清水混凝土在复杂结构中的应用展开综合研究。

1　工程概况

郑州国际会展中心工程会议中心工程，总建筑面积60808m²，建筑外观呈圆柱形（如图1所示），平面半径达95m，标准层层高5.5m，地上结构4层（局部6层），建筑地上主体结构外墙圆柱体及建筑外围构筑物等全部采用清水饰面混凝土，清水混凝土面积达20000m²。清水混凝土结构类型为框架+剪力墙+型钢混凝土复合结构，结构构件涉及墙、柱、梁、板及伞状棱台支撑柱，构件截面尺寸200~600mm不等，截面多呈不规则形状，尤其是建筑外围伞状屋盖树型棱台支撑柱，截面由2000mm×2000mm渐缩成500mm×600mm。结构工程施工工期6个月，其中一层~三层处于雨季施工阶段，三层以上及外围构筑物处于冬季施工阶段，施工复杂程度和难度较大，对于研究清水混凝土在不同施工环境中的施工方法具有很强的代表性。

图1　郑州国际会展中心鸟瞰图

2 施工方案制定及可行性分析

清水饰面混凝土是一种以明缝分格、以蝉缝分块，成型后的混凝土表面不作任何修饰，以混凝土的自然状态为饰面，强调混凝土的自然机理，以达到设计者的原意——对原始状态的追求（如图2所示）。

清水混凝土最终饰面效果主要依靠排列美观的分格条、螺栓孔、装饰圆槽及一次成形后的混凝土质感来体现（如图3所示）。这就要求在方案设计中重点考虑模板体系设计、模板加工制作、模板节点细部设计、混凝土材料配置、混凝土浇筑、振捣、养护及混凝土表面透明保护涂料的深化设计，满足混凝土质量效果的要求。

图2 清水混凝土原始状态实景

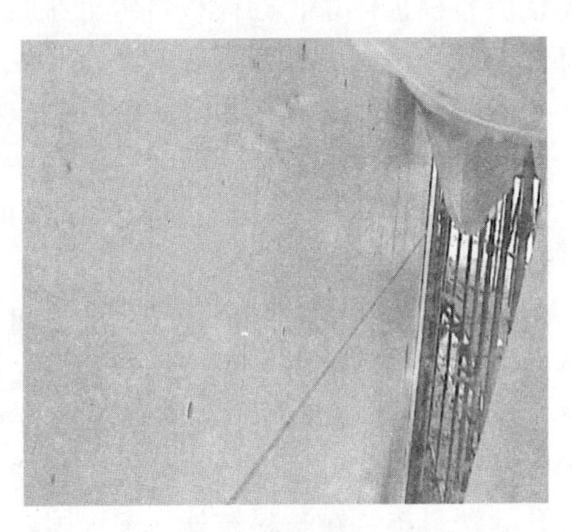

图3 清水混凝土质感实景

2.1 明缝分格条设计

外墙清水建筑立面效果要求体现纵横装饰分割效果，在保证清水混凝土钢筋保护层有效厚度的同时必须考虑好分格条的宽度和深度问题，确保墙面所布置的装饰线条明显清晰，工程中使用的分格条采用25mm×15mm硬塑料条，并做成15°坡角，便于混凝土气泡排除，同时结合施工缝布置要求，将层间施工缝和后浇带施工缝设计在纵向和横向分格条内，保证外感效果质量。分格条设计原则遵循对称原则，并结合墙面留洞位置、螺栓孔、圆槽排列方式和加工需要等综合考虑。

2.2 螺栓孔设计

对拉螺杆孔是模板体系受力杆件对拉螺杆留在混凝土墙面上兼具装饰作用的圆孔，在螺栓孔设计时要同时考虑对拉螺杆间距和螺栓孔整体排列美观问题，工程上排列间距为500mm×600mm。螺栓孔位置是经常发生露浆、渗水造成孔缘起砂、周边黑晕的地方，设计时应选择有效防露措施进行处理，在郑州国际会展中心工程中首次应用空心丝杆技术，将常规的外力紧固杯口方法变为杯口直接紧固在模板上，消除了杯口与模板之间的渗水通道，有效地消除了质量通病。

2.3 混凝土表面色差

清水混凝土饰面对成形后的混凝土表面观感要求极为严格，要求5m目测不能有明显的色差。混凝土组成材料、配合比、模板表面光洁度、模板隔离剂选用是否合理、振捣时发生的过振和欠振现象、坍落度控制情况以及成品保护问题都是产生色差的原因。消除表面色差的方法是确定合理的振捣工艺、精心选择混凝土材料、优化配合比、确定可靠的模板体系材料、加强成品保护、强化过程控制。

2.4 防渗漏措施

模板体系刚度和强度设计、节点细部设计、混凝土振捣力度等因素将是混凝土渗漏问题的主导因素。为了从多方面消除混凝土渗漏问题，在模板体系设计上选择刚度强度可靠的钢框胶木模板体系，在模板拼缝处采用玻璃胶粘合蝉缝和自粘条挤压安装拼缝的方法；装饰圆槽、分格条、杯口直接安装在模板上与模板整体安装拆除；洞口和阴阳角模板整体制作，安装拼缝严禁放在角部，在混凝土浇筑前采用模内灌水的方法检查模板体系的渗漏处，及时进行修正。

2.5 成品保护和养护

清水混凝土的成品保护分为加工车间模板成品、半成品的保护→安装过程保护→混凝土浇筑过程保护→混凝土成形后保护，通过施工各个环节的保护措施，使生产清水混凝土各个工序均处于受控状态，最终保证了产成品的质量。混凝土成型后的养护和保护问题最为关键，由于不能直接向墙面淋水，只能采用保水养护的方法，即在混凝土墙面上封闭一层带孔的塑料布，在塑料布外挂湿水棉毡，通过水分自然蒸发来保持混凝土硬化过程所需的水分，起到养护作用，同时在棉毡外挂三合板作为成品保护板（如图4所示）。

图4　原浆混凝土保护措施实景

3 施工方法

3.1 高性能混凝土的研制

混凝土拌合物的技术性能直接决定原浆饰面混凝土质量，是影响原浆混凝土的观感效果的主因。原浆混凝土拌合物的性能优化主要是控制拌合物的颜色、产生气泡数量、抗裂性、坍落度及浇筑时的工作性能，使混凝土硬化成形后的各种技术性能达到最优，从而使混凝土的饰面效果达到理想状态，符合设计的特殊要求。

水泥：原浆混凝土水泥采用七里岗 P. O. 42. 5 水泥；必须是同一生产厂、同一批熟料和组份的 P. O. 42. 5 级普通硅酸盐水泥，水泥的颜色经过实体试验体现，并经建筑设计师确认，保证质量稳定、颜色均匀一致的熟料。水泥质量如表 1 所示。

水泥检验表 **表 1**

水泥品种：普通硅酸盐水泥			出场编号：POW1012			强度等级：42. 5	
品质指标	细度	沸煮安定性	三氧化硫	氧化镁	烧失量	凝结时间	
						初凝	终凝
单位	%		%	%	%	时:分	时:分
标准值	≤10. 0	合格	≤3. 5	≤5. 0	≤5. 0	≥0:45	≤10:00
检测值	1. 0	合格	3. 01	3. 65	2. 86	2:33	3:23

细骨料：泵送混凝土用砂选用信阳甘岸中砂。砂的含泥量不大于 1%，细度模数 2. 5 ~ 2. 8。

粗骨料：石子采用 5 ~ 20mm 连续级配，含泥量不大于 1% 。

掺合料：用于混凝土中的掺合料，应符合现行国家标准《用于水泥和混凝土中的粉煤灰》（GB 1596）、《用于水泥中的火山灰质混合材料》（GB/T 2847）和《用于水泥中的粒化高炉矿渣》（GB/T 203）的规定。当选用其他品种的掺合料时，其烧失量及有害物质含量等质量指标应通过试验、确认符合混凝土质量要求时，方可使用。选用的掺合料，可以改善混凝土的性能同时在满足性能要求的前提下取代水泥用量。其掺量应通过试验确定，取代水泥的最大取代量应符合有关标准的规定。本工程掺合料采用首阳一级粉煤灰，颜色一致。

混凝土外加剂：选用外加剂时，根据混凝土的性能要求、施工工艺及冬雨季施工季节适宜性，结合混凝土的原材料性能、配合比以及对水泥的适应性等因素，通过试验确定其品种和掺量。本工程混凝土外加剂采用江苏博特复合型外加剂。

水：混凝土拌制用水宜选用饮用水。

每立方米混凝土碱含量应满足规范要求。

3. 2 模板体系选型设计

原浆模板采用钢框组合大模板体系，构造如下：

模板面板采用芬兰进口 WISA 木胶合板代替国产优质木胶合板，提高了面板的抗变形能力、具有良好的刚度，周转使用次数由原来的 2 次提高到 4 次。

模板支撑体系取消常规的钢管 + 木方支撑体系，引进中建柏利模板体系，槽钢背楞，专用对拉螺杆、夹具固定，使支撑体系刚度提高 1. 5 ~ 2. 5 倍（如图 5 所示）。上下层间模板支撑采用专用槽钢撑托、夹具，使层间施工缝处平整度实测误差控制在 2mm 以内。

图5 原浆混凝土模板

图6 模板分格条安装

后浇带模板由原来的分别配置安装改为后浇带模板与先浇混凝土模板整体配制，施工缝设在竖向分格条内，确保墙体板面的平整度和线条的直线度，保证了原浆混凝土墙的整体效果。

所有门窗洞口模板由原来的边角拼装均改为在明缝拼装，将角模设计成定型模板，在加工厂组装后现场就位安装，并与墙体模板整体拼装，拼缝留在明缝处，保证了阴阳角和线条的顺直美观，直线度控制在1～2mm之间，梁底挠度控制在3mm以内。

模板安装工序、顺序反复试验论证，确定统一安装操作标准。

分格条、圆盘、杯口排板设计后，改为直接固定在模板上，与模板同步拆除，提高安装位置的准确性，保证装饰圆盘、线条排板美观，线条直线度控制在1mm以内（如图6所示）。

原浆模板加工生产设置专用场地，模板配件加工过程程序化，人员定人定岗。加工精度：尺寸偏差、板面平整度控制在1mm以内。加工过程做到做完一个配件检查验收一个配件，达不到精度要求的配件严禁使用。

杯口设计、分格条、圆盘设计：用项目自行研制的空心丝杆技术，将杯口直接固定在原浆外模板上，确保杯口与模板之间不渗水，不漏浆；分格条、圆盘边缘做成15°坡面，便于模板拆除并防止拆模时损坏棱角，圆盘和分格条用胶和自攻螺钉与原浆模板固定紧密，彻底消除与模板之间的缝隙，不留“渗水通道”（如图7所示）。

图7 模板空心丝杆安装后

图8 原浆混凝土钢筋绑扎

3.3 钢筋工程

钢筋加工制作按照图纸设计要求和规范规定，确定加工尺寸，钢筋加工布置合理规划，保证施工需要；结合模板螺栓孔、圆槽、分格条位置和施工高度、后浇带留置位置，调整钢筋接头位置、搭接长度和锚固长度，避免影响模板安装；钢筋绑扎前重点检查钢筋规格、直径、数量，不得使用锈蚀、污染的钢筋，避免污染模板面。钢筋安装时重点控制钢筋定位、间距调整、绑扎网片垂直度和平整度，确保钢筋保护层厚度满足设计要求，杜绝露筋现象。钢筋保护层采用与原浆混凝土颜色相近的白塑料钢筋支架，钢筋绑扎丝丝头向墙内，绑扎时采用站在内墙一侧先绑扎外模板一侧的钢筋再绑扎内模板一侧的钢筋的方法，可以有效控制外模板侧的钢筋绑扎丝丝头留在墙内（如图8所示）。

原浆外模板安装、调整就位后，内模板安装前，重点检查和调整与对拉螺杆相冲突的钢筋位置，保证对拉螺杆的水平位置正确。钢筋支架严禁放在装饰圆槽和分格条处，避免局部钢筋保护层过厚。

3.4 混凝土浇筑

混凝土浇筑前按照浇筑计划和施工部署，准备好足够的施工人员和泵送机械，做好现场协调工作，派专人控制预拌混凝土质量，确保混凝土技术性能和工作性的一致性和同一性。对原浆混凝土现场验收制定了专门标准，对进场的原浆混凝土严格按照标准验收，实行每车必验制度，不满足要求的坚决退场，检验方法如下：

目测：重点检查混凝土工作性能，对和易性、保水性、流动性进行检查；

坍落度测定：按照16~18cm标准检查，保证混凝土稳定；

对每次混凝土浇筑，取三组同样试块，并对原材料取样封存；该混凝土具有补偿收缩性能，及时取样检测。

现场混凝土浇筑采用分层下料分层振捣方法：底部铺设20mm厚的去粗骨料混凝土，然后分层下料，第一层为30cm高，以后每层50cm高，最高不超过70cm；特别注意保证门窗洞口两边同时对称均匀下料；严格控制每层浇筑高度和振捣时间，用专用标杆控制分层下料高度，以混凝土表面出现均匀浆体，不再出现混凝土下沉和大量气泡，混凝土面呈水平状态为最佳混凝土振捣时间。振捣工具专用化，包括50号、30号型振动器，并在振捣棒上进行长度标识，以控制插捣深度；采用直径25mm的竹竿模内插捣和专用木锤模外敲击的辅助振捣方法，确保混凝土振捣质量，充分排除混凝土滞留在边角、杯口、圆槽边缘和分格条底部的气泡。合理划分混凝土浇筑区段，每区段最长不得超过50m，便于混凝土浇筑管理、混凝土供应调度和减少劳动强度、提高施工效率；实行区段混凝土浇筑责任制，每10m设一个专门的混凝土浇筑小组，做到混凝土浇筑、振捣精益求精。原浆墙浇筑时，在墙顶预留30cm高作为特殊处理层（在进行上层混凝土施工前将高出的5cm混凝土剔凿掉，并将施工缝留在水平分格条内，保证墙面不出现施工缝），待下层混凝土浇筑振捣完毕1h后浇筑，在此期间采用30棒充分振捣，振捣棒插入下层混凝100mm，充分排出上下层混凝土交接区域聚集在外模板上的气泡，使上下层混凝土颜色均匀一致；墙顶混凝土斜向振捣，在混凝土振捣完毕后，顶部采用30振捣棒45°角斜向振捣，目的是充分排除顶层混凝土中的气泡，在振捣的同时加强模外木锤辅助振捣和竹竿模内插捣。

4 施工管理组织

原浆饰面墙施工是一个需要精心组织、全过程监控、各专业协调一致的总体施工管理过程，为了确保每道工序都满足标准要求，各个关键环节必须有专业负责人验收、把关，根据原浆饰面施工特点，组建原浆混凝土施工领导小组，领导小组直接负责模板加工制作小组、模板安装和拆除控制小组、钢筋绑扎小组、混凝土施工小组四个专业小组，分工明确、各负其责、协调统一，做到原浆混凝土施工工序过程程式化、管理制度化、验收规范化、操作标准化。

5 清水混凝土局部修整措施

为使清水混凝土饰面效果达到预期的建筑装饰效果，对混凝土局部出现的观感质量缺陷进行修补是必要的，对清水混凝土观感质量缺陷修补应对不同部位采取针对性措施进行修补，修补时应注意修补的时机、修补方法、修补质量控制及结合外墙透明涂料性能综合考虑。

5.1 修整范围

（1）穿墙螺杆杯口处较为明显的“熊猫眼”需要修整，由失水引起的淡淡的色差可不修整。

（2）大片明显的气泡需要修整，局部个别的气泡可不修整。

（3）过振及漏振引起的烂根、起皮、上部浮浆等必须进行修整。个别分格条、装饰块阳角轻微掉角及变形由建设单位、监理单位和施工单位现场共同确定是否修整。

（4）墙面污染。包括油污和漏浆及雨水污染等，必须进行修整。

（5）大面色差。对于均匀色差可以不进行修补，由于过振引起的返砂及色差要进行修补。

（6）上下层模板禅缝不对应。应根据实际情况确定需要修整的蝉缝。

5.2 修整时机及方法

5.2.1 修整时机

除浅色“熊猫眼”以及轻微的色差在外墙涂料施工时修整外，其他观感偏差均宜在拆模后即进行修整。这样即可保证修补材料与大面积清水混凝土同步养护及保护，减少修补引起的色调和强度不一致。

5.2.2 主要修整方法

（1）对错台及拼缝高低差超过允许偏差的部位采用细砂轮磨平后，专用粗砂布打磨，再用细砂纸反复研磨，直至研磨至符合验收标准为止，然后用干净抹布将灰尘除去即可。

（2）线条平直度超过允许偏差后，用干净的水平尺比着，用刀片割齐，或用锉刀锉齐，再用细砂纸打磨平直。

（3）混凝土表面的油渍及水渍污染，较轻时用干净的绵砂擦掉，较重时，先用细砂纸打磨净后，再用干净绵砂将灰尘擦去。严禁用湿抹布清洗清水混凝土墙面。

（4）聚合物砂浆修整

适用部位及缺陷为：烂根、起皮、浮浆及大面积的气泡等。

材料要求：水泥、砂、外加剂等均选用与所浇筑部位混凝土配合比相同厂家、地址的材料，水泥和外加剂批号尽量相同。也可添加一定量的界面粘合胶体，但要保证胶体无毒、无色，并不使砂浆变色或色调不匀，如108胶。

砂浆试配及调色：砂浆配合比与原混凝土配合比相同或相似，并在试验墙上做试验，经建设单位及监理单位认可后，方可应用在原浆混凝土墙面上。

（5）螺栓孔部位的封堵。螺栓孔内填塞聚合物砂浆，砂浆的配合比除增加微膨胀剂外其余与第（4）条相同。螺栓孔杯口处通过专用堵头工具压抹砂浆，使得外露杯口经封堵后深浅一致。

5.3 外墙涂料修饰

外墙涂料是指不影响原浆混凝土特有观念（即保持原汁原味特色）的情况下，为达到防止雨水侵蚀，并对一些观感缺陷进行适当修饰而选用的透明涂料，以提高混凝土的耐久性。

该涂料选择的主要依据是对原浆混凝土试验墙的修饰效果确定。透明涂料可以解决的观感缺陷有：超标气泡、混凝土面层色差、轻微残痕及表层污渍等。

6 技术经济效果

与采用石材装饰和其他室内外装饰墙面材料的施工方法相比，原浆混凝土施工方法具有明显的技术经济和质量优势。

（1）原浆饰面混凝土既是建筑结构材料又是装饰材料，节省了主体结构施工后装饰工程费用。

（2）通常墙体结构施工和外墙装饰施工会出现重复使用脚手架和重复搭设安全防护架的问题，使用原浆混凝土施工技术，很好地解决了这个问题，同时节省了装饰工程施工中大量使用的辅助材料费用。

（3）在施工工期上，原浆混凝土施工完毕后即可达到工程要求，无需考虑装修工期对总工期的影响，大大的节省了人力、物力的投入。

原浆混凝土施工技术在郑州国际会展中心工程中得到成功应用，受到业主、监理和社会各界的普遍好评，对于在河南地区推广和应用该项新技术具有较好的示范作用，通过在会展中心工程开展科技示范活动，对河南建筑业整体施工水平的提高具有重大影响。

参考文献

[1]《混凝土结构工程施工质量验收规范》（GB 50204—2002）．北京：中国建筑工业出版社，2002

[2]《建筑装饰装修工程施工质量验收规范》（GB 50210—2001）．北京：中国建筑工业出版社，2002

[3] 郑州国际会展中心（会议部分）清水混凝土实验方案

[4] 郑州市国际会展中心项目部清水混凝土施工质量验收标准及质量控制

大跨度钢结构转换层综合施工技术

杜建峰　黄永平　刘英鹤　宋庆华

（中国建筑第二工程局）

摘　要：郑州国际会展中心会议厅四、五层转换层钢结构工程主桁架跨度大，最长、最重的主桁架长46.55m，重106t，高4m，施工难度大。施工过程中，我们将桁架在拼装场地拼装完成后，利用滑移轨道运输到现场，综合利用液压提升和高空拼装方法进行安装。通过合理的施工组织和科学的技术运用，顺利地完成了转换层大跨度钢结构的施工。

关键词：转换层　整体提升　分段拼装

1　工程概况

郑州国际会展中心的会议中心多功能厅是集会议、餐饮、娱乐等多种功能于一体的综合功能大厅，使用功能上的要求使得该厅具有净空大、跨度大、空间大、平面布局复杂等特点，加上多功能厅上部为3个钢结构+钢筋混凝土复合体系结构报告厅，结构荷载大，需要在多功能厅和报告厅之间设置结构转换层，满足结构承重要求，因此设计上采用在多功能厅四周结构设置劲钢混凝土柱、劲钢结构梁，作为转换层钢结构桁架的支撑结构，转换桁架由19榀主桁架、36榀次桁架及相关连梁构成，主桁架是主受力桁架，桁架跨度范围内不设任何支撑柱，完美地解决了多功能厅空间使用和承受上部结构荷载的需要。

会议厅四、五层转换桁架主位于C3轴和C21轴之间，弧向位于A2轴和B2轴之间，平面布局呈扇形；会议厅四、五层跨度大，四、五层荷载通过主桁架传递到钢柱上；最长、最重的主桁架位于C12轴，长46.55m，重106t；主桁架高4m（上弦中心线和下弦中心线之间的距离），弦杆、支柱和撑杆均由焊接H型钢组成，最厚钢板为45mm厚，如图1所示。

2　工程难点、技术方案可行性分析

2.1　工程难点分析

（1）施工环境恶劣

四、五层转换桁架垂直投影位置局部有地下室（C5～C8轴线）顶板，结构承载能力有限，采用常规方法吊装构件不能满足施工需要；平面呈扇形布置，主桁架、次桁架沿圆弧环向和径向布置时的安装角度非常复杂，构件加工制作精度要求高，不能利用现有场地进行；周边结构主体已施工完成，钢结构现场吊装空间狭窄，另外在冬期施工时，最低气温－10℃左右，钢结构的焊接和涂装质量控制就显得非常重要。

（2）钢结构体量大，工期紧

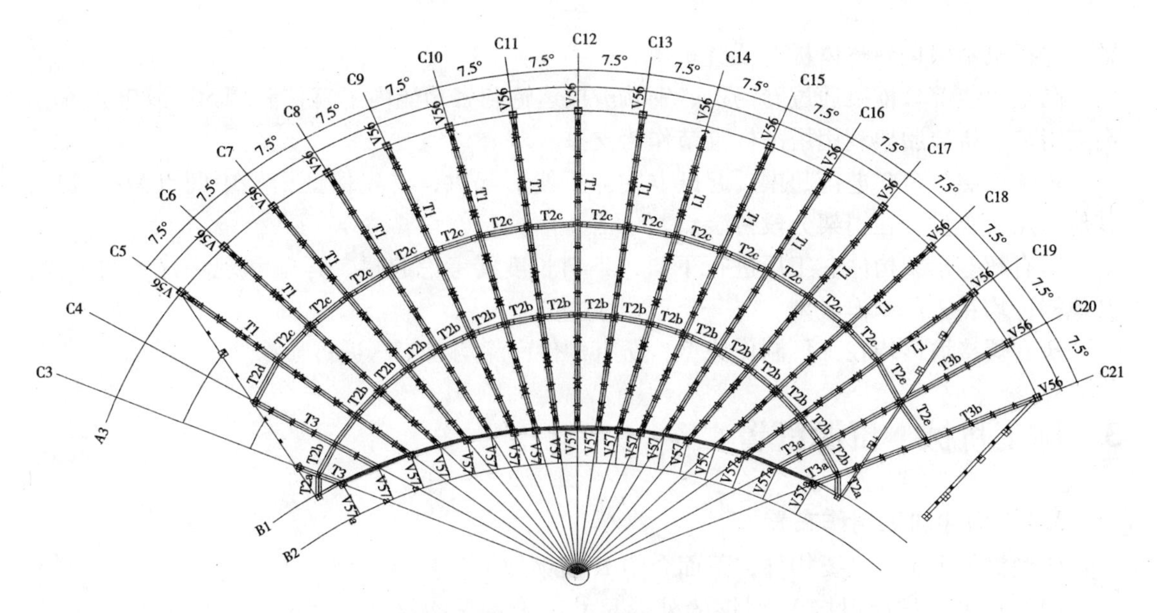

图1　转换层主桁架、次桁架及支撑平面布置图

注：T1 为主桁架；T2、T3 为次桁架；V56、V57 为支撑。

四、五层转换桁架工程由 19 榀主桁架、36 榀次桁架及相关连梁构成，总重量达 2800 多吨，最长、最重的主桁架位于 C12 轴，长 46.55m，重 106t；主桁架高 4m（上弦中心线和下弦中心线之间的距离），钢结构体量大，而整个安装工期只有 140 天左右，任务重，工期紧，为保证该工程项目能按计划顺利、有序地进行，并达到约定的目标，必须对可能影响工程按计划进行的因素进行分析，事先采取措施才能确保任务的完成。

（3）构件运输困难

由于主体结构已经完成，进入多功能厅区域的安装入口只有一条，且宽度只有 8.6m，由于四、五层转换桁架截面和长度尺寸较大，因此不但难以在工厂一次制作成型，还可能由于在长途运输过程中造成桁架整体或局部的变形，而影响工程的质量和进度。因此采用散部件运输，现场拼装的方法，所有超宽桁架构件必须在加工厂下料、制作成型，现场散拼就位。如何协调好拼装场地与其他单位的交叉作业、安装场地与其他单位的交叉作业、拼装与安装的交叉作业及保证拼装质量也是本工程的一大难点。

2.2　主要施工方案分析

本工程转换层桁架距地面高度 11m，平面位置在 C3 ~ C21 轴上，C3 ~ C9 轴在一层平面位置属于地下室结构，C9 ~ C21 轴在一层部位没有地下室，在安装方案的选择上，考虑在有地下室部位采取整体提升技术，而在无地下室部位采取分段高空拼装的方法进行。

对处于地下室部位的桁架要考虑桁架在地面水平滑移荷载的影响，在滑移轨道部位进行加固处理，采取钢结构、钢骨复合体系加固。

构件运输利用外墙 C17 ~ C18 轴洞口进行。在场区外钢结构加工厂加工制作“H”型构件散件，在现场拼装场地内加工成标准桁架单元，利用卷扬机通过敷设的钢轨滑道将标准桁架单元运到多功能厅内，整体提升桁架在 C12 轴上拼装成提升单元桁架，再利用滚轴、卷扬机牵引运到整体提升位置。

高空拼装部分桁架通过卷扬机、钢轨滑道运输到多功能内，直接利用50t、80t汽车吊高空组装。拼装胎架利用塔吊标准节作为支撑。

桁架按照1/800进行起拱，起拱方式为折线形起拱，首先保证桁架中间点为折线形，其他折点位置设置在桁架分段拼装点。

所有超宽桁架构件在工厂进行下料，下料长度要考虑起拱、运输和现场吊装的分段，其他构件均在工厂制作成型。

所有焊接坡口均在工厂制作成型，所有构件底漆均在工厂进行喷涂。

3 施工机械、资源配置

3.1 构件加工制作布置

H型钢是本工程主要构件，下面介绍H型钢加工工艺。

（1）购料：按照焊接H型钢的外形尺寸，确定采购材料的尺寸，包括长度和宽度。由此，降低材料消耗。

（2）下料：采用条式多头切割机一次性将钢板切割成多条板条，这样可以防止产生马刀弯。

下料完成后，采用半自动火焰切割机进行坡口的开制。

（3）H型钢的制作：

①组装：坡口开制完成后，对零件检查合格后，在专用胎具上组装H型钢。组装时，利用直角尺将翼缘的中心线和腹板的中心线重合，点焊固定。组装完成后，在H型钢内加一些临时固定板，以控制腹板和翼缘的相对位置及垂直度，并起到一定的防变形作用，如图2所示。

②焊接：H型钢的焊接采用CO_2气体保护焊打底，埋弧自动焊填充、盖面的方式进行焊接，如图3所示。焊接时，H型钢的四条焊缝要求从同一端起弧，另一端熄弧，必须保证焊接方向相同，以避免H型钢产生扭曲变形。在焊接过程中要随时观察H型钢的变形情况，及时对焊接次序和参数进行调整。焊接所用焊条的化学成分和力学性能如表1所示。

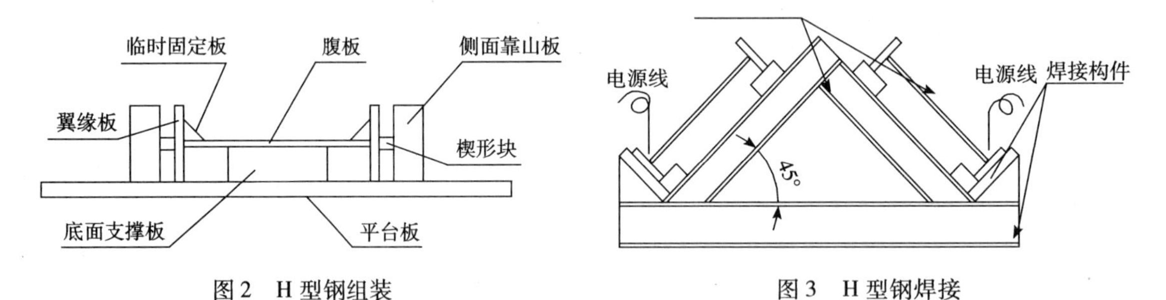

图2 H型钢组装　　图3 H型钢焊接

焊条的化学成分和力学性能　　表1

焊条型号	E5028						
化学成分（%）	Mn	Si	Ni	Cr	V	S	P
	≤						
	1.60	0.75	0.3	0.2	0.08	0.035	0.04

续表

<table>
<tr><td>焊条型号</td><td colspan="6">E5028</td></tr>
<tr><td rowspan="4">力学性能</td><td colspan="2">抗拉强度 f_y</td><td colspan="2">屈服强度 f_y</td><td rowspan="2">伸长率
δ_5（%）</td><td rowspan="3">冲击试验（-20℃）
吸收功 A_{kv}（J）</td></tr>
<tr><td>N/mm²</td><td>kgf/mm²</td><td>N/mm²</td><td>kgf/mm²</td></tr>
<tr><td colspan="5">≥</td></tr>
<tr><td>490</td><td>50</td><td>410</td><td>42</td><td>22</td><td>27</td></tr>
</table>

③矫正：H 型钢焊接完成后，采用翼缘矫正机对 H 型钢进行矫直及翼缘校平，保证翼缘和腹板的垂直度。对于扭曲变形，则采用火焰加热和机械加压同时进行的方式进行矫正。火焰矫正时，其温度不得超过 650℃。矫正前后的比较如图 4 所示。

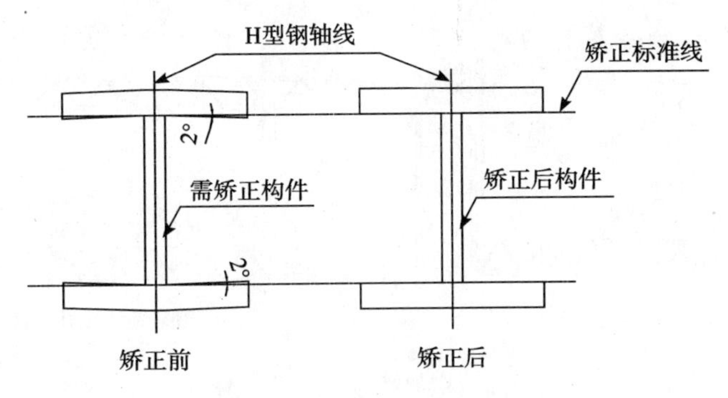

图 4　矫正前后比较图

3.2　构件运输

钢结构构件的散件在加工厂加工完成后，用 30t 运输车运至现场，为了将构件垂直运至 16m 的转换层以上的平台，须将构件水平运至多功能厅。

3.3　构件预拼装

桁架在胎架上按原位进行预拼装，桁架分段拼装节点作为整榀桁架的控制节点。在拼装胎架的支撑钢梁上弹出上下弦轴线投影线作为吊装就位的轴线控制依据；在拼装胎架的支撑钢梁通过调整垫铁来调整桁架的标高和预起拱尺寸。利用地面上的轴线采用“借线法”检验桁架直线度和平面度，保证桁架拼装时一次到位。

3.4　主要施工机械

综合考虑工程特点、现场实际情况、工期等因素，经过各种方案反复比较，钢结构吊装选择一台 NK-500E-V 型汽车吊（50t）和一台 80t 汽车吊作为钢结构安装的主要设备，配合使用 4 台 5t 卷扬机。四、五层转换桁架安装时，50t 汽车吊和 80t 汽车吊都用于桁架的吊装，4 台 5t 卷扬机用于桁架的水平运输；T3b 桁架安装时，其中 1 台卷扬机用于桁架的旋转滑移和桁架的提升就位。

4 施工方法

4.1 整体提升方案

4.1.1 拼装、滑移

C3 轴线 T3 桁架跨度较小，不分段，可采用液压千斤顶进行整体提升。钢桁架的构件由加工厂制作，散件运至楼面安装现场，在五层楼面设置直立拼装胎架，桁架滑移到位后，汽车吊站在桁架附近，将桁架吊装至拼装胎架进行桁架的立体拼装（不能平躺拼装，因为没有吊车来多点起吊扶直，否则桁架扶直过程中变形很大）。同时在柱顶端或牛腿上安装提升吊架，然后用卷扬机或液压千斤顶整体提升桁架到安装位置，如图 5 所示。

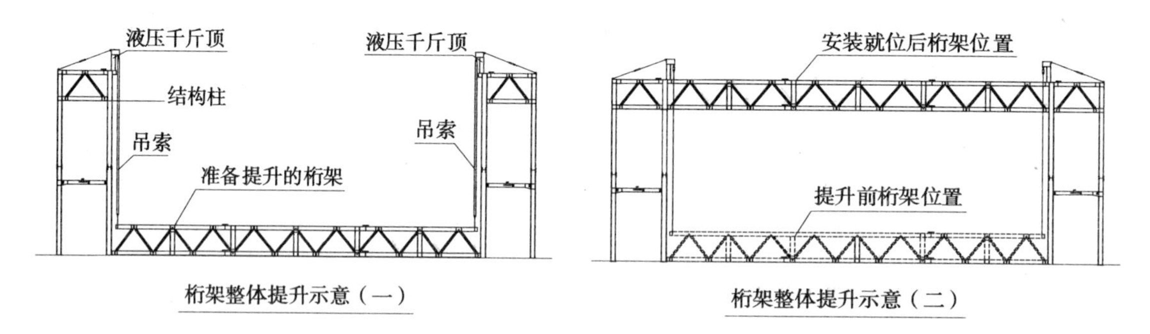

图 5 桁架整体提升示意图

4.1.2 地下室加固措施

地下室底板到顶板之间采用满堂脚手架加丝扣顶托支顶。满堂脚手架钢管立柱行距、列距均为 300mm，为了搭设施工人员通行和操作，列距上每搭设 4 行立柱空一行，即每 4 行立柱之间的通道距离为 600mm。距地面 200mm 设扫地水平杆。中间水平杆步距 1.8m 以内。立杆的长度以比混凝土顶板低 100mm 左右为宜，在每一根立柱顶插入可调节高度的丝扣顶托，使每根立柱将混凝土顶板顶紧。为了避免损坏楼板，在楼板上面铺设 20mm 厚钢板。加固演算略。

4.1.3 预拼装复核

桁架滑移到位后，汽车吊站在桁架附近，将桁架吊装至拼装胎架进行桁架的立体拼装。拼装前通过测量控制对桁架的标高、直线度及平面度进行复核，确保拼装质量。

4.2 分段拼装方案

4.2.1 支撑胎架设计

考虑支架需要承担桁架荷载、施工临时活荷载及支架稳定性、桁架就位后的侧向稳定性等诸多因素，桁架高空吊装对接临时支架采用 C7022 塔吊塔身标准节作为材料组装为门式支架，具体做法为：在桁架拼装位置用 C7022 塔吊塔身标准节组装两个 15m 高的支架，两个支架之间净空间距 1m，在每个支架上安装两个在支架 400mm × 300mm × 20mm × 20mm 钢梁，在支架之间安装两个 400mm × 300mm × 20mm × 20mm 钢梁，用于支撑桁架，如图 6 所示。

4.2.2 分段单元

综合考虑桁架的重量、桁架的长度、桁架拼装所处位置、吊车起重性能等因素，桁架分段如下：

（1）C3 轴线 T3 桁架不分段；

（2）C4 轴线 T3 桁架分为两段，分段位置在跨中；

（3）C5 轴线至 C19 轴线 T1 桁架都分为四段，分段位置在跨中和两侧弦杆壁厚变化位置（如图 7 所示）；

（4）C20 轴 T3a、T3b 桁架都分为两段（T3b 桁架在地面拼装成整体后进行倒运和就位）；

（5）C21 轴 T3a 桁架为一段、T3b 桁架分为两段（T3b 桁架在地面拼装为整体后进行倒运和就位）。

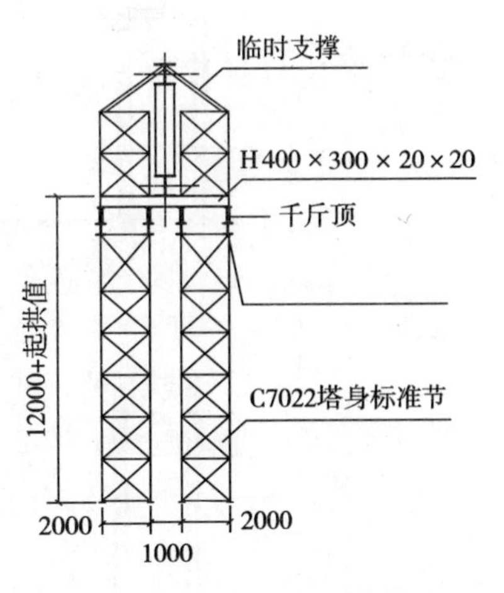

图 6 桁架临时支架示意图

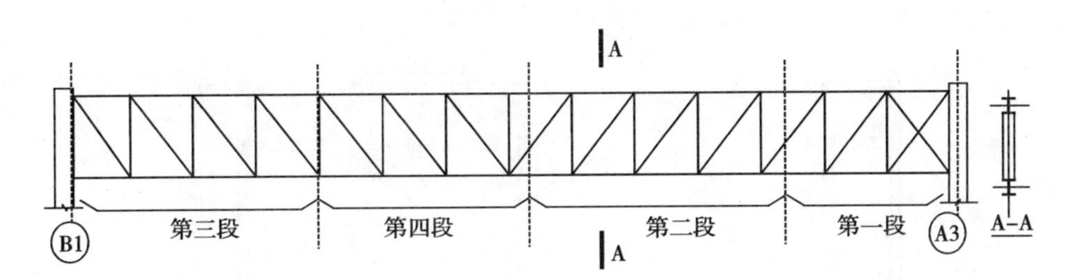

图 7 T1 桁架分段图

4.2.3 高空拼装

（1）桁架吊装前地下室进行加固。桁架吊装前先安装桁架两端柱间 V56、V57 剪刀撑及牛腿。四、五层转换桁架从 C3 轴线到 C18 轴线逐榀拼装、安装，施工完毕，再依次施工 C21 轴、C20 轴、C19 轴桁架。按照桁架安装顺序搭设胎架；桁架吊装前，拼装胎架拉设缆风绳。80t 汽车吊为主吊机具，50t 汽车吊为辅助设备。分段桁架滑移到位后，汽车吊站在桁架附近，将分段桁架吊装至拼装胎架进行高空组拼。分段桁架吊装就位后，在桁架和拼装胎架之间增设临时支撑进行桁架的侧向固定。

（2）桁架组对合拢：桁架在胎架上按原位进行拼装，桁架分段拼装节点作为整榀桁架的控制节点。在拼装胎架的支撑钢梁上弹出上下弦轴线投影线作为吊装就位的轴线控制依据；在拼装胎架的支撑钢梁通过调整垫铁来调整桁架的标高和预起拱尺寸。利用地面上的轴线采用“借线法”检验桁架直线度和平面度，利用架设在首层楼板上的高精度水准仪，依据高程控制点，采用“垂挂大盘尺”的方法检查桁架标高及预起拱尺寸，测量数据都在控制误差范围之内，方可对接焊接。

（3）转换桁架吊装过程如图 8 所示；吊车吊装桁架如图 9 所示。

4.2.4 焊接及高强螺栓连接

（1）焊接作为钢结构施工的关键工序之一，自始至终按质量保证体系中的控制程序全面进行监控，把好焊前、焊中、焊后质量关。

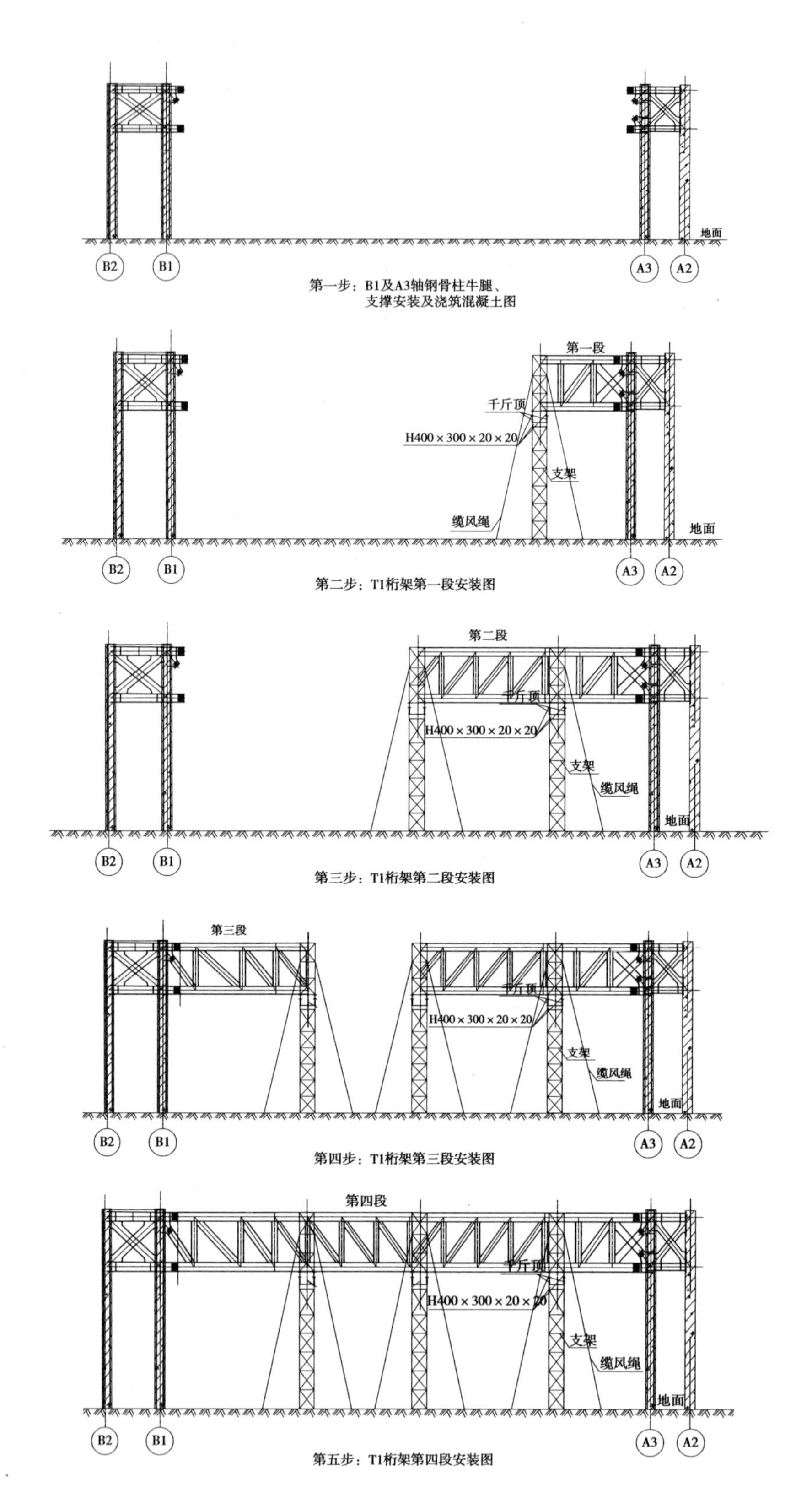
地面
B2
B1
A3
A2
第一步：B1及A3轴钢骨柱牛腿、
支撑安装及浇筑混凝土图
第一段
千斤顶
H400 × 300 × 20 × 20
支架
缆风绳
第二步：T1桁架第一段安装图
第二段
第三步：T1桁架第二段安装图
第三段
第四步：T1桁架第三段安装图
第四段
第五步：T1桁架第四段安装图

图 8　桁架吊装过程

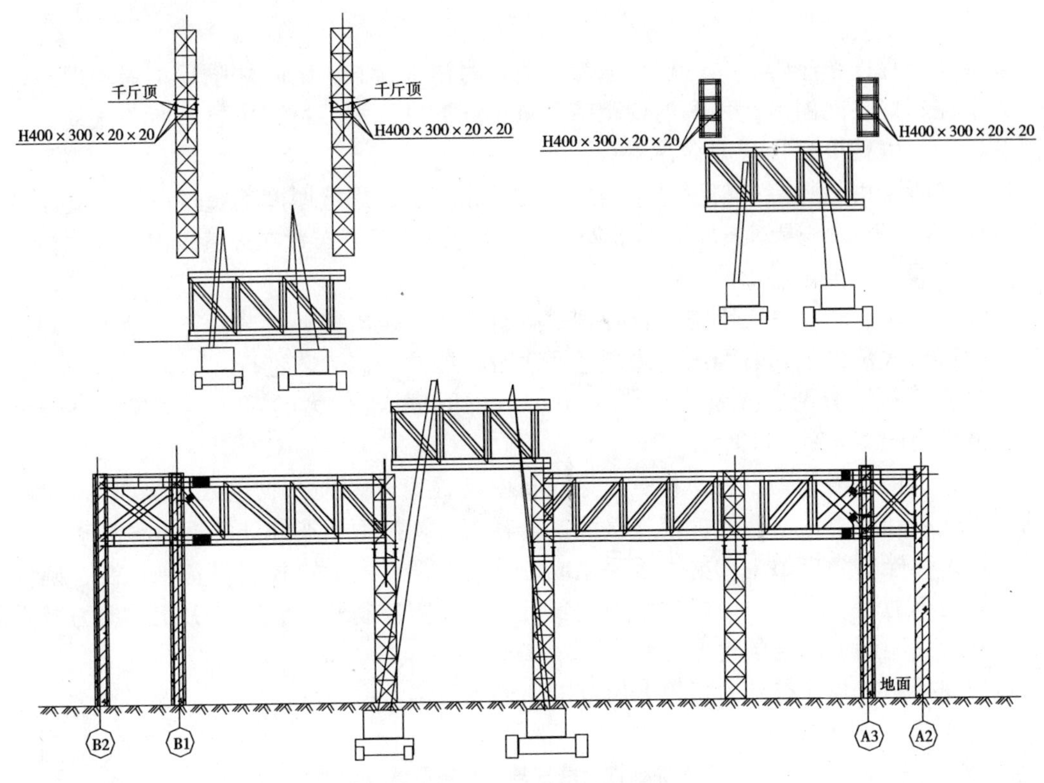

图9　吊车吊装桁架示意图

四、五层转换桁架整体焊接顺序基本等同于吊装顺序：主桁架拼装点焊接→次桁架同主桁架相连节点焊接→弧向钢梁同主桁架相连节点焊接→支撑同主桁架相连节点焊接。栓焊连接的节点，首先进行高强螺栓初拧，然后进行翼缘板焊接，最后进行高强螺栓终拧。对于同一节点，首先对称立焊，再仰焊，最后平焊。

焊接要点：

焊接工程师利用组对工程师或测量工程师提供的构件安装数据确定施工区内整体施焊顺序。构件组对复测完毕，卡板要点焊固定，以减少焊接变形。

所有节点坡口，焊前必须打磨，严格做好清洁工作。所有探伤焊缝坡口及组对间隙均由质检员验收合格。

焊接完毕，焊工清理焊缝表面的熔渣及两侧飞溅物，检查焊缝外观质量。低氢型焊条经烘焙后放入保温桶内，随用随取。

现场拼装的对接接头，在焊缝两端设置引弧和引出板，其材质和坡口形式与焊件相同。因现场采用手工电弧焊，引弧和引出的焊缝长度大于20mm。焊接完毕，采用气割切除引弧和引出板，并修磨平整，不得用锤击落。

焊接时，焊工遵守焊接工艺，不得自由施焊及在焊道外的母材上引弧。厚度大于50mm的碳素结构钢和厚度大于36mm的低合金结构钢，施焊前进行预热，焊后进行后热，以控制焊接应力变形。预热温度控制在100～150℃；预热区在焊道两侧，每侧宽度均大于焊件厚度的两倍，且不小于100mm。板厚大于30mm的低合金结构钢要进行后热处理，处理温度为200～300℃，后热时间为1小时/30mm板厚，加热范围为焊缝两侧各100mm区域内。

多层焊接宜连续施焊，每一层焊道焊完后及时清理检查，清除缺陷后再焊。焊接过程中，为了控制好层间温度，用测温仪跟踪测量层间温度。焊接过程中要不断用振动棒在焊缝两侧振动，以减少焊接应力存在。

定位焊所采用的焊接材料型号，与焊件材质相匹配；焊缝厚度不超过设计焊缝厚度的2/3，且不大于8mm；焊缝长度不小于25mm，定位焊位置要布置在焊道以内，并由持合格证的焊工施焊。

焊缝出现裂纹时，焊工不得擅自处理，查清原因，定出修补工艺后方可处理。焊缝同一部位的返修次数，不超过两次。当超过两次时，按照返修工艺进行。

（2）高强螺栓分两次拧紧，初拧轴力一般要达到标准轴力的60% ~80%，终拧轴力达到标准轴力的100% ~110%。

初拧：当构件吊装到位后，将螺栓穿入孔中（注意不要使杂物进入连接面），然后用手动扳手或风动扳手拧紧螺栓，使连接面接合紧密。初拧力矩按终拧力矩的50%确定。

终拧：螺栓的终拧由电动剪力扳手完成，其终拧强度由力矩控制设备来控制，确保达到要求的最小力矩。当预先设置的力矩达到后，其力矩控制开关就自动关闭，剪力扳手的力矩置好后只能用于指定的地方。

高强螺栓初拧与终拧轴力扭矩取值范围如表2所示。

高强螺栓初拧与终拧轴力扭矩取值范围表 **表2**

螺栓型号	初拧轴力（tf）	初拧扭矩（kgf·m）	终拧轴力（tf）	终拧扭矩（kgf·m）
M16	6.6 ~8.8	10.65 ~14.52	11.0 ~12.1	21.30 ~29.04
M20	10.2 ~13.6	20.57 ~28.05	17.0 ~18.7	41.14 ~56.10
M22	12.6 ~16.8	27.96 ~38.12	21.0 ~23.1	55.90 ~76.23
M24	15.6 ~20.0	36.30 ~49.50	25.0 ~27.5	72.60 ~99.00

4.2.5 支撑胎架拆除

在现场设置安全标志和警告牌，划出安全区域，非操作人员不得入内，确保支撑胎架拆除工作的安全。

用NK—500E—V型汽车吊（50t）将组成支撑胎架的构件自上而下依次吊至楼面，转运至指定区域。

4.3 次桁架及连梁施工

拼装胎架拆除前，使用汽车吊进行次桁架安装，连梁的施工可以采用索链葫芦安装就位。为确保结构整体稳定性，T2次桁架随T1主桁架一起安装。

另外，桁架T3b安装程序为：

（1）桁架T3b地面拼装，加固混凝土梁及摆放旋转滑移用的钢梁，旋转滑移动力系统布设；

（2）双机抬吊桁架T3b到三层楼面旋转滑移钢梁上；

（3）旋转滑移桁架T3b就位，布设桁架T3b垂直提升系统；

（4）桁架 T3b 提升就位。

5 控制措施

5.1 拼装质量控制

在拼装前，拼装人员必须熟悉施工图，制作拼装工艺及有关技术文件的要求，并检查零部件的外观、材质、规格、数量，当合格无误后方可施工。

在拼装前，拼装人员检查胎架模板的位置、角度等情况。批量拼装的胎模，复测后才能进行后续构件的拼装施工。

拼装焊缝的连接接触面及沿边缘 30 ~ 50mm 范围的铁锈、毛刺、污垢等必须在拼装前清除干净。

板材、型材的拼接焊接，在部件或构件整体组装前进行；构件整体组装在部件拼装、焊接、矫正后进行。

构件的隐蔽部件要先行焊接、涂装，经检查合格后方可组合。

现场拼装构件的焊接参见 5.3 节焊接的质量控制。

5.2 整体提升同步性控制

桁架吊装就位时通过测量控制，确保桁架的中心线和牛腿的中心线重合或在规范允许误差范围之内，桁架的固定及同步性控制通过支架、牛腿、缆风绳等共同作用来实现。

5.3 钢结构焊接及高强度螺栓连接质量控制

5.3.1 焊接质量控制

焊接检验要由质量管理部门合格的检验员按照焊接检验工艺执行。焊工在焊前检查坡口是否符合规定，检验焊接材料是否合格，清理现场，并预热（如有要求）；焊接时需预热和保持层间温度（如有要求），检验填充材料，打底焊缝外，清理焊道，按认可的焊接工艺焊接；焊后清除焊渣和飞溅物，焊缝外观，咬边，焊瘤，裂纹和弧坑，并注意冷却速度。

质检员将检验要求与检验机构保持密切联系。

焊缝按规范 JBJ 81—91 或相关规范检查。保存外观检查记录。对厚度超过 8mm 的全熔透焊缝均按设计及规范的要求进行超声波检查。声波检查按国家规范 JBJ 81—91 第一部分或相关规范进行质量检验证明。

全焊透对接焊缝超声波检验。当在一个接头中检查出超标缺陷时，在同一组中要增加检查两个接头，如果两个增加的接头是合格的，最开始的焊缝返工再采用同样方式检验。如果两个增加的接头也有超标缺陷，那么同组内的每一个接头都要检验。

5.3.2 高强度螺栓连接质量控制

由专业质检员按照规范要求对整个高强度螺栓安装工作的完成情况进行认真检查，将检验结果记录在检查报告中，检查报告送到项目质量负责人处审批。

本工程采用的是大六角高强度螺栓，终拧结束后宜采用 0.3 ~ 0.5kg 的小锤逐颗敲击螺栓，检查其紧固程度，防止漏拧。

施工过程中，每天上午由质检人员对前一天终拧的螺栓进行扭矩抽检。抽检数量按每个节点螺栓数的10%，但不少于1颗进行，检查时先在螺杆和螺母上面划一直线，将螺母退回60°，再拧至原位测定扭矩，该扭矩与检查扭矩的偏差在检查扭矩的±10%以内为合格。对于扭矩低于下限值的进行补拧；对超过上限值的要更换螺栓。如出现扭矩检查不合格时，由技术人员查明原因，并校核扭矩扳手，及时处理。

高强度螺栓连接副终拧后，螺栓丝扣外露保证留2～3扣，其中允许有10%的螺栓丝扣外露1扣或4扣，抽查5%且不少于10个。

高强度螺栓连接摩擦面保持干燥、整洁，没有飞边、毛刺、焊疤、氧化铁皮、油漆、污垢等。

5.4 支撑胎架设置

每个门式胎架有8个着地点，为了防止胎架不均匀沉降，每个着地点上浇筑C20混凝土承台，承台长、宽各1m，高0.5m。每个混凝土承台预埋500mm×500mm×20mm预埋件，用于固定胎架，避免胎架水平移动和侧向倾覆。胎架每个支腿下面增设一个400mm×400mm×20mm的钢板，用于连接承台预埋件。为了确保胎架侧向稳定性，平行桁架、垂直桁架方向都拉设缆风绳。

5.5 测量控制

5.5.1 桁架吊装就位与固定控制

（1）桁架第一段吊装就位与固定控制：桁架吊装就位前，在门型支架（沿着檩条方向拉设缆风绳，确保其稳定）上测设出纵横轴线，桁架临时支座标高调整到位（需要预起拱的包含预起拱尺寸）；桁架吊装时首先就位滑动支座处，就位时确保桁架的中心线和牛腿的中心线重合或在规范允许误差范围之内，桁架另一端就位时确保桁架的中心线和测设的轴线重合或在规范允许误差范围之内。第一段桁架的固定控制通过支架、牛腿、缆风绳等共同作用来实现。

（2）桁架中间段吊装就位与固定控制：每段桁架吊装就位前，在门型支架（沿着檩条方向拉设缆风绳，确保其稳定）上测设出纵横轴线，桁架临时支座标高调整到位（需要预起拱的包含预起拱尺寸），就位已安装好桁架一端的上面和一侧焊接卡板；桁架吊装时首先就位已安装好桁架的一端，就位时确保桁架的中心线和已安装好桁架的中心线重合或在规范允许误差范围之内，桁架另一端就位时确保桁架的中心线和测设的轴线重合或在规范允许误差范围之内。为了确保桁架标高万无一失，在支架上增设千斤顶以便调整桁架标高。每一段桁架固定控制通过支架、临时缆风绳。

（3）为了确保桁架拼装完毕、临时门式支架拆除时的整体稳定性，门式支架拆除前安装次桁架。

5.5.2 桁架标高控制

桁架标高控制程序为：

（1）根据设计要求及起拱要求，首先确定每一拼装节点处的桁架标高；

（2）在支架上测设出基准标高作为桁架吊装就位的依据；

（3）桁架错边及桁架平面度校正完毕，利用架设在首层楼板上的高精度水准仪，依据高程控制点，采用“垂挂大盘尺”的方法精确校正桁架接口处的标高来确保桁架标高。

5.5.3　桁架直线度控制

桁架直线度控制程序为：

（1）每榀桁架在现场制作预拼装完成；

（2）桁架支架拉设缆风绳，以确保支架的侧向稳定；

（3）在支架上测设出桁架轴线；

（4）桁架就位时确保桁架中心线对齐支架上测设的轴线；

（5）焊接前，利用地面上的轴线采用“借线法”复核桁架拼装节点中心线。

5.5.4　桁架平面度控制

桁架平面度的控制是通过控制桁架对接错边、桁架垂直度、桁架直线度来实现。

6　施工体会

郑州会展中心会议厅四、五层转换层大跨度钢结构工程工期紧张，施工条件及环境恶劣，同时与屋盖钢结构滑移穿插进行，施工难度大。由于方案制定科学、合理，施工顺利安排紧密，各项措施落实到位，过程中加强了质量控制及监测，实际施工总体顺利，实现了预定的目标，为今后同类工程的施工积累了丰富的经验。

本工程中大量使用高强度螺栓，安装时要注意和遵守下列原则：

（1）装配和紧固接头时，从安装好的一端或刚性端向自由端进行；高强度螺栓的初拧和终拧，都要按照紧固顺序进行：从螺栓群中央开始，依次向外侧进行紧固。

（2）同一高强度螺栓初拧和终拧的时间间隔，要求不得超过一天。

（3）当高强度螺栓不能自由穿入螺栓孔时，不得硬性敲入，用冲杆或铰刀修正扩孔后再插入，修扩后的螺栓孔最大直径小于1.5倍螺栓公称直径，高强度螺栓穿入方向按照工程施工图纸的规定。

（4）雨天不得进行高强度螺栓安装，摩擦面上和螺栓上不得有水及其他污物，并要注意气候变化对高强度螺栓的影响。

参考文献

[1]《钢结构工程施工质量验收规范》（GB 50205—2001）．北京：中国建筑工业出版社，2001

[2]《建筑钢结构焊接技术规程》（JGJ 81—2002）．北京：中国建筑工业出版社，2003

[3]《钢结构高强度螺栓连接的设计、施工及验收规程》．北京：中国建筑工业出版社，1993

劲钢混凝土综合施工技术

杜建峰　黄永平　刘英鹤　杨志华
（中国建筑第二工程局）

摘　要： 郑州国际会展中心会议中心结构形式包括钢结构、钢筋混凝土结构、钢骨混凝土结构等，钢骨混凝土是郑州国际会展中心主体施工的难点之一。通过对钢骨构件的加工制作、吊装，模板、钢筋、混凝土浇筑等工序的过程控制，实现了施工前制定的质量控制目标，取得了良好的社会和经济效益。
关键词： 劲钢结构　焊接

1　工程概况

郑州国际会展中心工程（会议中心）结构形式为框架—剪力墙＋钢结构复合体系，其中钢结构部分主体纯钢结构部分、屋盖钢结构、钢结构＋混凝土复合体系，简称钢骨结构或劲钢结构，其中钢骨部分包括钢骨柱及钢骨梁，采用 Q345B 钢板焊接，截面形式有焊接 H 形截面、箱形截面及圆钢管截面，钢骨柱子断面主要为 1000×1000，钢骨为 700×700（H 形）、ϕ700（○形）600×600（□形）分布在核心筒 A2－A3/B1－B2 轴线上；钢骨梁主要为 H 形，端面为 800×1000（$b\times h$），钢骨截面为 450×450，示意如图 1 所示。

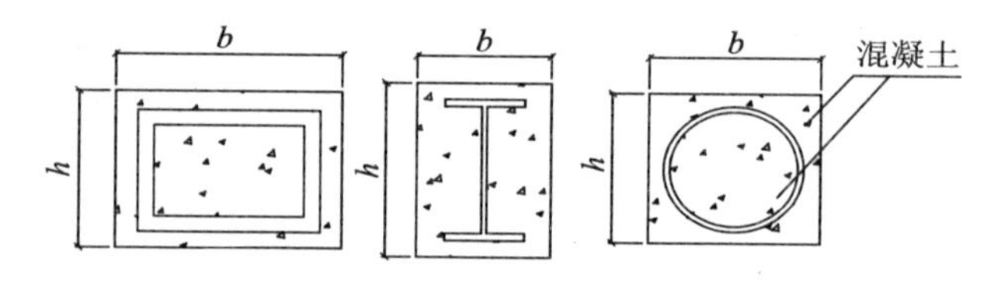

图 1　钢骨混凝土柱、梁截面示意图

本工程钢骨种类多，钢材材质符合《低合金高强度结构钢》GB/T 1591—94 的要求，并且钢板厚度为 45mm，在标高 9.3～16m 范围内钢骨柱钢板厚度大于 40mm，有 Z 向要求，材质要求符合《厚度方向性能钢板》GB 5313—85 要求。钢骨连接采用 10.9 级摩擦型高强度螺栓及等强度焊接。柱混凝土强度等级为 C40，梁混凝土强度等级为 C30。

2　工程特点、难点分析

（1）钢筋密集

劲钢结构较一般钢筋混凝土结构截面小，钢骨截面大，外侧钢筋密集且与钢骨间的连接难度大，钢筋绑扎施工是一大难点。

（2）劲钢结构截面小、模板支设困难

劲钢结构结构截面小，钢骨柱的加劲钢板、栓钉以及复杂的钢骨梁接头处等异型结构等都对模板的支设造成了困难。

（3）钢筋焊接量大

钢骨柱与梁纵筋连接，在钢骨柱腹板范围外的钢筋可直接通长穿过柱子，在腹板范围内的可间隔穿孔通长穿过钢骨腹板，其余伸至钢骨柱腹板边向上（下）弯折，进柱子的总长度大于锚固长度。这样较之普通钢筋混凝土结构，劲钢结构钢筋焊接的数量就大了许多，这也是工程的难点之一。

（4）异型结构影响

为了保证钢骨柱轴线位置正确，对于个别垂直度偏差超标的钢骨柱，我们在两节柱连接焊缝处，于垂直度偏差方向补焊加劲钢板，加劲钢板、栓钉以及复杂的钢骨梁接头处等异型结构对钢筋绑扎、模板支设的定位都造成了不良影响。

（5）混凝土浇筑难度大

钢骨柱、梁钢筋密集；且钢骨柱及钢骨梁截面形式除了H形截面外，还包括箱形截面及钢管截面，混凝土浇筑时需要分层次浇筑。这些都是在混凝土施工时要注意的难点问题。

3 主要施工方法

3.1 劲钢结构安装

3.1.1 钢骨构件加工制作

（1）钢骨构件加工工艺流程如图2所示。

（2）图纸深化，主要深化设计的内容是钢骨分段、连接方式、钢骨梁与柱子连接节点等。

（3）施工放样。放样前，放样人员必须熟悉施工工艺要求，核对构件及构件相互连接的几何尺寸和连接是否有不当之处。如发现施工图有遗漏或错误，及其他原因需要更改施工图时，应取得原设计单位签具设计变更文件，不得擅自修改。

放样在平整的放样平台上进行。凡放大样的构件，以1∶1的比例放出实样构件零件，较大或难以制作样杆、样板时，可采用AutoCAD放样并绘制下料图。样板的材料必须平直，有弯曲时必须在使用前矫正。制作时，样板按施工图和构件加工要求，作出各种加工符号、基准线、眼孔中心等标记，并按工艺要求预放各种加工余量，然后号上印记，用油漆在样板上标注工整。

（4）号料和划线。号料前先确认材质和熟悉工艺要求，然后根据排版图、下料加工单和零件草图进行号料。号料的材料必须平直无损伤及其他缺陷，否则要先矫正或剔除。划线后标明基准线、中心线和检验控制线。作记号时不得使用凿子一类的工具，少量的样冲标记其深度≯0.5mm，钢板上不留下任何永久性的划线痕迹。划线号料后按规定做好材质标记的移植工作。

（5）切割。H形及箱形钢板的切割，采用目前国内先进的多头直条式火焰切割机进行，能够防止切割后零件的变形。切割线和切割面允许编差必须符合以下规范要求。切割

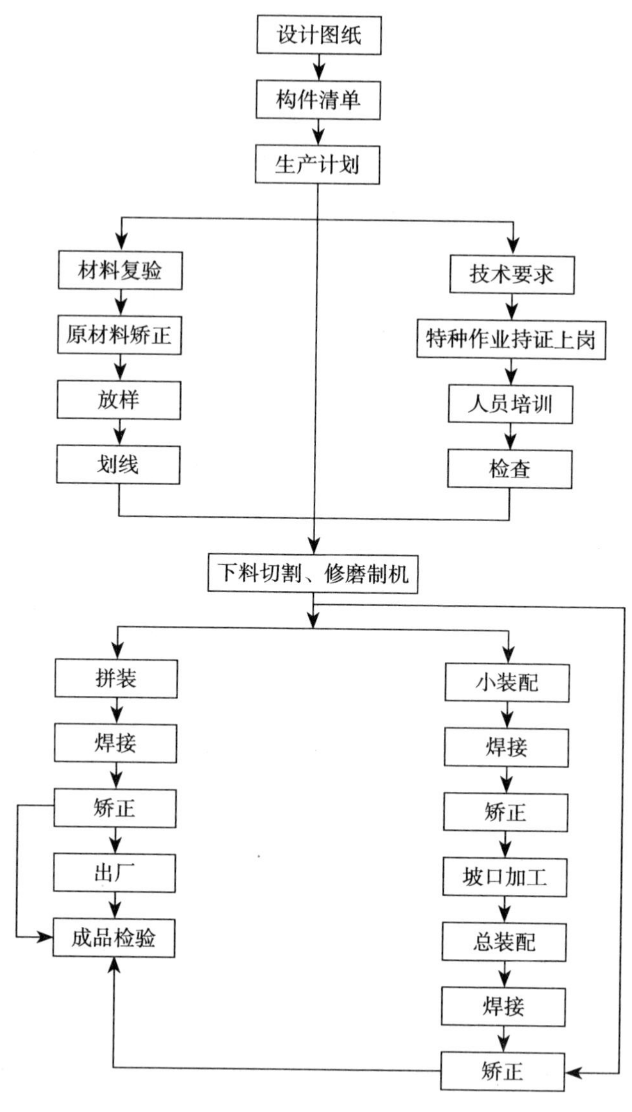

图 2　钢骨构件加工工艺流程

前的准备清除母材表面的油污、铁锈和潮气；切割后气割表面光滑无裂纹，熔渣和飞溅物要除去，剪切边打磨平整顺直。

（6）组装。钢构件的组装在预先组对时在专用平台上进行，平台必须有足够的刚度，不发生变形。H 形及箱形在组装前，对腹板进行修边，将构件的中心线标注在腹板、翼缘板上。组装时要垫平，中心线对齐，用拉通线法进行检查。腹板翼缘板要顶紧，以减小缝隙，上下翼缘板的错位要求不大于 1mm，接头缝隙的宽度不大于 1mm，缝隙处的坡口偏差不大于 5°，然后将拼装板装上，用夹具夹紧后进行点焊。组装的允许偏差符合《高层民用建筑钢结构技术规程》的规定。

（7）焊接。采用埋弧自动焊和手工电弧焊结合的方法进行。组对 H 形及箱形钢骨腹板与翼缘板的焊缝及所有加劲板的贴角焊缝为三级，所有的焊缝高度满足钢结构设计说明要求。

尽量采用对称焊法，使焊接变形和收缩量最小。收缩量大的部分先焊，收缩量小的部分后焊，工字形钢构件的四条焊缝顺序一次焊完，焊缝高度一次焊满成形，避免超高。焊接时严格控制电流，使过程的加热量平衡；尽量避免仰焊，以保证焊接质量。

焊接时，要在焊缝两端配置引弧板和引出板，其材质与母材相同。手工焊引板的长度不小于60mm，埋弧自动焊不小于150mm，引焊到引板的长度不小于引板长度的2/3。引弧必须在焊道处进行，严禁在焊道区以外的母材上打火引弧。

采用SMAW方法焊接时，焊条要用保温桶盛装，随取随用。采用MIG方法焊接时，CO_2 气体纯度 >99.8%，瓶内降压 $10kgf/cm^2$ 时不宜使用。风速大于3m/s时停止焊接，或采取防风措施。

要求全熔透的两面焊焊缝，正面焊完在焊背面之前，要认真清除焊缝根部的熔渣、焊瘤和未焊透部分，直至露出正面焊缝金属时方可进行背面的焊接。

（8）栓钉焊接。电弧栓钉焊是将特制的栓钉在极短的时间内（0.2~1.2s）通过大电流（200~2000A）直接将栓钉全面积焊到工件上。在焊接栓钉前，要进行栓钉焊接工艺参数试验，栓钉焊工艺参数包括：焊接形式、焊接电压、电流、焊接时间、栓钉伸出长度、栓钉回弹高度、阻尼调整位置等。

3.1.2　钢骨构件吊装

（1）钢骨柱吊装：第一步：柱跟部设铰接点（工厂制作完成）；第二步：连接柱铰；第三步：用扒杆搬起或三脚架拉起直立；第四步：钢骨柱校正连接，如图3所示。

（2）钢骨梁吊装：第一步：柱顶设置挑梁；第二步：利用捯链两端拉升；第三步：钢骨梁就位校正连接，如图4所示。

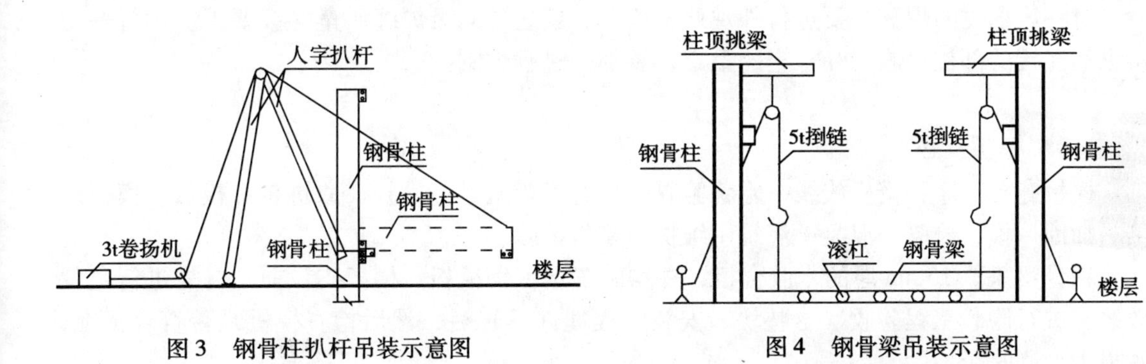

图3　钢骨柱扒杆吊装示意图

图4　钢骨梁吊装示意图

（3）施工机械设备和工具的准备根据施工现场情况及工程量，如表1所示。

施工机械设备表　　表1

序号	机械或设备名称	型号/规格	数量
1	汽车式起重机	20t	1台
2	卷扬机	3t	2台
3	卷扬机	5t	1台
4	扒　杆		1台

续表

序号	机械或设备名称	型号/规格	数量
5	龙门架		2台
6	逆变焊机	ZX7 - 500B	10台
7	磁座钻		1台
8	经纬仪	TDJ2	2台
9	水准仪	AL322	1台
10	电动扭矩扳手	NR - 12t	2台
11	超声波探伤仪	CTS - 22A	2台
12	磁粉探伤仪	CXX - 3B	1台

3.2 钢筋绑扎

钢骨柱与梁纵筋连接，在钢骨柱腹板范围外的钢筋可直接通长穿过柱子，在腹板范围内的可间隔穿孔通长穿过钢骨腹板，其余伸至钢骨柱腹板边向上（下）弯折，进柱子的总长度大于锚固长度。

钢筋焊接有专业焊工进行操作，所用焊条根据连接梁的纵筋等级选定（有HRB335、RRB335级钢筋）。焊缝的高度和长度根据施工图纸和施工规范确定，钢骨腹板钻孔的部位要求钻孔位置准确。锚固长度符合平法的要求。

钢筋纵筋与钢骨柱的焊接难点为梁的二排筋（或三排筋），因此要求钢筋的下料长度必须准确，上下排钢筋的绑扎间距准确。

对一般部位的焊缝，要进行外观质量检查，要达到二级焊缝质量等级要求。钢骨柱与梁纵筋连接的部位为施工和检查的重点，要加强过程控制。

3.3 模板支设

模板施工工序：模板放线→隐蔽验收→检查模板质量→吊装（或拼装）模板→模板连接、加固→模板校验→混凝土浇筑中维护→模板拆除。

钢骨梁采取15mm厚的木胶合板，柱均配置定型钢模板。模板支设前，首先进行定位放线，进行隐蔽工程验收（含垫块、安装工程埋件等）后，然后检查模板是否符合标准，脱模剂涂刷是否均匀。

钢骨梁与墙、平台板接缝处采用双面贴，防止出现漏浆。模板使用前必须涂刷脱模剂。保护层垫块采用塑料垫块。

模板采用直径$\phi16$的对拉螺栓连接，利用栓钉作为对拉螺杆的生根点，螺栓布置间距为（长×高）600mm×600mm，内楞间距不大于300mm，水平外楞间距为600mm。

3.4 混凝土浇筑

钢骨柱内混凝土采用微膨胀混凝土。为确保箱形截面钢骨柱的混凝土灌浆质量和密实度，要设置下料口和排气孔，确保在浇筑混凝土时不出现漏浆现象。排气孔用增强塑料管留设，用胶带仔细缠裹好。

混凝土浇筑加强坍落度的控制。混凝土浇筑前，先用砂浆堵缝，待砂浆有一定强度后，开始浇筑混凝土。浇筑柱时，在底部先铺 5 ~ 10cm 的水泥砂浆，以避免底部产生蜂窝，保证底部接缝质量，下料要对准柱心或四个角。因柱高度较高，要分段浇筑，每段高度不超过 1000mm，初凝前，再浇上一段，中间间隔 1h 左右。要加强柱根部、四角的振捣，防止漏振，造成根部结合不良、棱角残缺现象出现。

3.5 模板拆除及复查

根据混凝土同条件养护试块强度，决定拆模的时间。混凝土底模的拆除时间符合《混凝土结构工程施工质量验收规范》GB 50204—2002 中的规定，并保证不少于两层楼板同时承受上层楼板的施工荷载，即保证始终保留两层（或以上）的模板支撑。

一般情况下，柱子模板在混凝土浇筑后三天拆模，这样可以防止混凝土表面过早失水，混凝土表面出现干缩裂缝。

4 控制措施

4.1 混凝土浇筑顺序

钢骨截面为箱形及钢管的钢骨柱混凝土浇筑时先浇筑钢骨内混凝土，再浇筑钢骨外的混凝土，控制好混凝土的和易性及坍落度，振捣到位，不同性能的混凝土分别浇筑。

梁与顶板同时浇筑，要先将梁的混凝土分层浇筑成阶梯形向前推进，当达到板底标高时，再与板的混凝土一次逆向浇筑。特别注意当梁高大于 1000mm 时，要先浇筑梁到板底 20 ~ 30mm 处留临时施工缝，梁混凝土浇筑 1 小时后，梁上部混凝土与板一次浇筑。梁用 50 型插入式振动棒振捣，平台混凝土先用 50 型插入式振动棒振捣一遍，然后用平板振动器进行往返振捣两遍。

4.2 对拉螺杆措施件设置

保证对拉螺杆的数量和稳定性，采用直径 ϕ16 的对拉螺栓连接，利用栓钉作为对拉螺杆的生根点，螺栓中间增加直径 20mm 的硬 PVC 套管，螺栓布置间距为（长 × 高）600mm × 600mm，内楞间距不大于 300mm，水平外楞间距为 600mm。

4.3 箱形柱混凝土浇筑

箱形钢骨柱混凝土浇筑时先浇筑箱形钢骨内的混凝土，再浇筑箱形钢骨外侧的混凝土，控制好混凝土的和易性及坍落度，振捣到位。

箱形钢骨内混凝土采用微膨胀混凝土，不同性能的混凝土分别浇筑。

5 实施效果

劲钢混凝土综合应用技术是在工程实践经验的基础上总结而成的，郑州国际会展中心劲钢混凝土工程实现了施工前指定的质量控制目标，取得了良好的社会和经济效益。对于类似结构的施工具有现实的指导意义。

钢骨柱连接、钢骨梁施工是本工程主体施工的难点。钢筋绑扎、模板支设及钢管、箱形截面钢骨柱的混凝土浇筑的质量控制都应在工程实施中引起我们的高度重视。

参考文献

[1]《钢结构高强度螺栓连接设计、施工及验收规程》(JGJ 82—91). 北京：中国建筑工业出版社，1993

[2]《钢结构工程施工质量验收规范》(GB 50205—2001). 北京：中国建筑工业出版社，2001

[3]《建筑工程施工质量验收统一标准》(GB 50300—2001). 北京：中国建筑工业出版社，2001

[4]《建筑钢结构焊接技术规程》(JGJ 81—2002). 北京：中国建筑工业出版社，2003

[5]《混凝土结构设计规范》(GB 50010—2002). 北京：中国建筑工业出版社，2002

郑州国际会展中心大空间钢结构转换层楼面及减振器的动力特性检测

梁远森　朱建国　潘开名　闫建民

（郑州市建设委员会）

摘　要：阻尼减振器在大跨度、超高建筑及大型动荷载作用频繁作用的部位大量使用，其主要作用是调整建筑物的振动频率，在外力作用下，通过阻尼器的有效作用调整频率、降低振动幅度，以保证建筑物的有效使用。

关键词：阻尼减振器　固有振动频率　检测

1　概述

郑州国际会展中心位于郑州市郑东新区中央商务区中心，是一个集展览、会议、商务为一体，功能齐全、设备先进的大型综合性会议展览中心。会展中心由会议中心及展览中心两部分组成，总占地面积6.6万m^2，总建筑面积22.7万m^2。其中会议中心总建筑面积6.3万m^2，主体结构呈圆柱形，半径77m。会议中心屋顶采用中央桅杆斜柱、内外环梁支撑的折板式平面桁架及三枝树柱结构，呈折叠圆锥状，见图1。会议中心包括出入口、国际会议大厅（会议中心的主大厅）、一个能容纳5000人的多功能厅，一个1200座的国际会议厅，两个400座的小会议厅以及中西餐厅，会展公司办公室等辅助用房。会议中心局部设有地下室，作为厨房和设备用房。

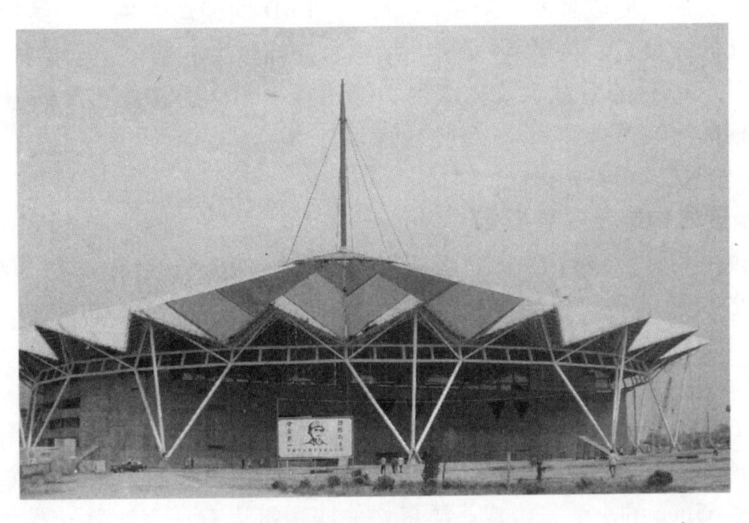

图1　郑州国际会展中心会议中心

1.1 减振器的安装背景

会议中心多功能大厅层高16m，室内净高10m，大厅为大空间，面积约5000m^2，呈扇形。为了营造这一大空间，在多功能厅的顶部设置了一大跨度钢结构转换层，最大跨度为46.5m，桁架高4.0m。转换层以上为一个1200座的国际会议厅，两个400座的小会议厅等，如图2所示。为防止位于多功能厅上面的会议厅内人员集散时可能激发起的楼板过大的竖向振动，在转换层的空间桁架内安装36只减振器。所用减振器的类型是在大跨桥梁、电视塔、高耸结构等土木结构上广泛应用的调谐质量阻尼器，英文缩写TMD（Tuned Mass Damper）。TMD在建筑楼面的竖向减振上的应用在此之前仅见于美国芝加哥的战士体育场（Soldier Stadium）。

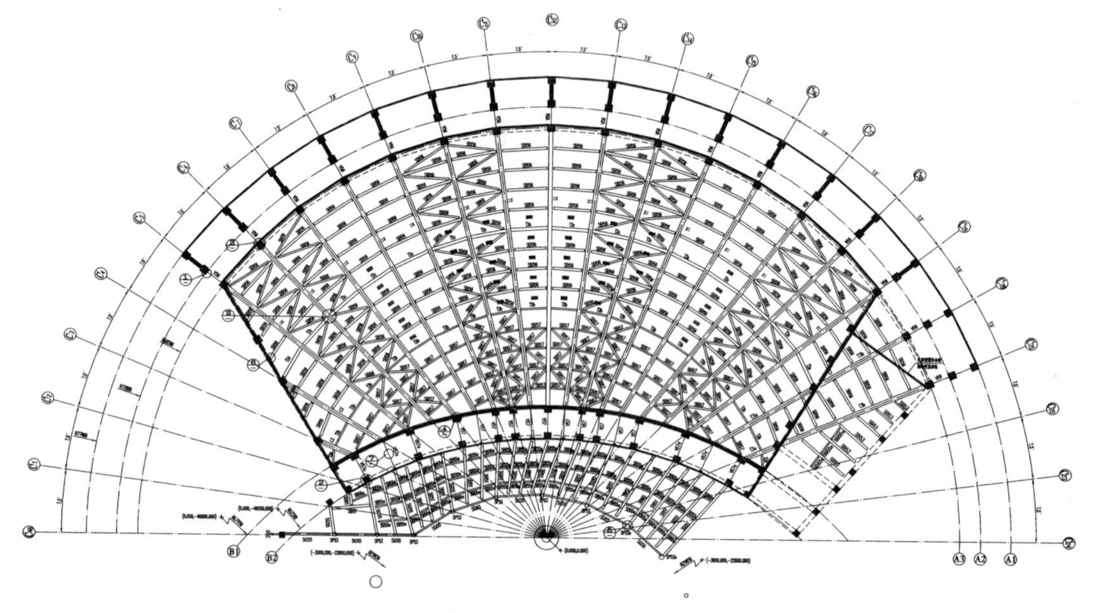

图2 四层结构布置图

TMD通常是将一质量块通过弹簧和阻尼器与支架连接在一起的一个单自由度振动系统。通过调整弹簧的刚度或者质量块的质量，使TMD的振动频率与全结构的某阶要被抑制的振动频率相同或接近。将TMD安装在结构上振幅较大的部位，当结构发生与TMD频率相近的振动时，TMD的质量块就会产生与结构频率相同、相位相反的振动，TMD通过抵消部分主结构的惯性力来达到减振的效果。

1.2 减振器的构造及主要参数

安装于会议中心转换层的TMD有两种型号，mD-2300Vn型和mD-3000Vn型。这两种型号减振器的质量块是尺寸分别为1800mm×1800mm×90mm和1800mm×1800mm×120mm的铁块，质量分别是2290kg与3050kg。TMD质量块的设计振动频率分别为3.5~4.7Hz和3.0~4.0Hz，两种减振器的设计阻尼比均为10%。这两种减振器的构造基本相同，图3给出了mD-2300Vn型减振器的构造图。每个减振器质量块的四角，有4个直径120mm的主螺旋弹簧，刚度为2.7kN/cm。质量块的四边每边有两组辅助弹簧，每组辅助弹簧由4个直径65mm的小弹簧组成。质量块的四边每边有一个油阻尼器，阻尼器的阻尼系数为28.75N·s/cm。质量块的最大振幅为±5mm。

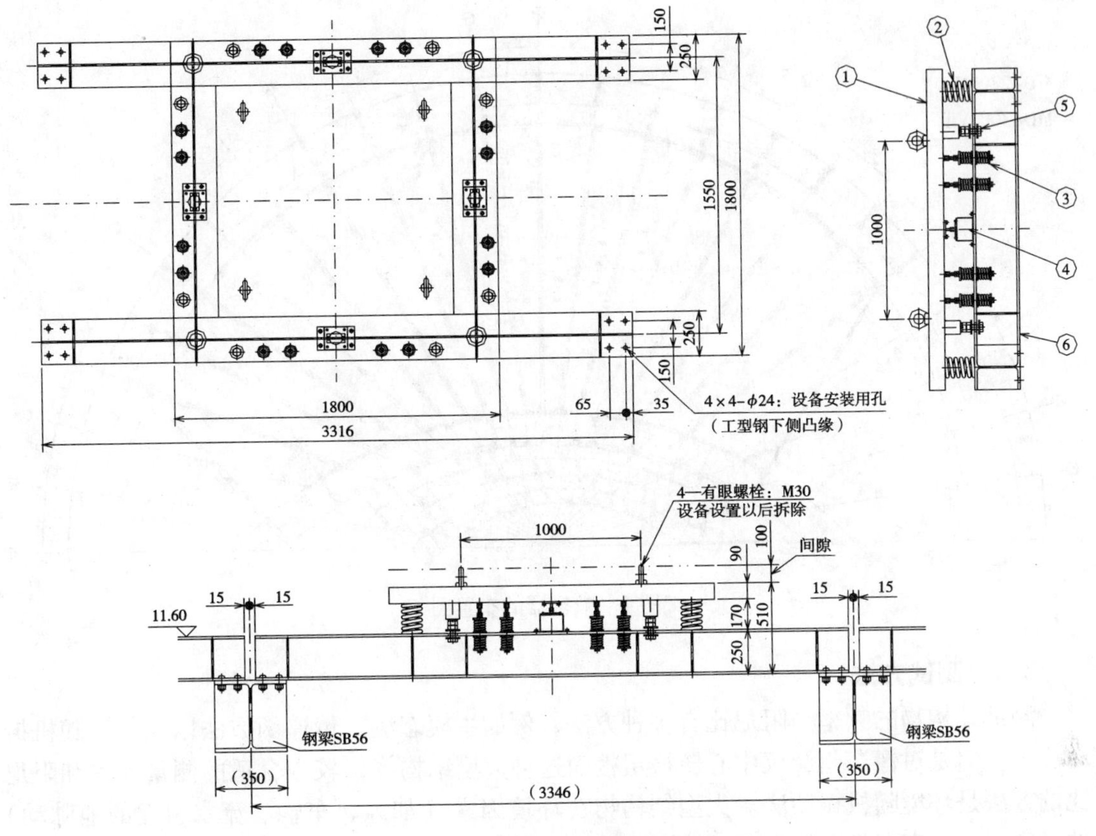

图3　mD－2300Vn减振器的构造

1.3　减振器的安装位置

为了有效抑制转换层楼板的过大振动，将36只减振器（mD－2300Vn型10只，mD－3000Vn型26只）排成8列，布置在转换楼层的中央部位（平面位置如图4所示）。其中，第1、8两列为mD－2300Vn型，第2～7列为mD－3000Vn型。TMD的下部基座焊接在楼层桁架下弦杆的上表面上。

2　转换层楼面自振频率和阻尼比的测试

2.1　测试背景

TMD减振器的减振原理表明，为获得好的减振效果，要求TMD的自振频率与要求抑制的结构物的某阶频率接近。因此，转换层楼面的自振频率是TMD的设计依据，在设计阶段结构的自振频率可以通过有限元分析方法求得。由于计算假定与真实结构特性（包括几何、物理两个方面）之间的差异，自振频率的计算值与实际值之间会存在差异，所以有必要对转换层楼面的自振特性进行实际测量以检验分析结果。

另外，到目前为止结构本身的阻尼比尚不能用分析的方法求得。而结构本身的阻尼比，是衡量减振器安装后的减振效果以及分析当减振器的参数偏离最优值时对减振效果的影响的不可缺少的一个参数。所以有必要对转换层楼面的各阶振动的阻尼比进行测量。

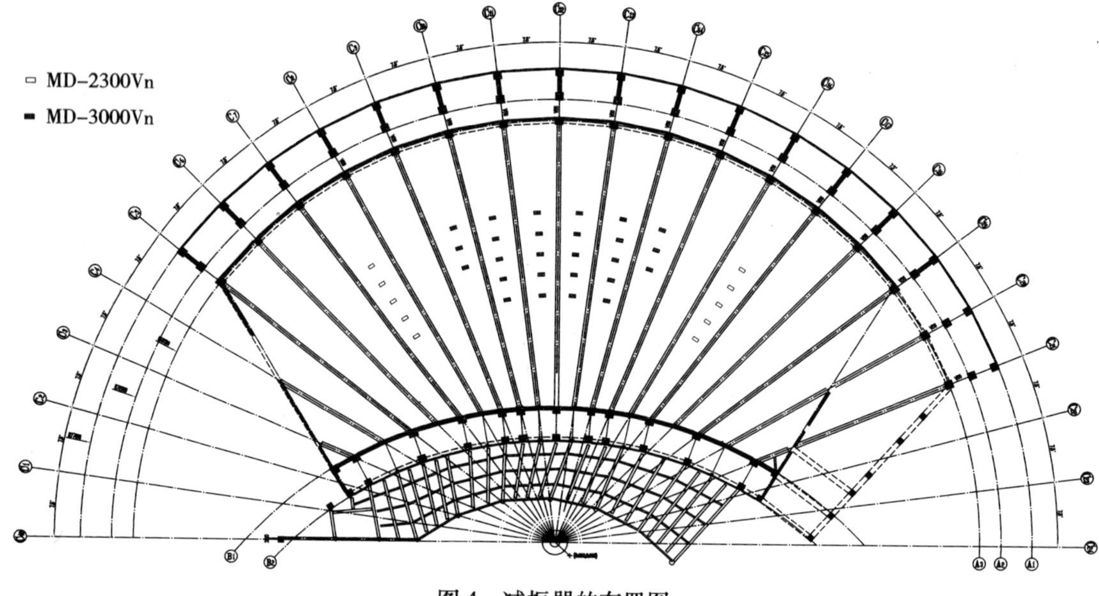

图4　减振器的布置图

2.2　测试方法

测量结构物的频率与阻尼比有多种方法，例如主模态法，传递函数法以及环境随机振动法等。但是对像郑州会议中心转换层楼面这种大型结构物，较为合适的测量频率和阻尼比的方法是环境随机振动法。大型结构物在环境因素（如风、车辆、流水引起的地脉动）的激励下，一直在作微幅振动。这种振动由两部分组成，一部分是由激励源引起的结构的强迫振动；另一部分是结构本身的自由衰减振动。强迫振动除了与结构本身的特性有关外，更多的反映了外界激励的特性；而结构本身的自由衰减振动则包括了结构本身自振频率与阻尼这方面的特性。环境随机振动法，正是利用结构物在环境激励下的这种特性，首先用合适的振动测量仪器与方法，测量并记录下结构物上若干特征点处的振动信号，然后采用多次平均的方法，消去振动信号中由环境随机激励引起的强迫振动部分而保留了自由衰减振动部分，从中提取需要的信息。

2.3　测试仪器

环境随机振动的测试仪器包括：（1）测振传感器；（2）带滤波器的测振放大器；（3）带数据采集与分析软件的计算机。本次试验具体采用的测振传感器是上海济声检测技术研究所生产的 Vs－92 型压电式加速度传感器。灵敏度 5v/g，频响范围 0.1～120Hz，最大使用加速度 1.0g。采用的测振放大器是 VA－99 型 4 通道低通滤波放大器。每通道放大倍数 1～5000 倍。低通滤波截止频率 8 档可调（1Hz、2Hz、3Hz、4Hz、5Hz、10Hz、20Hz 和 50Hz）。采用的数据采集及分析软件是南京安正软件工程有限责任公司的“振动及动态信号采集分析系统，CRAS6.2”。图 5 所示为测试现场。

2.4　测点布置

为了测出转换层楼面的自振频率，沿扇形楼面中心部位的圆周方向和半径方向各布置

3 个测量点。测点号分别为①、②、③及④、⑤、⑥；测点②、⑤重合，如图 6 所示。

图 5　测试现场

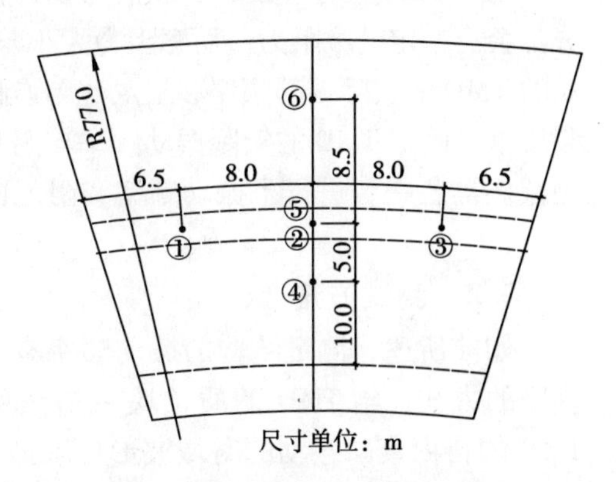

图 6　转换层楼面自振频率和阻尼比测量测点位置图

2.5　测试结果

为了能更好地判断所测得的楼层的竖向振动频率，对沿圆周方向 3 个测点所得的竖向振动信号和沿半径方向 3 个测点的竖向振动信号分别进行模态分析。分析得到两个方向前 3 阶竖向振动的模态参数分别如表 1、表 2 所示。

沿圆周方向前 3 阶竖向振动频率与阻尼比　　　　表 1

阶　次	频　率（Hz）	阻尼比（%）
1	2.150	5.86
2	2.600	2.31
3	4.300	5.34

沿半径方向前 3 阶竖向振动频率与阻尼比　　　　表 2

阶　次	频　率（Hz）	阻尼比（%）
1	2.850	1.75
2	4.25	5.79
3	5.90	12.64

3　安装前减振器振动频率和阻尼比测试

3.1　测试背景

从理论上讲，减振器（TMD）的振动频率、阻尼是 TMD 的质量、弹簧刚度、阻尼器的阻尼系数等参数的函数，TMD 的参数一旦确定，TMD 的频率、振型也随之确定。而事实上 TMD 的三个参数中除了质量块的质量较易满足设计要求，其余两项，TMD 的弹簧刚度和阻尼器的阻尼系数的实际值与设计值都会存在一定的差异，此外 TMD 各元件的联接部分都会有一定的摩阻力，而摩阻力大小与元件的制作精度和安装工艺有关。这样，作为制成品的 TMD 的实际振动频率和阻尼比与设计之间就会存在一定的差异。为检验 TMD 的制作安装质量，确定 TMD 的实际振动频率与阻尼比，对安装前的 mD－2300Vn 型和 mD－3000Vn 型减振器各一台进行了振动频率和阻尼的测量。

3.2 测试方法

如前所述，测量结构的振动频率有多种方法。而对于 TMD 这一特殊结构，采用人工激励的方式，给 TMD 的质量块一初位移，然后测量 TMD 质量块的自由衰减振动，根据 TMD 的自由衰减振动的时域波形可求得 TMD 的振动频率与阻尼比。

求振动频率的方法：

（1）频谱分析法

对振动时域信号进行富里叶变换，就可以获得振动信号的频谱图，根据频谱图上的峰值位置就可以确定 TMD 的振动频率。

（2）时域分析法

读出质量块作自由衰减振动波形图上连续 n 个峰值点之间的时间间隔 Δt，则可用下式求质量块的振动频率

$$f=\frac{n-1}{\Delta t} \tag{1}$$

式中 f——质量块的振动频率（Hz）；

n——峰值点的个数；

Δt——n 个峰值点之间的时间间隔（s）。

读出质量块作自由衰减振动时波形图上第 n 个及第 $n+m$ 个峰值点的振动幅值 A_n、A_{n+m}，则可用下式求 *TMD* 的阻尼比

$$\zeta=\frac{1}{m}\cdot\frac{1}{2\pi}\ln\frac{A_n}{A_{n+m}} \tag{2}$$

式中 ζ——TMD 的阻尼比（无量纲）；

A_n——第 n 个峰值点的振动幅值；

A_{n+m}——第 $n+m$ 个峰值点的振动幅值。

3.3 测试仪器

安装前减振器自振频率和阻尼的测试仪器与用环境随机振动法测量转换层楼面自振频率与阻尼比的测试仪器相同。

3.4 测试结果

测试时，在每一减振器上同时安装两个传感器，一个置于质量块的中心，另一传感器置于质量块的边缘，如图 7 所示。mD－2300Vn 型和 mD－3000Vn 型两种型号减振器，其中采用主弹簧、辅助弹簧及阻尼器元件组合时的振动时域、频域图如图 8～图 9 所示。每

一型号减振器不同的元件组合时的振动频率与阻尼比的统计值如表3所示。

图7　传感器的布置

安装前减振器振动频率和阻尼比的测试结果　　**表3**

序号	型　号	减振器元件组合	频率（Hz）	阻尼比（%）
1	mD－2300Vn	质量块、主弹簧	3.520	0.04～0.08
2		质量块、主弹簧、辅助弹簧	4.032	1.7～2.0
3		质量块、主弹簧、辅助弹簧、阻尼器	4.355	10.7～14.0
4		质量块、主弹簧、阻尼器	3.841	10.7～13.5
5	mD－3000Vn	质量块、主弹簧	3.200	0.10～0.11
6		质量块、主弹簧、辅助弹簧	3.684	1.3～1.7
7		质量块、主弹簧、辅助弹簧、阻尼器	4.094	12.9～15.9

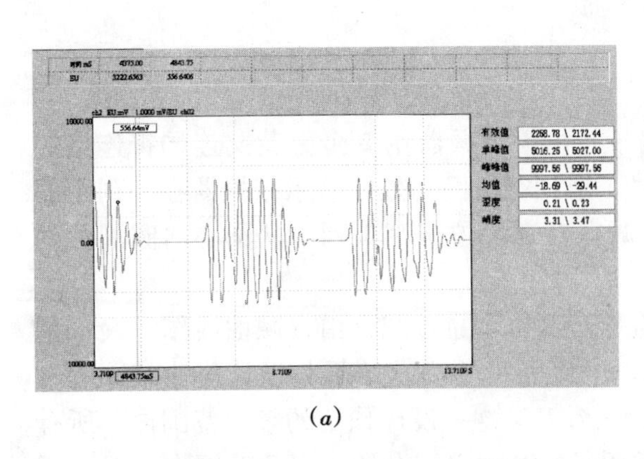

(*a*)

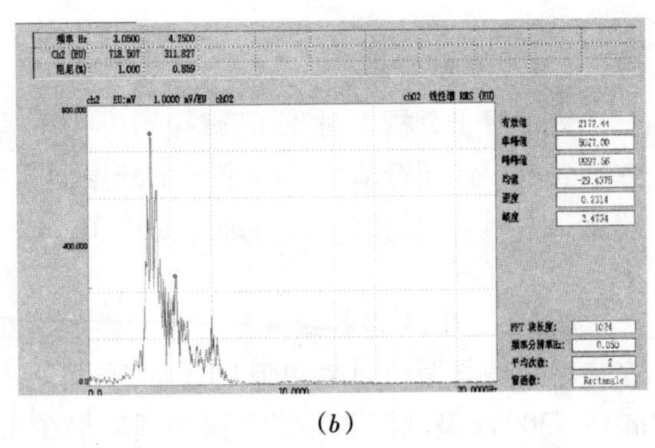

(*b*)

图8　mD－2300Vn型减振器装有主弹簧、辅助弹簧及阻尼器时振动信号的频谱图

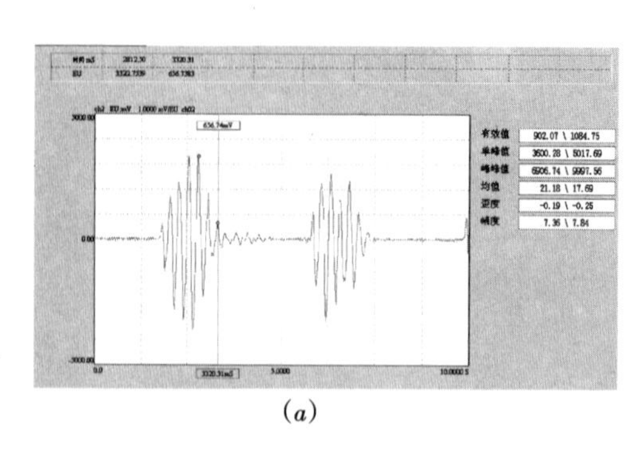

(a)

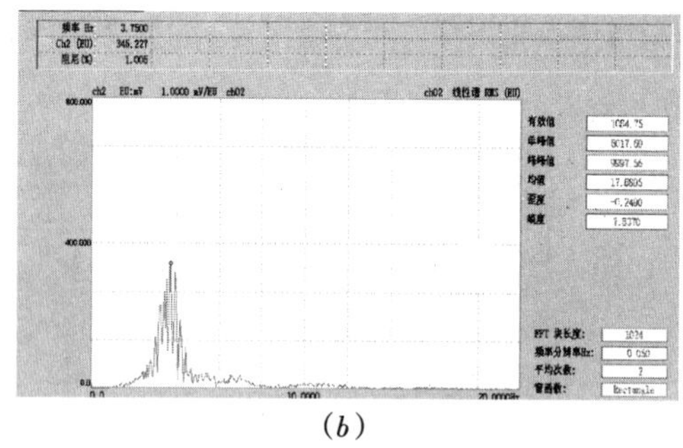

(b)

图 9　mD－3000Vn 型减振器装有主弹簧、辅助弹簧及阻尼器时振动信号的频谱图

将表 3 中所得到的测试数据与设计值比较，在各种元件组合情况下两种减振器的振动频率都在设计预定的范围内，而在有阻尼器的情况下，两种减振器的阻尼比都超出 10% 的设计预定值。

4　安装后减振器振动频率和阻尼比测试

4.1　测试背景

为了对会议中心转换层上减振器的整体制作安装质量进行检验，对安装后的两种型号共 36 套减振器的振动频率和阻尼比进行了逐套检测。

4.2　测试方法

安装后减振器振动频率和阻尼比的测试方法与安装前减振器振动频率和阻尼比的测试方法相同。

4.3　测试仪器

安装后减振器振动频率和阻尼比的测试所用仪器与转换层楼面自振频率和阻尼比测试时所用仪器相同。

4.4　测试结果

为了便于分析，对 36 套减振器进行了编号，每一减振器用 2 个由英文连词符连接的数字表示，连词符前面的数字表示减振器列号，连词符后面的数字表示减振器在一列中的位置，从圆心向圆周方向增加。如第 1－3 号减振器表示位于第 1 列中从圆心向圆周数的第 3 套减振器。

图 10～图 13 是各减振器有代表性的、经人工激励后的时域自由衰减曲线图。表 4 是安装后减振器振动频率和阻尼比的测试结果表。将表 4 的测试结果与设计值比较，所有 mD－2300Vn型减振器的实测振动频率都在 3.5～4.7Hz 这一设计预定的频率范围内，所有 mD－3000Vn 型减振器的实测振动频率都在 3.0～4.0Hz 这一设计预定的范围内。但是所有减振器的实测阻尼比都超过 10% 这一设计预定值。

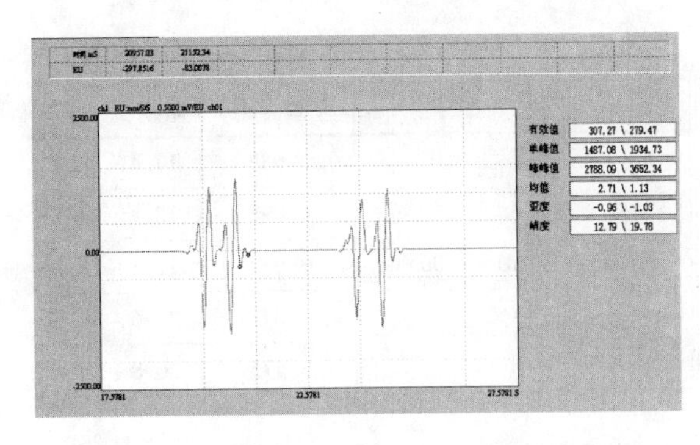

图 10　安装后第 1－1 号减振器（mD－2300Vn 型）振动信号的时域图

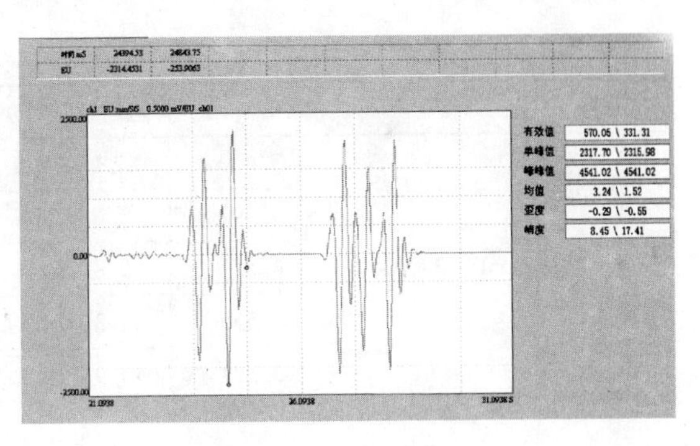

图 11　安装后第 1－2 号减振器（mD－2300Vn 型）振动信号的时域图

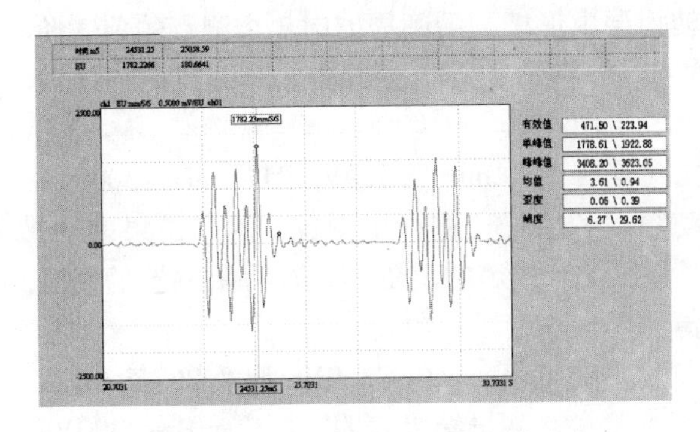

图 12　安装后第 2－1 号减振器（mD－3000Vn 型）振动信号的时域图

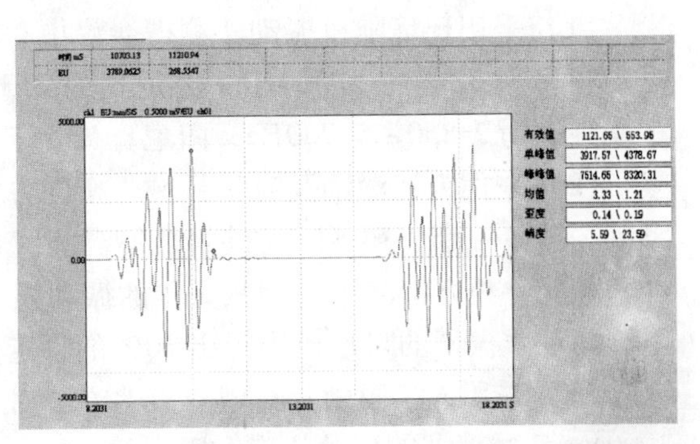

图 13　安装后第 2－2 号减振器（mD－3000Vn 型）振动信号的时域图

安装后减振器振动频率和阻尼比的测试结果　　**表 4**

编号	型号	频率（Hz）	阻尼比（%）	编号	型号	频率（Hz）	阻尼比（%）
1－1	mD－2300Vn	3.795	18.9～20.3	5－1	mD－3000Vn	3.937	20.1～22.5
1－2		3.724	16.6～17.6	5－2		3.656	20.4～21.5
1－3		3.791	27.9～28.0	5－3		3.413	16.5～18.0
1－4		3.795	34.8～35.3	5－4		3.938	18.1～18.2
1－5		3.865	19.1～23.3	5－5		3.841	18.6～20.0
2－1	mD－3000Vn	3.724	18.2～18.3	6－1	mD－3000Vn	3.412	12.6～14.3
2－2		3.791	20.9～21.1	6－2		3.788	23.6～23.9
2－3		3.745	13.2～13.6	6－3		3.656	25.0～25.6
3－1	mD－3000Vn	3.527	27.9～31.7	6－4		3.656	22.2～23.7
3－2		3.836	16.0～16.4	6－5		3.656	11.4～13.5
3－3		3.412	20.2～21.3	7－1	mD－3000Vn	3.492	30.1～30.5
3－4		3.534	17.1～19.7	7－2		3.413	22.1～22.6
3－5		3.788	18.1～18.9	7－3		3.656	12.6～13.1

续表

编号	型号	频率（Hz）	阻尼比（%）	编号	型号	频率（Hz）	阻尼比（%）
4－1	mD－3000Vn	3.660	25.1～25.5	8－1	mD－2300Vn	3.937	17.4～20.7
4－2		3.492	25.3～27.6	8－2		4.098	18.8～22.1
4－3		3.571	29.8～31.5	8－3		3.937	11.1～11.8
4－4		3.656	21.3～23.1	8－4		4.043	27.6～36.6
4－5		3.534	14.9～16.2	8－5		3.575	26.8～29.4

5 结论及建议

（1）采用环境随机振动法测得会议中心转换层扇形楼面沿圆周方向3个测点的前3阶振动频率为2.150～4.300Hz，阻尼比为2.31%～5.86%，沿半径方向三个测点的前3阶振动频率为2.850～5.900Hz，阻尼比为1.75%～12.64%。

（2）采用人工激励及时、频域分析的方法对安装前的mD－2300Vn型及mD－3000Vn型减振器各一套，在不同元件组合情况下振动频率和阻尼比进行了测量。测量结果表明，在各种元件组合情况下两种减振器的振动频率都在设计预定的范围内，在有阻尼器的情况下，两种减振器的阻尼比均超出10%的预定值。

（3）采用人工激励及时域分析的方法对安装后的10套mD－2300Vn型及26套mD－3000Vn型减振器的振动频率和阻尼比进行了逐套测量，测量结果表明，所有mD－2300Vn型减振器的实测频率都在3.5～4.7Hz这一设计预定的频率范围内，所有mD－3000Vn型减振器的实测频率都在3.0～4.0Hz这一设计预定的范围内，但是所有减振器的实测阻尼比均超过10%这一设计预定值。

（4）鉴于实测的所有减振器的阻尼值均比设计要求的10%大，建议将减振器上阻尼器的阻尼系数适当调低。

伞状钢屋盖折板桁架、中央桅杆及悬索施工技术研究和实践

姜丰刚　游志文

（上海宝冶建设有限公司）

摘　要：本文介绍了郑州国际会展中心（会议部分）伞状钢屋盖折板桁架、中央桅杆以及悬索的施工技术。

关键词：折板桁架　中央桅杆　悬索

1　工程概况

郑州国际会展中心工程之一——会议中心在造型上像一把撑开的伞，如图1所示，由中央桅杆、屋面折板桁架和树状支撑柱组成，屋面桁架和支撑柱以中央桅杆为圆心，沿圆周均布，屋面桁架每15°一榀，支撑柱每30°一组。

中央桅杆为$\phi1500\times35$的直缝卷管，顶部标高达110m，管径在100m标高到顶部渐缩为$\phi600\times35$。支座为铸钢件，重27.118t，支座顶部标高+4.00。

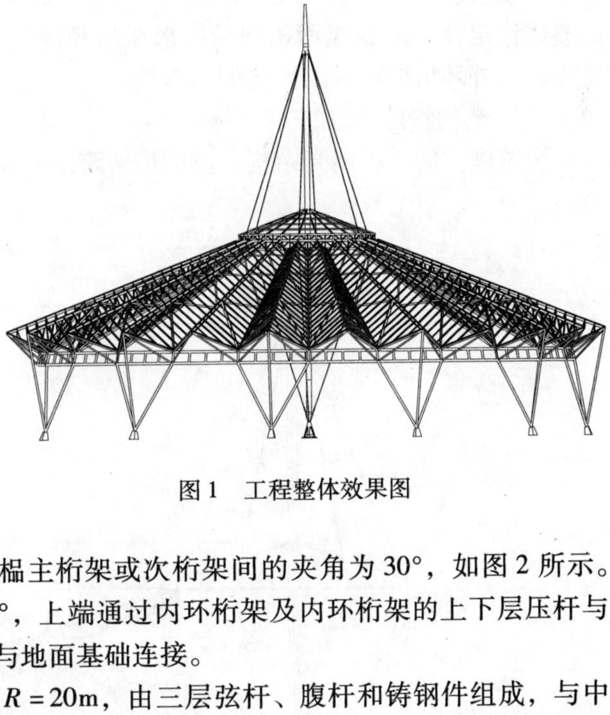

图1　工程整体效果图

屋面桁架由12榀主桁架和12榀次桁架组成，主次间隔布置，即相邻两榀主桁架或次桁架间的夹角为30°，如图2所示。屋面桁架跨距84m，与地面水平夹角24°，上端通过内环桁架及内环桁架的上下层压杆与中央桅杆连接，下端通过树状支撑支座与地面基础连接。

屋面桁架上端连接的内环桁架半径$R=20$m，由三层弦杆、腹杆和铸钢件组成，与中央桅杆设置上下压杆连接。上弦设置6根预应力拉索与桅杆上部（标高97.19m）连接，内环桁架的下弦设置3根稳定索与桅杆下部（标高6.61m）连接，上拉索$\phi7\times151$，下拉索$\phi7\times85$。

树状支撑柱由三根杆件组成，形成空间结构。一组树状支撑柱支承一榀屋面主桁架。三根杆件在下部汇集一起，用铸钢件连成整体，通过+2.00m处的预埋件与混凝土基础连接，铸钢件与预埋件铰接。

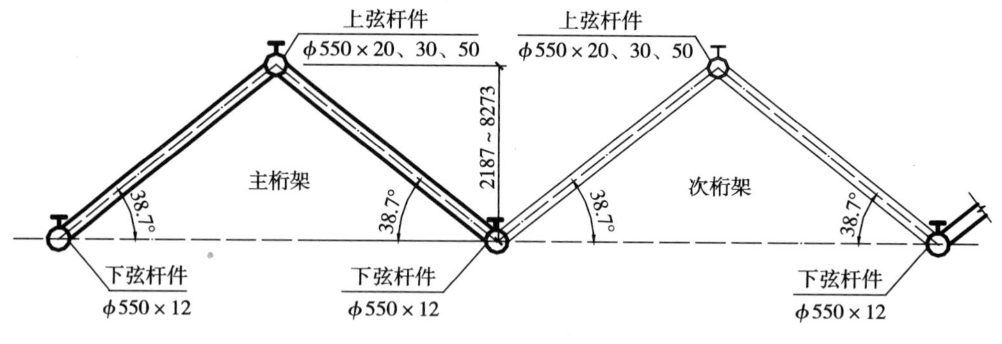

图 2　桁架图

2　工程特点与难点

2.1　工程特点

（1）造型新颖，技术含量高

钢屋盖轻巧雅致，造型像把撑开的伞，由中央桅杆和拉索、外环支撑系统、屋面折叠桁架组成。位于圆心的中央桅杆直径 ϕ1500，高 110m，和拉索一起支撑内环梁，保证结构的整体稳定性；24 榀屋面桁架沿圆形屋顶径向均布，与内外环形成稳定体系；12 组树状支撑柱和外环桁架形成刚性抗侧力框架。

（2）结构特殊

大跨度空间折板网壳结构，屋面桁架跨距 84m，与地面水平夹角 24°，如图 3 所示。

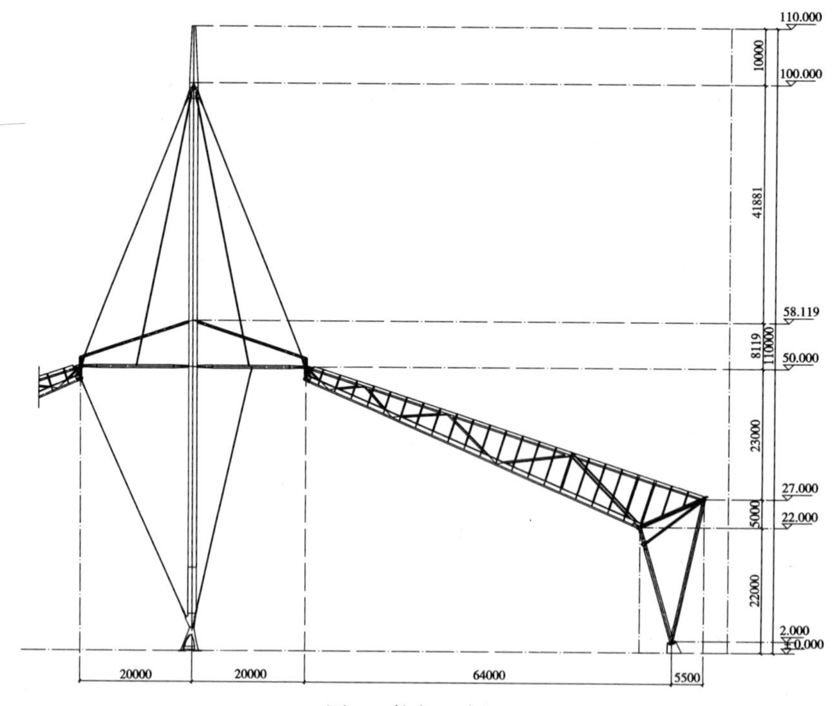

图 3　桁架立剖面

(3) 连接形式简明

铰接：中央桅杆及树状支撑柱和铸钢支座；

销接：内环桁架的压杆与中央桅杆和内环桁架、屋面桁架与内环桁架；

刚接：杆件与铸钢件之间。

(4) 大量铸钢件的使用

规格多、数量大：23 种规格，318 件，749t。

单体尺寸大、质量重：ZG7、9、11、12 等宽度和高度达到 4m；

ZG16—4m×4m×4m，重 27t。

构造复杂、支管多：最多连接 13 根杆件，构造复杂。

2.2 工程难点

(1) 施工组织难

外部：施工条件受限制、场地小、专业配合多；

内部：涉及专业广（厚壁卷管、铸钢件、拉索、销轴等）、异地组织交流渠道受限制，解决周期长。

(2) 技术难度高

节点构造复杂，加工、铸造难——主弦管和铸钢件，如图 4 所示；

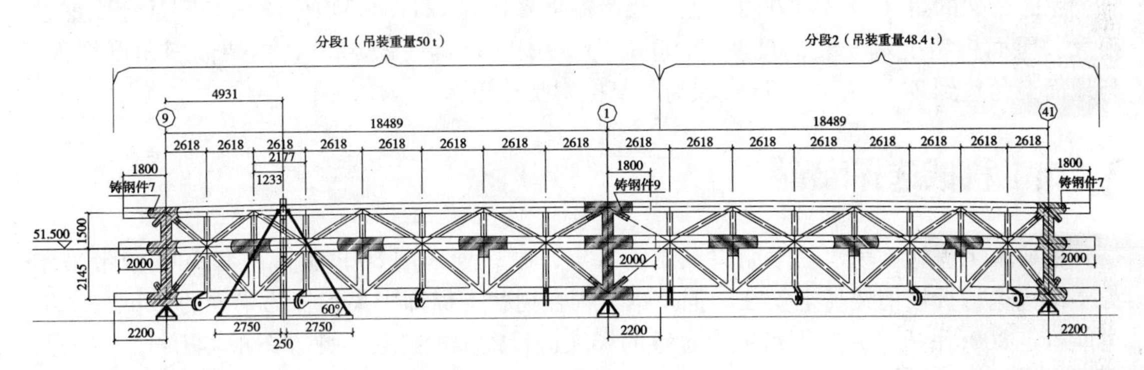

图 4　内环桁架 1/3 展开图

精密连接，现场装配难——必须整体拼装，如图 5 所示；

施工方法新颖，科技含量高——空间多轨道同步旋转累积滑移。

(3) 测量放线难

地面三条同心圆的放线——半径 20m、82.5m、86m；

高空同心圆的放线——标高 +48m、+45m，半径 20m、24.214m；

高空轴线的定位；

空间直线的平面关系放线——屋面桁架。

(4) 现场拼装量大

构件超长或超宽、超高，无法整体运输，必须现场拼装。

屋面桁架上弦长 73m，下弦长 64m，桁架断面高 14m，桁架地面拼装需占用很大场地，场地布置困难。

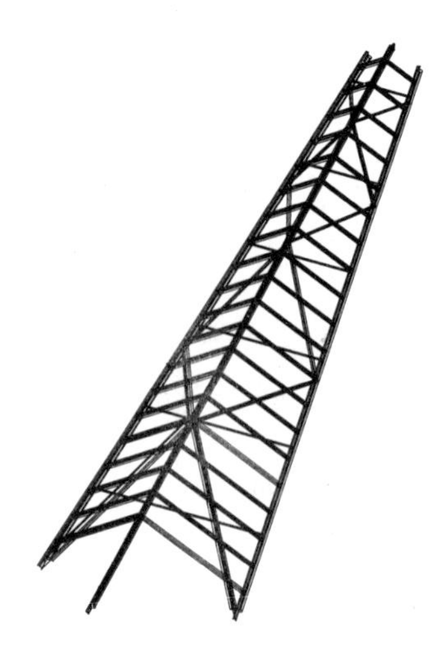

图5　屋面折板桁架三维图

（5）安装难度大

工程结构独特，建筑造型新颖，但同时给施工带来很大难度。

中央桅杆的安装方面：桅杆高达110m，重170t，必须使用大型吊机，分段安装，高空就位、焊接困难，安装过程中必须保证稳定性。

屋面桁架的拼装和吊装方面：主桁架单榀重量达到121t，必须分段吊装，且分段重量很大。屋面桁架上端安装高度+50.00m，下端安装标高+27.00m，桁架倾斜角度很大，与地面夹角达到24°，桁架分段安装时的高空对接难度大。

3　施工机械选择配置

根据本工程施工场地的限制以及结构特点，原计划采用800t履带吊和300t履带吊作为主吊机进行折板桁架高空安装。但是本工程在树状支撑即中央桅杆为半径的85m处，不可能行走800t吊机，并且不可能有足够的场地进行桁架的拼装。此方案根本不符和实际要求。根据现场实际情况选择：定点吊装，旋转滑移。

吊装主机械：300t履带吊、一套滑移设备；

辅助吊机：100t履带吊和50t履带吊各一台，两台25t汽车吊。

方案优点：影响作业面小，便于施工组织；

方案缺点：技术风险高。

当然，还有双机抬吊行走就位方案、对称旋转滑移方案，经过充分论证，决定选用技术风险性高，但对总体工程组织最有利的“定点吊装、旋转滑移方案”。

中央桅杆以及悬索均可用300t履带吊进行安装，不过在安装过程中，根据实际情况要经常进行主杆及副杆的变化。

吊车布置如图6所示。

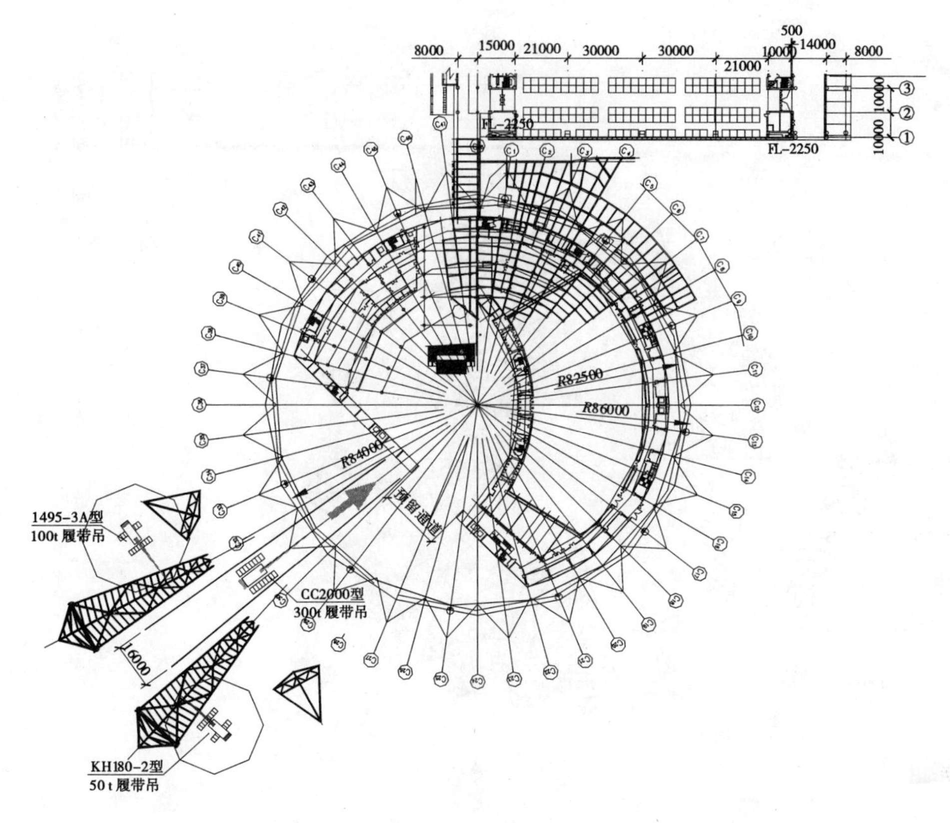

图 6　吊车布置图

4　施工方法

4.1　施工流程平面

施工流程平面如图 7 所示。

4.2　施工大流程

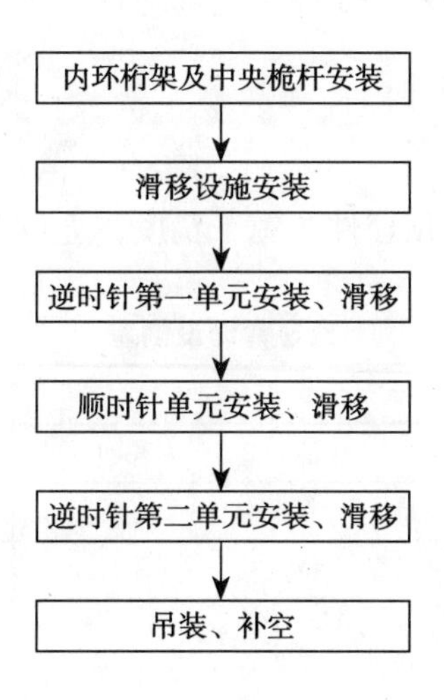

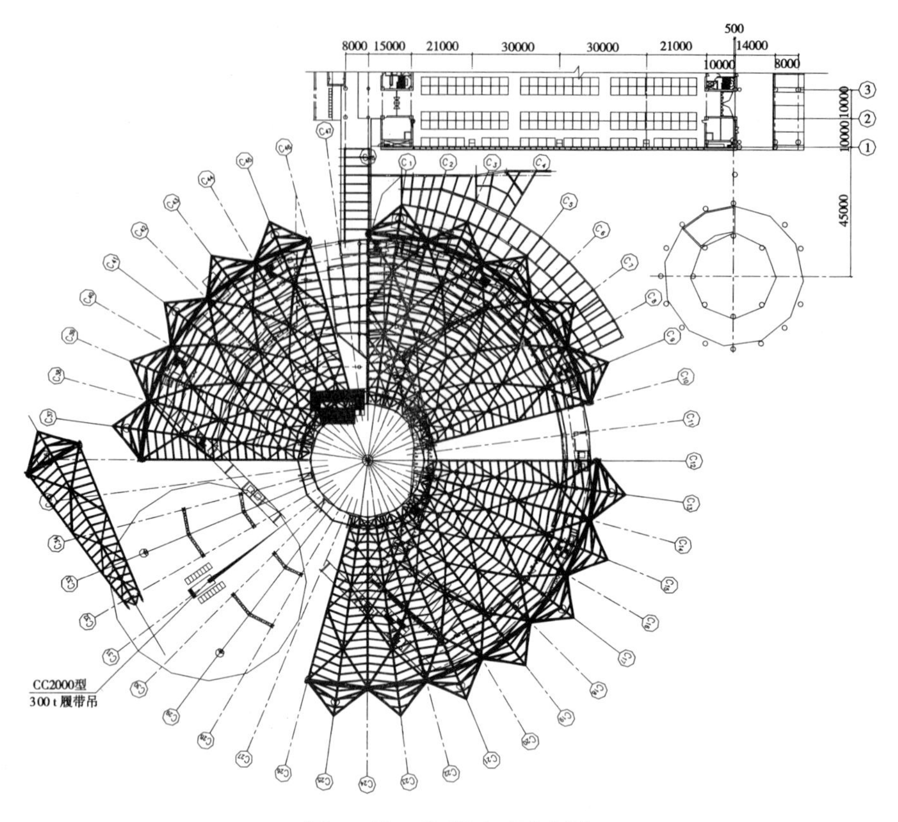

图7 施工流程平面示意图

4.3 中央桅杆施工

中央桅杆为 $\phi1500\times35$ 的直缝卷管，顶部标高达110m，管径在100m标高到顶部渐缩为 $\phi600\times35$，支座和拉索处节点采用铸钢件。大型铸钢支座造型特殊，长、宽、高均将近4m，重27.118t，支座顶部标高+4.00m；拉索处两个铸钢件分别重9.017t和11.35t。

4.3.1 中央桅杆的吊装分段

桅杆以+71.19m为界，分上、下两部分安装。根据中央桅杆与其他构件的连接特点和大型吊机的吊装性能，下部桅杆分3段、上部桅杆分4段，在地面胎架上进行组装，如图8所示。

4.3.2 安装方法

（1）铸钢支座安装

支座安装前测量放线，检查预埋件的施工精度，埋设允许偏差见表1。

预埋件埋设偏差　　表1

项　目		允许偏差
支承面	标　高	±5.0
	水平度	$L/1000$
	位　移	10.0

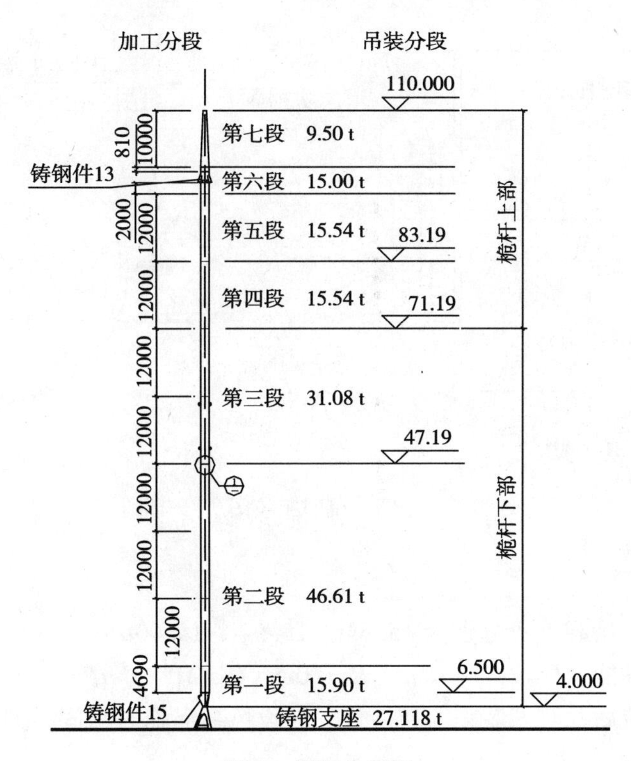

图 8　桅杆分段图

支座用吊机直接吊装就位，禁止在铸钢件上焊接吊装吊耳。其安装精度如表 2 所示。

支座安装精度　　　　**表 2**

检 查 项 目	允 许 偏 差
标 高	±5.0
垂直度	$H/1000$
中心偏差	3.0

(2) 下部桅杆的安装

桅杆以 +71.19m 为界，分上、下两部分安装。下部桅杆包括第一、二段，在内环桁架支承胎架的 C30～C18 轴安装完后吊装。

第一、二、三段的吊装重量分别为 15.90t、46.61t 和 31.08t，选用 CC2000 型 300t 履带吊吊装，吊机性能：$L=78\text{m}$，$R=22\text{m}$，$Q=51.1\text{t}$。

第一段就位后及时拉设风缆绳临时固定，在 C9、C25 和 C41 轴三个方向进行垂直度找正，然后吊装第二、第三段。吊装和对口采用临时工装件，就位后用缆风绳临时稳固，找正后焊接，进行下工序施工。高空对口和焊接采用临时操作平台，施工完毕拆除。

临时工装件如图 9 所示，下部桅杆的安装如图 10 所示。

(3) 上部桅杆安装

上部桅杆在内环桁架的 C33～C17 轴段（3/4 部分）及其压杆和桅杆下拉索 C41、C9

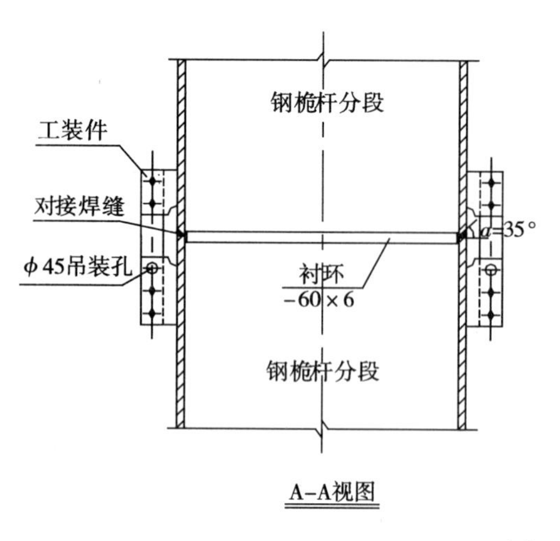

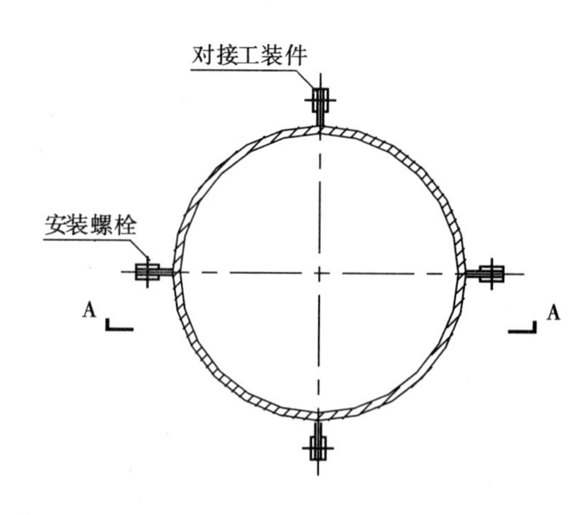

图 9　临时工装图

轴安装后吊装。

上部桅杆四段的吊装重量分别为 15.54t、15.54t、15.00t 和 9.50t，用 CC2000 型 300t 履带吊吊装，吊机性能：$L=78\text{m}+42\text{m}$，$R=20\text{m}$，$Q=21.7\text{t}$，$H=112\text{m}$。

吊装时每段就位后及时安装临时连接件，拉设风缆绳临时稳固，并在找正后焊接，探伤合格后吊装上一段。

上部桅杆的安装如图 11 所示。

图 10　下部桅杆的安装

图 11　上部桅杆的安装

本工程中高 110m 的桅杆采用分成两部分吊装，下部和上部，下部安装比较传统，主要是上部安装，特别是桅杆的垂直度方面比较难控制。于是本工程采用在标高 60m 内环桁架及压杆上做文章，即使标高 60m 内环、压杆、临时胎架以及本工程中的滑移轨道作为一固定刚体，再进行安装。

4.3.3　桅杆分段安装的精度控制

（1）地面组装的精度：

定位轴线偏差　　　　≤3mm；

直线度　　　　　　　≤20mm；

分段长度　　　　±5mm；
标高、位移标志线　≤2mm。
（2）分段安装精度
定位轴线偏差　　≤5mm；
垂直度　　　　　≤H/1000mm，整体不大于10mm；
标高、位移标志线　≤2mm。

4.4 悬索的施工

4.4.1 索的施工计算

本工程结构重要，施工复杂，难度较大。虽然本工程的精心设计保证了结构承受使用阶段荷载和偶遇最大荷载下的安全性，但是工程实际施工的过程与设计假定是不一样的。在设计阶段，假设结构一次成型后施加结构自重和荷载的，而实际上结构的不同杆件是分阶段施工、安装和拼装起来的。施工顺序的不同，结构杆件与受力和程度也不同，施工阶段计算的目的，是通过计算指导施工，保证每个施工阶段的结构安全性，确保设计要求的结构尺寸、受力参数，为此，我们采用了有限元分析程序 ansys 建立了分析模型，对各个施工阶段的受力情况进行模拟计算。我们模拟了各个连接杆件和支撑在各阶段参与工作或退出工作的连续过程，采用一个计算模型计算了施工过程的连续受力阶段，计算得到各项关键点内力、应力、变形等，这样能够很好的预测结构在施工阶段的受力特点。进而通过有限元分析，计算索在张拉过程适当提高或减少索的张拉力，使其在最后状态建立要求的索力。

4.4.2 索工程的介绍

会议中心的结构体系有三个主要部分组成：中央桅杆和悬索、内外环梁及折叠平面桁架。根据整个结构的施工方法，本工程的中央桅杆上的悬索，采用在中央桅杆立起及内环结构完成后进行挂索施工，待整个结构安装成型后再进行张拉的总程序进行，如图12所示。

用300t履带吊进行安装，挂索采用先上后下的方式进行，桅杆上索共6根，为确保桅杆的稳定，挂上索采用对称挂索方式。

待整个结构安装成型后再进行张拉，张拉采用先上索后下索的方式进行，上索采用对称张拉，下索采用同步张拉。

4.4.3 工艺流程图

工艺流程如图12所示。

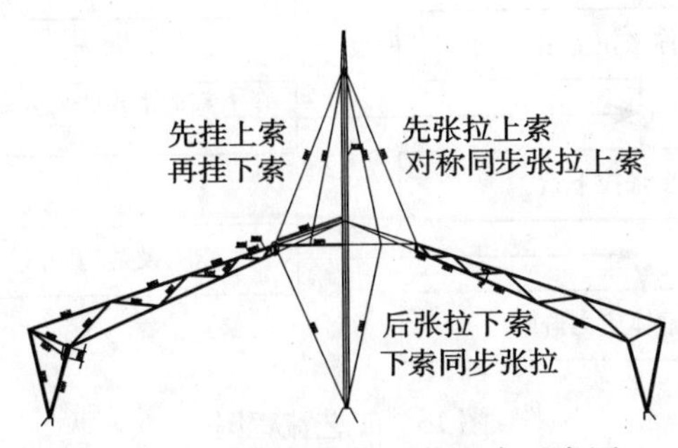

图12　会议中心悬索安装程序示意图

4.4.4 悬索的安装

索必须根据设计长度进行加工制作，如表3所示，安装如图13所示。

悬索的参数 **表3**

构件编号	规格	长度（m）	根数	理论线重（kg/m）	单根索重（kg）
LS-1	151ϕ7	54	6	45.6	2456
LS-2	85ϕ7	49	3	28.1	1367

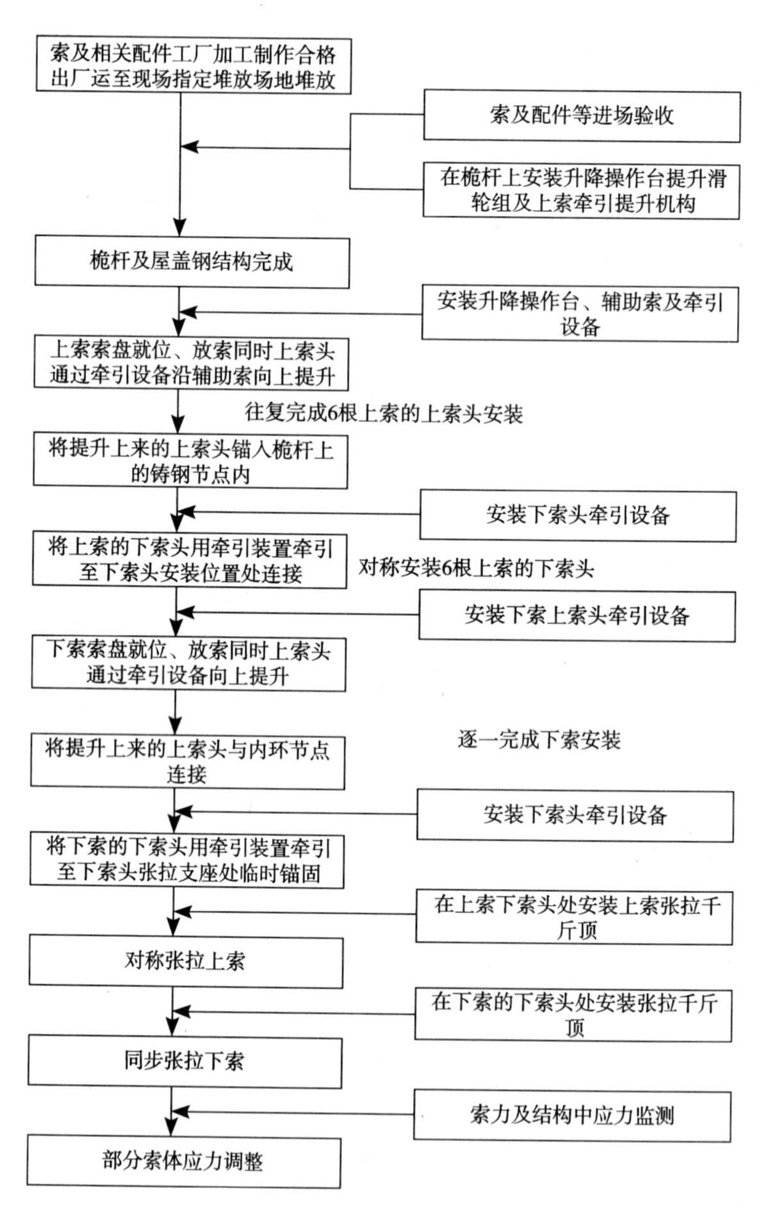

图13 工艺流程图

本工程中九根悬索，固定点均在上部，这样给施工带来很大方便，在张拉时可以向下进行，又安全又能保证工程精度。

上部六根悬索是固定在中央桅杆 ZG13 上，采用螺纹连接（图 14）。此部分安装利用 300t 履带吊吊装到位后，施工人员在搭设好的临时操作平台上，利用捯链等工具进行安装就位，最后达到终拧。下部安装在内环 ZG7、9 上，并且在此部位进行张拉。

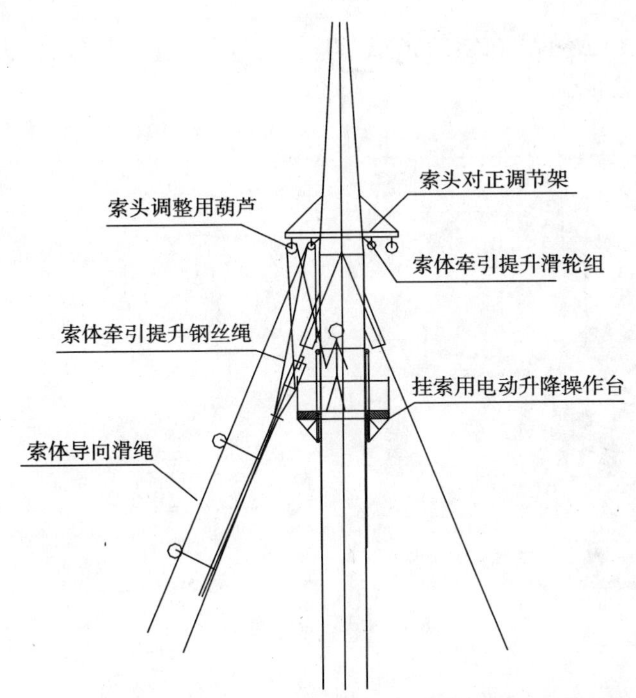

桅杆上挂索用设施（调节架、滑轮组等）均需随桅杆的制作在地面制作，并随桅杆的吊装安装就位。拆除时利用升降操作台拆除调节架等上部设施，升降台降落后拆除，索节点下方的升降台滑轮系统需上人割除

图 14　拉索安装

三根下部稳定索类似上部六根拉索，上部固定在内环铸钢件上，下部固定在桅杆 ZG15 上。注意使各上索头的初始位置调节至相同位置以保证各下索的长度相同；利用下索头的牵引设备（2 台 3t 葫芦）将下索头牵引至锁头锚固节点处临时锚固，锚固期间注意使下索头的螺杆锚头调节至设计要求的相同位置以确保三根下索的总长相同。

4.4.5　悬索的张拉

索的张拉按照节点位移与应力双控的原则进行，即不仅保证索体中建立有效的设计预应力值，又要确保内环节点在设计位置处且桅杆正直。

上索的应力实现过程可分为两部分，第一部分为上索张拉过程中建立的，第二部分为下索张拉过程中建立的。上索的张拉应采用对称同步张拉，以保证桅杆的受力均衡。

张拉采用分级张拉程序：$0 \rightarrow 0.3\sigma_{con} \rightarrow 0.65\sigma_{con} \rightarrow 1.0\sigma_{con}$（最终值）→锚固。

在下索下部的张拉端安装千斤顶，采用三台同步控制千斤顶进行同步张拉。

各索的张拉力详见表 4 所示。

各索的张拉力 **表 4**

序 号	索 名 称	施 工 阶 段	张 拉 力	备 注
1	上索 RT51	1385kN	1800kN	对称张拉
2	上索 RT52	1060kN	1500kN	对称张拉
3	下索 RT53	930kN	702kN	同步张拉

本工程中，如图 15 所示，在索的张拉时，一定要相应的检测设备做好检测工作：索力以及桅杆垂直度和柱顶位移。

图 15 悬索的安装

4.5 钢屋盖折板桁架施工

钢屋盖折板桁架施工是利用 29 线和 33 线屋面桁架位置进行高空组装，而地面拼装设置在 29 线和 33 线的同一延伸段，这样便于地面拼装好的桁架，安装到位，既安全又经济，并且也是根据现场实际场地进行布置。正如本文前面“3 施工机械选择配置”布置图相同。

4.5.1 *屋面折板桁架的拼装*

本工程的同一榀屋面桁架标高不一致，最高点 +50.000m，最底点 +22.000m。实际上在地面拼装时，不可能按设计图纸的要求进行拼装，必须进行转化，这样就必须进行地面放样，并且要准确，否则造成高空无法安装。放样如图 16 所示。

根据放样的尺寸，搭设临时胎架，进行拼装。

本工程分主次桁架，主桁架有下弦杆，这样拼装可以正常进行，也能保证精度，而次桁架没有下弦杆，这样没有办法进行拼装工作，即使拼装也没有办法保证精度，但是我们考虑到次桁架是安装在主桁架上的，何不用主桁架的下弦杆作为拼装次桁架的胎架呢？即：主桁架的下弦杆拼装就位后，在上面继续拼装，只是连接上下主弦杆的复杆和檩条下部连接不进行焊接，只是临时固定，拼装完毕后，就进行次桁架的安装（此时两榀主桁架安装完毕，可以进行安装次桁架）。这样就解决了次桁架精度，也保证了流水作业，以及解决场地狭小的问题。拼装如图 17 所示。

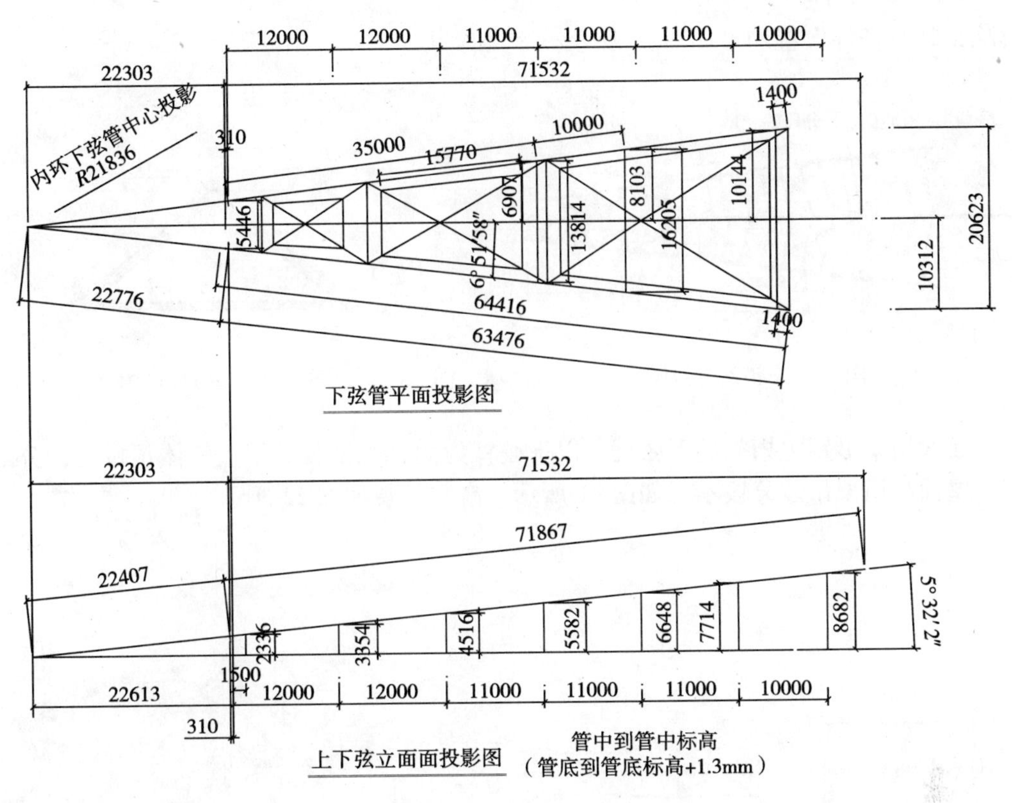

图 16 折板桁架放样图

4.5.2 屋面折板桁架的安装

屋面桁架的安装，利用 29 线和 33 线屋面桁架位置进行高空组装。设立临时胎架如图 18 所示。

图 17 地面拼装

图 18 桁架高空拼装

屋面主桁架分三段吊装，分段示意图如图 19 所示。

屋面主桁架用 300t 履带吊吊装，吊机性能：$L=72$m，$R=22$m，$Q=55.1$t。

为防止吊装和落位后变形，下弦杆件之间设置临时 6 道支撑杆件，在钢结构安装完成后拆除，临时杆件设置加设如图 20 所示。

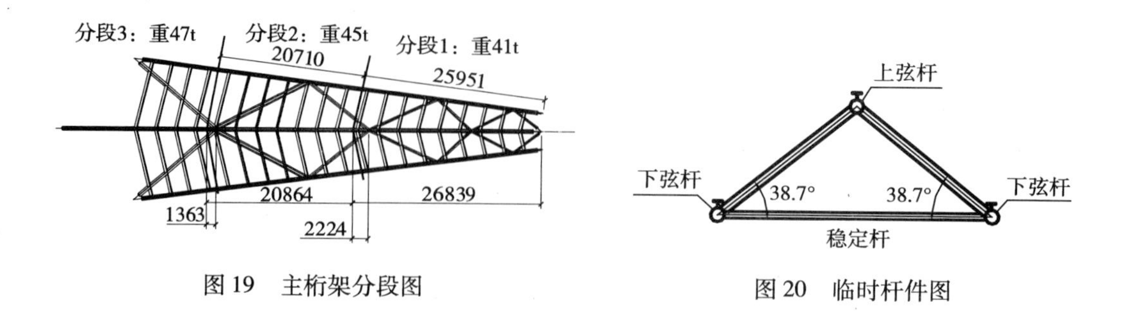

图 19　主桁架分段图

图 20　临时杆件图

屋面次桁架借用主桁架的下弦杆，以下弦杆为面，在拼装胎架上整体预拼装，分二段吊装，屋面次桁架吊装分段示意如图 21 所示。高空吊装如图 22 所示。

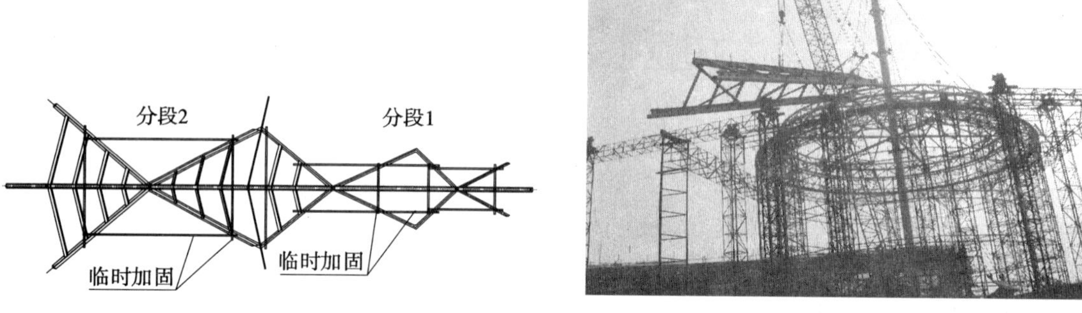

图 21　次桁架分段图

图 22　高空吊装

高空拼装时，要控制好临时胎架的标高，否则下架以后，桁架的下挠，通过计算要高出 15mm。

由于施工条件限制，屋面桁架基本不能一次吊装就位，考虑在可以直接吊装区域，将钢结构组装成稳定整体，然后沿圆环牵引，在同一个水平面内旋转，累积滑移的方法就位，可以在直接吊装的区域用大型吊机安装。

滑移分两个区域进行，顺时针滑移区域：C37 ~ C45 轴，共 3 榀主桁架、2 榀次桁架；逆时针滑移区域：C25 ~ C1 轴，共 7 榀主桁架、6 榀次桁架，根据施工现场场地和工程设计，在内环梁上沿圆弧方向设置一条滑道，在外环地面上沿圆弧方向设置两条滑道，滑道共计 3 条。

第一榀主桁架在 29 线组装，第二榀主桁架在 33 线组装，连接好两榀主桁架间的次桁架，成整体后，通过预先设置的滑道和计算机控制的液压同步牵引设备，逆时针方向滑移，每滑移 15°，移动一次反力架，直至累计滑移 60°后停止滑移；继续在 29 线及 33 线榀装主桁架，连接次桁架后，顺时针方向滑移，每滑移 15°，移动一次反力架，直至累计滑移 60°，停止滑移；在 29 线及 33 线分别组装主桁架，分别与逆时针及顺时针方向滑移的主桁架通过次桁架连接，分别沿逆时针与顺时针方向累积滑移。如此循环，至 7 榀主桁架 +6 榀次桁架逆时针滑移及 3 榀主桁架 +2 榀次桁架顺时针滑移到设计位置。

高空吊装成为一个滑移单元后，整个单元进行整体下架。进行整体滑移施工，如图23所示。

图23 滑移单元整体图

5 控制措施点

5.1 中央桅杆的控制措施点

(1) 必须设置缆风绳，同一界面拉设不少于4根；
(2) 上部桅杆必须在内环系统安装完毕成为整体后，进行安装；
(3) 对接就位时，要时时进行检测垂直度和标高。

5.2 悬索的控制措施点

(1) 有限元计算索的拉力及应力值，必须根据现场结构实际状态；
(2) 现场实际张拉时，一定按计算结果值进行。

5.3 折板桁架控制措施点

(1) 地面放样图纸设计要准确，现场施工必须严格认真；
(2) 高空拼装要进行预起拱；
(3) 滑移单元进行滑移时，上下轨道必须同时监控。

5.4 焊接的控制措施点

(1) 铸钢件与钢管的焊接；
(2) 桅杆高空焊接；
(3) 桁架管管相贯，管管对接并焊接；
(4) 所有焊缝必须达到设计要求。

6 技术实施效果

（1）中央桅杆分成上下两部分施工，增强了施工的安全性，保障了安装精度，提高了工作效率。

（2）根据现场实际情况，利用有限元分析技术，对悬索的施工应力、拉力计算以及施工顺序的安排，大大提高了工程的实际性。

（3）采用合理的地面整体拼装，高空分段吊装，大大减少高空作业保证了工程安全系数。

桁架高空旋转滑移技术的实施，解决了高空大跨度施工难度问题；减少大型吊机使用；解决了施工场地狭小的问题；提高工作效率，大量节省各种费用。

7 结束语

郑州国际会展中心（会议部分）钢结构屋面工程，是郑州国际会展中心工程重要组成部分，也是设计和施工难度最大部分。其结构造型新颖，中间采用110m高的中央桅杆作为支撑杆，折板桁架通过内环桁架利用9根悬索拉起，形成一把撑开的伞。根据结构特点，采用合理的施工组织设计，通过各种方法的计算，制定紧紧相扣的施工环节，最后达成中国首列高空旋转滑移的施工方案。通过努力研究，创造了大宽度，高空施工方面新的技术发现和应用。

参考文献

[1] 沈祖炎. 钢结构制作安装手册. 北京：中国建筑工业出版社，1998

[2] 田锡唐. 焊接结构. 北京：机械工业出版社，1981

[3] 李和华. 钢结构连接节点设计手册. 北京：中国建筑工业出版社，1993

[4]《钢结构工程施工质量验收规范》（GB 50205—2001）. 北京：中国建筑工业出版社，2001

屋面桁架空间多轨道同步整体累积滑移技术

姜丰刚　游志文

（上海宝冶建设有限公司）

摘　要：本文介绍了郑州国际会展中心（会议部分）伞状钢屋盖折板桁架工程的施工技术——空间多轨道同步整体累积滑移施工技术。

关键词：多轨道　同步　累计　滑移　牵引

滑移技术作为一种施工技术早已应用于建筑行业，早在古代就已应用，例如，修建城堡时，用人力前面拉，构件下面放置滚动的木杆或者直接在光滑的地面或冰面上进行拽拉物品等均是滑移的一种。随着现代文明和科技的发展，人们采用钢板等作为平面，上面抹置一些黄油等类似助滑物质，前面用人力或其他动力进行牵引，以使构筑物达到预期位置。随着科技的发展，目前已经大大提高了滑移技术使用效果，采用电子控制技术，但是均是在平行轨道同步进行的。而本工程采用的屋面桁架空间多轨道同步整体累积滑移技术就改变了历史，使滑移技术在建筑行业以及其他行业又得到了提高和发展。

1　工程概况

1.1　工程简介

郑州国际会展中心（会议中心）钢结构工程，钢结构屋盖下部布置有多层混凝土框架形成的会议厅、多功能厅等，在屋盖钢结构施工时土建工程基本结束。为满足中央桅杆和内环桁架安装，总包单位在C25~C30轴之间的剪力墙上预留约25m宽的吊机行走通道，在中央桅杆、内环桁架和临时设施等安装完成后封闭。所以，屋面桁架安装受土建条件制约，桁架不能一次吊装就位，特采用高空定点高空组装，水平旋转、累积滑移的方法就位。

1.2　滑移区域

根据混凝土平台布置，滑移分两个区域进行，顺时针区域为：C37~C45轴，共3榀主桁架、2榀次桁架；逆时针滑移区域：C25~C1轴，分两次滑移，第一次：C9~C1轴，共3榀主桁架、2榀次桁架；第二次：C25~C13轴，共4榀主桁架、3榀次桁架；桁架拼装区域为C29~C33轴线。

1.3　方案简介

滑移基本单元在C29~C33轴形成。第一榀主桁架在29轴组装，第二榀主桁架在

33 轴组装，连接好两榀主桁架间的次桁架（2 主 +1 次），成整体后，通过预先设置的滑道和计算机控制的液压同步牵引设备，逆时针方向滑移，滑移 60°；继续在 29 和 33 轴拼装主桁架，连接次桁架后，顺时针方向滑移 60°；在 29 轴及 33 轴分别组装主桁架，分别与逆时针及顺时针方向滑移的主桁架通过次桁架连接（3 主 +2 次），然后分别沿逆时针与顺时针方向滑移到位。同样方法，累积滑移逆时针滑移的第二部分（C13 ~ C25 轴的 4 主 +3 次）。

吊装合拢区域三处：①C27 ~ C35 轴，有 2 榀主桁架和 3 榀次桁架；②C47 轴次桁架；③C11 轴次桁架，合拢区域的屋面桁架用吊机吊装直接就位。

1.4 滑移工程量

根据方案，滑移 10 榀主桁架和 7 榀次桁架、10 组树状支撑柱及 7 榀外环桁架，滑移工程量详见表 1。

滑移工程量 **表 1**

序　号	构件名称	单榀重量（t）	数　量	总重（t）	备　注
1	屋面主桁架	124.76	10	1247.6	含屋面檩条
2	屋面次桁架	95.65	7	669.55	含屋面檩条
3	外环桁架	24.76	7	173.32	含铸钢件
4	树状支撑柱	80.66	10	806.6	含铸钢件
合　计				2897.07	

1.5 滑移工程的特点、难点和优点

1.5.1 滑移工程的特点和难点

（1）准备工作量大，准备周期长：

为满足滑移的需要必须铺设轨道，高空需要临时支撑设施和高空轨道，地面需要滑移地梁和地面滑移轨道，而这些设施的构思、设计、验算，材料的组织、制作和施工都需要我们紧密的组织和业主、监理、设计和总包等多方面的积极配合和实施，影响面广，受制约因素多，准备时间长。

（2）实施的难度大：

因为是多条轨道（三条），高差大（高空轨道 +45m，地面轨道 -0.30m），轨道的半径不同（$R1=24.214$m、$R2=82.5$m、$R3=86$m），只有以往工程的经验，没有现成的实例，滑移设施需要试验和改造。

（3）轨道呈空间曲线状，轨道标高不同，曲线半径不同，桁架牵引时的同步性要求高。

（4）滑移轨迹为曲线（同心圆），牵引钢绞线与牵引器及牵引地锚之间存在夹角，不利于牵引力的充分利用。

（5）每榀桁架的支座反力随着桁架榀数的增加发生变化。

（6）滑移支座距离较远，牵引力的传递必须设置专门的设施。

（7）需克服每榀桁架支座处较大的水平侧向力。

（8）滑移弧线状轨道的铺设。

1.5.2 滑移方案的优点

（1）三条轨道牵引设备通过计算机同步控制，在旋转牵引过程中通过旋转角速度相同来控制，各榀桁架的同步滑移姿态平稳，滑移同步控制精度高（约5mm内）；

（2）滑移牵引力均匀，牵引加速度极小，在滑移的起动和停止工况时，屋盖钢结构不会产生不正常抖动现象；

（3）操作方便灵活、安全可靠，牵引就位精度高；

（4）可大大节省机械设备、人力资源。

2 滑移施工流程

滑移施工流程如图1所示。

根据施工现场和工程设计，在内环梁上沿圆弧方向设置一条轨道，在外环地面上沿圆弧方向设置两条轨道，轨道共计三条。滑移轨道平面如图2所示。

屋面钢结构采用吊装结合旋转累积滑移安装方式。在标高为45m处的内环曲线轨道上采用100t爬行器推进旋转滑移，在外环地面上的曲线轨道采用200t牵引器牵引旋转滑移。

第一榀主桁架在29线组装，第二榀主桁架在33线组装，连接好两榀主桁架间的次桁架，成整体后开始滑移。滑移区域分为顺时针和逆时针两个区域，顺时针区域为C37～C45轴，共一个滑移单元，由3榀主桁架、2榀次桁架组成；逆时针滑移区域为C25～C1轴，分为两个滑移单元，第一个滑移单元：C9～C1轴，由3榀主桁架、2榀次桁架组成；第二个滑移单元：C25～C13轴，由4榀主桁架、3榀次桁架组成；桁架拼装区域为C29～C33轴线。

现以逆时针滑移方向为例说明：在29线及33线间组装好两榀主桁架及一榀次桁架后，整体桁架（两主一次）沿逆时针方向滑移7.5°，底部轨道反力架1逆时针移动30°，重新连接底部地锚钢绞线，再次逆时针方向滑移15°。底部轨道反力架2逆时针移动30°，重新连接底部地锚钢绞线，累积滑移超过30°后，在33轴线和31轴线分别增加一榀主桁架和一榀次桁架，形成一个滑移单元后开始整体滑移。滑移直至C9～C1轴。

以相同累积、整体滑移流程将逆时针滑移区域的第二滑移单元（4榀主桁架、3榀次桁架）及顺时针滑移区域的一个滑移单元（3榀主桁架、2榀次桁架）分别滑移至C25～C13轴和C37～C45轴。

最后空缺C47、C11轴吊装各补一榀次桁架；C27～C35轴吊装补两榀主桁架及三榀次桁架。

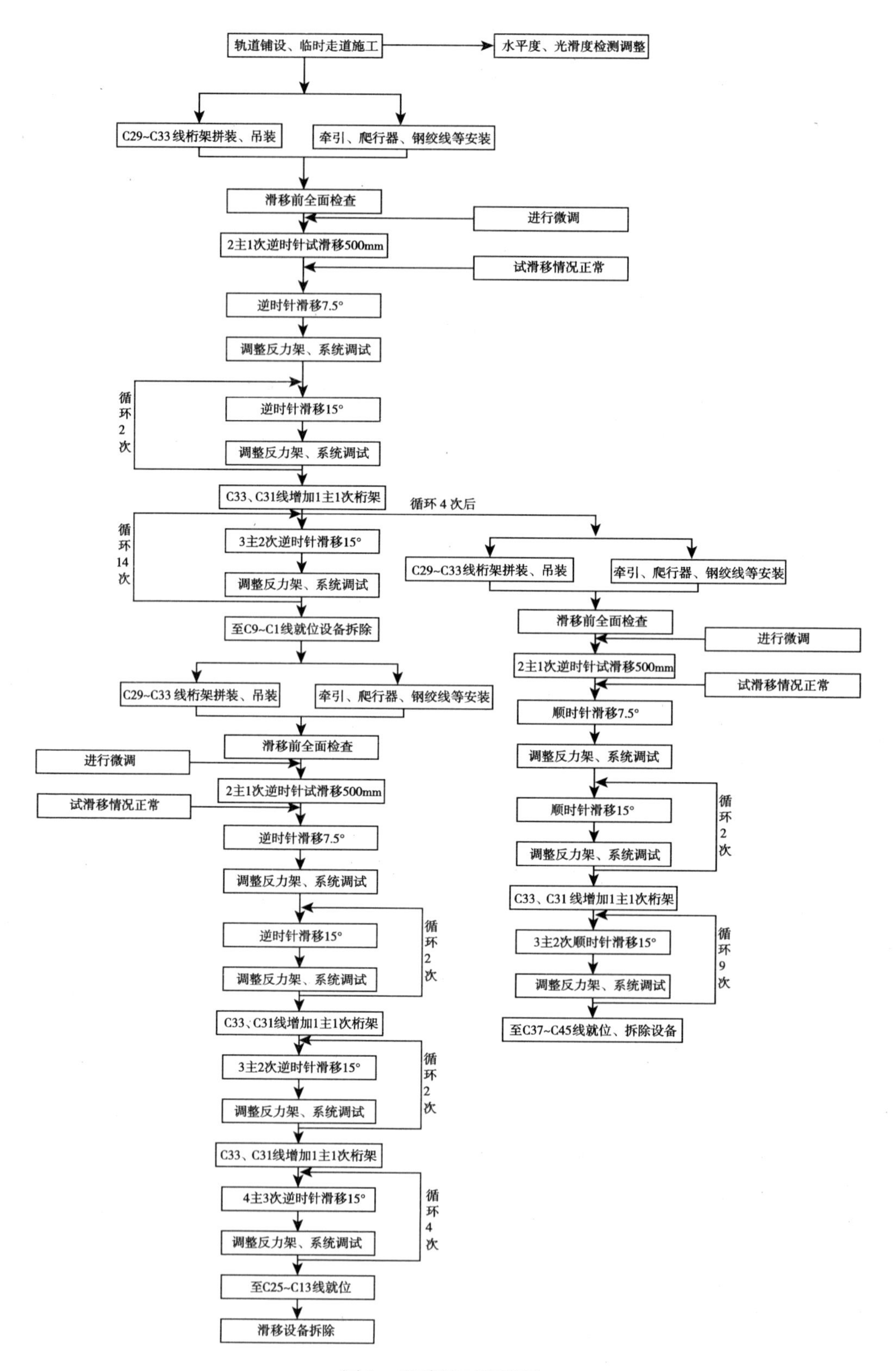

轨道铺设、临时走道施工
水平度、光滑度检测调整
C29~C33线桁架拼装、吊装
牵引、爬行器、钢绞线等安装
滑移前全面检查
进行微调
2主1次逆时针试滑移500mm
试滑移情况正常
逆时针滑移7.5°
调整反力架、系统调试
循环2次
逆时针滑移15°
调整反力架、系统调试
C33、C31线增加1主1次桁架
循环4次后
循环14次
3主2次逆时针滑移15°
调整反力架、系统调试
至C9~C1线就位设备拆除
C29~C33线桁架拼装、吊装
牵引、爬行器、钢绞线等安装
滑移前全面检查
进行微调
2主1次逆时针试滑移500mm
试滑移情况正常
逆时针滑移7.5°
调整反力架、系统调试
逆时针滑移15°
调整反力架、系统调试
循环2次
C33、C31线增加1主1次桁架
3主2次逆时针滑移15°
调整反力架、系统调试
循环2次
C33、C31线增加1主1次桁架
4主3次逆时针滑移15°
调整反力架、系统调试
循环4次
至C25~C13线就位
滑移设备拆除
C29~C33线桁架拼装、吊装
牵引、爬行器、钢绞线等安装
滑移前全面检查
进行微调
2主1次逆时针试滑移500mm
试滑移情况正常
顺时针滑移7.5°
调整反力架、系统调试
顺时针滑移15°
调整反力架、系统调试
循环2次
C33、C31线增加1主1次桁架
3主2次顺时针滑移15°
调整反力架、系统调试
循环9次
至C37~C45线就位、拆除设备

图1　滑移施工流程图

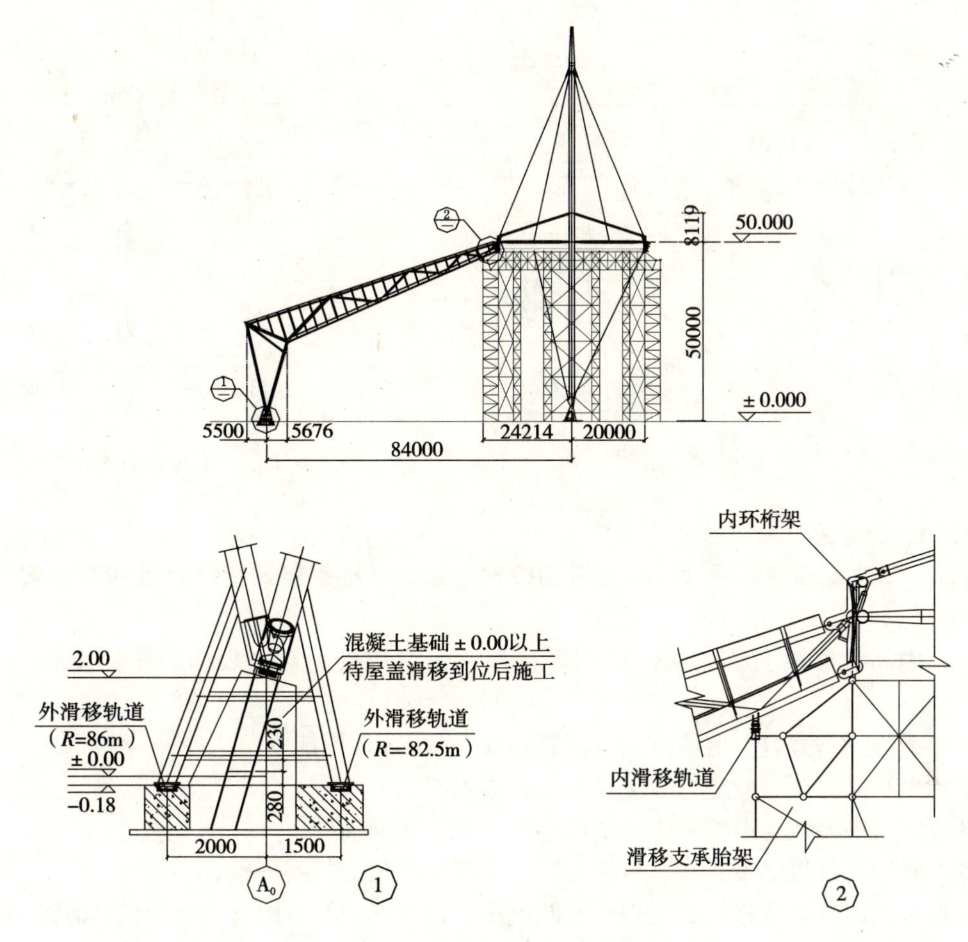

图2 滑移轨道平面示意图

3 施工部署

3.1 滑移轨道

滑移轨道在整个水平牵引中起承重导向和径向限制桁架水平位移的作用。滑移轨道以中央桅杆为圆心，需铺设三条滑移轨道：外滑移轨道两条，标高-0.30m，轨道半径$R=82.5$m和$R=86$m，布置在柱基础之间的联系地梁上，采用[32b槽钢与预埋件连接，槽口向上；内滑移轨道一条，标高+45.00m，设置在临时内环桁架的钢梁上，轨道半径$R=24.214$m，采用$t=60$mm、$h=110$mm板条，与内环钢梁焊接。

3.1.1 外环地面上滑移轨道的铺设

外环地面轨道采用[32b槽钢与预埋件连接，槽口向上，共两条。呈同心圆布置，半径分别为82.5m及86m，如图3所示。

3.1.2 内环梁上滑移轨道的铺设

内环梁上轨道由半径为24.214m的环形钢板铺设而成，轨道宽度为60mm，高度为100mm。要求轨道中心线与滑移梁中心线基本重合，以减少滑移单元自重对滑移梁的偏心弯矩，剖面如图4所示。

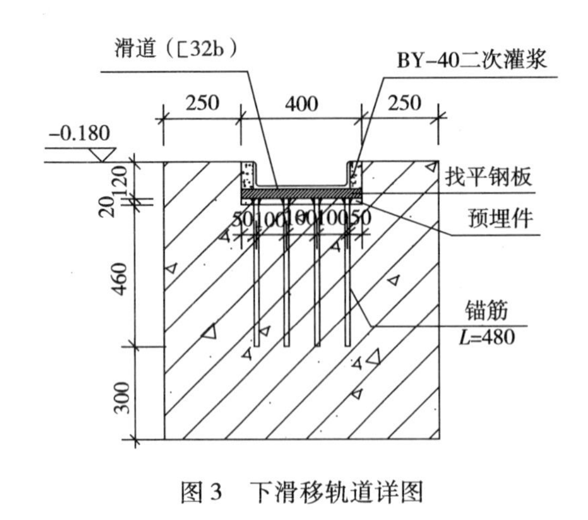

图3　下滑移轨道详图

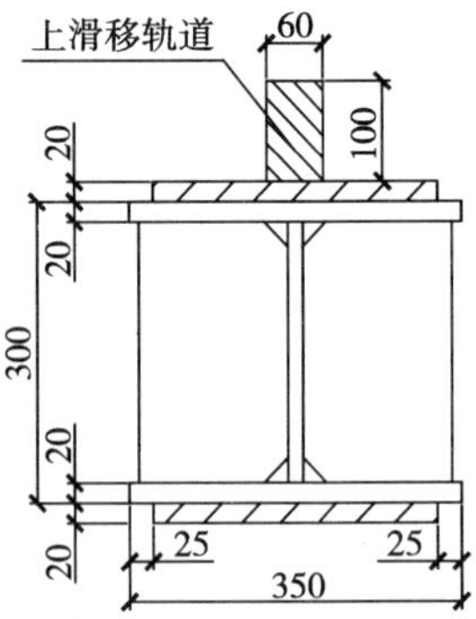

图4　上滑移轨道详图

3.1.3　轨道安装精度要求

为保证滑道底面的水平度，降低滑动摩擦系数，滑移钢梁及滑移轨道在制作安装时，应做到：

（1）内环滑移梁上弦型钢使用的焊接型钢，在焊接后对上表面的平面度进行变形矫正；

（2）滑移梁垂直方向弯曲矢高应控制在0～+8mm，不能为负值；

（3）滑移梁上表面应进行手工除锈，打磨光滑；

（4）轨道中心线与滑移梁中心线偏移度控制在3mm以内；

（5）每段滑移轨道接头高差目测为零，焊缝接头处应打磨平整；

（6）对于内环梁滑移轨道上表面及两侧面上部50mm处需用角向砂轮机打磨光滑；

（7）对于外环地面滑移轨道[32b槽钢的内表面都应用角向砂轮机打磨光滑；

（8）正式滑移前轨道与滑靴各接触面需均匀涂抹黄油润滑。

3.2　滑靴

根据本工程中，滑移构件——主桁架自重较大、径向水平推力较大，滑移轨道为空间圆形布置，滑移方式为空间旋转滑移等特点，选用常规滑靴滑移方式。

3.2.1　滑靴的设计

滑靴设计分为外环地面滑移轨道所用滑靴和内环梁滑移轨道所用滑靴两类。

（1）外环地面轨道所用滑靴：

外环地面共计两条轨道，每榀主桁架需滑靴4只，每条轨道前后各2只滑靴，需牵引滑移的主桁架共有10榀，分为三个牵引单元。对于同一牵引轨道，每牵引单元第一榀主桁架下的滑靴需带有锚具牵引头，与远端牵引器相连接，其余滑靴依次通过钢绞线或钢板（同一轨道同一树状支撑处相邻滑靴）相连接。

滑靴数量共计40只，按有无锚具牵引头分为两种，第一种有锚具牵引头的滑靴为6只，第二种无锚具牵引头的滑靴为34只。

（2）内环梁轨道所用滑靴：

内环桁架在内环梁轨道处的滑移方式与在外环地面轨道处的滑移方式不同，在外环地面处为牵引器牵引滑移，每单元第一榀滑靴具有锚具牵引头，而在内环梁轨道处为爬行器推进滑移，每单元最后一榀滑靴应具有与爬行器连接的销孔。

内环梁处为一条轨道，每榀主桁架需滑靴2只，需推进滑移的主桁架共有10榀，滑靴数量共计20只，分为三个滑移单元，按有无与爬行器连接的销孔分为两种，第一种有销孔的滑靴为7只（逆时针推进方向5只，顺时针推进方向2只），第二种无销孔的滑靴为13只（逆时针推进方向9只，顺时针推进方向4只）。

3.2.2 采用滑靴的优点

（1）滑靴可增大滑移过程中传递垂直荷载面积，减少对滑道的局部压强，增加滑移安全性；

（2）滑靴降低滑移过程中整个滑移单元高度，增加了滑移安全性，减小了主桁架就位难度；

（3）滑动摩擦系数比滚动摩擦系数大，滑动过程中摩擦制动力较大，有利于控制滑移过程中的位移量。

3.3 反力装置

（1）外环地面反力架

反力架用以固定液压牵引设备，承受牵引反力。即牵引作业点。用于外环地面桁架牵引。

反力架设计主要考虑液压牵引器的外形尺寸和滑移轨道基础埋件的受力及尺寸。反力架中心线高度与滑靴处牵引地锚中心线高度应保持一致。保证滑移牵引过程中牵引力保持水平。反力架布置于外环轨道反力架埋件上。反力架尺寸如图5所示。

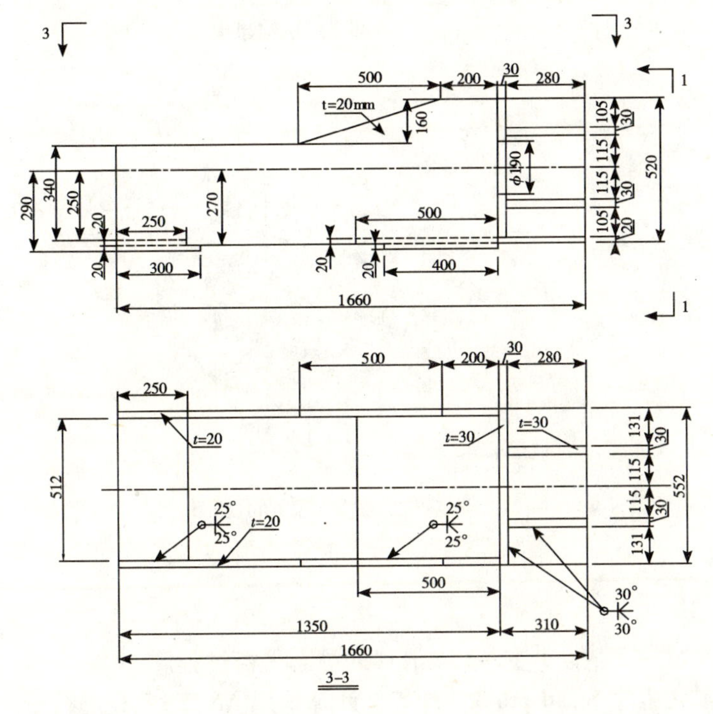

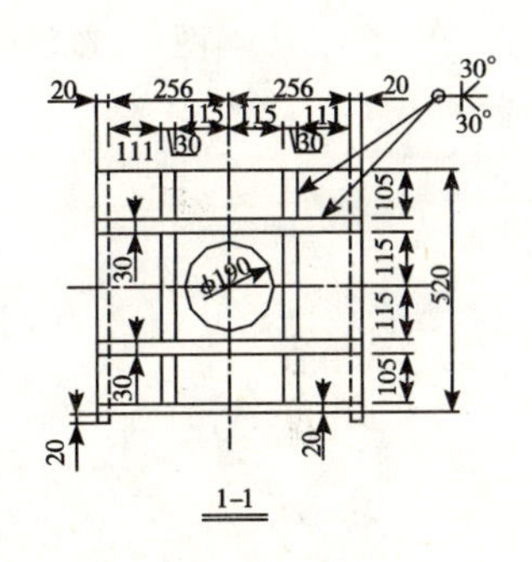

图5 反力架尺寸图

（2）内环梁反力装置

内环梁处反力装置为爬行器自有的夹紧装置来夹紧滑移轨道提供滑移推进反力。

3.4　反力架及轨道的计算

3.4.1　高空滑移胎架的设计

设计原则：安全、合理。

设计理念：空间桁架。

设计软件：Stand pro 3.1，节点计算采用 ANSYS 8.0 进行分析。

功　　能：内环临时支撑胎架与高空滑移胎架合二为一，如图 6～图 9 所示。

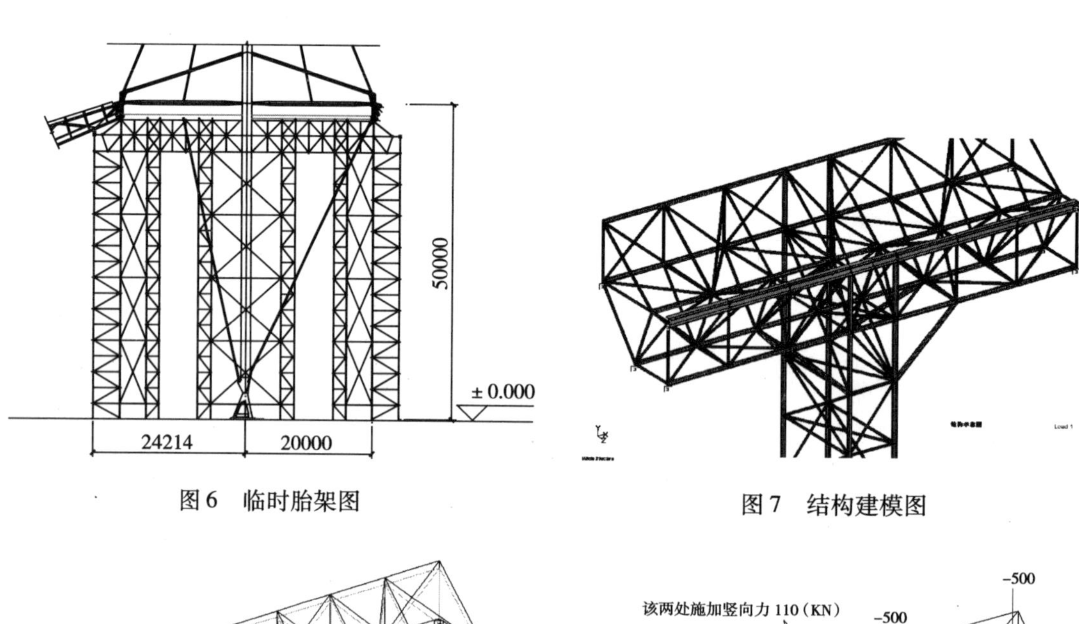

图 6　临时胎架图

图 7　结构建模图

图 8　结构位移图

图 9　受荷示意图

3.4.2　支座反力的计算与释放

（1）滑移工况：2 主 +1 次、3 主 +2 次、4 主 +3 次滑移的静态平衡过程。

（2）计算软件：美国通用有限元程序 Staad pro 3.1，节点计算采用 ANSYS 8.0 进行分析，计算模型如图 10 所示。

树状支撑布置如图 11 所示。

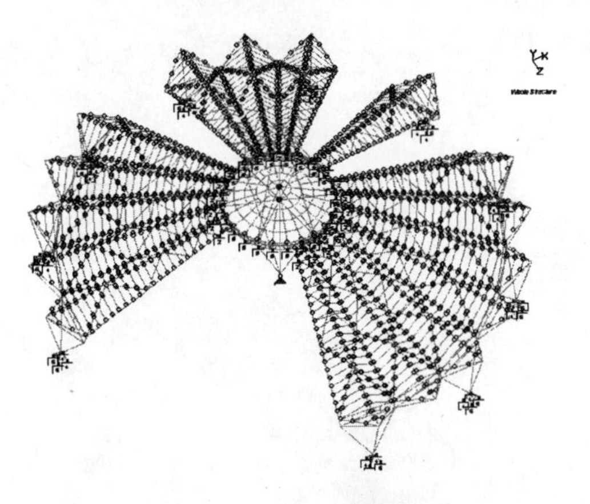

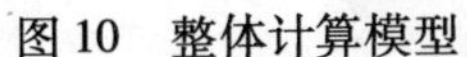
图 10　整体计算模型

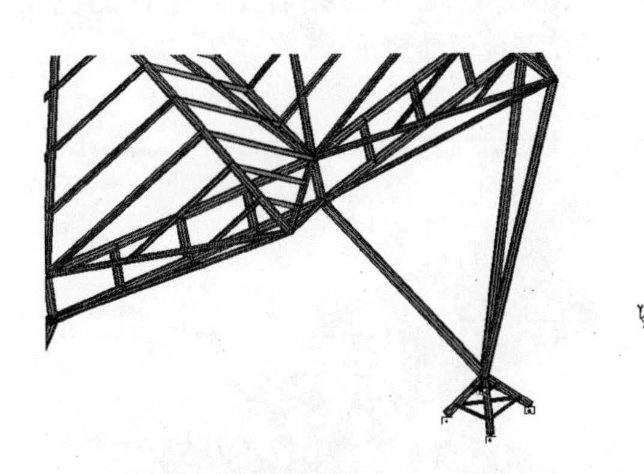

图 11　树状支撑构计算模型

（3）试算

主桁架的上下端均采用固定铰支座。由于桁架自重大、跨度大和拱的效应，滑靴支座处水平反力（沿向心）很大：上滑移轨道 $F_{max}=49.8\text{t}$，下滑移轨道 $F_{max}=72.9\text{t}$，对滑移胎架和轨道都很不利。

（4）水平推力的释放

通过几次试算，采用释放位移的方法减小水平力，位移控制在 20mm 左右，这样：上滑移轨道 $F_{max}=9.9\text{t}$，下滑移轨道 $F_{max}=21.1\text{t}$。

得出计算结果，对高空滑移胎架轨道和地面滑移架再次验算。

（5）结论：通过验算发现，由于释放位移，滑移用反力架的立柱弯矩很大，最终选用 $\phi500\times16$。

3.4.3　上滑移轨道验算

（1）工况：上滑移轨道如图 12 所示。

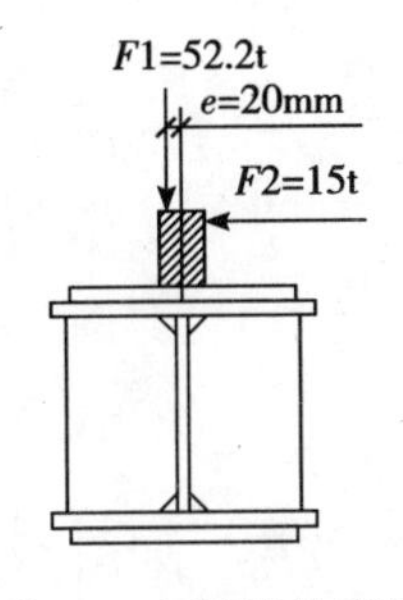

图 12　上滑移轨道图

（2）建模

边界：模拟施工中实际情况进行约束。

模型：采用壳元进行分析。

加载：对“矩形截面”的中部施加面载和点载，并考虑了实际滑移过程中可能出现的偏心弯矩，采用弹性分析。

计算结果：杆件的应力并未超出材料的强度设计值。

从图 13 ~ 图 15 可以看出，滑块的侧向变形为 1（mm），滑块高 100（mm），$f/L=1/100$，符合设计要求。

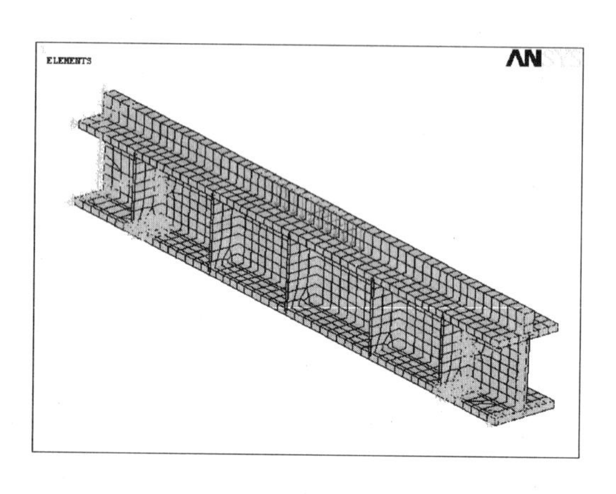

图 13　结构变形图

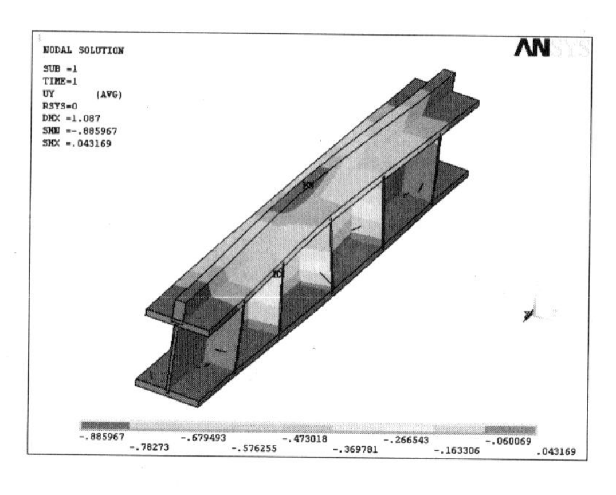

图 14　结构变形图

3.4.4　下滑移轨道验算

（1）工况：地面滑移轨道如图 16 所示。

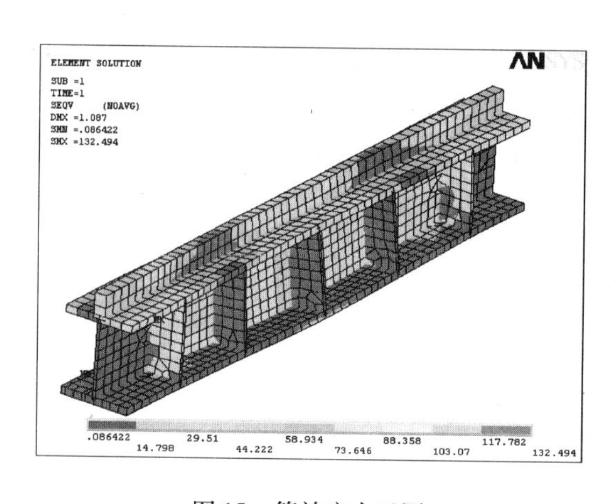

图 15　等效应力云图

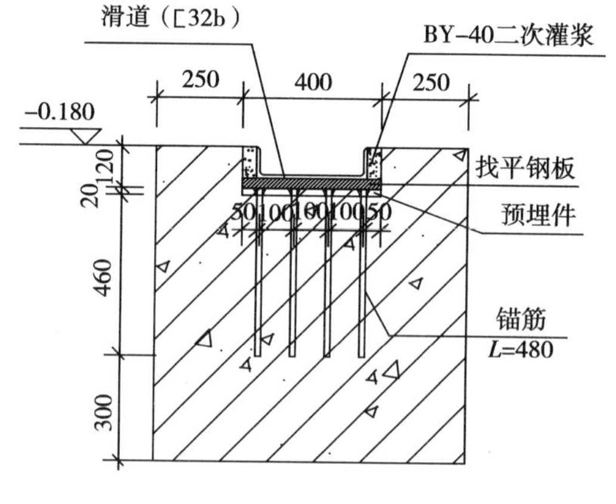

图 16　地面滑移轨道图

（2）建模

边界：模拟施工中的实际情况进行约束，如图 17 所示。

加载：对“槽钢”的内侧施加面载，内力取自整体计算模型中，采用弹性分析（计算加载的水平推力为 73t、垂直力为 91.5t）。

从以下计算结果如图 17 ~ 图 19 所示，可以看出杆件的应力并未超出材料的强度设计值。

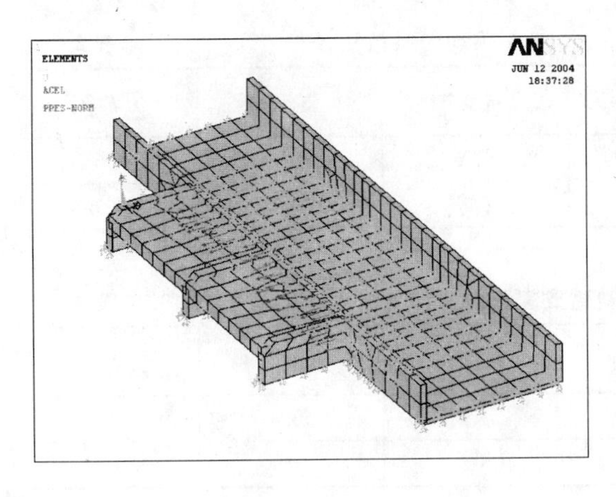

图 17　视图一

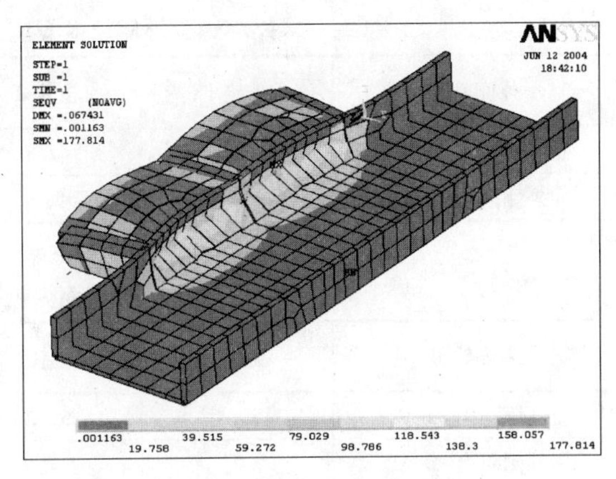

图 18　等效应力云图

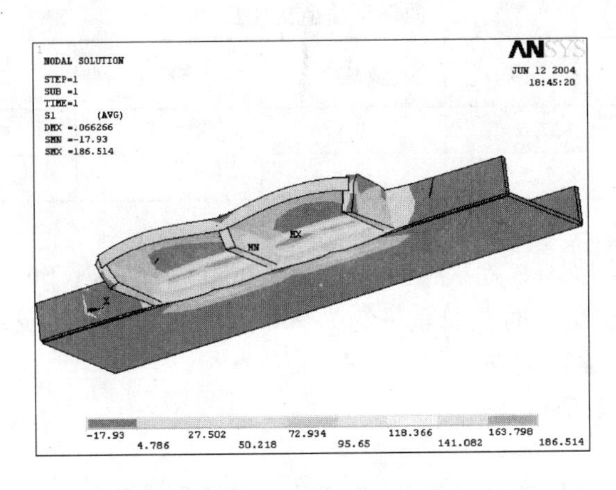

图 19　第一主应力云图

3.5　牵引器、爬行器的选取及布置

3.5.1　支座反力及牵引力（推进力）

每榀主桁架重量约 124.76t，每榀次桁架重量约 95.65t，每组树状支撑重量约 80.66t，每两榀主桁架间的外环桁架重量约 24.76t。共分为三个滑移单元：第一、二单元桁架榀数、重量等都相同，由 3 榀主桁架、2 榀次桁架及 3 组树状支撑等组成，重量约 857t；第三单元由 4 榀主桁架、3 榀次桁架及 4 组树状支撑等组成，重量约 1183t。

屋面桁架在没封闭前相当于“拱形”的门式刚架，其支座水平推力很大，给滑移带来很大困难和安全隐患。为减小支座对滑移轨道的水平推力，采取释放位移的方法来达到目的，实施时滑靴与滑轨预留间隙，以下是上、下轨道都释放 20mm 位移后的支座反力。

（1）支座反力

2 榀主桁架 +1 榀次桁架（单元总重量约 531 × 1.05 = 559t）

2 榀主桁架、1 榀次桁架时，总重量约为 559t。支座反力如表 2 ~ 表 4 所示。

外环地面外侧轨道支座反力（1.1 不均匀系数）　表 2

外侧轨道	支座 1	支座 2	支座 3	支座 4	$\sum F$ (t)
正　压　力 $F1$（t）	60.3	42.7	42.6	60.4	206
向外侧向力 $F2$（t）	20.6	8.7	8.7	20.6	58.6

外环地面内侧轨道支座反力　表 3

内侧轨道	支座 1	支座 2	支座 3	支座 4	$\sum F$ (t)
正　压　力 $F1$（t）	50.4	51.2	51.2	50.4	203.2
向外侧向力 $F2$（t）	0	0	0	0	0

内环梁轨道支座反力　表 4

内环梁轨道	支座 1	支座 2	支座 3	支座 4	$\sum F$ (t)
正　压　力 $F1$（t）	27.5	47.9	47.9	27.5	150.8
向内侧向力 $F2$（t）	5.2	9.9	9.9	5.2	40.2

3 榀主桁架 +2 榀次桁架（单元总重量约 857 ×1.06 =906t）

3 榀主桁架、2 榀次桁架时，总重量约为 906t。桁架外环轨道支座共计 12 只，内外侧轨道各 6 只支座。内环梁轨道支座共计 6 只。

支座反力如表 5 ~ 表 7 所示。

外环地面外侧轨道支座反力（1.1 不均匀系数）　表 5

外侧轨道	支座 1	支座 2	支座 3	支座 4	支座 5	支座 6	$\sum F$ (t)
正　压　力 $F1$（t）	58.9	42.7	65.4	65.4	42.6	59	334
向外侧向力 $F2$（t）	20.3	9.8	16.8	16.7	9.8	20.3	93.8

外环地面内侧轨道支座反力（不均匀系数 1.1）　表 6

内侧轨道	支座 1	支座 2	支座 3	支座 4	支座 5	支座 6	$\sum F$ (t)
正　压　力 $F1$（t）	49.1	49.1	65.3	65.3	49.1	49.1	327
向外侧向力 $F2$（t）	0	0	0	0	0	0	0

内环梁轨道支座反力（×1.1 系数）　表 7

内环梁轨道	支座 1	支座 2	支座 3	支座 4	支座 5	支座 6	$\sum F$ (t)
正　压　力 $F1$（t）	27.1	49.3	48	48	49.3	27.2	248.8
向内侧向力 $F2$（t）	4.6	9.1	8.6	8.7	9.1	4.6	44.8

4 榀主桁架 +3 榀次桁架（单元总重量约 1183 ×1.06 =1255t）

4 榀主桁架、3 榀次桁架时，总重量约为 1255t。桁架外环轨道支座共计 16 只，内外侧轨道各 8 只支座。内环梁轨道支座共计 8 只。

支座反力如表 8 ~ 表 10 所示。

外环地面外侧轨道支座反力（不均匀系数 1.1） **表 8**

外侧轨道	支座 1	支座 2	支座 3	支座 4	支座 5	支座 6	支座 7	支座 8	$\sum F$ (t)
*F*1（t）	60.5	42.7	64.1	64.4	64.3	64.2	42.6	60.5	463.4
*F*2（t）	20.1	9.8	16.8	17.4	17.4	16.7	9.8	21.1	129.2

外环地面内侧轨道支座反力（不均匀系数 1.1） **表 9**

内侧轨道	支座 1	支座 2	支座 3	支座 4	支座 5	支座 6	支座 7	支座 8	$\sum F$ (t)
正压力 *F*1（t）	49.5	49.2	63.5	62.7	62.8	63.5	49.2	49.5	449.8
*F*2（t）	0	0	0	0	0	0	0	0	0

内环梁轨道支座反力（×1.1 系数） **表 10**

内环梁轨道	支座 1	支座 2	支座 3	支座 4	支座 5	支座 6	支座 7	支座 8	$\sum F$ (t)
正压力 *F*1（t）	26.7	48.9	47.7	49.4	49.4	47.6	49.5	27.2	346.4
*F*2（t）	4.3	8.5	8.0	7.7	7.7	8.0	8.6	4.3	57

由以上各表得知：

2 榀主桁架 +1 榀次桁架

内环梁轨道：支座正压力 $\sum F1$ 合计为 150.8t，

侧向力 $\sum F2$ 合计为 40.2t；

外环内侧轨道：支座正压力 $\sum F1$ 合计为 203.2t，

侧向力 $\sum F2$ 合计为 0t；

外环外侧轨道：支座正压力 $\sum F1$ 合计为 206t，

侧向力 $\sum F2$ 合计为 58.6t。

3 榀主桁架 +2 榀次桁架

内环梁轨道：支座正压力 $\sum F1$ 合计为 248.8t，

侧向力 $\sum F2$ 合计为 44.8t；

外环内侧轨道：支座正压力 $\sum F1$ 合计为 327t，

侧向力 $\sum F2$ 合计为 0t；

外环外侧轨道：支座正压力 $\sum F1$ 合计为 334t，

侧向力 $\sum F2$ 合计为 93.8t。

4 榀主桁架 +3 榀次桁架

内环梁轨道：支座正压力 $\sum F1$ 合计为 346.4t，

侧向力 $\sum F2$ 合计为57t；

外环内侧轨道：支座正压力 $\sum F1$ 合计为449.8t，

侧向力 $\sum F2$ 合计为0t；

外环外侧轨道：支座正压力 $\sum F1$ 合计为463.4t，

侧向力 $\sum F2$ 合计为129.2t。

（2）牵引力（推进力）

每滑移状况下所需的牵引力（推进力）$\sum F$ 为：

$$\sum F = (\sum F1 + \sum F2)\mu$$

其中 μ 为滑靴与轨道间滑动摩擦系数，取0.13～0.15，（此值参考类似工程实测值和试验值）。

各滑移状态下牵引力（推进力）值为（μ 值取0.15）：

滑移2榀主桁架+1榀次桁架时

内环梁轨道需推进力 $\sum F$ 为28.7t；

外环轨道外侧需牵引力 $\sum F$ 为39.7t；

外环轨道内侧牵引力 $\sum F$ 为30.5t。

滑移3榀主桁架+2榀次桁架时

内环梁轨道需推进力 $\sum F$ 为44.1t；

外环轨道外侧需牵引力 $\sum F$ 为64.2t；

外环轨道内侧牵引力 $\sum F$ 为49.1t；

滑移4榀主桁架+3榀次桁架时

内环梁轨道需推进力 $\sum F$ 为60.5t；

外环轨道外侧需牵引力 $\sum F$ 为88.9t；

外环轨道内侧牵引力 $\sum F$ 为67.5t；

即当滑移4榀主桁架+3榀次桁架时所需牵引力（推进力）值最大，内环梁轨道推进力最大值为60.5t，外环轨道牵引力最大值为88.9t。

3.5.2 牵引器、爬行器的选取

由上述牵引力（推进力）的计算得知，当滑移4榀主桁架+3榀次桁架时所需牵引力（推进力）值最大，内环梁轨道推进力最大值为60.5t，外环轨道牵引力最大值为88.9t。因此，牵引器（爬行器）应选取：

（1）外环滑移轨道牵引器：

外环滑移轨道可选用牵引能力为200t的液压牵引器，内外侧轨道各布置一台。

（2）内环梁轨道爬行器：

内环梁轨道可选用推进能力为100t的爬行推进器，每一牵引单元布置一台。

3.5.3 牵引器、爬行器的布置

牵引器布置同反力架布置位置，与反力架固定连接。

滑移轨道为圆弧，连接牵引器与牵引地锚的钢绞线与圆弧轨道切线存在一定的夹角，即钢绞线与牵引器间存在一定的夹角，为滑移带来不便。为减小牵引钢绞线与牵引器间的夹角，在顺时针旋转滑移时，第一次反力架（牵引器）布置应沿曲线轨道切线方向旋转11°，以后每次反力架布置沿曲线轨道切线方向旋转17°；同样逆时针旋转滑移时，每次反

力架的布置应顺时针旋转 20°）

爬行器夹紧装置吸附于内环梁轨道，爬行器液压缸与内环桁架支座滑靴相连接。

3.5.4 液压牵引器的牵引过程

液压牵引器原理及牵引过程如下页图示：液压牵引器为穿芯式结构，由牵引主油缸及上、下锚具组成，钢绞线从天锚、上锚、穿心油缸中间、下锚及安全锚依次穿过，直至远端与被牵引构件通过地锚向连接。

上、下锚具由于锲形锚片的作用具有单向自锁性，液压牵引器依靠主油缸的伸缩和上、下锚具的夹紧或松开协调动作，实现被牵引构件的水平滑移。

如此往复使被牵引构件滑移至最终位置。

3.5.5 爬行器的推进过程

爬行器推进构件滑移过程与牵引器牵引构件滑移过程相似，不同的是，牵引器通过内穿钢绞线与远端地锚连接，来牵引构件滑移。而爬行器是依托夹紧装置夹紧轨道的边沿作为反力支撑点，利用爬行器液压缸的操作来推进或牵引构件水平滑移。爬行器工作示意图如图 20 所示。

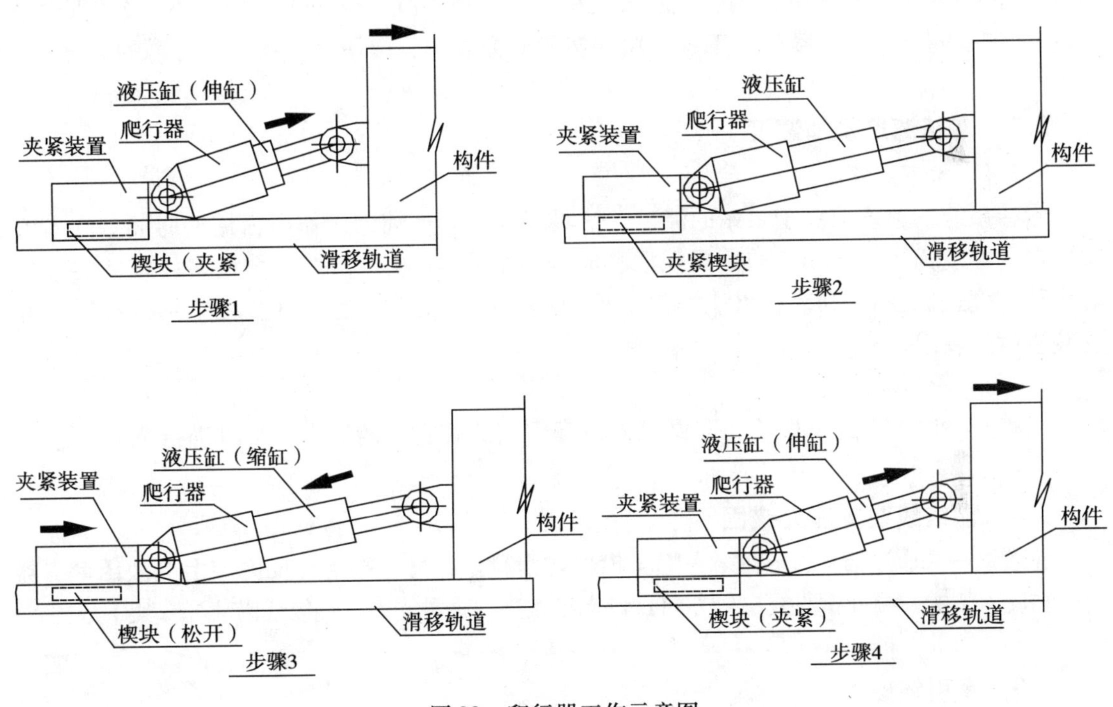

图 20 爬行器工作示意图

步骤 1：爬行器夹紧装置中楔块与滑移轨道夹紧，爬行器液压缸前端活塞杆销轴与滑移构件（或滑靴）连接。爬行器液压缸伸缸，推动滑移构件向前滑移；

步骤 2：爬行器液压缸伸缸一个行程，构件向前滑移 250mm；

步骤 3：一个行程伸缸完毕，滑移构件不动，爬行器液压缸缩缸，使夹紧装置中楔块与滑移轨道松开，并拖动夹紧装置向前滑移；

步骤 4：爬行器一个行程缩缸完毕，拖动夹紧装置向前滑移 250mm。一个爬行推进行程完毕，再次执行步骤1工序。如此往复使构件滑移至最终位置。

3.6 动力同步控制系统及牵引钢绞线

3.6.1 动力同步控制系统

动力系统由泵源液压系统（为牵引器提供液压动力，在各种液压阀的控制下完成相应的动作）及电气控制系统（动力控制系统、功率驱动系统、计算机控制系统等）组成。

（1）外环地面

每台液压牵引器配套选取功率为30kW液压泵站、动力启动柜及相应计算机控制系统，布置在液压牵引器旁的外环地面基础平台上。

（2）内环桁架

每台爬行器配套选取功率为15kW液压泵站、动力启动柜及相应计算机控制系统，布置在爬行器旁的内环梁支撑平台上。

3.6.2 牵引钢绞线

钢绞线作为柔性承重索具，采用高强度低松弛预应力钢绞线，直径为15.24mm，破断力为26t。液压牵引器中单根钢绞线的最大荷载为：88.9/18=4.94t，单根钢绞线的安全系数为：26/4.94=5.26。多次的工程应用和实验研究表明，取用这一系数是可靠的。

3.7 滑移速度及加速度

3.7.1 滑移速度

滑移系统的速度取决于泵站的流量、锚具切换和其他辅助工作所占用的时间。在本方案中牵引速度为4～8m/h，初始累积滑移阶段控制在4m/h，桁架榀数增多，整体性较好时滑移速度控制在8m/h。在以往类似工程中经验证，完全满足滑移过程中结构稳定性和安装进度的要求。

3.7.2 滑移加速度

滑移开始时的加速度取决于泵站流量及牵引器或爬行器的压力，可以进行调节。

3.8 钢绞线在支座处锚固

钢绞线一端通过锚具固定在第一榀主桁架的滑靴上，另一端连在反力架上的液压牵引器上。在反力架的一端（钢绞线出口方向）设钢绞线出口疏导支架，钢绞线沿疏导支架下放出。

3.9 牵引锚座

牵引锚座固定在滑靴前端，钢绞线的一端固定在地锚上，另一端通过夹片固定在液压牵引器的活塞杆上，牵引器产生的拉力，通过钢绞线传给锚座，从而实现对滑移单元的牵引。

3.10 牵引钢绞线与反力架间夹角变化

内环梁轨道滑移方式为爬行器推进，轨道弧度对滑移过程影响不大，可以不予以考虑。

外环地面的滑移过程在圆弧轨道上进行，即连接牵引器与滑靴地锚的钢绞线与圆弧轨道切线存在一定的夹角，不在同一条直线，亦即牵引钢绞线与反力架（牵引器）间存在夹角（牵引钢绞线与滑靴地锚通过铰接消除夹角），且夹角随着桁架滑移位置的不同而不断变化，通过调整反力架（牵引器）的位置来减小两者之间的角度。

顺时针旋转滑移时牵引器与钢绞线夹角变化如图 21 所示。

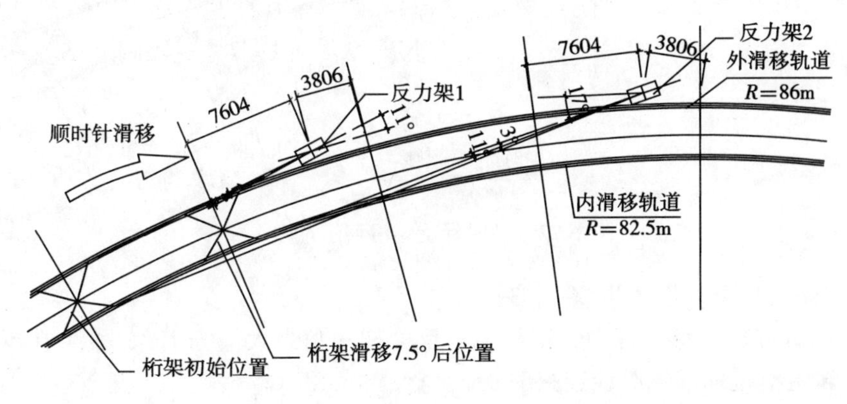

图 21　顺时针旋转滑示意图

顺时针滑移：

（1）初始滑移外侧轨道钢绞线与反力架 1 夹角为 2°，内侧轨道钢绞线与反力架 2 夹角为 3°；

（2）旋转滑移 7.5°过程中，外侧轨道钢绞线与反力架 1 夹角由初始的 2°减小至 0°，后又增加至 1°，内侧轨道钢绞线与反力架 2 夹角由初始的 3°减小到 1°；

（3）旋转滑移 7.5°，反力架 1 移位后，外侧轨道钢绞线与反力架 2 夹角为 6°，内侧轨道钢绞线与反力架 1 夹角为 5°；

（4）旋转滑移 15°过程中，外侧轨道钢绞线与反力架 2 夹角由 6°减小至 5°，内侧轨道钢绞线与反力架 1 夹角由 5°减小到 1°；

（5）以后每旋转滑移 15°，夹角变化重复上述步骤 3、4；

（6）顺时针旋转滑移过程中，钢绞线与反力架夹角最大值为 6°，发生在反力架移位后，与外侧轨道滑靴地锚钢绞线连接时；

（7）反力架第一次布置安装时应逆时针旋转 11°，以后每一次布置安装时应逆时针旋转 17°。

逆时针旋转滑移时牵引器与钢绞线夹角变化如图 22 所示。

逆时针滑移：

（1）初始滑移外侧轨道钢绞线与反力架 1 夹角为 10°，内侧轨道钢绞线与反力架 2 夹角为 1°；

（2）旋转滑移 15°过程中，外侧轨道钢绞线与反力架 1 夹角由初始的 10°减小至 0°，后又增加至 9°，内侧轨道钢绞线与反力架 2 夹角由初始的 1°减小到 0°，后又增加至 1°；

（3）旋转滑移 15°，反力架 1 移位后，外侧轨道钢绞线与反力架 2 夹角为 10°，内侧轨道钢绞线与反力架 1 夹角为 1°；

（4）再次旋转滑移 15°过程中，钢绞线与反力架夹角变化重复步骤 2，即以后每旋转

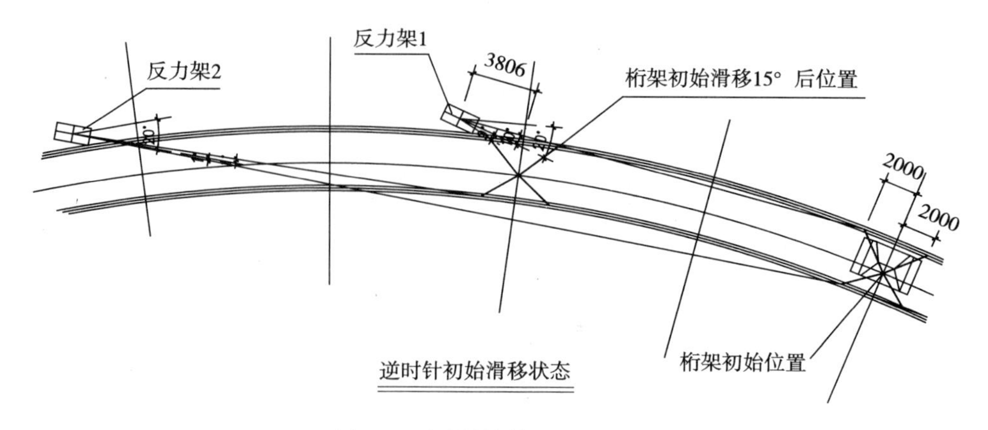

图 22 逆时针旋转滑移示意图

滑移 15°，夹角变化重复上述步骤 2、3；

（5）逆时针旋转滑移过程中，钢绞线与反力架夹角最大值为 10°，发生在反力架移位后，与外侧轨道滑靴地锚钢绞线连接时；

（6）反力架每次布置安装时应顺时针旋转 20°。

3.11 桁架滑移同步测控

3.11.1 液压滑移同步性原理

油缸同步采用液压滑移系统本身的计算机系统控制，其原理如图 23 所示。

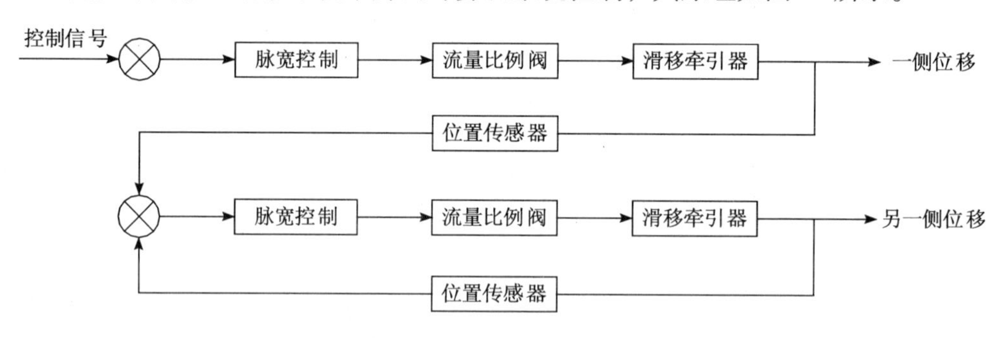

图 23 液压滑移同步性原理

3.11.2 滑移过程的同步测量控制

（1）计算机自身同步控制。

（2）轨道标明尺寸测量控制：

因 3 条滑移轨道的半径不同，在以中央桅杆为圆心旋转同步滑移，滑移角度相同时，内环梁轨道、外环地面内侧轨道、外环地面外侧轨道的滑移圆弧距离之比为：1∶3.41∶3.55。如图 24 所示。

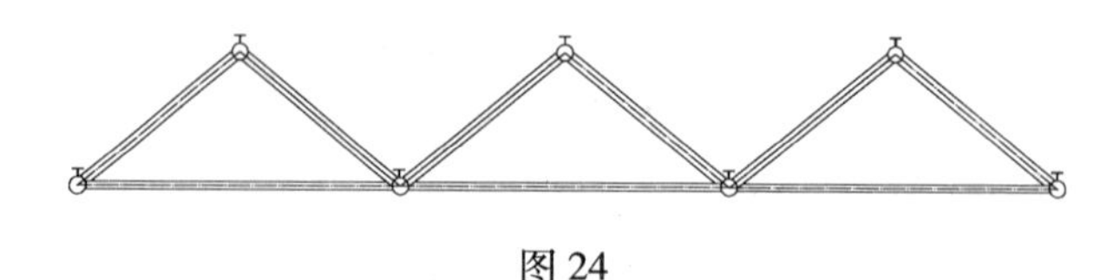

图 24

（3）高空轨道的滑移同步保证。

（4）地面轨道的滑移同步保证：

图 25　滑移控制示意图

滑移过程中为直观地监测滑移的同步性和滑移状态，以 1cm 作为最小滑移单位，在滑道上做出标记，并进行编号（如图 25 所示）。滑移过程中，可以通过对滑靴中心的测量监测，随时准确了解滑移状态。

（5）滑移单元的同步控制（图 26）。

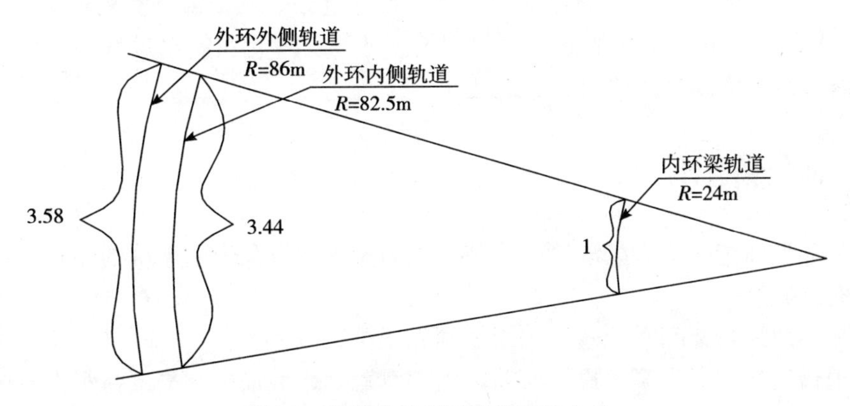

图 26　滑移角度相同滑移弧长之比

3.12　桁架滑移过程稳定性控制

在滑移的起动和停止工况时，桁架结构产生抖动是由于起、制动的加速度过大和拉力不均匀引起。

采用液压牵引器（爬行器）滑移，与用卷扬机牵引不同，可通过调节系统压力和流量，严格控制启动加速度和停止加速度。

3.13 牵引力的传递控制

3.13.1 外环轨道

液压牵引器与反力架相连于轨道预埋件上，滑靴放置于轨道正中间，桁架的每个支座分别置于对应滑靴之中，牵引器中钢绞线与远端第一榀桁架支座滑靴相连接，牵引时，通过钢绞线带动滑靴（滑靴带动构件）沿轨道向前滑移，直至正确位置就位。

3.13.2 内环轨道

滑靴放置于内环梁轨道正中间，内环桁架的每个支座分别置于对应滑靴之中。爬行器夹紧装置紧紧吸附于内环梁轨道，爬行器液压缸头部与最近处桁架支座滑靴相连接。推进时，依托夹紧装置夹紧轨道的边沿作为反力支撑点，利用爬行器液压缸的操作来推进构件水平滑移，直至正确位置就位。

当牵引点开始工作时，因为各滑靴与滑道的静摩擦力，将导致主桁架间结构产生变形，对屋面结构造成不易控制的影响。为消除这种影响，保证各滑靴与牵引点的同步运行，在相邻两个支座间加设临时联系。

根据以往类似工程经验，对于地面支座，联系方式可采用相临间滑靴钢绞线相连接。钢绞线两端分别与两个滑靴的牵引头连接，在滑移牵引前张紧。

对于内环梁支座可加强每相邻两榀桁架间刚度。

3.14 牵引过程中的制动

当牵引点停止工作时，滑移单元通过滑靴与滑道之间的摩擦力产生制动力。

根据冲量恒等式 $F \times t = m \times \nu$，其中 $F = N \times \mu$。

代入恒等式得 $N \times \mu \times t = m \times \nu$。

滑靴对轨道正压力 N 等于上部结构自重垂直滑道分力 m。每个滑板处摩擦系数 μ、牵引速度 v 均相等，故每个滑靴的制动时间相等。即滑移单元在制动过程中，各支点保持同步，无附加内力。可以保证结构的稳定性。

4 滑移前准备工作

（1）外环地面桁架支座处滑靴的安装、反力架安装以及牵引系统的布置，内环梁轨道处爬行系统的布置；

（2）相邻两榀桁架间滑靴通过钢绞线预先张拉；

（3）地锚安装固定于第一榀桁架前端支座滑靴处，地锚中心高度与牵引器中心高度保持一致；

（4）牵引器中穿入钢绞线，18 根钢绞线左、右旋间隔穿入牵引器内；

（5）钢绞线另一端穿入地锚内，穿出部分应平齐，约 10cm 左右。穿完之后用地锚锚片锁紧钢绞线，注意钢绞线穿地锚时，应避免钢绞线相互缠绕，穿完之后再检查一次；

（6）连接泵站与液压牵引器主油缸、锚具缸（爬行器）之间的油管，连接完之后检查一次；

（7）电缆线连及控制线接好泵站中的启动柜及液压牵引器（爬行器），并装好各类传感器，完成之后检查一次；

（8）各吊点同步传感器的安装及调试。

5　滑移前检查工作

牵引系统主要检查下列内容：

（1）钢绞线作为承重系统，所以在正式牵引前应派专人进行认真检查，钢绞线不得有松股、弯折、错位、外表不能有电焊疤。在预加载后，牵引器内每根钢绞线应保持相同的张紧状态；

（2）地锚位置正确，锚片能够锁紧钢绞线；

（3）由于运输的原因，泵站上个别阀或硬管的接头可能有松动，应进行一一检查，并拧紧，同时检查溢流阀的调压弹簧是否完全处于放松状态；

（4）检查泵站、启动柜及液压牵引器之间电缆线的连接是否正确。检查泵站与液压牵引器主油缸、锚具缸之间的油管连接是否正确。

（5）系统送电，校核液压泵主轴转动方向；

（6）在泵站不启动的情况下，手动操作控制柜中相应按钮，检查电磁阀和截止阀的动作是否正常，截止阀编号和牵引器编号是否对应；

（7）检查传感器（行程传感器，上、下锚具缸传感器）：

按动各油缸行程传感器的2L、2L－、L＋、L和锚具缸的SM、XM的行程开关，使控制柜中相应的信号灯发讯。

（8）牵引器、爬行器的检查：

下锚紧的情况下，松开上锚，启动泵站，调节一定的压力（3MPa左右），伸缩牵引器油缸：检查A腔、B腔的油管连接是否正确；检查截止阀能否截止对应的油缸；检查比例阀在电流变化时能否加快或减慢对应油缸的伸缩速度。

（9）预加载：

调节一定的压力，使牵引器内每根钢绞线基本处于相同的张紧状态。

此外，还检查反力架与轨道预埋件的连接情况、爬行器夹紧装置与轨道固定情况、内环桁架滑靴内支座的卡位、轨道光滑程度及轨道旁障碍物的清除等。

6　桁架牵引滑移

各项工序都已就绪且经检查无误，开始桁架牵引滑移。

6.1　试牵引滑移阶段

初始牵引滑移为2榀主桁架＋1榀次桁架。经计算，内环轨道爬行器所需升缸压力为6MPa，外环轨道内侧牵引器所需升缸压力为4.5MPa，外环轨道外侧牵引器所需升缸压力为9MPa。牵引器及爬行器最初加压为所需压力的20％、40％、60％、80％、90％，在一切都稳定的情况下，可加到100％。在所有滑靴开始滑移后，暂停。全面检查各设备运行正常情况，如地锚、滑靴的移动量、滑靴间张拉钢绞线松紧程度、滑靴挡板的卡位、反力架、爬行器夹紧装置、钢绞线、滑移轨道及桁架受力等的变化情况。在一切正常情况下继续牵引。

6.2 正式牵引滑移

试牵引滑移阶段一切正常情况下开始正式牵引滑移。在整个牵引滑移过程中应随时检查：

（1）桁架跨度大，旋转滑移距离长，且三条滑移轨道曲线半径不同，标高不同。牵引时，通过预先在各条轨道两侧所标出的刻度来随时测量复核每一支座滑移的同步性。同步旋转滑移时，旋转相同角度，内环轨道、外环内侧轨道及外环外侧轨道旋转滑移线位移之比为1:3.44:3.58；

（2）外环地面轨道滑靴底部垫板与轨道内侧面的摩擦及内环桁架滑靴挡板与轨道卡位状况；

（3）爬行器夹紧装置与轨道夹紧状况；

（4）滑移轨道呈弧线状，在牵引时牵引器与钢绞线、滑靴地锚与钢绞线都存在一定的夹角，且夹角随着滑移位置的变化而变化，应随时检查因夹角变化而引起牵引钢绞线的松紧变化，必要时采取相应措施；

（5）密切注意连接两滑靴间的钢绞线会因轨道弯曲弧度、滑移面光滑程度、桁架支座侧向力的不同以及其他原因而引起的松紧变化，必要时采取相应措施；

（6）每增加一榀主桁架及一榀次桁架时牵引力变换值是否正常；

（7）牵引过程中，随着桁架的不断牵引，桁架距离远端反力架越来越近，反力架内牵引器中的钢绞线不断地从反力架后侧穿出，应及时梳理穿出的钢绞线。

6.3 牵引就位

每榀桁架牵引即将到位时，通过“微动”滑移使桁架支座较精确地就位于设计位置。

7 技术实施效果

郑州国际会展中心（会议部分）钢结构屋面工程，是郑州国际会展中心工程重要组成部分，也是设计和施工难度最大的部分。根据工程特点和现场实际情况，采用高空旋转滑移技术进行施工，解决了场地受限的客观条件下进行施工的难题。采用合理的施工组织设计，通过各种方法的计算，制定紧紧相扣的施工环节，各种过程结果非常理想，达到预期效果，得到很多经验数据，创造历史先河，达成中国首列高空旋转滑移方案。通过努力研究，创造了大宽度、高空施工方面新的技术发现和应用。

参考文献

[1] 沈祖炎. 钢结构制作安装手册. 北京：中国建筑工业出版社，1998

[2] 田锡唐. 焊接结构. 北京：机械工业出版社，1981

[3] 李和华. 钢结构连接节点设计手册. 北京：中国建筑工业出版社，1993

[4]《钢结构工程施工质量验收规范》（GB 50205—2001）. 北京：中国建筑工业出版社，2001

铸钢件制作与施工技术

游志文　姜丰刚

（上海宝冶建设有限公司）

摘　要： 郑州国际会展中心（会议部分）钢屋盖工程连接节点主要采用铸钢节点形式。本文主要阐述大体积、高质量、相贯节点多的铸钢节点的制作控制和施工方面的技术措施。

关键词： 铸钢件　铸钢节点

1　引言

铸钢节点作为钢结构工程中一种主要的连接形式，随着中国建筑行业的发展以及各种大型钢结构建筑的出现，已经在中国建筑钢结构行业广泛应用起来了，特别是在大型体育场馆以及会议展览等公共场所钢结构行业中。随着不断的使用，我们在铸钢节点上的研究已经取得很大的进展，有很多地方已经超过国际水平。郑州国际会展中心（会议部分）所使用的铸钢节点就具有很大的特色，在中国民用建筑上掀开了历史的新篇章。

2　工程概况

郑州国际会展中心工程属于郑州市重点工程，也是城市的标志性建筑之一。郑州国际会展中心（会议部分）钢屋盖工程中，采用铸钢节点作为管管相贯的连接方式。本工程共有23种形式的铸钢节点，总重量约790t。铸钢节点的详图设计、制作以及施工均由上海宝冶建设有限公司承担。

3　工程特点及难点

3.1　工程特点

规格多、数量大：23种规格，318件，790t。

单体尺寸大、质量重：ZG7、9、11、12等宽度和高度达到4m；

ZG16—4m×4m×4m，重27t。

构造复杂、支管多：最多连接13根杆件，构造复杂。

3.2　工程难点

（1）制作难度大：ZG7、9、11、12等宽度和高度达到4m；ZG16—4m×4m×4m，重27t，在模具制作，工厂浇注特别不方便；

（2）现场安装难度大：最多连接 13 根杆件，为了保障每根管件安装精确，安装就要采取相应的措施。

4 铸钢件的制作

本工程中，对铸钢件的材质要求，整体性以及各性能要求均超过其他同类工程。

4.1 化学成分的控制

铸钢件的使用最重要的就是要达到可焊性，即节点与钢材焊接时，可焊性要好，不能有裂纹、裂缝发生。在以往同类工程中发生过类似现象，经过多次的研究，主要原因是材质化学成分控制没有到位，根据这一原因，我们从材料源头抓起，控制化学成分，通过对炼炉的技术及过程的改进和控制，其化学成分均已超过德国标准要求。化学元素控制如表 1 所示，机械性能如表 2 所示。

化学元素控制表 **表 1**

C：0.15～0.18%	Si：≤0.60%	Mn：1.0～1.30%	P：≤0.015%
Cr：≤0.30%	Ni≤：0.40%	Mo：≤0.15%	S：≤0.015%

各种机械性能 **表 2**

焊接碳当量 C_{eg}	屈服强度 σ_s	抗拉强度 σ_b	延伸率 δ_5	D 级冲击功
≤0.42%	≥250MPa	450～630MPa	≥22%	≥34J

因此，该铸件具有良好的可焊性。现场实践证明，所有铸钢件安装焊接完毕后，没有发生裂缝以及裂纹现象；超升波探伤 100% 合格。

4.2 整体性的控制

本工程中，给制作带来最大难度的应是整体性的控制，因为例如 ZG6、2 等铸钢件相贯口达到 11 个，直径大小不一，角度不同。在制作胎膜时，采用计算机放样。现场反复制作和研究，最后得出计算机与现场实际的规律性和一致性。所有铸钢节点均可以达到一次性浇注的能力。

本工程中，ZG16 给制作带来历史性的挑战，根据工程整体浇注能力，是可以达到设计要求的，但是 ZG16 有一凸起球头，要安装在 ZG15 下部凹槽里，由于 ZG15（高 2.2m，直径 1.5m，重 13.5t）是可以进行机加工，可是 ZG16 由于体积大，为 ZG16—4m×4m×4m，重量为 27t，目前国内还没有能力对其进行机加工处理，这就给加工带来困难和挑战。

4.3 ZG16 的制作

鉴于整体铸造存在上述问题，经聘请多位铸造专家反复论证，依据 DIN 17182、DIN 1690、ISO/DIS 4900、GB/T 14408 标准，拟采用铸焊混合结构，将 Y 形平衡架、三条支撑柱及类圆台分割成五部分，各部分单独铸造，对类圆台的球头进行机加工，并分别在支撑柱与类圆台连接部位及 Y 形平衡架与支撑柱连接部位开坡口，进行焊接成形。这样，既保证了各部分铸件质量、满足使用性能要求，又达到了不增加 ZG16 铸钢节点重量、保持原设计风格的目的。

4.3.1 可分性的受力分析

该铸件顶与钢柱为完全铰接，没有弯矩，竖向最大荷载为 22000kN，二个方向的水平力分别为 85kN 及 150kN。

根据实体有限元计算，三个分支柱处拼接断面材料应力约为 140～150MPa，应力强度比 0.59；在 Y 型装饰支架与分支柱之间的拼接断面材料应力约为 20～25MPa，应力强度比约为 0.1 左右，如图 1 所示。

边界条件及加载方式如图 1 所示，采用弹性分析。结果如图 2 所示，等效应力最大值为 213.51MPa，第一主应力最大值为 126MPa，因此材料工作状态时未超其强度极值。应力的较大值均出现在铸钢件上部孔边接触处。

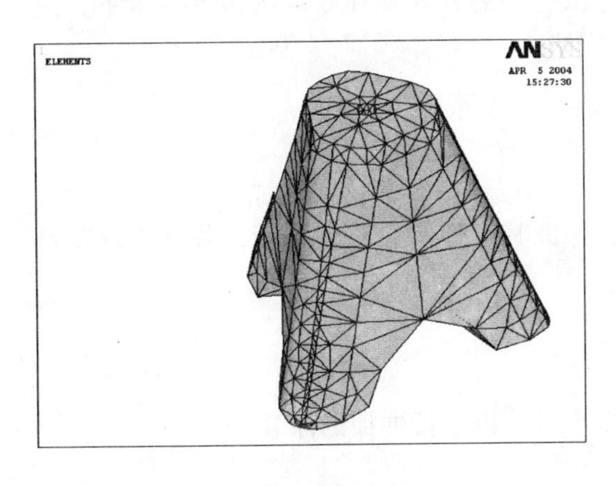

图 1 铸钢节点

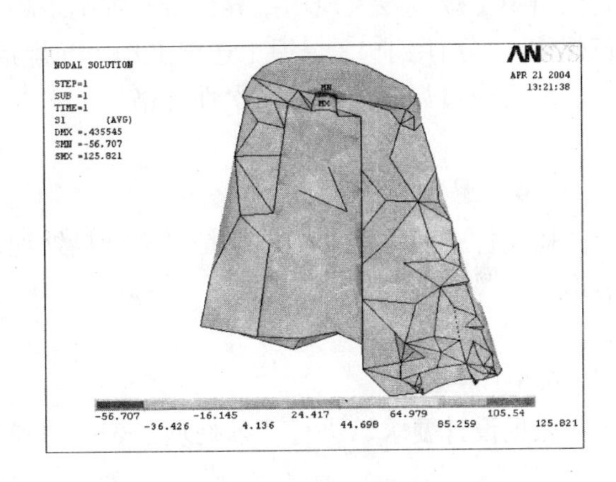

图 2 局部主应力云图

边界条件及加载方式如图 3 所示，采用弹性分析。结果如图 4 所示，铸钢件平均等效应力值为 150MPa，第一主应力最大值为 180MPa，因此材料工作状态时未超过其强度极值。应力的较大值均出现在铸钢件三个支撑柱的中部。

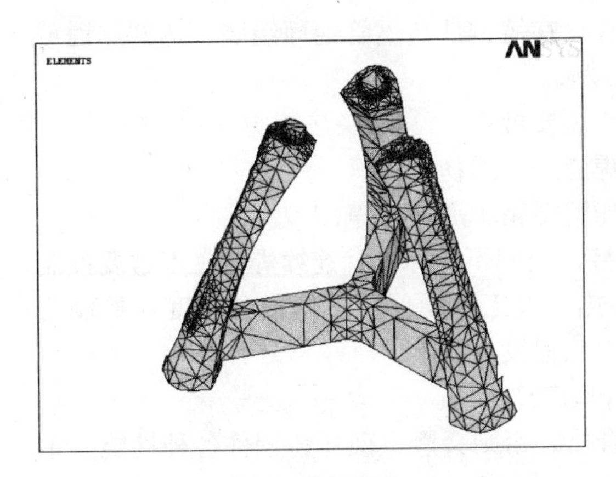

图 3 铸钢节点

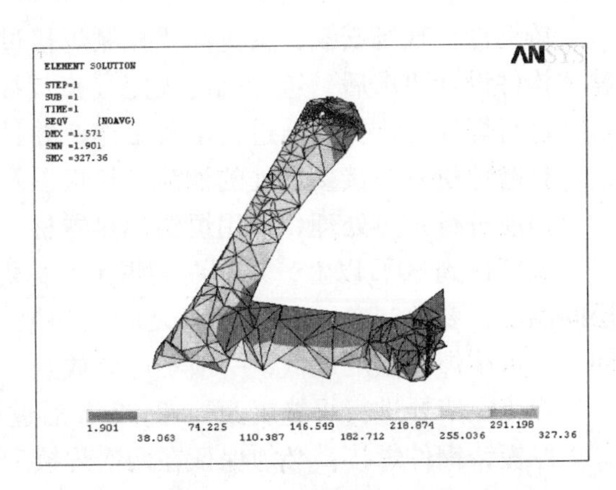

图 4 局部等效应力云图

通过对上部和下部的有限元分析，这样分体浇注、整体焊接可以达到设计使用要求，本方法可以实施。

4.3.2 焊接工艺评定

按照钢结构设计总说明要求，对 ZG16 铸钢节点进行焊接工艺评定试验。

预先铸造 600mm×300mm×200mm 模拟实体两件，进行焊接工艺评定试验。

结合多位焊接专家意见拟定焊接工艺评定试块焊接工艺。

由持有相应焊接操作资格证书的焊工，按工艺规范对焊接工艺评定试块施焊。

委托由业主认可的第三方对焊接工艺评定试块进行化学成分分析，对焊缝进行超声波、磁粉及渗透探伤，对母材、焊缝及热影响区进行金相组织及机械性能试验。

各项检测结果表明：焊接工艺评定试块的焊缝质量符合 ZG16 铸钢节点使用性能要求。

4.3.3 制作控制

方案可以实施，要求在实际制作过程中，严格按焊接工艺要求进行。在制作过程中，我们组织了焊接专家现场指导，所有焊工现场考试合格后，才能在专家的指导要求下，进行焊接。最后用了 12 个焊工连续工作 79h 焊接完毕。

最后通过焊缝检查，一次性合格。

4.4 退火

铸钢件一道关键的程序就是要进行热处理，保证其可焊性和机械性能，并且要进行整体退火。

4.5 涂装

根据设计要求，进行喷砂处理，表面达到 2.5 级，再进行油漆的涂装。

5 铸钢件的现场安装

根据现场施工条件和铸钢件自身的要求，为了保证安装工程质量，尽量减少高空焊接，所有铸钢件与管接头的地方均在地面进行，在空中只是钢管与钢管对接，进行高空焊接。

铸钢件在现场安装，关键是要控制焊接过程。在铸钢件与钢管地面组装，达到屋面或整体构件设计要求后，进行临时固定（点焊接）。

进行焊接前，要提前进行准备工作，并且必须要做：

打磨掉所有对接接口处的油渍、垃圾以及焊渣等无用物质；

提前进行预热处理，采用恒温加热器材，如恒温箱、加热片等；

温度达到 80℃以上，采用两名焊工对称焊接，中间不能休息，连续焊接，不过要控制层间温度，要控制在 100～180℃之间。如果过热，焊工必须停下，休息到温度在控制之间，才可施焊。温度过低，一般不可能放生，本工程没有放生。

焊接完毕要进行焊缝表面处理，24h 后进行超声波探伤。

厚板铸钢件焊接，必须保证在两次焊接后合格，否则会严重破坏铸钢件各种性能。本工程由于各个环节控制到位，均达到一次性合格。

6　结束语

郑州国际会展中心（会议中心部分）钢结构屋面工程，根据其结构特点选用了铸钢节点，作为各相贯节点的连接形式。采用铸钢节点的优点是外形美观而且受力性能良好，但本工程的铸钢件由于结构复杂，造成制作工艺复杂，制作难度创中国历史之最，相应给施工也带来很大困难。不过通过努力研究，也创造了铸钢节点制作和施工方面新的技术发现和应用。

参考文献

[1] 沈祖炎. 钢结构制作安装手册. 北京：中国建筑工业出版社，1998

[2] 田锡唐. 焊接结构. 北京：机械工业出版社. 1981

[3] 李和华. 钢结构连接节点设计手册. 北京：中国建筑工业出版社，1993

[4]《钢结构工程施工质量验收规范》(GB 50205—2001). 北京：中国建筑工业出版社，2001

第四篇　展览中心施工技术部分

超大深复杂基坑支护技术

李忠卫　屠益官　聂宇文　陈建设

（中国建筑第八工程局）

摘　要： 桩锚支护体系具有计算准确，施工工艺简便、质量可控性强等特点，在工程实践中得到广泛应用，本文介绍桩锚结构支护体系在郑州国际会展中心超大、深复杂基坑施工中的成功应用。

关键词： 支护　基坑　计算　施工

1　工程概况

郑州国际会展中心（展览部分）分为四个区，一区地下 2 层，基础埋深 13.3 ~ 11.9m，二区展厅为独立柱基，基础埋深 5.5m，三区附房和四区车道基础埋深 4.3 ~ 5.5m，基坑开挖平面图如图 1 所示。

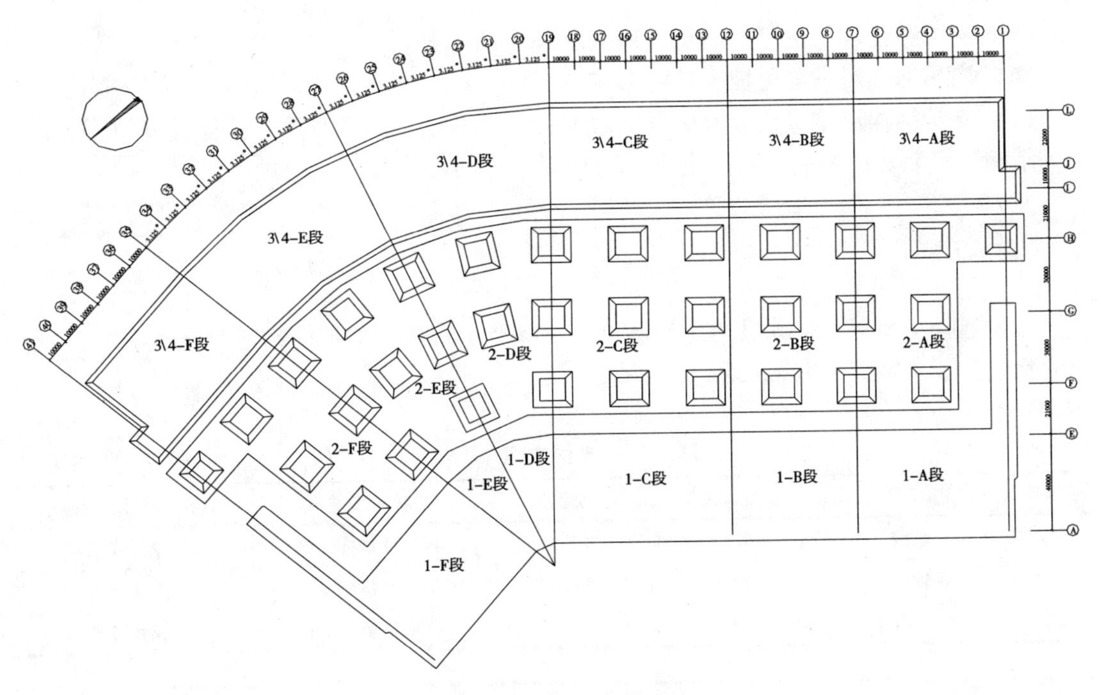

图 1　基坑开挖平面图

（1）依据《建筑基坑支护技术规程》JGJ 120—99 规定，本工程一区地下室基坑侧壁安全等级：一级；二、三、四区及南北车道基坑侧壁安全等级：二级。

（2）依据《建筑地基基础工程施工质量验收规范》（GB 50202—2002）规定，本工程一区基坑变形监控：一级。

（3）Ⓔ轴支护结构坡顶位移要求严格，需考虑防止因坡顶位移而导致展厅桩间土体破坏的措施。

（4）本工程基坑开挖深度大，土质松软，基坑支护面积大，与土方施工配合难度大。

（5）基坑周边环境空旷，无建筑物，可适度放坡，对环境敏感度低。

（6）本工程基坑开挖深度不一，深度为13.3m、11.9m、5.5m、4.3m不等，需依据不同的深度、条件进行不同的设计计算。

2　基坑支护难点分析

设计时，必须考虑或解决以下问题：

（1）在能够满足安全要求的前提下，达到经济、合理。

（2）必须考虑勘察报告中③4层土体为隔水层对降水的不利影响，如降水井穿透此层，达到砂层可能出现降水量丰富，降水效果很小，形成降水的虚假效应。该层土体为软塑状，应充分考虑该层土体对支护结构整体稳定性的影响。

（3）基底承压水对基底抗隆起的不利影响，必须采取措施释放承压水压力。

（4）方便整个工程的总体协调、平衡流水施工，控制施工工期，使其满足阶段施工工期的要求。

（5）支护结构坡顶位移对展览厅地基承载力的影响。

（6）塔吊基础对基坑边坡支护的影响。

（7）支护结构选型应充分考虑以下因素：土方开挖、回填对整个工程进度的影响；对主体结构物料装运的影响；对安全垂直防护架搭设的影响。

3　方案选择

方案选择主要对开挖深度为-11.9m、-13.3m的基坑支护结构进行选择，在广泛研究的基础上，确定支护方案见表1。

支护方案　　**表1**

序　号	支护部位	基坑深度	支护深度	支护方案选择	相应的降水方案选择
1	*E*轴线	-13.3	13.3	排桩加锚杆支护	深井降水
2	*A*轴线	-11.9	11.9	排桩加锚杆支护	深井降水
3	车道（局部）	-13.3	13.3	排桩加锚杆支护	深井降水

方案的主要优点是：

（1）整体稳定性好，可克服-14.9m处软塑土层对基坑支护稳定的不利影响；

（2）土方开挖、回填量小，可有效保证后续工程施工的连续性，节约工期；

（3）地下结构工程完成后，地上结构施工时，可很快搭设施工外围安全垂直防护架，保证后续主体结构工程全封闭施工；

（4）在钢结构工程吊装时，基坑边可停靠大型吊装机械。

4 设计计算书

4.1 设计参数的选取

设计计算参数的采用主要根据该场地的岩土工程勘察报告提供的相关指标，并考虑降水后粉土、砂土的强度指标会有所提高等因素综合确定；土体与锚固体的极限摩阻力标准值依据《建筑基坑支护技术规程》JGJ 120—99，并考虑二次注浆工艺结合当地工程经验确定。各地层的主要岩土指标如表2所示。

场地岩土基坑设计计算参数一览表 表2

层 号	岩土名称	平均厚度（m）	重度（kN/m^3）	内聚力（kPa）	内摩擦角（°）	摩阻力标准值（kPa）
②1	粉 土	1.3~3.5	19.5	8	23	90
②	粉质黏土	3.3~5.7	19.5	10	15	60
②2	粉 土	3.3~5.7	19.5	10	22	100
③1	粉 土	1.8~5.0	19.8	12	22	100
③2	粉质黏土	0.5~3.6	19.0	20	16	50
③3	粉 土	0.4~3.5	19.6	18	25	80
③4	黏 土	0.6~3.4	18.8	25	15	50
③5	粉 土	0.4~5.0	20.0	20	25	100
④1	粉细砂	1.1~5.1	20.0	0	35	60
④2	细中砂	4.0~9.8	20.0	0	38	120

4.2 理正软件计算报表

4.2.1 东区支护结构计算报表

原--------始--------数--------据

支护类型	基坑侧壁重要性系数	混凝土强度等级	桩顶面标高（m）
排桩	1.00	C30	-2.00

基坑深度（m）	内侧水位（m）	外侧水位（m）	嵌固长度（m）	桩直径（m）	桩间距（m）
13.30	-14.10	-14.10	11.70	0.80	1.20

为了保证支护结构的安全，锚杆满足规范间距的要求，通过调整锚杆入射角来满足

放坡级数	坡度系数	坡高（m）	坡脚台宽（m）
1	0.50	2.00	2.00

超载序号	超载类型	超载值（kPa）	距坑边距离（m）	作用宽度（m）	距地面深度（m）
1	2	20.00	5.00	5.00	0.00

支锚道号	竖向间距（m）	水平间距（m）	预加力（kN）	支锚刚度（MN/m）	相对开挖深度（m）	入射角度（度）	锚固体直径（mm）
1	4.00	1.20	75.00	11.70	0.50	25.00/15.00	150
2	3.00	1.20	220.00	31.50	0.50	25.00/15.00	150
3	3.00	1.20	160.00	27.70	0.50	25.00/15.00	150

锚杆材料类型：　钢筋

锚杆强度设计值（N/mm^2）：　310.00

锚杆荷载分项系数：　1.25

土与锚固体粘结强度分项系数：　1.30

锚杆弹性模量（$\times 10^5$MPa）：　2.00

注浆体弹性模量（$\times 10^4$MPa）：　3.00

荷载分项系数：　1.25

弯矩折减系数：　0.85

混凝土保护层厚（mm）：　50

桩配筋方式：　均匀

纵向钢筋级别：　2

桩螺旋箍筋级别：　1　间距（mm）：200

冠梁宽（mm）	冠梁高（mm）	侧面纵筋	上下腰筋	箍筋
1000	500	Ⅱ-5φ22	Ⅱ-2φ22	Ⅰ-φ8@200

计--------算--------结--------果

计算方法	土压力模式	坑内侧弯矩（kN·m）	位置（m）	坑外侧弯矩（kN·m）	位置（m）	剪力（kN）	位置（m）
经典法	规程土压力	335.07	11.41	617.17	17.35	236.66	15.10
m法	矩形模式	457.41	11.89	356.09	17.35	233.86	15.55

位移（mm）　桩顶：-2.93　坑底：-11.64　最大：-13.50　位置（m）：11.41

配筋实用内力：　485.77　378.35　292.33

配筋选筋：	面积计算值（mm^2）	选筋计算	选筋实配	面积实配值（mm^2）
	纵筋：4972	20φ18	14φ22	5322
	箍筋：-162	φ12@200	φ8@200	50

支锚道号	锚杆面积（mm^2）	锚杆选筋	自由段长（m）	锚固段长（m）	验算刚度（MN/m）	锚杆内力值（kN）弹性法	经典法
1 计算：	452	Ⅱ-1φ25	6	12	11.64	101.53	74.18
剖面二 实用：	491	Ⅱ-1φ25	3	12	11.64	126.91	
剖面三 实用：	491	Ⅱ-1φ25	6	14	11.64	126.91	

支锚道号	锚杆面积（mm^2）	锚杆选筋	自由段长（m）	锚固段长（m）	验算刚度（MN/m）	锚杆内力值（kN）弹性法	经典法
2 计算：	1399	Ⅱ-2φ32	5	16	31.66	314.51	205.53
剖面二 实用：	1473	Ⅱ-3φ25	3	12	31.66	322.64	
剖面三 实用：	1473	Ⅱ-3φ25	5	19	31.66	393.14	

支锚道号	锚杆面积 (mm^2)	锚杆选筋	自由段长 (m)	锚固段长 (m)	验算刚度 (MN/m)	锚杆内力值 (kN)
弹性法 经典法						
3 计算:	1125	Ⅱ-1ϕ40	5	16	27.76	252.93 240.39
剖面二 实用:	1139	Ⅱ-3ϕ22	3	12	27.76	276.83
剖面三 实用:	1139	Ⅱ-3ϕ22	5	16	27.76	316.16

抗倾覆安全系数: 1.338

整体稳定计算方法: 瑞典条分法

整体稳定安全系数: 2.809

滑移面圆心坐标 (m): $x=3.881$ $y=-3.050$ 半径 (m): $R=22.290$

抗隆起安全系数: Prandtl Terzaghi

11.366 14.296

4.2.2 西区支护结构计算报表

原--------始--------数--------据

支护类型	基坑侧壁重要性系数	混凝土强度等级	桩顶面标高 (m)
排桩	1.00	C30	-2.00

基坑深度 (m)	内侧水位 (m)	外侧水位 (m)	嵌固长度 (m)	桩直径 (m)	桩间距 (m)
11.90	-14.10	-14.10	8.60	0.80	1.20

放坡级数	坡度系数	坡高 (m)	坡脚台宽 (m)
1	0.50	2.00	2.00

超载序号	超载类型	超载值 (kPa)	距坑边距离 (m)	作用宽度 (m)	距地面深度 (m)
1	2	20.00	5.00	5.00	0.00

支锚道号	竖向间距 (m)	水平间距 (m)	预加力 (kN)	支锚刚度 (MN/m)	相对开挖深度 (m)	入射角度 (度)	锚固体直径 (mm)
1	4.00	1.20	70.00	12.50	0.50	25.00/15.00	150
2	3.00	1.20	170.00	16.50	0.50	25.00/15.00	150
3	3.00	1.20	60.00	12.00	0.50	25.00/15.00	150

锚杆材料类型: 钢筋

锚杆强度设计值 (N/mm^2): 310.00

锚杆荷载分项系数: 1.25

土与锚固体粘结强度分项系数: 1.30

锚杆弹性模量 ($\times10^5$MPa): 2.00

注浆体弹性模量 ($\times10^4$MPa): 3.00

地下室层数: 0

层号: 层高 (m)

荷载分项系数: 1.25

弯矩折减系数: 0.85

混凝土保护层厚 (mm): 50

桩配筋方式: 均匀

纵向钢筋级别：　2
桩螺旋箍筋级别：　1　间距（mm）：200

冠梁宽（mm）	冠梁高（mm）	侧面纵筋	上下腰筋	箍筋
1000	500	Ⅱ－5ϕ22	Ⅱ－2ϕ22	Ⅰ－ϕ8@200

计--------算--------结--------果

计算方法	土压力模式	坑内侧弯矩（kN·m）	位置（m）	坑外侧弯矩（kN·m）	位置（m）	剪力（kN）	位置（m）
经典法	规程土压力	236.27	9.25	279.37	15.27	185.74	12.65
m法	矩形模式	396.61	10.76	230.21	16.76	204.91	12.65

位移（mm）　桩顶：　－2.97　坑底：－11.39　最大：－13.15　位置（m）：　9.63
配筋实用内力：　421.29　244.42　256.04

配筋选筋：	面积计算值（mm^2）	选筋计算	选筋实配	面积实配值（mm^2）
纵筋：	4326	17ϕ18	12ϕ22	4562
箍筋：	－135	ϕ10@200	ϕ8@200	50

支锚道号	锚杆面积（mm^2）	锚杆选筋	自由段长（m）	锚固段长（m）	验算刚度（MN/m）	锚杆内力值（kN）弹性法	经典法
1　计算：	436	Ⅱ－1ϕ25	5	15	12.36	97.94	74.44
实用：	491	Ⅱ－1ϕ25	6	15	12.36	122.43	

支锚道号	锚杆面积（mm^2）	锚杆选筋	自由段长（m）	锚固段长（m）	验算刚度（MN/m）	锚杆内力值（kN）弹性法	经典法
2　计算：	1093	Ⅱ－1ϕ40	5	17	26.67	245.62	202.02
实用：	1139	Ⅱ－3ϕ22	5	17	26.67	307.03	

支锚道号	锚杆面积（mm^2）	锚杆选筋	自由段长（m）	锚固段长（m）	验算刚度（MN/m）	锚杆内力值（kN）弹性法	经典法
3　计算：	416	Ⅱ－1ϕ25	5	12	12.27	93.50	136.70
实用：	491	Ⅱ－1ϕ25	5	12	12.27	116.87	

抗倾覆安全系数：　1.363
整体稳定计算方法：瑞典条分法
整体稳定安全系数：　2.241
滑移面圆心坐标（m）：　$x=3.539$　$y=-1.148$　半径（m）：$R=19.673$
抗隆起安全系数：　Prandtl　Terzaghi
　11.639　14.639

4.3 启明星软件计算报表

4.3.1 东区支护结构计算报表

郑州会展中心基坑开挖深度为13.3m，采用ϕ800@1200灌注桩围护结构，桩长为22m，桩顶标高为－2m。计算时考虑地面超载20kPa。计算简图见图2。

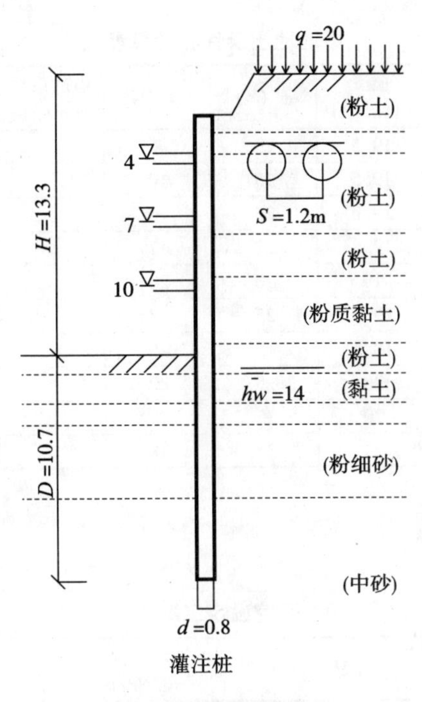

图 2　支护桩计算简图

共设 3 道支撑，见表 3。

支撑设置表　　**表 3**

中心标高（m）	刚度（MN/m^2）	预加轴力（kN/m）
-4	16.08	
-7	28.08	
-10	15.31	

基坑附近有附加荷载如图 3 所示。

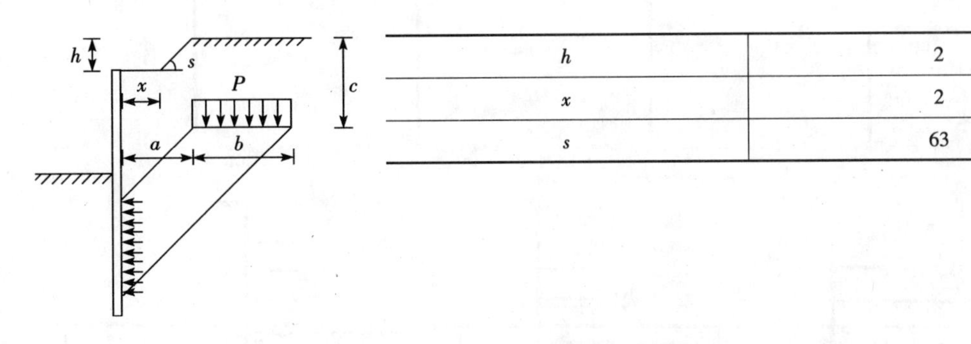

h	2
x	2
s	63

图 3　基坑附加荷载图

场地地质条件和计算参数见表 4。地下水位标高为 -14m。

场地地质条件和计算参数 **表 4**

土 层	层底标高 (m)	层厚 (m)	重度 (kN/m^3)	ϕ (°)	c (kPa)	渗透系数 (m/d)	压缩模量 (MPa)	m (kN/m^4)	k_{max} (kN/m^3)
粉 土	-2.8	2.8	19.5	23	8			10.8	
粉质黏土	-3.8	1	19.5	15	10			11	
粉 土	-7.6	3.8	19.5	22	10			4	
粉 土	-9.6	2	19.8	22	12			11.2	
粉质黏土	-12.8	3.2	19	16	20			5.52	
粉 土	-14.2	1.4	19.6	25	18			11.8	
黏 土	-15.6	1.4	18.8	15	25			5.5	
粉 土	-16.6	1	20	25	20			12	
粉 细 砂	-20.1	3.5	20	35	0			21	
中 砂	-27.4	7.3	20	38	0			25.08	

4.3.2 工况

开挖设定工况见表5。

开挖设定工况表 **表 5**

工况编号	工况类型	深度 (m)	支撑刚度 (MN/m^2)	支撑编号	预加轴力 (kN/m)
1	开挖	4.5			
2	加撑	4	16.08	1	
3	开挖	7.5			
4	加撑	7	28.08	2	
5	开挖	10.5			
6	加撑	10	15.31	3	
7	开挖	13.3			

工况简图见图4。

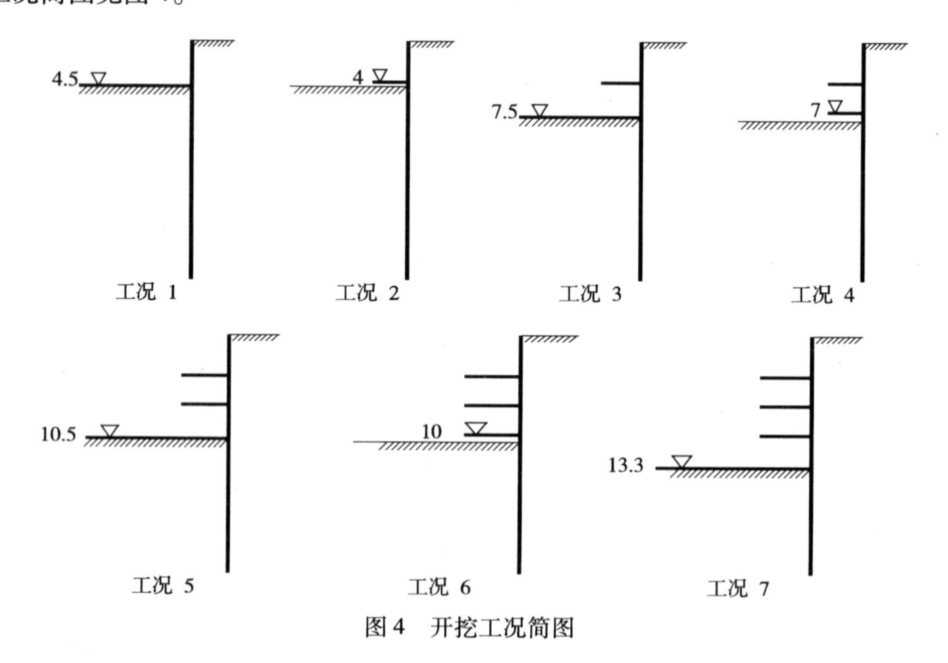

图4 开挖工况简图

4.3.3 计算结果（图5～图9）

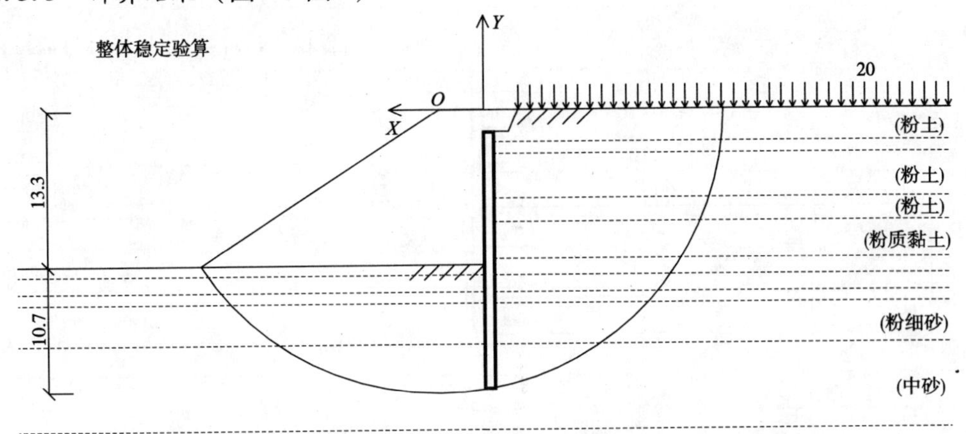

安全系数K=2.53，圆心O（3.74,0）

图5　整体稳定性验算图

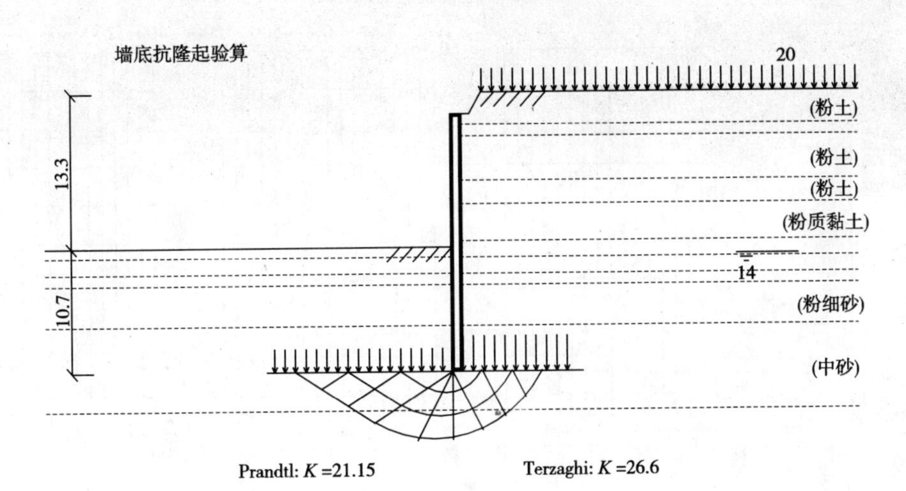

图6　抗隆起验算图

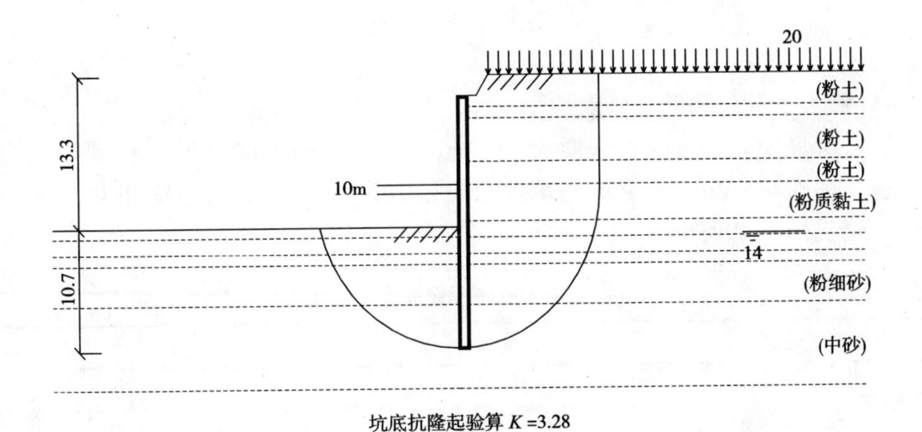

图7　坑底抗隆起验算图

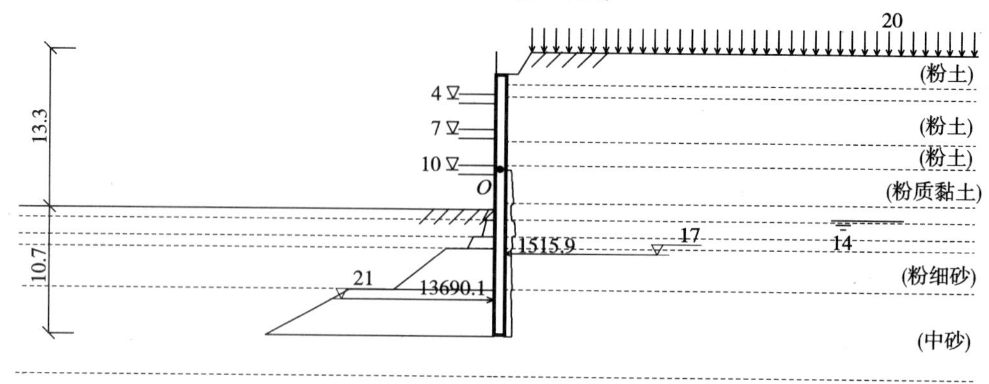

图 8　抗倾覆验算图

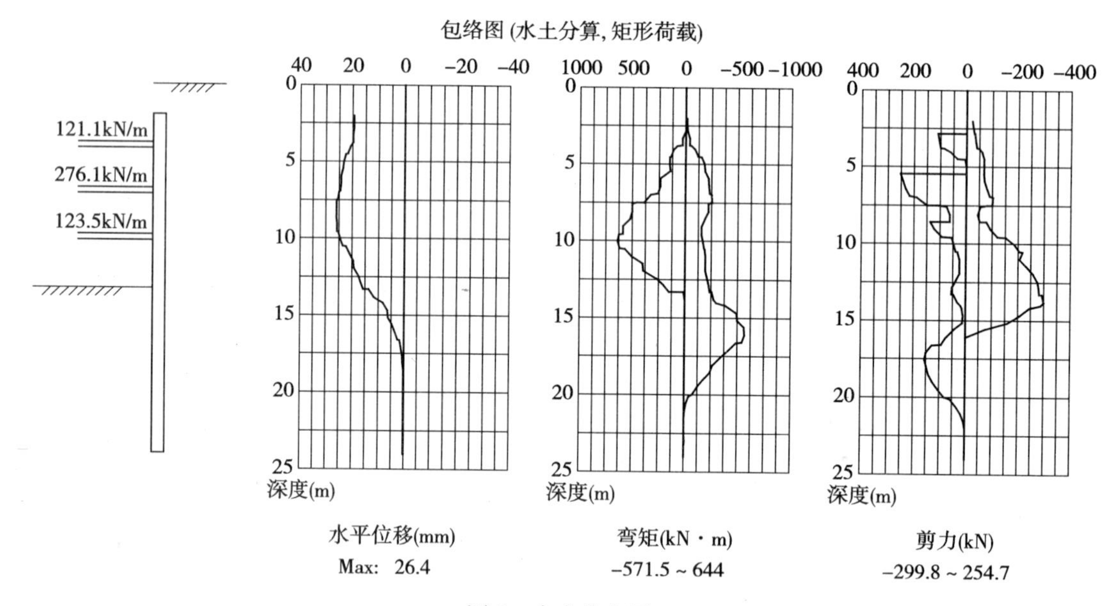

图 9　内力分布图

4.3.4　西区支护结构计算报表

郑州国际会展中心基坑开挖深度为 11.9m，采用 ϕ800@1200 灌注桩围护结构，桩长为 16m，桩顶标高为 −2m。计算时考虑地面超载 20kPa。支护桩计算简图见图 10。

共设 3 道支撑，见表 6。

支撑设置表　　**表 6**

中心标高（m）	刚度（MN/m^2）	预加轴力（kN/m）
−4	16.08	
−7	28.52	
−10	12.14	

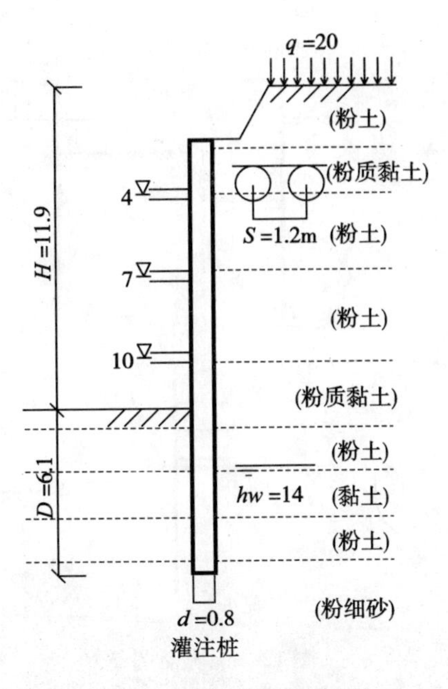

图 10　支护桩计算简图

基坑附近有附加荷载如图 11 所示。

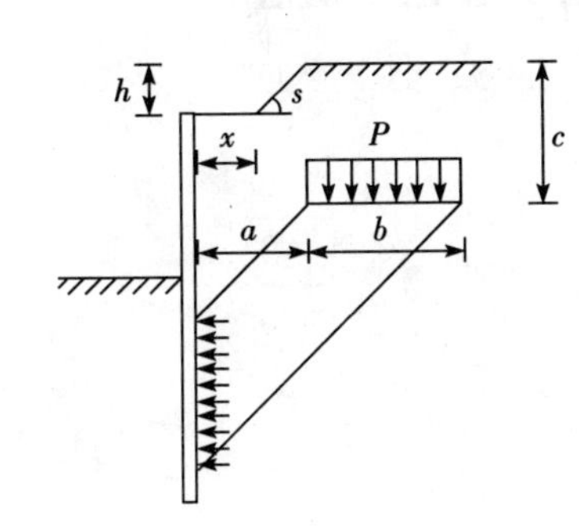

h	2
x	2
s	63

编号	*P*（kPa 或 kN/m）	*a*（m）	*b*（m）	*c*
1	15	5	10	0

图 11　附加荷载图

4.3.5　工况（表 7）

工　况　表　　　　表 7

工况编号	工况类型	深度（m）	支撑刚度（MN/m^2）	支撑编号	预加轴力（kN/m）
1	开挖	4.5			
2	加撑	4	16.08	1	
3	开挖	7.5			
4	加撑	7	28.52	2	
5	开挖	10.5			
6	加撑	10	12.14	3	
7	开挖	11.9			

工况简图如图 12：

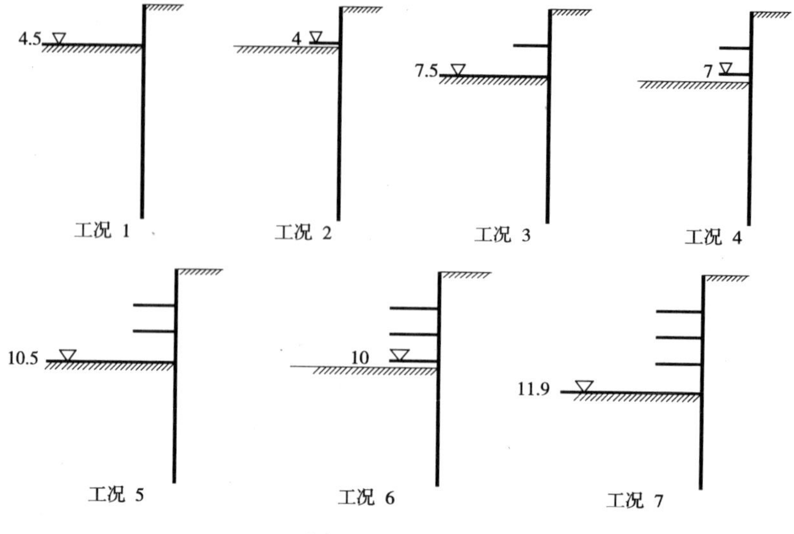

图 12　工况简图

4.3.6　计算结果（图 13～图 17）

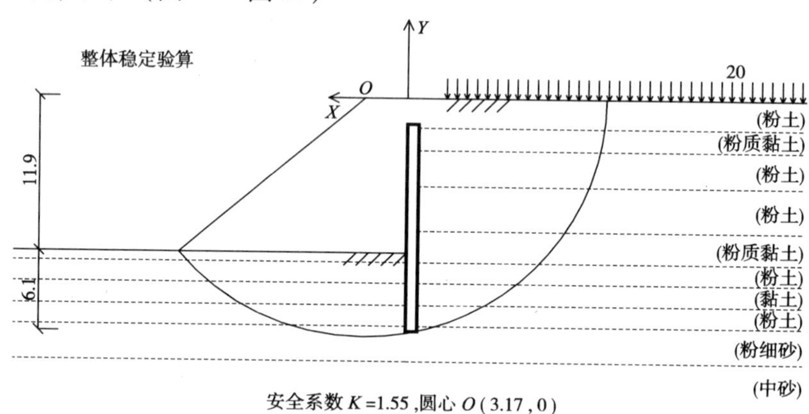

图 13　整体稳定性验算图

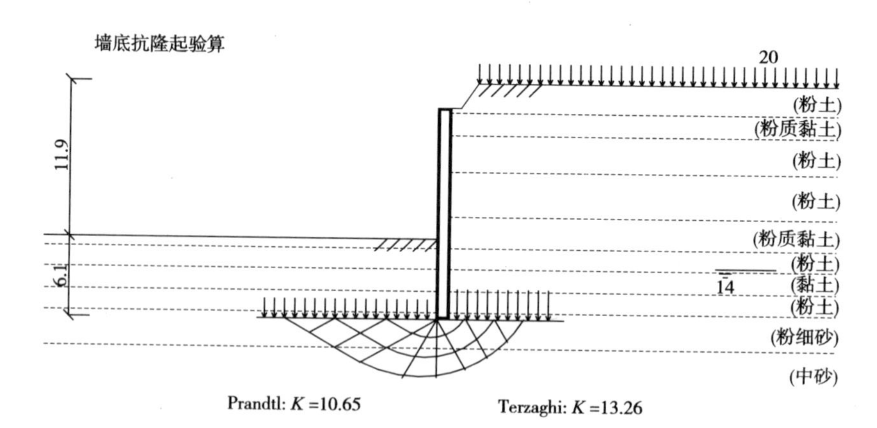

图 14　抗隆起验算图

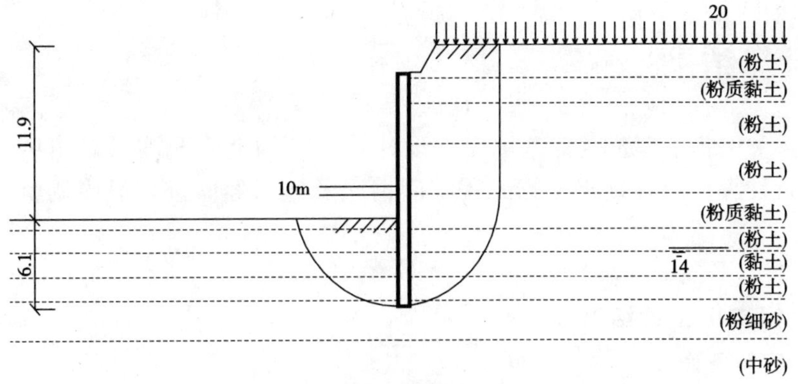

图 15　抗隆起验算图

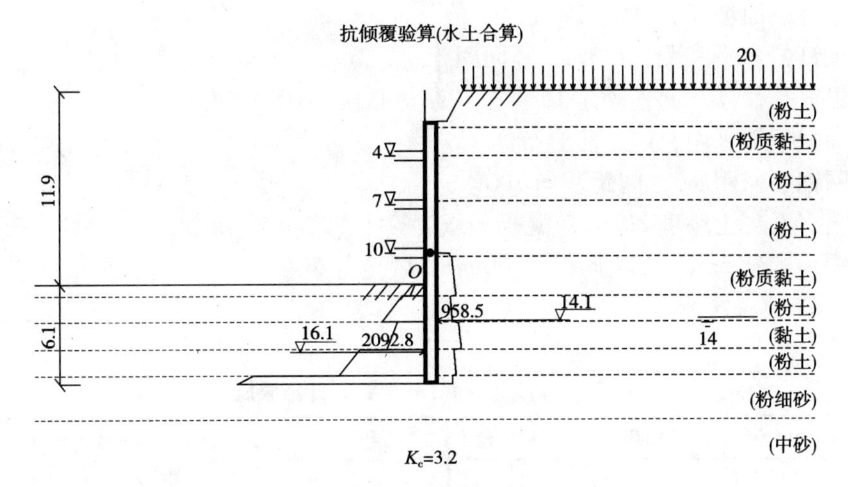

图 16　抗倾覆验算图

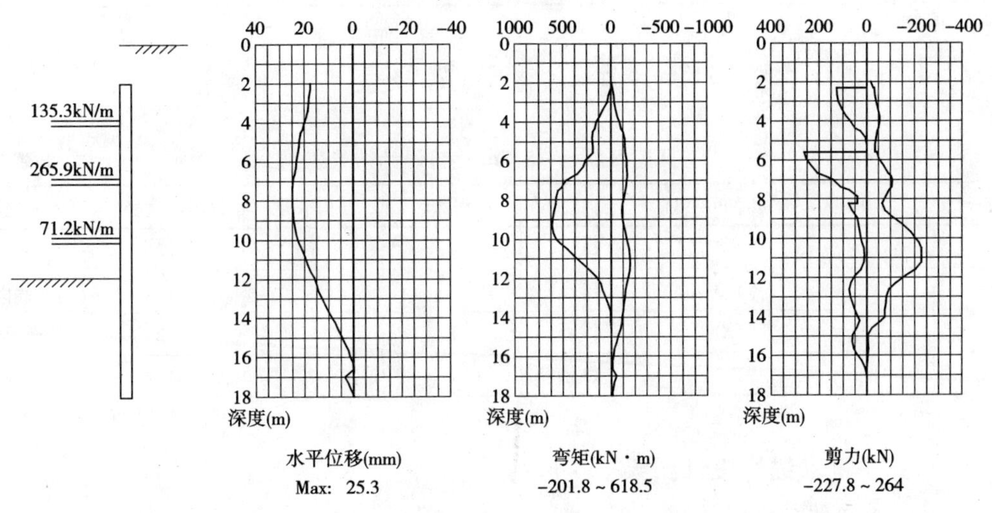

图 17　内力分布图

5　设计计算结果

设计计算采用北京理正《深基坑支护设计软件》和上海同济《启明星深基坑设计计算软件》进行计算，设计结果根据工程实际情况及施工经验进行适当调整，以满足施工需要。

5.1　土钉支护设计结果

5.1.1　已知条件

自然地面标高同结构 ±0.000，基坑底标高为 -5.5m，-4.1m。

5.1.2　土钉支护参数（用于开挖深度 -5.5，-4.1 的基坑）

（1）土钉墙面坡度：1∶0.2。

（2）土钉的水平间距：1.3m，竖向间距：1.3m。

（3）土钉孔径 0.12m，倾角 15 度，注浆体强度 M10。

（4）加强钢筋采用Φ12，菱形布焊。

（5）网钢筋采用 $\phi6$，间距双向 200。

（6）喷射混凝土厚度 80mm，混凝土强度等级 C20。

（7）护顶外延 2m，混凝土厚度 100mm，强度等级 C10。

5.1.3　开挖深度为 -4.1m 土钉设计结果（表 8）

开挖深度为 -4.1m 土钉设计结果表　　表 8

土钉号	竖向间距	水平间距	土钉直径	根数	土钉长度	锚固体直径	面板配筋
1	1.3	1.3	14	1	4	0.12	$\phi6$ 间距双向 200
2	1.3	1.3	18	1	6	0.12	
3	1.3	1.3	18	1	4	0.12	

5.1.4　开挖深度为 -5.5m 土钉设计结果（表 9）

开挖深度为 -5.5m 土钉设计结果表　　表 9

土钉号	竖向间距	水平间距	土钉直径	根数	土钉长度	锚固体直径	面板配筋
1	1.3	1.3	14	1	4	0.12	$\phi6$ 间距双向 200
2	1.3	1.3	18	1	6	0.12	
3	1.3	1.3	18	1	6	0.12	
4	1.3	1.3	18	1	4	0.12	

5.2　支护桩、锚杆设计结果

5.2.1　支护结构群锚问题

鉴于锚杆水平间距较密，为避免群锚效应，由加大桩距来增加锚杆间距在结构受力上不合理，因此同层锚杆相邻杆体入射角分别采用15°、25°的方法可使杆体间距加大达到规范要求。

5.2.2 钢筋混凝土灌注桩设计结果（表10）

支护桩设计结果表 表10

序号	支护桩							备注
	桩径 mm	桩顶标高	桩长 m	桩底锚固长度	桩距 m	纵筋箍筋加劲筋/加密筋	混凝土强度等级	
1	800	-2.0	18.5	8.6	1.2	12 ⌀22 ϕ6@100 ⌀16@2000	C30	
2	800	-2.0	23	11.7	1.2	14 ⌀22 ϕ6@100 ⌀16@2000	C35	

5.2.3 依据设计计算结果，确定锚杆设计结果（表11）

锚杆设计结果表 表11

部 位	剖面一	剖面二	剖面三
第一排锚杆设置标高（m）	-4	-4	-4
锚杆长度（m）	21	15	20
设计拉力（kN）/预应力（kN）	123/70	127/75	127/75
拉杆钢筋	1 ⌀25	1 ⌀25	1 ⌀25
第二排锚杆设置标高（m）	-7	-7	-7
锚杆长度（m）	22	15	24
设计拉力（kN）/预应力（kN）	307/170	127/75	393/220
拉杆钢筋	3 ⌀22	1 ⌀25	3 ⌀25
第三排锚杆设置标高（m）	-10	-10	-10
锚杆长度（m）	17.0	15	21
设计拉力（kN）/预应力（kN）	117/60	127/75	316/160
拉杆钢筋	1 ⌀25	1 ⌀25	3 ⌀22

6 设计构造要求

6.1 土钉支护构造要求

（1）土钉杆采用Ⅱ级螺纹钢筋⌀14、⌀18。

（2）加强钢筋采用ϕ12，菱形布焊。

（3）网钢筋采用 $\phi 6$，间距双向 200。

（4）喷射混凝土厚度 80mm，混凝土强度等级 C20。

（5）护顶外延 1m，混凝土厚度 100mm，强度等级 C10。

6.2 桩锚支护构造要求

（1）混凝土钢筋笼与桩顶环梁锚固 500mm。

（2）基坑开挖后，排桩的桩间土防护采用钢板网混凝土护面，钢板网采用 500mm 长 ⌀12的短钢筋钉锚，C15 细石混凝土抹面 40 厚。

（3）锚杆腰梁连接点要求按刚性节点施工。

7 支护结构施工技术

7.1 测量定位

测量定位采用 wildTC－500 型全站仪，测角精度 5″，测距精度 5mm＋5ppm。利用指定的轴线交点作控制点，结合本工程的矩形控制网确定支护桩的具体位置，采用极坐标与直角坐标相结合的方法进行放线。扇形部分测设圆中点、直圆点和圆直点，然后进行控制。桩位方向距离误差小于 5mm。在测量定位过程中，特别注意以下事项：（1）图纸坐标与图纸轴线尺寸是否符合；（2）图纸绘出的各桩位之间的相对关系是否满足，要实地进行校核；（3）要注意圆弧部分各轴线距离取位误差的积累等。利用 S3 型水准仪来测定护筒标高其误差不大于 10mm。为保证高程测量的精确，现场设置 7 处标桩。标桩的具体做法如图 18 所示。

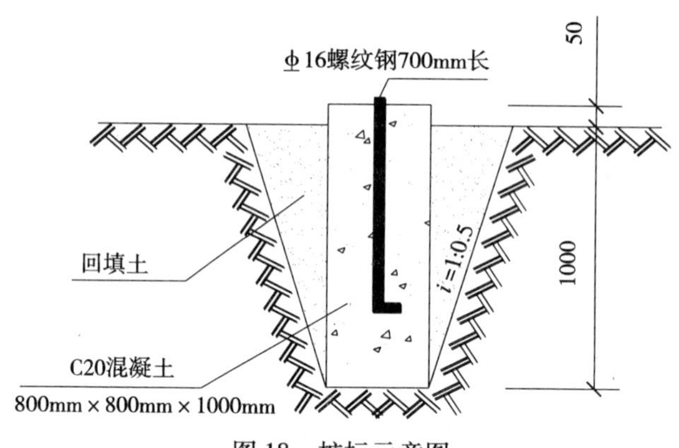

图 18 桩标示意图

为确保标桩不被破坏，现场采取适当的措施保护标桩，在标桩四周砌高 370mm、宽 240mm 的砖墙（MU10 机砖，M5 水泥砂浆砌筑），上盖 C20、60mm 厚的混凝土预制板，砖墙外轮廓尺寸为 1200mm×1200mm。

7.2 钻机就位

钻机进场后，检查丈量每台钻机所配备钻具数量、长度、钻头直径，导管的数量、长度，并记录备案，作为确定孔深、孔径的主要依据。

为方便快捷地将钻机就位，本工程用吊车将钻机就位，再利用钻机的滑管微调，精确对中，钻机就位要求平整、稳定，天车、转盘中心、桩位中心在一条垂直线上，偏差不超过10mm。钻机就位后，开孔前，测量机高和护筒标高，并计算出机上余尺。

机高 = 护筒顶至转盘顶的高度。

设计孔深 = 护筒顶标高 - 设计桩底标高。

机上余尺 = 钻具总长 - 设计孔深 - 机高。

7.3 成孔

7.3.1 钻进参数

根据桩孔施工地层特点及以往施工经验，确定钻进技术参数为：压力10～30kN；转速30～60r/min，泵量1500～1800L/min。正常钻进时，应合理调整和掌握钻进参数，不得随意提动孔内钻具；操作时应掌握升降机钢丝绳的松劲度，以减少钻杆、水龙头晃动。在钻进过程中，应根据不同地质条件，随时检查并调整泥浆指标。桩孔上部的孔段，在钻进时要轻压慢转，尽量减小桩孔超径。在易缩径的黏土层中，宜采用中等转速、大泵量、稀泥浆的钻进方法。并应适当增加扫孔次数，防止缩径。砂层中则用中等压力、慢转速、稠泥浆，并适当增加泵量。

7.3.2 桩孔质量检测

桩孔质量参数包括：孔径、孔深、钻孔垂直度和沉渣厚度，自测100%。孔深：钻孔前先用水准仪确定护筒标高，并以此作为基点，按设计要求的孔底标高确定设计孔深，以钻具长度确定实际孔深，孔深偏差保证在+30cm以内，不允许出现负值。沉渣厚度：以第二次清孔后测定量为准，用重锤测绳测量。测绳在使用前必须经过标定，合格后方可使用，允许偏差±120mm（5kg拉力）。孔径：用探孔器测量，若出现缩径现象应进行扫孔，符合要求后方可进行下道工序。探孔器长度直径段不得小于4m，直径 = 桩径 - 50mm。探孔器下落应缓慢，以确保查出缺陷的部位。

7.4 混凝土的浇筑

根据基坑支护设计方案，深基坑支护桩采用强度等级为C30的混凝土，采用现场搅拌混凝土，混凝土搅拌运输车运输。

7.4.1 原材料及配合比

（1）水泥应符合规范要求，采用32.5级水泥并经过复试，严禁使用快硬性水泥，水泥必须有出厂合格证，如果水泥出厂日期超过三个月对水泥质量有怀疑时应视不同情况进行复验，复验合格方可使用。不同品种、强度等级、生产厂家的水泥严禁使用在同一根桩中。

（2）石子的质量应符合规范要求，现场组织验收。每400m^3为一验收批，经现场监理工程师见证取样后，送试验室进行复试，合格后方可用于工程中。碎石的粒径采用5～25mm级。石料堆场应干净，严禁混入泥土杂质。要求碎石中的含泥量（粒径小于0.08mm颗粒的含量）≤2%，泥块含量（骨料中粒径大于5mm，经水洗、手捏后变成小于2.5mm的颗粒的含量）≤0.7%。

（3）砂的质量应符合规范要求，选用级配合理、质地坚硬、颗粒洁净的中砂，砂的模数控制在2.3～3.0之间，在储运堆放过程中防止混入杂物。含泥量（粒径小于0.08mm的尘屑、淤泥和黏土的总含量）≤5%，泥块含量（骨料中粒径大于1.25mm，经水洗、手捏后变成小于0.63mm的颗粒的含量）≤2%。每400m³为一验收批，按要求进行复试，合格后方可用于工程中。

（4）矿物质混合料：本工程所用矿物质混合料为粉煤灰，粉煤灰应有出厂合格证，并按有关规定对粉煤灰进行批量检验，其烧失量、细度等应符合规范规定。

（5）外加剂应符合规范要求并有质保书，必要时进行性能检验，确认合格后，方可使用。

（6）配合比由相应资质的试验室提供，应将配合比换成每盘的配合比下达执行，应严格按配合比称量，不得随意变更。

当进行配合比设计时，混凝土的坍落度、最大水灰比和最小水泥用量应符合《普通混凝土配合比设计规程》（JGJ 55—2000）中的有关规定。

混凝土拌合料应具有良好的和易性和适宜的坍落度。和易性是混凝土的流动性、黏聚性、保水性等各项性能的综合反映，灌注桩采用导管法水下灌注混凝土，和易性、坍落度不合适情况严重时将会发生断桩，严重影响工程质量，因此和易性、坍落度显得尤为重要。影响混凝土和易性的因素很多，主要是水泥的性质，骨料的粒形和表面性质，水泥浆与骨料的相对含量，外加剂的性能和产量，以及施工环境（温度、湿度）、工艺条件（搅拌程度、静定过程、运输方法、浇筑时间）等等。

7.4.2 混凝土搅拌

施工现场设混凝土搅拌站，由搅拌机、砂石堆场和水泥罐组成。

应定期频繁检测搅拌站所用计量设备的准确性，以防由于计量不准而影响混凝土的质量，导致质量事故。

混凝土搅拌时应严格按配合比称量水泥、砂、石、外加剂。混凝土原材料投量允许偏差：水泥、外加混合料为±2%；砂石±3%；水、外加剂为±2%。原材料投料时应依次加入石、砂、水泥和外加剂，混凝土搅拌时间不小于50s。混凝土搅拌过程中及时测试坍落度和制作试块，拌好的混凝土应及时浇筑，发现离析现象应重新搅拌，混凝土坍落度控制在18～22cm之间。

7.4.3 混凝土浇筑

（1）浇筑采用导管法水下灌注，导管下至距孔底0.3～0.5m处，使用规格为300mm的导管。导管使用前需经过通球和压水试验，导管必须经过郑州市锅炉压力容器检验所的技术检验，试验压力为0.6～1.0MPa，确保无漏水、渗水时方能使用，导管接头连接处须加密封圈。

（2）灌注混凝土采用拔球法施工工艺，其球径为小于导管内径20～30mm。为确保混凝土顺利排出，拔球后不准再将导管下放孔底。

（3）初灌量要保证导管埋在混凝土中0.8m以上。根据连通器原理，本工程混凝土初浇量不得小于1.1m³。

（4）浇筑混凝土过程中提升导管时，由各机配备的质检员测量混凝土的液面高度并做好记录，严禁将导管提离混凝土面，导管埋管深度严格控制在2～8m。

（5）水下混凝土浇筑必须连续进行，对浇筑过程中的一切故障均应记录备案。

8 工程质量标准及质量保证措施

8.1 施工规范的要求

8.1.1 工程质量标准

（1）原材料和混凝土强度保证符合设计要求和施工规范的规定。

（2）成孔深度符合设计要求，孔底沉渣厚度小于200mm。

（3）实际浇筑混凝土量不少于计算体积，即充盈系数大于1.0。

（4）浇筑后的桩顶标高及浮浆的处理符合设计要求和施工规范的规定。

8.1.2 允许偏差项目

（1）成桩后桩位中心位置偏差：小于$D/6$，且不大于100mm。

（2）钢筋笼制作：加工之前对钢筋进行除锈、除泥工作，以确保钢筋笼与混凝土之间的握裹力。钢筋笼总长度±100mm；吊筋长度±50mm。在钢筋笼每隔3m上设置1组保护层垫块，每组由3块保护块组成，从而保证钢筋笼保护层的厚度偏差控制在±10mm以内。钢筋笼应垂直缓慢放入孔内，防止硬撞孔壁。钢筋笼放入孔内后，要采取措施，固定好位置。对在运输、堆放及吊装过程中已经发生变形的钢筋笼，应进行修理后再使用。

（3）桩垂直度偏差小于1%，每钻5m左右，应调整桩机的水平度和垂直度。

（4）混凝土施工：混凝土强度等级满足设计要求；混凝土坍落度16～22cm；

主筋保护层厚度50mm；所使用的材料必须具有质量保证书及检验合格报告。成桩混凝土质量连续完整，无断桩、缩径、夹泥现象，浇筑混凝土密实度好，桩头混凝土无疏松现象。

8.2 保证质量措施

管理措施：局工程技术部直接对各项目的工程质量进行监督与控制，直接掌握工程质量动态，指导全面质量管理工作，开展严格岗位责任制，对各工序、工种实行检查监督管理，行使质量否决权。对主要工序设置管理点，严格按工序质量控制体系和工序控制点要求进行运转；实行三级质量验收制度：每道工序班组100%自检，质量员100%检验；工地技术负责人30%抽查；认真填写施工日记。

技术措施：桩基轴线及桩位放样，定位后要进行复测，定位精度误差不超过5mm。埋设护筒时由测量人员到场，用经纬仪纠正中心后方能固定护筒，保证护筒的垂直度。钻机定位、安装必须水平，现场配备水平尺，当钻进孔深达到5m左右时，用水平尺再次校核机架水平度，不合要求时随时纠正。在第一次清孔时，钻机稍提离孔底进行往返数次扫孔，把泥块打碎，检测孔底沉渣小于200m方能提钻。为保证箍筋的间距，加劲箍与主筋焊好后，在对称的两根主筋上按设计要求分别划刻度线，然后在刻度线处点焊箍筋，最后再点焊其他主筋处的箍筋。严格控制水灰比；根据现场砂石料的含水情况调整加水量；每车做1次坍落度检验，并做好记录。混凝土浇筑严禁中途中断，提升导管要保证导管埋入混凝土中2～6m。根据地层特点及时调整泥浆性能，防止钻孔缩径和坍塌，进入砂层时泥浆相对密度必须控制在1.2～1.3之间，黏度20～25s，确保孔壁稳定。

9 混凝土灌注桩质量检验标准及检查方法

9.1 钢筋笼质量检验标准（见表12）

钢筋笼质量检验标准 **表12**

项　目	序　号	检查项目	允许偏差	检验方法
主控项目	1	主筋间距	±10	用钢尺量
	2	长　度	±100	用钢尺量
一般项目	1	钢筋材质检验	设计要求	抽样送检
	2	箍筋间距	±20	用钢尺量
	3	直　径	±10	用钢尺量

9.2 混凝土灌注桩质量检验标准（见表13）

混凝土灌注桩质量检验标准 **表13**

项目	序号	检查项目	允许偏差		检查方法	检查时间及频数
			单位	数值		
主控项目	1	桩　位	$D/6$，≤100		基坑开挖前量护筒，开挖后量桩中心，施工中，检查桩机平台水平，钻杆垂直度，钻头中心对中	钻机就位前复核护筒位置；开钻前复核钻机水平及垂直度
	2	孔　深	mm	+300	只深不浅，用重锤测绳测，或测钻杆	终孔后测量，每工作班统计进尺
	3	桩体质量检验	大、小应变或钻芯取样		按基桩检测技术规范	委托检验
	4	混凝土强度	设计要求		试验报告或钻芯取样送检	委托试验检验
	5	承载力	按基桩检测技术规范		按基桩检测技术规范	委托检验
一般项目	1	垂直度	<1%		测钻杆，水平尺	每4h一次
	2	桩径	mm	±50	井径仪，负值为个别情况	终孔后
	3	泥浆相对密度	1.15～1.20		用比重计，清孔后在距孔底500处取样	灌注混凝土前
	4	泥浆面标高	m	0.5～1.0	目测，高于地下水位	每4h
	5	沉渣厚度	mm	≤50	用沉渣仪或重锤测。应是二次清孔后的结果	灌注混凝土前
	6	水下灌注混凝土坍落度	mm	160～220	坍落度仪	灌注过程中每桩不少于一次
	7	钢筋笼安装深度	mm	±100	用钢尺	安装后，灌注混凝土过程中
	8	混凝土充盈系数	>1		检查每根桩的实际灌注量	灌注完成后
	9	桩顶标高	mm	+30 −50	水准仪，需扣除桩顶浮浆及劣质桩体	灌注时和破除桩顶浮浆后

10 锚杆施工技术措施

10.1 工艺流程

本工程锚杆设计为预应力锚杆，其施工流程如下：

放线定孔位→锚杆钻机就位→钻进成孔→安放锚杆及止浆塞→注浆→养护→安装腰梁、台座→安装锚头张拉锁定。

10.2 锚杆孔定位

开挖后的基坑壁经过修正，按设计要求的标高和水平间距，用水准仪和钢尺定出孔位，做好标记。

10.3 成孔

用锚杆钻机进行成孔作业，成孔深度不小于设计孔深，偏斜尺寸不大于锚杆长度的3%。

10.4 杆体制作

杆体采用HRB335级钢筋制作，杆体接长采用直螺纹套筒连接，杆体钢筋多于1根时，锚固端采用单根等强钢筋制作，其连接采用搭接焊接方式，搭接长度$10d$，焊缝要求满焊。杆体自由段采用塑料管包裹与浆体隔离。

10.5 安放锚杆

杆体安放前，用$\phi6.5$钢筋焊接导向架，经监理隐蔽验收合格后方可安放，安放杆体时应避免杆体扭曲变形，杆体放入角度要与钻孔角度一致。

10.6 灌浆

灌浆采取二次灌浆工艺，一次灌浆灌注水泥砂浆，二次灌浆灌注水泥净浆，一次灌浆压力为0.3~0.5MPa，二次灌浆压力为2.5~5MPa，二次灌浆停止后，恒压稳定2min后拆管。

10.7 腰梁制作

腰梁采用型钢制作，腰梁要求通长设置，在转角处不得断开，保证其受力的连续性。型钢的连接用钢板焊接，焊缝高度不小于8mm，焊缝均满焊。承压板应安装平整牢固，承压板板面应与锚杆受力轴线垂直，承压板底部用混凝土填充密实，满足局部承压的要求。

10.8 预应力张拉

锚固段强度大于15MPa并达到设计强度等级的75%后方可进行张拉；锚杆张拉顺序应考虑对邻近锚杆的影响；锚杆应张拉至设计荷载的0.9~1.0倍后，再按设计拉力的0.5倍要求锁定；锚杆张拉控制应力应达到锚杆设计杆体强度标准值的0.75倍。

大体积防裂抗渗结构混凝土施工技术

李忠卫　陈建设　聂宇文　李培卫　郭慧星
（中国建筑第八工程局）

摘　要：许多建筑工程在建设及使用过程中，混凝土结构工程出现不同程度、不同形式的裂缝，是相当普遍的现象，也是长期困扰着建筑工程技术人员的技术难题。

关键词：大体积混凝土　防裂　抗渗　施工

1　对建筑结构工程混凝土裂缝应当采取科学的态度对待

通常结构的破坏和倒塌都是从裂缝的扩展开始的，裂缝的扩展是结构物破坏的初始阶段，相对的某些裂缝，其承载力也可能受到一定威胁，结构物裂缝可以引起渗漏，引起持久强度的降低。主要表现在：裂缝引起保护层剥落、钢筋腐蚀、混凝土碳化等。所以习惯上我们不允许结构出现裂缝，也害怕出现裂缝。

但，混凝土裂缝是不可避免的，混凝土裂缝是一种人们可以接受的材料特征，如对建筑物抗裂要求过严，必将付出巨大的经济代价。科学的要求是将其有害程度控制在允许的范围内。

混凝土最大裂缝宽度控制标准如下：

（1）无侵蚀介质，无防渗要求的混凝土裂缝控制宽度为：0.3～0.4mm。

（2）轻微侵蚀介质，无防渗要求的混凝土裂缝控制宽度为：0.2～0.3mm。

（3）严重侵蚀介质，有防渗要求的混凝土裂缝控制宽度为0.1～0.2mm。

2　对混凝土裂缝的认识

2.1　混凝土裂缝分微观裂缝与宏观裂缝

微观裂缝与宏观裂缝的区分是大于0.05mm的裂缝称为“宏观裂缝”，因混凝土是由水泥、骨料、水分、气体四部分组成的非均质材料，所以微观裂缝是客观、大量存在的。

2.2　产生裂缝的原因

由于混凝土自身的材料特征决定了混凝土裂缝的存在。

（1）由于其存在大量微观裂缝，在荷载作用下，微观裂缝扩展变为宏观裂缝。

（2）其抗拉强度低和抗拉极限拉伸不足。

2.3　引起裂缝的应力

（1）外荷载产生的直接应力。

（2）由于外荷载作用，结构次应力引起的裂缝。

（3）由变形变化引起的裂缝。

前两类应力引出的裂缝是应由设计院克服的，第3种裂缝是应由施工单位依据施工规范之要求克服的。

施工单位主要控制第3种由于温度、收缩、膨胀、不均匀沉降等因素引起混凝土内应力产生的裂缝。

3 混凝土施工裂缝产生的因素分析

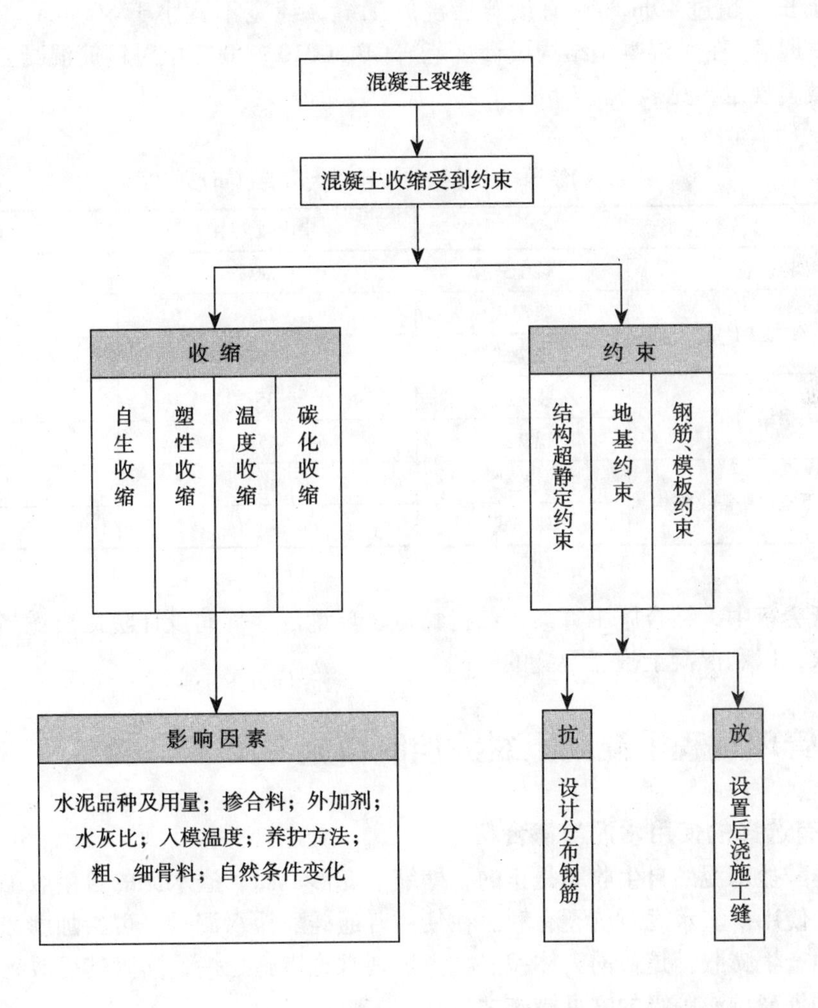

4 混凝土施工裂缝的控制措施

施工中与设计配合方面的混凝土裂缝控制措施：（解决极限拉伸低的问题）

（1）钢筋：混凝土材料是非均质的，承受拉力作用时，截面中各质点受力不均匀，有大量的应力集中点，这些点其应力首先达到抗拉强度极限，出现变形开裂，结构构件进行配筋，可均匀应力及分担混凝土的内应力，提高混凝土的极限拉伸，配筋主要指纵向即水平分布筋，要求做到“细”、“密”，由于设计院主要是对竖向配筋进行计算及研究，而对纵向筋的研究较少，图纸会审时，可以提出钢筋构造的一些要求。

（2）留置后浇施工缝：后浇缝是为了取消结构中永久变形缝（温度、沉降），此缝释放了在工程建设过程中不同高度区（主体、裙房）的由沉降差带来的结构内应力，又减小了大体积混凝土的收缩单元，削减了大底板、长墙内施工中混凝土温度收缩应力，它既是设计手段，也可是施工措施，其优点在于对结构抗震、防水、节约成本、建筑美观有利。因此，后浇缝是解决裂缝的有效手段，《高层建筑箱形与筏形基础技术规范》JGJ 6—99 中规定“基础长度超过 40m 时，宜设置后浇施工缝，缝宽不宜小于 800mm，在施工缝处，钢筋必须贯通。”在《混凝土结构设计规范》GB 50010—2002 中对钢筋混凝土结构伸缩缝最大间距做了规定，见表 1。

钢筋混凝土结构伸缩缝最大间距（m） **表 1**

结构类型		室内或土中	露天
排 架 结 构	装配式	100	70
框 架 结 构	装配式	75	50
	现浇式	55	35
剪力墙结构	装配式	65	40
	现浇式	45	30
挡土墙、地下室墙壁等类结构	装配式	40	30
	现浇式	30	20

在图纸会审中，结合施工方案、结构特点、环境因素等向设计院提出适当增设后浇施工缝的要求，以利混凝土施工裂缝的控制。

5 施工管理过程中混凝土裂缝控制措施

5.1 有选择的使用水泥与掺合料

普通硅酸盐水泥的自生收缩是正的，即缩小变形，而矿渣水泥的自生收缩是负的，即膨胀变形，使用矿渣水泥对抗裂有利。在使用普通硅酸盐水泥时，可掺加膨胀剂，在水泥水化过程中产生膨胀，是目前大体积混凝土抗裂常见措施之一，同时其可改善混凝土的密实性，也是提高抗渗等级的常见措施之一。

掺合料——粉煤灰，自身收缩是负的，即是膨胀变形，对混凝土抗裂有益，粉煤灰的研究和使用技术已经非常成熟，在大体积混凝土和高强混凝土中都有掺加，并且使用非常广泛。

（1）粉煤灰改善了混凝土的和易性，可减少混凝土施工过程中出现的泌水，即减小混凝土的塑性收缩。

（2）粉煤灰代替部分水泥，一般掺量为 10% ~25%，部分特殊混凝土掺量可达 50%

以上，代替部分水泥就减少水泥水化热，降低了混凝土的绝热温升。

(3) 粉煤灰具有较好的抗浸蚀性和提高抗压强度。

但值得注意的是：一定要选择使用合乎规范要求的Ⅱ级以上的粉煤灰。

5.2 使用减水剂和缓凝剂

单加缓凝剂一般作用不太好，会使收缩裂缝加重，有时会诱发收缩裂缝，但是其优点是：在大体积混凝土施工过程中，其可延长水化热峰值出现，并可满足浇筑工艺要求，不留施工冷缝，掺加缓凝剂时，要求严格控制掺量，以满足施工要求为宜。减水剂对水泥有较好的分散作用，改善了混凝土的和易性和流动性，利于泵送，减水剂直接的减水效果，可减小水灰比，提高混凝土抗压强度和抗渗等级，减少泌水率，抗裂效果明显。

5.3 严格要求粗、细骨料

粗、细骨料的选择要依据工程设计混凝土强度等级、配筋疏密程度、施工浇筑方法等特点，结合抗渗混凝土和大体积混凝土的相关要求进行，施工过程中应严格检验其级配、含泥量、针片状含量、压碎等指标。

5.4 控制水泥用量

有效的控制水泥用量，不仅可以有效降低水泥水化热，还可大量节约施工成本。水泥对混凝土的裂缝影响主要是通过水泥水化产生热量，使混凝土温度升高，体积膨胀，降温时产生收缩应力，促使混凝土产生裂缝，此因素不可避免，故要在规范允许及满足强度等级的情况下，水泥用量尽量减少。

5.5 振捣和二次振捣

振捣在施工中最易出现问题，为了使混凝土达到规范要求的密实程度，施工中必须加强对操作工人的技术交底和监督检查工作。二次振捣是解决混凝土在施工过程中沉缩裂缝的最好方法和必由之路，二次振捣在施工过程中往往被管理者忽视，今后要加强这方面的监督工作。通常二次振捣间歇时间为1~1.5h，在加有缓凝剂的混凝土中可适当延长，控制在1.5~2.5h范围内。

5.6 二次抹面

二次抹面是减少混凝土表面失水收缩裂缝的有效手段，可消除混凝土表面观感缺陷。

5.7 加强混凝土的养护

混凝土养护的目的是为了使混凝土保持或尽可能接近饱和状态，使水化作用达到其最大速度，得到更高强度的混凝土，不同的养护和维护可使混凝土抗裂能力成倍的变化。维持混凝土良好的供湿状态是非常必要的，如混凝土湿状态低于相对湿度的80%，水化几乎完全停止，可导致强度降低、干缩并引起微裂缝扩展。

提高混凝土养护温度，可加速水化反应，获得早期较高强度，可减小大体积混凝土内外温差。但养护温度有负面影响，就是在降温阶段，混凝土处于收缩状态，拉应力出现，对于大体积混凝土和长墙要区别对待，大体积混凝土保温养护可采用贮水法，或湿草袋覆盖法，其降温过程缓慢，且结构抗力较大，又有防水层的润活作用，不会造成较大影响；对于长墙结构无需特殊保温，因其受到强度大的底板约束力，后期降温收缩对其裂缝影响明显。

养护温度与混凝土的温控相关，浇筑温度的控制可有效降低混凝土内部温度，由于受规范要求“混凝土内外温差不大于25℃”的制约，如果混凝土内部温度高，就相应要求混凝土养护保温性能好，即必须提高养护温度（表面温度），混凝土的最佳浇筑温度为5~7℃，规范规定浇筑温度不得超过28℃。施工现场可采取加冰等措施有效降低浇筑温度，以利控制混凝土裂缝的出现。

混凝土结构工程施工裂缝的控制，是广大施工一线技术管理人员值得专研和探讨的问题，随着施工技术和施工手段的不断完善和提高，需要我们做更深层次的研究，以满足工程的施工需要，不断提高工程质量。

清水混凝土施工与保护技术

董勤顺　郭慧星　李忠卫　聂宇文　王文元
（中国建筑第八工程局）

摘　要： 郑州国际会展中心工程，设计要求外立面的墙、柱、梁以及一区观景廊墙体等部位均为清水饰面混凝土，清水饰面混凝土面积达到50000m^2，是国内首例大面积清水饰面混凝土工程，由于清水饰面混凝土对施工工艺要求相当严格，对模板体系和混凝土拌合物的性能要求非常高，目前大面积施工国内还没有先例，也缺少同类工程的施工经验，进行清水饰面混凝土施工工艺及其本身性能的研究开发，确保设计意图的实现非常重要，而且对提高国内混凝土结构的施工水平，推广应用清水饰面混凝土有着重要意义。

关键词： 清水混凝土　配合比　模板　保护

1　工程概况

建筑概况：郑州国际会展中心（展览中心部分）平面上分为四个区，一区为观景走廊，二区为展览厅，三区为设备用房和管道井，四区为运输和消防高架通道。

一区地下两层，地上六层，设有地下设备用房、地下停车场、观景走廊、贵宾休息室、商店等，装饰豪华，建筑新颖。

二区两层，建筑面积约7万m^2，东西跨度102m，南北长340m。层高16m，设有国际标准展位3560个。

三区六层，高度28m，设有设备用房、管道井、公用设施人员休息、办公室等。

本工程东立面（室外）现浇清水混凝土饰面、西立面采用白色中空玻璃幕墙，南北立面采用挂板式清水混凝土饰面。

2　清水饰面混凝土的质量标准的确定

（1）颜色：清水饰面混凝土颜色基本一致，保持混凝土原色调。

（2）气泡：清水饰面混凝土必须控制表面混凝土的气泡数量和大小，要求保持气泡的均匀、细小，表面气泡直径不大于3mm，深度不大于2mm。

（3）裂缝：清水饰面混凝土表面无明显裂缝，不得出现宽度大于0.2mm或长度大于50mm的裂缝。

（4）光洁度：清水饰面混凝土成型后，应平整光滑，色泽均匀，无油迹，锈斑、粉化物、无流淌和冲刷痕迹。

（5）平整度：表面垂直度、平整度达到高级抹灰质量验收标准，平整度允许偏差不大于2mm。

（6）观感缺陷：无漏浆、跑模和胀模，无烂根、错台，无冷缝、夹杂物，无蜂窝、麻面和孔洞，无露筋，无剔凿、磨、抹或涂刷修补处理痕迹。

（7）明缝、禅缝线条顺直，均匀布置，无错台，整体建筑禅缝交圈。

（8）穿墙螺栓孔眼排列整齐，孔洞封堵密实平整，颜色基本同墙面一致，建筑物形成完整的装饰效果。

（9）混凝土密实整洁，面层平整，预留孔洞尺寸准确、方正。

（10）几何尺寸准确、阴阳角的棱角整齐、角度方正；外檐阴阳角大角垂直整齐，腰线平顺；门窗边线顺直，不偏斜；边角线顺直，无明显凹凸错位；滴水槽（檐）顺直整齐。

3　清水饰面混凝土饰面效果的深化设计

清水饰面混凝土的饰面效果是一种组合展现力，除了展现混凝土的自然质感外，还要依托混凝土表面的明缝、禅缝和对拉螺栓孔眼来表现混凝土的独特魅力。因此混凝土的饰面效果要结合结构的特征、施工工艺、质量缺陷的防治、建筑师的意图等，对模板进行深化设计，本工程在模板的深化设计中通过对模板的选择、对拉螺栓的设计、明缝、禅缝的设计以及墙面图案一次成形，门窗框、安装预留洞口的细部处理都进行了深化，达到拆模后一次成形。

3.1　明缝设计

明缝是清水饰面混凝土表面装饰混凝土进行分块的装饰线条，这就要求明缝有一定的宽度和深度，但不能严重削弱保护层的厚度，深度控制在15mm以内，宽度也不宜过宽，控制在20～30mm之间。水平明缝的设置体现了建筑师的设计思想，同时考虑了楼层施工缝的施工要求，与楼层施工缝吻合；竖向明缝的设置是根据建筑设计意图、构件形式、组成大模板的面板基本尺寸确定，一般在构件中部开始向两侧对称布置。

本工程考虑到明缝处钢筋保护层厚度，最终将外立面明缝深度确定为15mm，宽度为25mm。水平明缝沿建筑物高度每2m设置一道，本工程楼层层高为1～4层4m，5～6层6m，水平明缝兼顾了结构施工缝。竖向明缝以每一结构单元中线为准，以4.8m宽度为基本分割向两侧排布，充分考虑了模板面板1.2m的基本模数。

3.2　禅缝设计

禅缝是清水饰面混凝土饰面表面经精心设计的有规律的装饰线条，其利用模板拼接形成，模板拼接缝隙线宽不大于1.5mm。清水饰面混凝土禅缝设计根据建筑物的结构形式、模板的规格、施工安排、饰面效果综合进行考虑，既要保证整栋建筑的禅缝水平交圈，竖向垂直成线，又要沿建筑水平和竖向均匀排布。另外禅缝要根据构件形式进行设计，排布有规律性而且又要能使模板尽可能多的周转使用。

3.3　对拉螺栓选择与设计

对拉螺栓不仅是模板体系的重要受力构件，其成型后的孔眼还是清水饰面混凝土表面的重要装饰，在清水饰面混凝土中有着重要作用。对拉螺栓除满足模板受力要求外，还要满足排布的要求，排布位置和直径大小要满足设计要求。

本工程对拉螺栓孔外露直径为35mm，沿建筑物高度和水平方向均等间距均匀排列，上下对齐。对拉螺栓的直径根据受力情况进行计算后确定直径为 $\phi14$，保证了模板体系的刚度要求。经过试验研究，对拉螺栓选用了施工简便、质量比较容易控制的直通型对拉螺栓。直通型对拉螺栓施工操作方便，截面精度、螺栓受力均匀度好控制，采用空心杯口固定螺栓，既克服了对拉螺栓眼易出现的烂眼、失水的质量缺陷，又使对拉螺栓安装方便快捷，施工质量实现事前可控、易控。

3.4 装饰图案设计

清水饰面混凝土面上按照设计师意图，可设置一些几何图案，如圆形、花瓣形等，也可镶贴金属片作为点缀，使得自然的混凝土饰面装饰效果更加生动活泼。

本工程在混凝土饰面上增设了圆形凹饼，增加了建筑的生动性。

4 清水饰面混凝土配合比的确定

混凝土拌合物的性能是控制清水饰面混凝土质量的内因，其直接关系到混凝土成型后的观感效果。清水饰面混凝土区别于普通混凝土的主要是混凝土颜色、表面气泡的数量、光洁度、密实度等观感效果以及耐久性的控制，这需要通过原材料的优选和质量控制、配合比的优化以及生产过程的有效控制，进而改变混凝土拌合物的性能和混凝土水化后各种性能，以达到最佳的预期效果。清水饰面混凝土配合比设计应在满足对混凝土强度要求的前提下具有良好的施工性能、良好的耐久性和满足清水饰面混凝土的特殊观感要求。

4.1 原材料的选择

水泥：通过性能、生产供应能力比较，本工程选用七里岗水泥厂生产的PO42.5普通硅酸盐水泥，此水泥质量比较稳定、含碱量低、C3A含量少、强度富余系数大、活性好、标准稠度用水量小，水泥与外加剂之间的适应性良好。要求整个工程使用的材料色泽均匀，成形后的混凝土色彩满足设计师对颜色的要求，生产、储存和供应过程可实现同一熟料专线生产、专门供应、专线运输、专库储存，保证整个工程施工过程中，水泥质量不变。

粗骨料：通过性能比较，本工程粗骨料选用新乡碎石，其强度高，连续级配好，颜色均匀，大于5mm的纯泥含量小于0.5%，针片状颗粒含量不大于15%，骨料不带杂物，但含粉量大于1%，须在现场进行清水冲洗。

细骨料：通过性能比较，本工程细骨料选用鲁山中砂，细度模数在2.3～2.8之间，颜色一致，含泥量在3%以内，大于5mm的纯泥含量小于1%，有害物质按重量计≤1.0%。

掺合料：本工程根据清水饰面混凝土的性能要求，通过试验选用洛阳首阳山电力粉煤灰公司生产的磨细一级粉煤灰作为掺合料。

外加剂：通过比较外加剂性能，选用江苏建科院研制的JM－Ⅲ（C）＋JM－PCA（A）混合型外加剂，具有微膨胀、气泡均化、高效减水等性能，使混凝土保持了大坍落度、低水灰比、高流动度、缓凝时间长、不泌水、不离析、和易性好的特性，满足了混凝土施工要求。

4.2 混凝土配合比设计优化

混凝土的配合比设计应使混凝土在满足强度、耐久性以及清水饰面混凝土的观感要求的前提下具有良好的施工性能。本工程主要从和易性、扩展度、含气量、坍落度、坍落度损失、初凝时间、表观颜色、强度等方面进行反复的试验调整，确定混凝土的基本颜色，调整混凝土的配合比，最终确定混凝土的生产工艺参数及性能指标，确定混凝土施工控制指标和技术参数。

单位胶凝材料总量：胶凝材料总量控制在400～460kg/m^3范围内，胶凝材料总量过低，混凝土和易性差，可泵送性和密实性都不好，易产生离析和泌水，不利于混凝土外观均一性，胶凝材料总量太大，混凝土收缩变形大，容易产生收缩裂缝，在满足施工和易性、混凝土力学性能、耐久性能，以及混凝土外观质量的前提下，设计中应尽量降低胶凝材料用量。

单位用水量和水胶比：单位用水量和水胶比是决定混凝土力学性能和耐久性能最为关键的参数，水胶比过大，毛细孔增多，收缩加大，特别是混凝土抗冻融、抗碳化和抗Cl－渗透能力下降，严重影响混凝土使用耐久性，水胶比过小，混凝土黏度加大，不利于泵送和施工，同时还加大水泥基材料的自身收缩，影响JM－Ⅲ材料补偿功能的充分发挥。因此，在配合比设计中水胶比控制0.37～0.41范围内。

确定混凝土施工的技术参数：模拟现场施工过程进行试验，模拟现场操作，通过调整砂率和水胶比，分别成型试块6块（500mm×500mm×100mm）。试块采用振捣棒振捣，时间25s，振捣间距200mm，装料分两次和间隔30min装入。观察在不同坍落度和砂率发生±2%的变化时，对混凝土的性能影响程度，振捣是否泌水、离析，对表面光洁度及色差的影响。试验表明，模拟试验的混凝土工作性能良好，振捣不泌水，表面色泽均匀，无分层现象，混凝土施工技术参数满足清水饰面混凝土要求。

优化配合比：清水饰面混凝土的配合比初步确定后，在现场按照实际的施工方案在现场墙体上试验，通过试验墙对混凝土的配合比以及模板体系、施工工艺等进行确认，并根据试验墙的情况进一步优化，最终经业主、设计、监理确认的试验墙配合比作为清水饰面混凝土正式施工的配合比。

5 清水饰面混凝土模板设计

模板工程不仅是控制混凝土的几何尺寸的决定因素，也是控制混凝土表面观感的关键因素，模板工程主要通过模板的体系选择、细部设计、安装、拆除等几个环节来控制。

5.1 清水饰面混凝土对模板的技术要求

清水饰面混凝土的模板体系除具备普通混凝土模板的要求外，还必须满足以下技术要求。

板面平整（平整度≤1mm）、光滑、接缝严密，能保证不漏浆、不错台。

面板平整、光滑，覆膜不透水、不吸水，强度和柔韧性好，不易损坏，可周转使用。

模板体系能满足设计对明缝、禅缝和对拉螺杆孔位布置要求。

模板背楞受力体系具有足够的刚度，装拆灵活方便。

5.2 模板体系选择

本工程根据清水饰面混凝土模板的要求，结合钢模板体系和木模板体系优点，并经过试验后确定采用钢木组合模板体系，即主龙骨为双8号槽钢、次龙骨采用“几”字钢型材，面板采用芬兰进口维萨板。此种模板体系主要有以下特点：

维萨模板板材强度高、韧性好，表面覆膜强度高，耐磨、耐久性好，物理化学性能均匀稳定，板边接缝、对拉螺栓孔等应力较高的部位不会出现翘边、局部变形等弊病，加工性能好，混凝土成型表面效果非常理想。

次龙骨采用“几”字钢型材，重量轻，受力性能好，中间可以填塞木方，便于和面板连接安装，横向龙骨采用8号槽钢，边框采用方钢，能够满足模板体系的刚度要求。

连接件选用专用卡具，其受力可靠，拆装方便，能保证模板拼接质量，对于多块模板侧向连接非常方便。

采用钢木组合模板体系可以灵活的根据设计要求进行螺栓孔和明、禅缝的排布，更好体现设计师的意图。

钢木组合模板体系重量较轻、刚度大，便于周转使用，具有良好的经济效益。

5.3 模板细部节点设计

为了避免混凝土出现禅缝不交圈以及漏浆、跑模和胀模，烂根、错台等常见的混凝土的质量通病现象。结合模板体系自身的特点，在模板的支撑体系、明缝、禅缝、阴阳角等细部节点的处理进行了改进。

楼层施工缝：外墙模板的支设是利用下层已浇筑混凝土墙体的最上2排穿墙孔眼，通过螺栓连接槽钢支托来达到模板支撑的操作面，支上层墙体模板时，通过对拉螺栓连接，将模板与已浇混凝土墙体贴紧，利用固定于模板板面的装饰条，杜绝模板下边沿错台、漏浆。

明缝：本工程设有水平和竖向明缝，依据设计师要求，明缝深度定为15mm，宽度为25mm。考虑到混凝土水平施工缝的留置，楼层施工缝与水平明缝重合设置。明缝条选用了质量较好、便于安拆以及具有良好经济效果的塑料条。

禅缝：禅缝（即：模板拼接缝）的处理，直接关系到清水饰面混凝土禅缝的施工质量。模板拼缝不严密、模板平整度不够、相邻模板厚度不一致等问题，都会造成拼接缝处漏浆或错台，影响禅缝观感质量，为保证模板拼接缝的质量，在施工过程中采取了以下措施。

（1）加工、拼装组合大模板时，禅缝里加垫密封条或海绵条，在模板的切边部位刷2~3遍封边漆。

（2）模板拼接缝背面采取专用工具打胶，打胶后将密封条沿禅缝贴好，再用木条压实，用钉子钉牢，贴上胶带纸。

（3）模板加工时，模板面板突出边框1~2mm，模板安装时在竖向边框间加橡胶密封带，这样既能保护面板，又能保证竖向拼接缝质量。

（4）模板加工的截面尺寸、厚度、对角线等尺寸统一，并对相邻面高低差、板面之间缝隙、表面平整度等严格检查。

（5）进行模板预拼，为保证禅缝能够交圈，预拼后在模板背面弹两道中心控制线，模板安装时，要使模板控制线对齐。

（6）拧紧对拉螺栓和夹具时用力要均匀，保证相邻的对拉螺栓和夹具受力大小一致，避免模板产生不均匀变形。

面板与龙骨连接：清水混凝土模板，为避免钉眼痕迹，龙骨与面板采用木螺钉从背面连接，螺钉间距控制在150mm以内。

预埋件、预留洞的处理：清水饰面混凝土墙上的各种预埋件、预留洞必须一次到位，且必须保证位置、尺寸、留置质量符合要求，因此，在混凝土浇筑前必须对预埋件的数量、位置、固定情况进行仔细检查，确认无误后方可浇筑混凝土。

假眼处理：清水饰面混凝土的螺栓孔布置必须按设计效果图进行，但在纵横墙相交处、钢骨柱处、独立柱子同一截面等部位，对拉螺栓无法对穿，为了满足建筑设计要求，需要设置假眼，不同部位假眼设置方法应考虑工程的具体特点。

对拉螺栓“熊猫眼”的消除：在清水饰面混凝土施工试验阶段，对拉螺栓眼总是或多或少地因杯口与面板不能接触紧密失水而出现“熊猫眼”，对混凝土观感质量产生了巨大影响，为此，进行了公关，成功地解决了这一难题。原杯口的紧固是靠对拉螺栓的紧固来完成的，由于对拉螺栓的拧紧，靠有经验的工人师傅完成，完全是经验性的，是否拧紧，无法判断与检查，经过研究，采用空心螺栓在支模前将杯口事先安装固定在模板上，并进行检查，实现了质量预控，达到了完全消除“熊猫眼”的目的，如图1、图2所示。

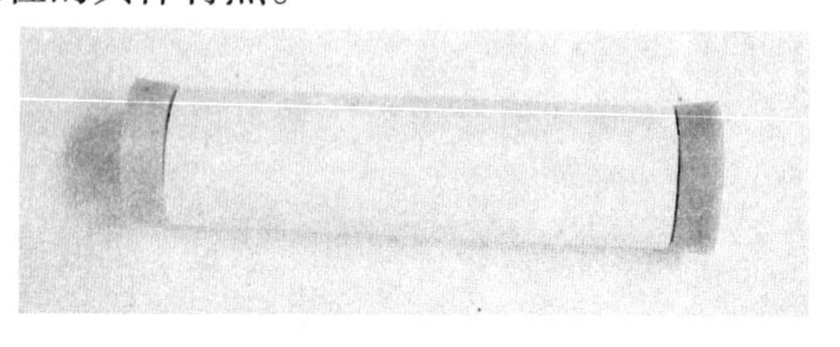

图1　原杯口安装方式

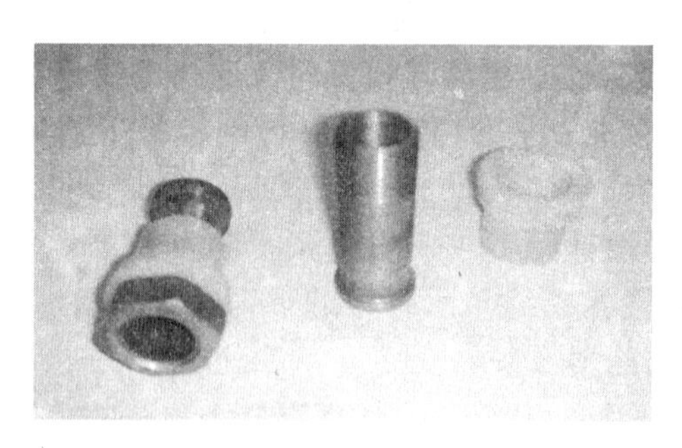

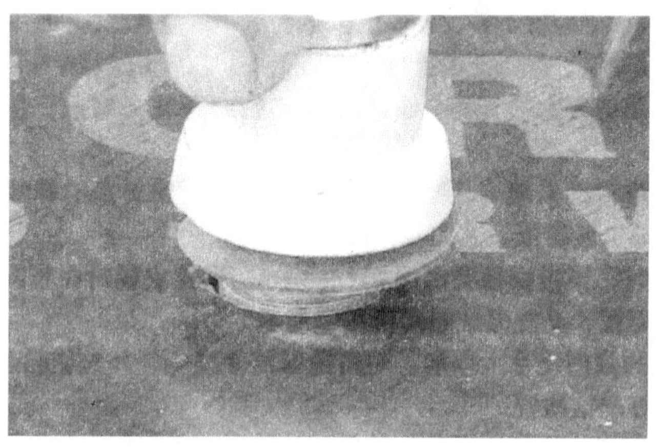

图2　对拉螺栓杯口通过空心螺栓与模板事先固定

5.4　模板加工质量控制

清水饰面混凝土模板加工工序多，技术工种多，质量要求高，必须在专门加工场组织电焊工、木工、电工、机械工等多工种配合进行，每道工序须由专业工程师进行质量检查，加工过程中，重点控制模板背楞的焊接质量、面板切割精度、面板安装质量、整体平整度、面板拼缝防失水处理等。模板出厂，要进行专门检验，满足要求，方可投入使用。

5.5　混凝土水平施工缝接缝施工

为了防止混凝土层间接缝出现烂根、错台、失水等质量问题，经过试验研究，采取图3所示措施予以消除。

图3　上层模板安装托架

该施工方法的优点在于：模板安装时为模板提供安装平台，槽钢面可提供一个水平平台，保证了模板竖向拼缝垂直，同时槽钢上铺贴泡沫胶条，与模板端面的接触面较大，保证了模板底部不失水。

5.6　模板安装、拆除质量控制

模板安装质量控制，关键控制模板的垂直度、明缝交圈、拼缝严密、阴阳角等细部节点以及对拉螺栓杯口安装、对拉螺栓与钢筋的处理，并加强对模板运输、吊装、存放、保养等环节的控制。

模板拆除时，要严格按照施工方案的拆除顺序进行，并加强对清水饰面混凝土的成品保护，特别是装饰图案和明缝条阳角的保护。

6　混凝土施工技术要点

混凝土施工质量是清水饰面混凝土效果的决定因素，混凝土施工质量的好坏，直接影响到清水饰面混凝土的密实度、表面色差、气泡、裂缝等关键控制点，混凝土的施工要从混凝土拌制、运输、浇筑、振捣、养护、季节性施工措施和成品保护等几个关键环节进行控制。

6.1 混凝土拌制质量控制

严格执行同一配合比，即保证单位体积原材料不变、水胶比不变。

控制好混凝土搅拌时间，搅拌时间的长短直接关系到混凝土的强度、和易性等指标，混凝土的搅拌时间比普通混凝土搅拌时间延长20～30s。

根据气温条件、运输时间、运输道路的距离、砂石含水率变化、混凝土坍落度损失等情况，及时适当地对原配合比单位用水量进行微调，以确保混凝土浇筑时的坍落度能够满足施工生产需要，确保混凝土供应质量。

浇筑点混凝土要逐车交验，检测混凝土外观色泽、有无泌水离析，并对每一车的混凝土坍落度进行取样试验，对于混凝土坍落度大于180mm和小于160mm的混凝土必须退回，严禁使用。

6.2 混凝土的浇筑

清水饰面混凝土浇筑除满足普通混凝土的浇筑要求外，还要注意以下问题：

做好混凝土浇筑计划和协调准备，保证混凝土连续浇筑。

在混凝土浇筑前，须先在混凝土施工缝处铺筑5～10cm厚的与混凝土配合比相同的水泥砂浆，混凝土浇筑采用标尺杆控制分层厚度，每层厚度控制在500mm以内。

为消除混凝土顶部浮浆对混凝土外观质量造成的影响，顶部混凝土超灌10～15cm，并振捣密实，待模板拆除后，将上部浮浆剔除。

柱子混凝土浇筑时，混凝土水平施工缝的留置应与模板上口平齐，防止出现两道接缝痕迹。

浇筑门窗洞口时，洞口两边应对称下料，防止挤偏模板，洞口两侧混凝土浇筑高差不得大于500mm。

6.3 混凝土的振捣

混凝土的振捣对混凝土工程至关重要，振捣主要采取以下措施：

为保证混凝土振捣密实和减少表面气泡，混凝土振捣以振动棒振捣为主，辅以竹竿插捣和木棰敲击。

控制振动棒的振捣位置，厚度或宽度大于400mm的墙或梁，振捣棒距模板边缘150mm，中间位置梅花形插捣，小于400mm宽的构件，振动棒置于中部。沿长度方向，振捣棒的移动间距为300mm左右，对于钢筋密集区域，振动棒点提前标示，防止漏振。

掌握好振捣时间，一般以混凝土表面呈水平并出现均匀的水泥浆，不再有显著下沉和大量气泡上冒为准。混凝土单点振捣时间控制在40～50s。

为防止混凝土产生沉缩裂缝，采用二次振捣工艺，二次振捣时间在浇筑完成40～60min后进行。

混凝土振捣过程中，振捣棒不得触碰模板和钢筋。

6.4 混凝土养护、保护

浇筑完毕后，为保证已浇筑好的混凝土在规定龄期内达到设计要求的强度，并防止产生收缩，应按施工技术方案及时采取有效养护措施。

应在浇筑完毕后的12h以内对混凝土加以覆盖并保湿养护。

浇水次数应能保持混凝土处于湿润状态；混凝土养护用水应与拌制用水相同，一次浇水不得过多，平面结构养护用水严禁流淌到清水混凝土结构面上，防止造成对墙面的污染。

侧面模板拆除后应加强混凝土的养护，模板拆除后，立即用塑料薄膜覆盖，薄膜外用棉毡和五合板进行压紧保温养护。

6.5 混凝土面气泡的控制

依据清水混凝土质量要求，混凝土表面的气泡直径不大于5mm，为了达到这一目标，从以下几个方面入手进行解决。

改善混凝土性能：在混凝土中加入了JM－PCA（I）型混凝土超塑化剂，改善混凝土性能，使气泡均匀分散，如图4所示。

图4 JM－PCA（I）型混凝土超塑化剂

加强混凝土振捣：混凝土除按一般要求采用振动棒振捣外，辅以木锤敲击、竹竿插捣等振捣手段，是消除表面气泡保证混凝土密实的关键。

混凝土浇筑前预铺砂浆：由于钢筋较密，首盘混凝土下料时，砂浆易与钢筋粘结，改变了混凝土的胶凝材料含量，因此，浇筑前铺筑5～10cm的同配比砂浆，保证了底部混凝土的密实。

下层混凝土顶部浮浆处理：由于混凝土浇筑坍落度较大，加之混凝土浇筑量大，经过振捣后的混凝土顶部会出现浮浆，同时浮浆中含有大量气体，导致顶部混凝土疏松，气泡多，如处理不好，严重影响观感质量，采用超灌技术消除顶部浮浆，混凝土浇筑是超高灌注10～15cm，拆模后将超高部分凿除。

6.6 超长墙体混凝土裂缝控制技术

6.6.1 有选择的使用外加剂与掺合料

普通硅酸盐水泥的自生收缩是正的，即缩小变形，因此，需掺加膨胀剂，在水泥水化过程中产生膨胀，是目前大体积混凝土抗裂常见措施之一，同时其可改善混凝土的密实性，也是提高抗渗等级的常见措施之一。

掺合料——粉煤灰，自身收缩是负的，即是膨胀变形，对混凝土抗裂有益，粉煤灰的研究和使用技术已经非常成熟，在大体积混凝土和高强混凝土中都有掺加，并且使用非常广泛。

（1）粉煤灰改善了混凝土的和易性，可减少混凝土施工过程中出现的泌水，即减小混凝土的塑性收缩。

（2）粉煤灰代替部分水泥，一般掺量为10% ~25%，部分特殊混凝土掺量可达50%以上，代替水泥就减少水泥水化热，降低了混凝土的绝热温升。

（3）粉煤灰具有较好的抗浸蚀性和提高抗压强度。

（4）粉煤灰要求使用性能良好的一级粉煤灰。

6.6.2 使用减水剂和缓凝剂

单加缓凝剂一般作用不太好，会使收缩裂缝加重，有时会诱发收缩裂缝，但是其优点是：在大体积混凝土施工过程中，其可延长水化热峰值出现，并可满足浇筑工艺要求，不留施工冷缝，掺加缓凝剂时，要求严格控制掺量，以满足施工要求为宜。减水剂对水泥有较好的分散作用，改善了混凝土的和易性和流动性，利于泵送，减水剂直接的减水效果，可减小水灰比，提高混凝土抗压强度和抗渗等级，减少泌水率，抗裂效果明显。

6.6.3 严格要求粗、细骨料

粗、细骨料的选择要依据工程设计混凝土强度等级、配筋疏密程度、施工浇筑方法等特点，结合抗渗混凝土和大体积混凝土的相关要求进行，施工过程中应严格检验其级配、含泥量、针片状含量、压碎等指标。本工程针对郑州地材市场的地材质量状况，特别对石子的含粉量进行清洗控制。

6.6.4 控制水泥用量

有效的控制水泥用量，不仅可以有效降低水泥水化热，还可大量节约施工成本。水泥对混凝土的裂缝影响主要是通过水泥水化产生热量，使混凝土温度升高，体积膨胀，降温时产生收缩应力，促使混凝土产生裂缝，此因素不可避免，故要在规范允许及满足强度等级的情况下，水泥用量尽量减少。

6.6.5 振捣和二次振捣

振捣在施工中最易出现问题，为了使混凝土达到规范要求的密实程度，施工中加强了对操作工人的技术交底和监督检查工作。二次振捣是解决混凝土在施工过程中沉缩裂缝的最好方法和必由之路，二次振捣间歇时间为40 ~60min，在加有缓凝剂的混凝土中可适当延长，控制在1.5 ~2.5h范围内。

6.6.6 加强混凝土的养护

混凝土养护的目的是为了使混凝土保持或尽可能接近饱和状态，使水化作用达到其最大速度，得到更高强度的混凝土，不同的养护和维护可使混凝土抗裂能力成倍的变化。维持混凝土良好的供湿状态是非常必要的，如混凝土湿状态低于相对湿度的80%，水化几乎完全停止，可导致强度降低干缩并引起微裂缝扩展。

本工程混凝土养护采用了塑料薄膜覆盖养护的方法，既保证了使混凝土保持潮湿状态，又防止由于游离态水的活动产生返碱而污染墙面。

6.6.7 裂缝诱导缝的设置

（1）将可能出现裂缝的部位进行有效引导，通过与设计院协商，将后浇带取消，在竖向明缝处留置裂缝引导缝。

（2）门、窗等洞口角部应力集中易产生裂缝部位，通过与设计院协商，配置加强钢筋以达到减少或消除裂缝的效果。

超大规模的高架支模研究与实践

董勤顺　李忠卫　潘玉珀　张培聪
（中国建筑第八工程局）

摘　要： 位于郑州市郑东新区的郑州国际会展中心展厅，南北长390m，东西长102m，层高16m，其结构为大跨度、大截面、超高预应力结构，主梁截面1500mm×3000mm，跨度30m，架体支撑高度13.10m，主梁的中间支座处设700mm高3000mm长的梁腋；一级次梁截面700mm×2000mm、跨度30m；架体支撑高度13.95m，其模板支撑架体在设计与施工过程中抓住了以下一些关键环节，经过工程实践取得了较好的效果。

关键词： 地基处理　支模　起拱　受力计算

1　工程概况

1.1　结构概况

郑州国际会展中心（展览部分）二区结构工程为大跨度、大截面、超高预应力结构，其主梁为截面（mm）1500×3000，1500×2800，1200×2800的钢筋混凝土预应力梁，跨度为30、21m，主梁的中间支座处设700高3000长的梁腋；一级次梁为截面700×2000、700×1800的钢筋混凝土预应力梁，跨度为30、21m；二级次梁截面为300×700的钢筋混凝土梁，跨度为10m，板厚为180mm，支撑高度：主梁13.10m，一级次梁13.95m，二级次梁15.25m，板15.77m，由于其结构构件大，其施工模板支撑架体必须进行专门的方案设计，以满足施工安全。

1.2　地面下地质概况和现场实际情况

场地位置及地形地貌：该建筑物位于郑州市东郊107国道以东约1.0km，原郑州机场内。场地地形平坦，地面高程介于89.16～91.78m。±0.000相当于绝对标高89.5m。地貌单元属于黄河泛滥冲积平原。本工程－3.0m以内的地质情况见表1。

表1

基土层数	性状描述	土体重度 γ (kn/m^3)	孔隙比 e	粘聚力 C (kPa)	内摩擦角 φ (°)
素填土①	黄褐色，以粉质黏土为主，含少量砖渣，局部分布有杂填土，层厚0.3～1.9m，层底标高88.38～90.37m。	20.3			
粉　土②$_1$	新近堆积，褐黄色，很湿－饱和，稍密，混有砂土颗粒，夹有粉砂薄层，浙水和摇振反应明显，干强度低，韧性差，中压缩性土，层底厚度1.8～5.2m层厚1.3～3.5m，层底标高85.66～87.97m。	19.5	0.673	8	23

续表

基土层数	性状描述	土体重度 γ（kn/m^3）	孔隙比 e	粘聚力 C（kPa）	内摩擦角 φ（°）
粉　土②$_2$	灰色～灰褐色，饱和，稍密，表层有一流塑状分质黏土薄层。淅水和摇振反应明显，干强度低，韧性差，中压缩性土，层底厚度 6.6～9.0m 层厚 3.3～5.7m，层底标高 81.27～83.28m。	19.5	0.661	10	22

现场实际情况：在前期施工阶段，现场进行了工程桩、支护桩的施工，在桩施工期间，现场开挖了泥浆池、沉淀池、泥浆沟等，对原有土体产生了扰动，需对该部分地基进行处理。在地下室、地沟施工期间，对基坑进行了开挖，存在大量回填土。

2　保证模板支撑体系成功须解决的问题

2.1　地基处理

在前期施工阶段，现场进行了工程桩、支护桩的施工，在桩施工期间，现场开挖了泥浆池、沉淀池，为了保证本工程地面不出现不均匀沉降、开裂的质量问题，依据施工现场实际情况，地基需做如下处理：

（1）清除地表有机质土、耕植土。

（2）目测、地基钎探或静力触探，找出可能导致不均匀沉降的影响因素。

（3）将软弱土体挖除，并换填处理。

（4）基土碾压密实。

2.2　架体设计

由于本工程结构构件大，结构自重和架体自重大，依据规定，必须对该架体进行专门的结构计算和构造加强。

2.3　技术交底

在脚手架施工前，由技术部、工程部对施工作业人员进行详细的技术交底，明确施工方法、施工顺序、施工安全注意事项，并办理书面交底手续，未经交底人员严禁上岗作业。尤其对架子工建立挂牌制度，并建立现场考核制度，对考核不合格者重新培训，并对其已完成的工作进行全面检查。

2.4　模板支架使用材料的验收

对模板支架使用的钢管、扣件、托撑、安全网、木方、3 形卡、对拉螺栓、模板等进行验收，验收分两个阶段。

验收各配件的材质报告。

现场验收材料质量，并做记录。

2.5　对模板支架相关环节进行验收

模板支架必须进行专业验收

（1）对方案进行内部审批。

（2）对方案进行专家审查。

（3）由工程负责人组织安全部、工程部、技术部、施工作业队长等相关专业人员进行验收合格后报监理工程师验收。

3 模板支架设计方案

3.1 总体思路

由于本工程架体支设高度高，结构构件大，施工活荷载和构件恒荷载大，模板支设难度大。经过征求专家意见和对架体各种方案的试算，综合考虑，架体应满足施工方便、质量易控、安全可靠、经济合理、靠操作性强等因素。本方案选择：满堂脚手架钢管支撑体系和混凝土整浇的施工工艺。

3.2 施工程序

本工程施工难度大，参与人员多，施工过程复杂，安全隐患多，因此，必须事前对施工顺序做到心中有数，在组织实施过程中必须按计划、程序施工。

模板支架施工程序如下：

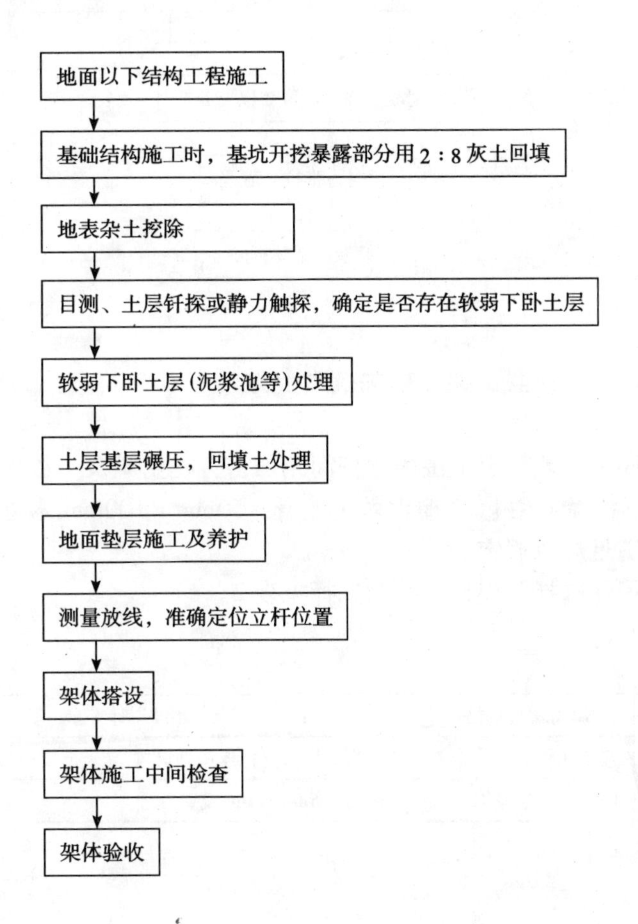

主体结构施工顺序必须与模板支架施工配合，混凝土结构施工顺序如下：

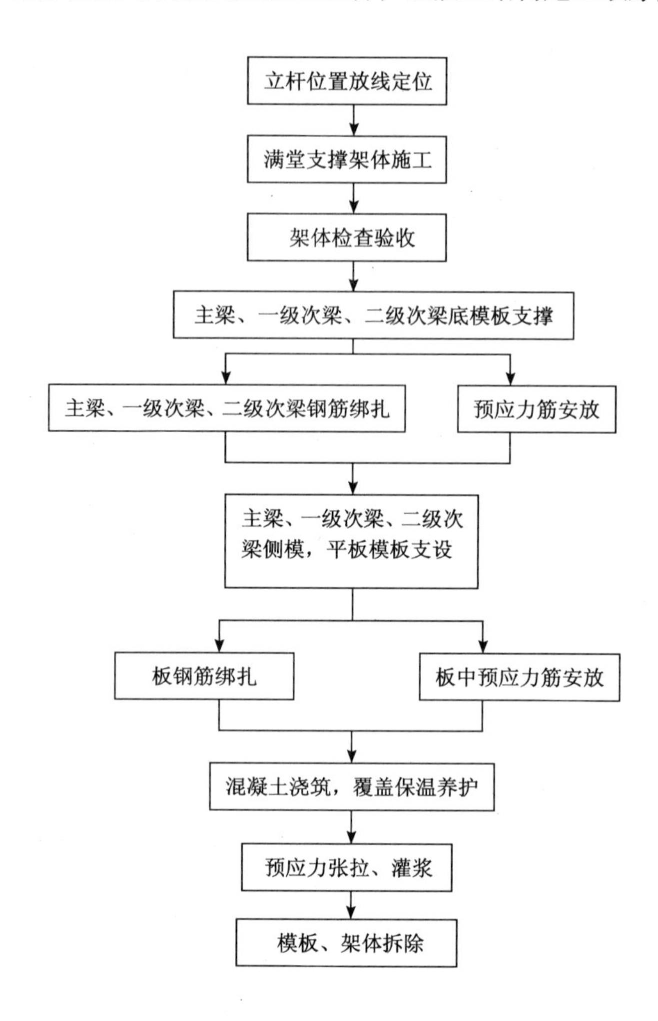

3.3 模板支架结构选型及架体相关技术参数

方案设计：

基本概况：梁底+梁侧一定范围内立杆间距加密；在主梁及一级次梁支架顶部配专用U形可调托撑；U形托撑上用[20槽钢做主龙骨，50mm×100mm木方作次龙骨。立杆的强度和稳定性必须满足规范规定。

架体材料、构配件选择及设计参数的选择见表2。

表2

序号	名称	使用材料规格	设计参数
1	防滑扣件	直角扣件	顶层水平杆与立杆连接处设置
2	水平安全网	尼龙网、尼龙绳	距地面4.5m、9.0m设置

续表

序号	名　称	使用材料规格	设　计　参　数		
3	立　杆	$\Phi48\times3.5$ 钢管，对接扣件接长	梁截面（mm）	架体宽度（mm）	（梁长方向×梁宽方向）（mm）
			1500×2800 1500×3000	梁宽+每边500	600×500
			1200×2800	梁宽+每边650	600×500
			700×2000 700×1800	梁宽+每边250	600×600
			梁腋	梁宽+每边500	300×500
				板底	600×600
			300×700	小横楞间距600	600×600
4	主龙骨	[20 槽钢	主梁、一级次梁		沿梁长间距600
		$\Phi48\times3.5$ 钢管	二级次梁		沿梁长间距600
		$\Phi48\times3.5$ 钢管	板		沿梁长间距600
5	立杆与主龙骨连接	可调支托	主梁		600×500（梁长×梁宽方向）
		可调支托	一级次梁		600×600
		直角扣件	二级次梁、板		600×600
6	横向水平杆	$\Phi48\times3.5$ 钢管，旋转扣件接长	步距1500 顶部三道1200（梁底架体）		
7	纵向水平杆	$\Phi48\times3.5$ 钢管，旋转扣件接长	步距1500 顶部三道1200		
8	水平剪刀撑	$\Phi48\times3.5$ 钢管，旋转扣件接长	首层、顶层、中间层每3步一道，整个满堂架按45°夹角满布。同一向水平杆间距≤4.5m		
9	竖向剪刀撑	$\Phi48\times3.5$ 钢管，旋转扣件接长	纵横向均设置，满堂架四边与中间每隔4排支架立杆设置1道竖向剪刀撑，剪刀撑连续设置		
10	扫地杆	$\Phi48\times3.5$ 钢管，旋转扣件接长	距地面或垫板100处纵横设置		
11	刚性连接件	$\Phi48\times3.5$ 钢管，旋转扣件接长	每步水平杆均与独立柱刚性连接		
12	脚手板	不小于200mm宽、50mm厚松木板			
13	模　板	15厚多层胶合板			
14	次龙骨	50×100 木方	松木，竖向放置。		
15	对拉螺栓	$\Phi14$	间距500×500		
16	底　座		主梁、一级次梁（包括扩展区域）立杆下设置钢板 -6×80×80，其他立杆下可设置其他形式的垫板		

架体各配件力学性能（由于现场所进钢管壁厚有3.5、3.25、3.0mm三种规格，本方案按3.0mm计算）见表3。

表 3

序　号	架　体　力　学　性　能		
	壁厚	3.5mm	3.0mm
1	Q235 钢抗拉、抗压和抗弯强度设计值	$215N/mm^2$	$215N/mm^2$
2	Φ48 钢管截面面积（A）	$4.89cm^2$	$4.239cm^2$
3	Φ48 钢管回转半径（i）	1.58cm	1.595cm
4	Φ48 钢管惯性距（I）	$12.19cm^4$	$10.78cm^4$
5	Φ48 钢管截面模量（W）	$5.08cm^3$	$4.5cm^3$
6	Φ48 钢管每米长质量	3.84kg/m	≈3.84kg/m
7	Φ48 钢管弹性模量（E）	2.06×10^5	2.06×10^5
8	直角扣件、旋转扣件抗滑承载力设计值	8.00kN	8.00kN
9	底座竖向承载力	40kN	40kN

钢管的截面几何与力学特征公式：$A=\pi(d^2-d_1^2)/4$　　$I=\pi(d^4-d_1^4)/4$　　$W=\pi[d^3-(d_1^4/d)]/32$

$$i=\sqrt{d^2+d_1^2/4}$$

4　高架支模设计结果

4.1　扣件式钢管脚手架支撑系统设计结果

见表 2。

4.2　地基处理

清除地表有机质土、耕植土

整个展厅部位除主地沟位置外，其他部位均进行换土，换土时采用反铲挖掘机挖土，人工配合清土，自卸汽车外运，因该层土含有大量腐植土及建筑垃圾不能做回填土料，必须运至 20km 外垃圾场。开挖深度标高为 -0.5m，开挖顺序由内向外，开挖完成后，用 18t 振动压路机碾压 5 遍。碾压时，要严格控制轮距，每一轮距为 8~10cm。

目测、地基钎探或静力触探，找出可能导致不均匀沉降的影响因素

如局部存在软弱土层、泥浆池、沉淀池等，则继续下挖，直到老土，土方运至 20km 外垃圾场。土方清理完成后，必须经过验收方可回填，填土采用 1∶1 级配砂石，用平板振动器振动密实，压实系数不小于 0.95。

换填 2∶8 灰土

标高 -0.50m 以上，回填土采用 2∶8 灰土，用蛙式打夯机打夯，每层虚铺厚度 250mm，压实系数不小于 0.94。

地沟处理

地沟顶板必须设置支撑，双柱间随独立柱同时施工的承台范围内地沟顶板，重新设置

支撑，支撑采用400×400间距的钢管顶撑顶紧，钢管上下设置2cm厚木板，其他部位地沟顶板模板、支撑体系不得拆除，待二区结构施工、预应力张拉完成后，方可拆除。对于开口的地沟及电支地沟，立杆支撑在地沟底板上，该区域的水平杆步距应小于等于1500，且应设置扫地杆，水平杆必须与地沟侧壁顶紧。

4.3 梁底模板起拱要求

主梁起拱

主梁起拱高度应考虑地基沉降（h_1）、架体变形（h_2）、结构弹性变形（h_3）等因素，结合规范要求，综合考虑本工程主梁第一次混凝土浇筑起拱高度为：

$$h = h_1 + h_2 + h_3 = 3.5 + 15 + 20 = 38.5\text{mm}$$

取起拱高度：40mm。

经设计院提供结构恒载引起挠度10mm，活载引起挠度40mm，考虑到最大活载出现的机率及预应力张拉反拱的影响，综合考虑克服结构变形起拱值20mm。如图1所示。

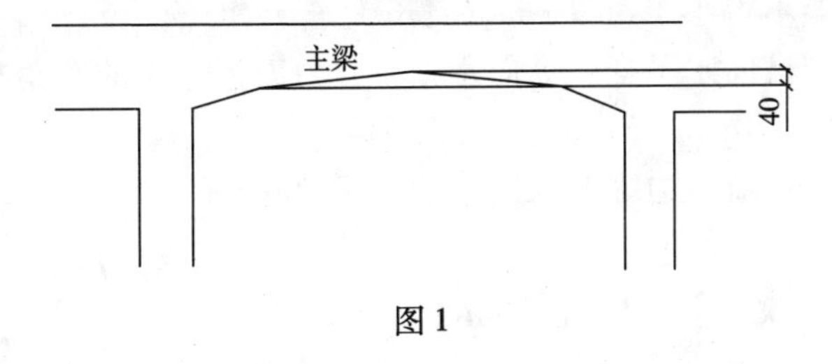

图1

一级次梁起拱：

由于地面装饰的要求，在考虑一级次梁顶标高需与主梁顶标高一致的情况下，通过降低一级次梁支座标高来达到起拱的目的，一级次梁起拱高度为40mm。如图2所示。

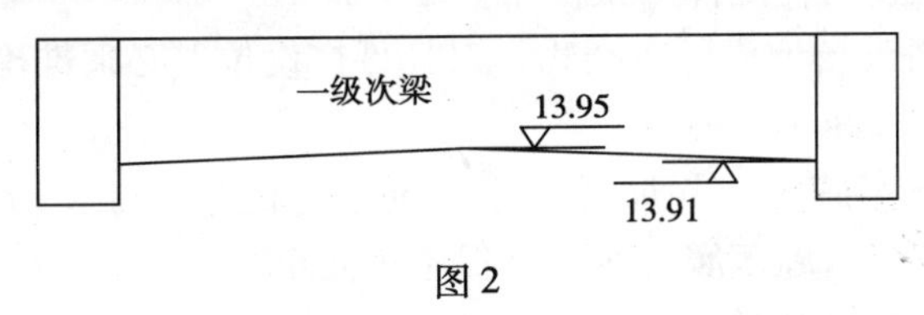

图2

二级次梁起拱：

由于二级次梁跨度较小，梁支模高度已随一级次梁进行了调整，所以，二级次梁可不起拱。

4.4 模板支架构造措施

梁底沿梁方向水平杆接长采用搭接接长，搭接长度不小于1m，连接扣件不少于3个，均匀布置，扣件距杆件端头不少于10cm。

水平杆搭接接头不得设置在同步或同跨内。

梁底水平横杆必须设置在梁底主节点处，该横向水平杆在梁底架体加密范围内不得有接头，以使荷载有效扩散。

框架主梁及以及一级次梁（包括扩展区域）的每根立杆底部必须设置底座或垫板。

立杆必须垂直设置，2m 高度的垂直度允许偏差不得大于 15mm。

纵横扫地杆采用直角扣件固定在距垫板 100mm 处的立杆上，如遇敞开式地沟时，立杆基础不在同一高度上，必须将高处的纵向扫地杆向低处通长与立杆固定。

立杆接长采用对接扣件，不宜采用搭接，立杆上的对接扣件必须交错布置，两根相邻立杆的接头不得设置在同步内，同步内间隔一根立杆的两个相隔接头在高度方向错开的距离必须大于 500mm，各接头中心到主接点的距离不大于步距的 1/3。若采用搭接，应将搭接位置放在底部，且搭接长度不小于 1m，连接扣件不少于 3 个，均匀布置，扣件距杆件端头不少于 10cm。

模板支架必须与已施工完成的独立柱进行刚性连接。

剪刀撑跨越立杆的根数：主梁下为 8 根、一级次梁下为 4 根、二级次梁及板下为 3 根，斜杆与地面的夹角为 45°~60°之间。

剪刀撑斜杆的接长采用搭接，搭接采用 3 个旋转扣件连接，剪刀撑与立杆连接采用旋转扣件，在整个架体高度内连续设置。扣件规格必须与钢管外径相同。

扣件螺栓拧紧力矩不得小于 40N · m，且不大于 65N · m。

在主节点处，固定横向水平杆、纵向水平杆、剪刀撑等用的直角扣件、旋转扣件的中心点相互距离不得大于 150mm。

各杆件端头伸出扣件盖板边缘的长度不应小于 100mm。

5 高架支模施工技术、安全措施

（1）单位工程负责人应按施工方案向架体搭设和使用人员进行技术交底。

（2）按规范及本方案要求，对所有架体使用构配件进行质量检查和验收，合格后，分类堆放备用，对未经检查的构配件严禁使用。

（3）搭设前清除搭设场地内所有杂物，对杆件搭设位置必须准确定位放线标定，不得随意搭设。

（4）严格按设计方案施工，并加强对施工过程的检查，做到检查有记录及完整的会签，对隐患要做到按三定措施落实整改，确保施工安全。

（5）认真落实架体构造措施，满足安全要求。

（6）操作工人必须持证上岗，施工过程中，必须严格佩戴安全帽、安全带、穿防滑鞋。

（7）混凝土泵管的架设应沿柱体向上，并与柱子连接牢固。

（8）作业层上的施工荷载应符合设计要求，不得超载。不得将模板支架、缆风绳、泵送混凝土输送管等固定在脚手架上；严禁悬挂起重设备。

（9）在脚手架使用期间，严禁拆除任何杆件。

（10）六级及六级以上大风和雾、雨、雪天气时应停止脚手架的安装和拆除工作，雨、雪后上架作业应有防滑措施，并扫除积雪。

（11）搭拆脚手架时，地面应设置围栏和警戒标志，并派专人看守，严禁非操作人员入内。

6　检查与验收

6.1　构配件检查与验收

（1）检查钢管产品质量合格证。

（2）检查进场质量检测报告。

（3）检查进场质量检查记录。

（4）检查钢管外观：平直、光滑，无裂痕、结疤、分层、错位、硬弯、毛刺、压痕和深的划道。

（5）检查钢管的外径、壁厚、端面等的偏差满足规范要求。

（6）检查钢管表面锈蚀深度满足规范要求。

（7）检查扣件的生产许可证、法定检测单位的检测报告和产品合格证。

（8）检查扣件的进场抽样检测报告。

（9）检查扣件的实体质量，不得有裂痕、变形，螺栓不得有滑丝。

6.2　架体检查与验收

（1）搭设前对地基与基础进行验收，地面垫层混凝土强度等级不小于C20。

（2）模板支架在搭设过程中应对杆件的设置、连接件、构造措施进行跟踪检查。

（3）架体搭设完毕在支设模板前，对架体进行验收，必须满足本方案的设计、构造要求及规范要求。

（4）在浇筑混凝土前，对模板系统，模板支架系统进行验收。

（5）在混凝土浇筑过程中，检查是否超载。

（6）每步检查验收必须做好记录，备查。

大面积耐磨地面施工技术

李忠卫　王文元　潘玉珀　张培聪

（中国建筑第八工程局）

摘　要： 大面积整体地面因为面积大，平整度及裂缝难以控制，而且多数大面积地面未采用一次抹光技术，造成面层与垫层的结合不牢固，产生空鼓，继而面层开裂破碎，影响使用功能，郑州国际会展中心展厅地面采用了大面积整体耐磨地面技术，不仅具有理想的耐磨损性，而且不起尘，易于清洗，同时在防滑性抗冲击性和抗渗透性方面性能良好，取得很好的效果。

关键词： 大面积　耐磨地面　整体施工

1　工程概况

郑州国际会展中心（展览部分）展厅楼（地）面设计为耐磨地面，首层地面标高 ±0.000m，二层楼面标高 16.000m，总面积约 66000m^2。

2　耐磨地面的相关技术指标

耐磨硬化剂用量：5kg/m^2。

颜　　　　色：中国建筑标准色（02J503）——14－5－6。

莫 氏 硬 度：7～8。

耐　　磨　　性：640～950mg（磨损轮 CS－17，轮重量 1kg，回转数 1000 转，同样条件下混凝土面为 9740mg）。

抗 压 强 度：75N/mm^2。

基 层 厚 度：50mm。

混凝土强度等级：C25。

3　施工方法

3.1　基层处理

整体基层标高测定：在展厅混凝土基层上设置 5m×5m 的方格网，测定各区域标高，如标高一层超过 －0.05m、二层超过 15.95m，则将多余的高出部分凿除，保证面层混凝土厚度≥5cm。

基层表面现状：一层基层为 C25 混凝土地面垫层，二层基层为 C40 混凝土，由于本工程混凝土基层放置时间长，受周围环境和其他专业施工作业影响，表面污染主要有灰尘、油污、落地砂浆、油漆等，为达到表面粗糙、洁净的要求，表面必须进行垃圾清运、凿毛，清洗等工作。

基层凿毛：局部标高超高部分以及受到油料污染部分，由人工凿除，其他大面积凿毛采用机械凿毛，人工清扫碎渣。

基层洁净处理：人工清渣后，用吸尘器将灰尘吸干净，局部吸尘器无法清理时，可采用清水冲洗干净，冲洗干净后，不得有积水，污水排放要有组织进行。施工区域应当围蔽、禁行，严格控制进入施工区域的人员，防止踩踏造成新的污染，在浇筑混凝土前，提前24h洒水湿润，保证基层潮湿，混凝土浇筑前，涂刷优质界面处理剂，防止结合不牢，形成空鼓。

3.2 测量放线

平面控制：基层处理完成后，依据初始定位点，恢复建筑物轴线，按照《展厅耐磨地面分格图》在基层上进行弹线，确定地面分割和每次混凝土浇筑范围。

标高控制：在基层处理前，在方格网四角钉打钢钎（如配合后期支模，可使用电锤预先打眼）长度约10cm左右，打入深度以稳固为宜。进行抄平测量，在钢钎上标出混凝土上面的设计标高位置线（可用红铅笔）应准确为±2mm。然后将设计标高线用线绳拉紧栓记牢固，中间不能产生垂度，不能扰动钢钎，位置要正确。找出混凝土高出处，并进行标记处理。

3.3 模板、线盒安装

模板安装：基层检验合格后，即可安设模板。模板采用[50×50槽钢制作，采用膨胀螺栓打孔固定，膨胀螺栓间距1000mm，用水平仪检测上口高度，用楔形块调整，使模板的顶面与地面顶标高齐平，并应与设计高程一致，模板底面应与基层顶面紧贴，局部低洼处（空隙）要事先用水泥浆铺平并充分密实。模板顶面和内侧面应紧贴导线，上下垂直，不能倾斜，确保位置正确。模板支立应牢固，保证混凝土在浇注、振捣过程中，模板不会位移、下沉和变形。模板的内侧面应均匀涂刷脱模剂。

模板安装完毕后，应经过严格的检查，合格后，方可进行混凝土浇筑。

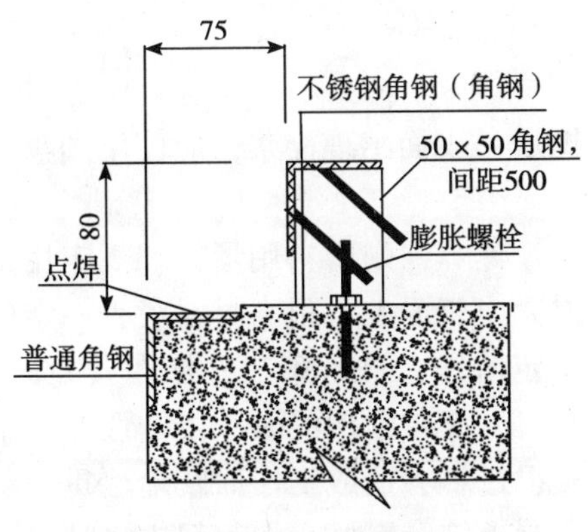

图1　电支地沟、安装箱不锈钢角钢（角钢）安装图

线盒、沟边角钢安装：本工程耐磨地面内包含了建筑使用功能所要求的各种预留坑、曹、沟，其应当预先安装线盒、角钢等，安装时，要采用与基层通过膨胀螺栓连接牢固的

方法进行，确保在混凝土浇注过程中，一次成型，不变形、不跑位，把好安装验收关是关键，保证不影响耐磨地坪的施工质量，参见图1。

安装线盒、角钢时，严格控制上口标高，各安装配合单位应与地面施工单位办理书面交接手续。

3.4 混凝土浇筑

混凝土的性能要求：混凝土强度等级C25，混凝土坍落度为100±20mm，水泥采用42.5普通硅酸盐水泥，石子采用5~25mm碎石，砂子采用洁净中砂，混凝土中掺加高效减水剂，混凝土采用输送泵运输，和易性好，无泌水。

混凝土浇注：施工时采取跳格式施工方法，规划区域合理分格，分格的宽度按照分格图进行，分格长度以每作业班组的作业能力合理展开工作面，混凝土浇注中要振捣密实后，再使用直径15cm提浆滚轴碾平提浆。混凝土根据现场情况凝固一段时间后，在脚踩上时下陷2~4mm时，使用磨光机器安装提浆圆盘打磨一到二遍。混凝土摊铺应注意以下一些问题：

（1）摊铺前应对基层表面进行洒水润湿，但不能有积水；用界面剂刷满基层。

（2）混凝土入模前，先检查坍落度，控制在配合比要求坍落度±2cm范围内，制作混凝土检测抗压强度的试件。

（3）摊铺过程中，间断时间应不大于混凝土的初凝时间。

（4）摊铺现场应设专人指挥卸料，应根据摊铺宽度、厚度，掌握混凝土摊铺数量。

（5）摊铺过后，对模板标高进行检查，保证确保混凝土表面平整不缺料。

（6）每日工作结束，施工缝宜设在设计固定缩缝处，按缩缝要求处治。不得因机械故障或其他原因中断浇注，因此，必须配备应急设备以防止机械故障留下不合理的施工缝。

3.5 钢筋绑扎

为了防止地面裂缝，混凝土内配置有$\Phi6@150$双向钢筋，钢筋按照地面分格要求分块配置，分格缝处钢筋应断开，钢筋安装采用压入法进行，钢筋保护层为15mm。

3.6 耐磨地面施工

去除浮浆：如混凝土振捣后，表面出现浮浆，应使用圆盘机均匀地将混凝土表面浮浆破坏掉。

撒布材料：依据板块面积，计算好耐磨料用量，将规定用量2/3的耐磨料按标划好的板块面积均匀撒布在初凝的混凝土表面上，耐磨材料吸收一定的水分后，采用机械进行镘磨，第一层耐磨材料硬化到一定阶段，进行第二次撒布（1/3材料），撒布方向应与第一次垂直。撒布材料投入施工时机，必须掌握混凝土凝结性能，组织人员不失时机的投入硬化剂撒料及后续施工。投入时机过早会造成工作面践踏严重，颜色污染，平整度受损；投入时机过晚会造成硬化剂与混凝土结合不好，引起起皮空鼓，严重时硬化剂无法施工。由于混凝土表干时间不一，责任人必须有全局观念，随时把握整个工作面的状况，先成熟先施工，决不可因疏漏而贻误施工时机。

撒布质量要求：硬化剂用量要足量，撒料厚薄一致。撒布方向分明，无遗漏，无堆积，对边角处撒料得当。抛撒时不得对墙面、柱面及其他成品产生污染。

镘磨作业：机械抹光机带盘负责对大面硬化剂压实找平，同时提浆。抹光机于一角上机、上人，操机手沿与硬化剂撒料垂直方向移动机具，然后沿该方向的垂直方向再盘抹一次。使用边角专用机器带圆盘研磨边角，手工抹灰工负责对边角机器处理不到区域进行人工研磨抹光，并对接茬处平顺过度，处理得当。机手负责大面压实、抹光和收光。抹灰工负责边角等机械收不到部位的压实、打磨和收光，抹灰工负责角、设备基础、接茬的细部处理平直。

镘磨作业质量要求：平整度控制在3mm/2m，无麻面，无明显起伏，无抹痕，针眼每平方米小于或等于5个。边角平直，接茬平顺，接茬偏离中心线±2mm。收光纹理清晰不错乱，收光均匀一致，无过抹发黑。

3.7 地面分缝

混凝土耐磨地面变形缝设置是为了防止混凝土及建筑结构应力产生对地面的破坏，如裂缝、空鼓等，由于本工程展厅地面处于室内，按照规范要求，除结构变形缝外，地面只设缩缝。变形缝采用切割方法施工，其特点是：在混凝土浇筑时可以采用整体和表面无明缝浇注，施工方便，易于控制平整度，地面整体性好。变形缝的设置按《展厅地面分格缝图》进行。

地面分缝的技术要求：缝的宽度为5mm，切割缝采用高分子胶填塞，由于纵向缩缝全部在施工缝位置，切割深度2~3cm即可，横向缩缝由于混凝土厚度较薄，可切透。

3.8 养护

本工程地面超大面积，为保证已浇好的混凝土在规定的龄期内达到设计要求的强度，控制混凝土产生收缩裂缝，必须做好混凝土的养护工作。

混凝土采用洒水养护，并覆盖塑料薄膜。养护时间不小于14d。设专门的养护班组，24h有人值班。

3.9 清理及成品保护

耐磨地面完成并达到养护龄期后，及时对表面进行清理，并分若干检验批进行验收。

施工过程中，注意成品保护，不但自己不能破坏，还要防止其他作业人员的破坏，保证施工成品质量。

成品保护的方法：大面上，采用30mm厚聚氯乙烯泡沫板加彩条布保护，可供施工人员通行，其他专业施工作业面，采用30mm厚聚氯乙烯泡沫板加彩条布加九夹板保护。

4 质量保证措施

4.1 防止面层起砂、起皮

由于水泥标号不够或使用过期水泥、水灰比过大抹压遍数不够、养护期间过早进行其他工序操作，都易造成起砂现象。在抹压过程中耐磨料撒布不均匀，有厚有薄，未与混凝土很好的结合，会造成面层起皮。

施工过程中，严格原材料的检验，每作业班对耐磨料的使用进行检查，防止撒布量不足，对作业过程进行监督，保证耐磨料撒布均匀。

4.2 保证养护时间，不得过早上人

水泥硬化初期，在水中或潮湿环境中养护，能使水泥颗粒充分水化，提高水泥砂浆面层强度。如果在养护时间短强度很低的情况下，过早上人使用，就会对刚刚硬化的表面造成损伤和破坏，致使面层起砂、出现麻坑。因此，养护工作的好坏对地面质量的影响很大，必须要重视，当面层抗压强度达5MPa时才能上人操作。

4.3 防止面层空鼓、裂缝

由于铺细石混凝土之前基层不干净，如有水泥浆皮及油污，或刷结合层时面积过大等都易导致面层空鼓。在浇筑混凝土之前必须将基层上的粘结物、灰尘、油污彻底处理干净，并认真进行清洗湿润，这是保证面层与基层结合牢固、防止空鼓裂缝的一道关键性工序，如果不仔细认真清除，使面层与基层之间形成一层隔离层，致使上下结合不牢，就会造成面层空鼓裂缝。涂刷界面剂不符合要求：在已处理洁净的基层上刷界面剂，目的是要增强面层与基层的粘结力，因此这是一项重要的工序，涂刷时要均匀不得漏刷，面积不要过大，如涂刷面积过大，混凝土浇筑跟不上，界面剂会很快干燥，这样不但不起粘结作用，相反起到隔离作用。

基层充分湿润是消除空鼓裂缝的关键环节，本工程采用蓄水浸润法进行基层充分湿润，蓄水厚度20mm，蓄水浸润时间不少于24h。

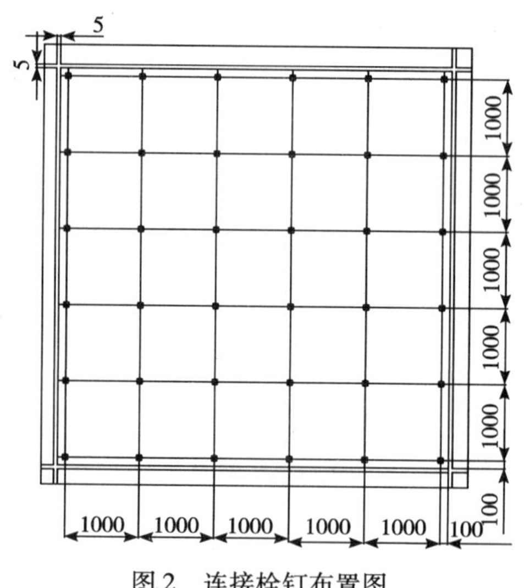

图2 连接栓钉布置图

本工程二区地面在使用过程中，将有较大动荷载，结构会因动荷载而产生震动，另外，耐磨地面镘磨作业时，处于混凝土初凝到终凝阶段，且面层混凝土厚度太薄（常规混凝土厚度应达到100mm以上，本工程仅为50mm），镘磨作业会扰动混凝土，影响面层与

基层的结合，为了保证面层与基层牢固结合，基层与面层在动荷载作用下变形一致，楼面布置栓钉，将上下层有效连接，具体布置如图2。栓钉立杆采用长度为80的膨胀螺栓，横杆采用ϕ6.5钢筋制作，与基层的锚固长度为40mm，如图3所示。

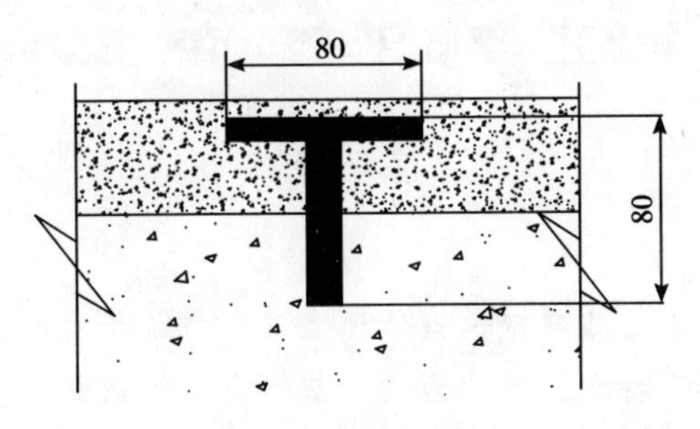

图3　连接栓钉详图

4.4　模板边缘处理

由于模板支设过程中会存在误差，为保证接缝顺直，模板支设在分格缝位置外1~2cm的位置，待模板拆完后，将多出的1~2cm切掉，保证接缝及分格缝顺直而且重合。

郑州国际会展中心预应力施工

李忠卫　李培卫　潘玉珀　王文元
（中国建筑第八工程局）

摘　要： 郑州国际会展中心展厅预应力结构工程具有跨度大、结构复杂、混凝土结构裂缝控制严格等特点，预应力施工前进行了细致深入地深化设计，通过精心施工，预应力工程施工达到了设计要求，成为了该工程施工中的亮点之一。

关键词： 预应力　深化设计　节点处理

1　工程概况

郑州国际会展中心预应力结构主要集中在展厅，展厅的五层楼板在纵向由抗震缝（兼温度施工缝）分成六块，四块矩形块及两块弧形块；块体纵向长60m，横向（沿102m大梁方向）包括中部102m的框架展厅及梁端各10m的筒体和附属部分。展厅的框架梁及一级次梁中成束集中布置有粘结预应力筋，在二级次梁中集中布置无粘接预应力筋。

展厅柱网尺寸为30m×30m，为超长连续预应力梁板结构，结构形式复杂，楼板荷载大，框架梁截面达到1500mm×2800mm，柱网、截面之大国内少见。同时，由于展厅两端核心筒刚度极大，为了避免在展厅与核心筒处后浇带出现大量的裂纹，将原梁中一部分预应力筋延长到核心筒外锚固。

预应力结构混凝土强度等级采用C40，后浇带采用C45微膨胀混凝土。预应力钢筋采用强度等级标准值f_{ptk} = 1860MPa的高强低松弛钢绞线，公称直径15.2mm；张拉端锚具采用Ⅰ类夹片锚具，预应力筋在后浇带处张拉后采用连结器接长。张拉时混凝土强度不得低于设计强度的80%，预应力筋张拉控制应力为0.75f_{ptk}。灌浆材料采用江苏博特新材料有限公司生产的JM－HF型高性能灌浆外加剂。

2　施工方法

2.1　施工工艺流程

施工准备，包括图纸的细化设计、施工方案编制→满堂超高脚手架支模→绑扎柱筋并调整柱筋（包括柱筋的弯折、箍筋的调整，以避开预应力筋）→梁非预应力钢筋绑扎→预应力筋支架定位及焊接→穿波纹管、固定锚板→焊接锚下钢筋网片、穿钢绞线→安装灌浆孔排气孔→梁自检、隐蔽工程验收→次梁、板筋绑扎→混凝土浇筑→养护、张拉准备→安装锚具、连接器→张拉→切除外露钢绞线→灌浆→端部封锚。

2.2 施工准备

2.2.1 技术准备

完成设计交底和图纸会审。

进行预应力工程细化设计，深化设计图纸56张，施工节点360个。

编制预应力施工方案和技术交底。

2.2.2 人员组织

预应力施工专业工程师6人，其中项目负责人1名，施工队长1名，施工员2名，安全员1名，质检员1名；下设专业张拉队、下料队和敷设穿筋队。

2.2.3 材料准备

锚具、预应力筋，根据工程进度计划，分批进场。

钢绞线进场时，专人核对质量证明书中所列型号数量及规格，并逐盘目测验收，同时按规范规定抽样复试，合格后方可使用。

钢绞线堆放场地平坦，并及时覆盖防雨布，避免雨雪淋湿生锈和泥土污染。

波纹管现场卷制，其质量符合国家标准《预应力混凝土用金属螺旋管》JG/T 3013 的要求，并按规定取样复试。

灌浆用水泥采用 P. O. 42.5 水泥，掺加高效减水剂和膨胀剂，由试验室配制出强度大于 M30，符合灌浆流动性、泌水率要求的配合比。

2.2.4 机具准备

根据预应力筋种类、根数、张拉吨位选定4台 YCW—250B 穿心式千斤顶和4台 YCN—25 前卡式千斤顶；选用10台 ZB—500 型高压油泵；2台 GYJA 型挤压机；UB—3 型灌浆泵2台，砂浆搅拌机2台；波纹管制管机1台；其他小型辅助设备若干。

2.3 预应力筋下料

2.3.1 下料长度计算

下料长度计算既要考虑节约又要满足张拉要求。采用夹片锚具（TM 型），穿心式千斤顶，钢绞线束的下料长度 L。

两端张拉：

$$L = l_T + 2\ (l_1 + l_2 + l_3 + 100)$$

一端张拉：

$$L = l_T + 2\ (l_1 + 100)\ + l_2 + l_3$$

式中 l_T——预应力筋的孔道长度；直线筋 L_T 为孔道的直线长度；曲线筋 $l_T = L_{直} + L_{曲}$，其中 $L_{曲} = \sum\ [1 + \ (8h_2/3L_{2投})]\ \times L_{投}$；

$L_{曲}$——预应力筋孔道曲线长度；

$L_{直}$——预应力筋孔道直线长度；

$L_{投}$——预应力筋曲线段孔道的水平投影长度；

l_1——夹片式工作锚厚度（取70mm）；

l_2——穿心式千斤顶长度（取600mm）；

l_3——夹片锚工具锚厚度（取80mm）。

梁内预应力筋的下料在预应力筋专用下料场进行，场地平坦，下铺设木方，用彩条布覆盖防雨防尘。放大样复核计算的下料长度，长度误差保证在 -50 ~ +100mm 以内。为防止下料过程中钢绞线伤人，用钢管把钢绞线盘卷夹住，从盘卷中央逐步抽出，下料时用砂轮锯进行切割下料。

2.3.2 钢绞线编束处理

为保证钢绞线编束后，根与根间距紧密，编束前用干净纱布将钢绞线逐根擦拭干净后，每根间隔 1.5m，用 20 号钢丝扎紧，扎紧头铁丝要砸扁。

2.4 固定端挤压锚制作

2.4.1 挤压工艺流程

切去挤压端头预应力筋外包塑料皮 70mm（无粘接钢绞线）→钢绞线端头用磨光机去毛刺→安装承压板→套入挤压钢套筒→开动油泵挤压→成盘堆放。

2.4.2 挤压制作

现场制作锚固件，将钢丝衬套慢慢地旋入钢绞线顶端，用双手使其并进同时旋紧，紧紧裹在钢绞线上，操纵油泵向挤压机供油，同时钢绞线顶紧、扶正、对中，一次挤压到位。其钢绞线外露不小于 2mm，经实验室检验其各项均合格后方可使用。

2.5 预应力筋铺设

确保混凝土分区条件下预应力施工的顺利进行，使普通钢筋、模板、混凝土的工序不与预应力穿筋工序发生矛盾，使普通工序与预应力工序合理交叉，特制定如下工序原则：每区内，先支设框架梁的支架模板，先绑扎框架梁，待框架梁钢筋基本成型后为预应力施工提供工作面。框架梁预应力筋线形确定后再绑扎框架梁腰筋及拉接筋，次梁钢筋也依此工序进行；这样可减少工序影响，加快施工进度。具体工序见图 1。

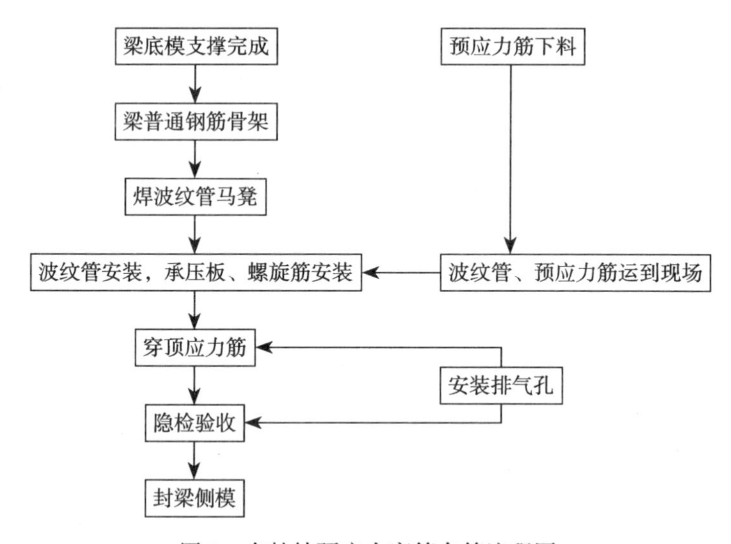

图 1 有粘结预应力穿筋布筋流程图

2.5.1 平面位置控制

待预应力梁底模支设好，放线，按预应力筋设计位置在梁底模板上画线，布筋时以此控制预应力筋的位置。

2.5.2 立面位置控制

支架的设置，待梁内的非预应力筋绑扎完毕后，按预应力筋束的设计曲线矢高，充分利用箍筋作为支架固定点，在梁箍筋画线，焊接支架，每1m设置一道，并在反弯点处设置固定支架，支架用ϕ12一级钢筋与箍筋焊接，标高误差控制在±15mm范围内。计算并绘出孔道标高图，以此标高图焊接固定支架，固定支架如图2所示。

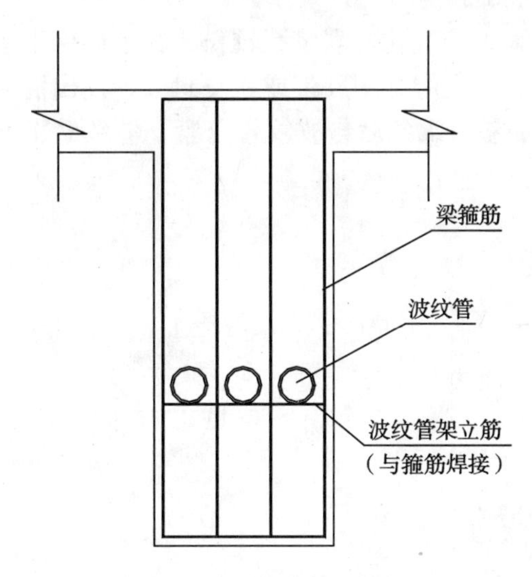

图2 波纹管支架固定图

固定支架焊接在箍筋上，并将铺放后的波纹管或无粘接筋用绑扎丝牢固固定在支架上，防止在浇筑混凝土过程中移位，以确保孔道位置的准确性。同时，为了保证灌浆孔、排气孔与预应力孔道不发生移位，避免弧形压板与孔道脱离，在灌浆孔、排气孔处加设一道钢筋支架。

2.5.3 波纹管的安装和连接

由人工从梁的上面钢筋空间穿波纹管（有粘接钢绞线），逐根穿入，逐根连接，用22号钢丝将波纹管与支架绑牢。两节波纹管接头处用稍大一号波纹管连接，连接管长度不小于200mm，连接好后在接头管两端用胶带密封，防止混凝土浆进入管内堵塞孔道。连接形式见图3所示。

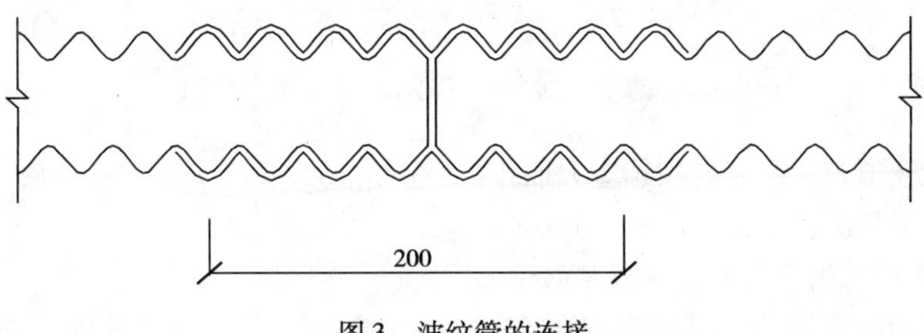

图3 波纹管的连接

2.5.4　预应力筋的安装

预应力筋在梁内对称布置，预应力筋或波纹管距梁侧边不小于40mm。

预应力筋在张拉端处有不小于300mm的平直段。无粘结预应力筋在梁内布置应平顺，不能扭绞，破损处及时用绝缘胶带包裹。其具体布置见图4所示。

外露预应力筋用塑料布包扎，将排气孔封堵好，灌浆孔用铁皮焊接封闭，灌浆时用钢钎打通。

2.5.5　灌浆孔与排气孔留设

由于预应力梁高相当大，排气孔、灌浆孔较长，为了确保不进浆堵塞，采用铁皮制作的弧型压板，并用钢管接长，上端部用胶带或铁皮封严，高出混凝土面200mm，以利孔道灌浆密实。下部弧形压板加垫海绵条后与波纹管压紧，波纹管下增设一根支架。做法见图5所示。

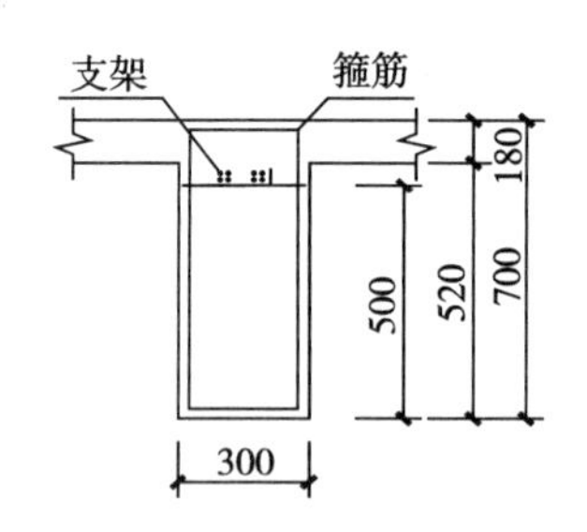

图4　无粘结预应力筋布置图

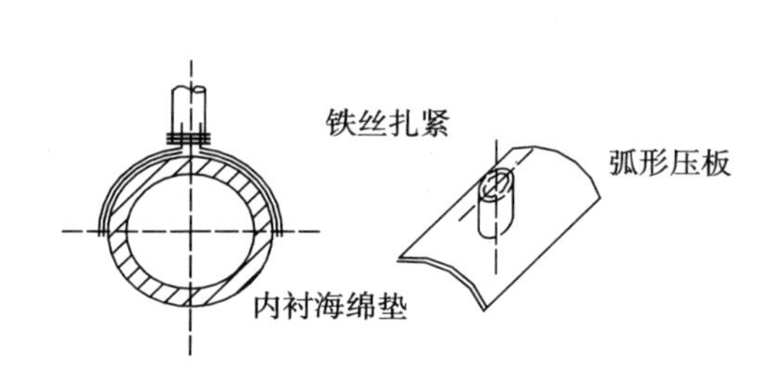

图5　灌浆孔、泌水孔详图

按照混凝土质量验收规范要求对预埋金属波纹管灌浆孔间距不宜大于30m，考虑到梁截面较大，为保证排气和泌水的要求，在每一跨的跨中每束加设了一灌浆孔，具体布置如图6所示。

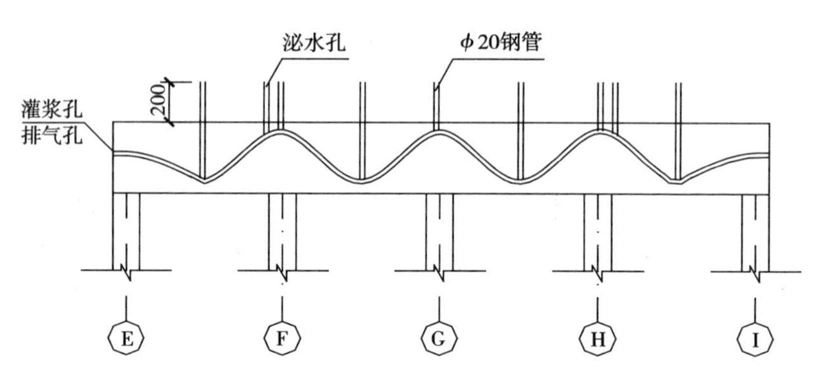

图6　灌浆孔、排气孔（泌水孔）布置示意图

为了避免孔道跨中灌浆孔在预应力筋张拉后被预应力筋压实堵塞的现象，跨中灌浆孔位置作了适当平移。

2.5.6　承压板端部安装、预留口的设置

待预应力筋穿设完毕，进行端部螺旋筋、承压板的安装，承压板必须按设计进行留设。承压板的固定，按设计间距，标高位置就位，并在承压板上下边缘各焊两根ϕ10的短

钢筋，该钢筋与竖向钢筋焊牢，保证承压板的垂直度和平整度，防止穿钢绞线时将承压板移位。

承压板与梁、柱筋发生冲突时，可将普通钢筋做适当调整或弯折，保证预应力筋位置准确。预应力筋在 F 轴、H 轴用联接器与两边跨预应力筋相连，从而完成预应力筋的连续。具体连接方式见图 7 所示。

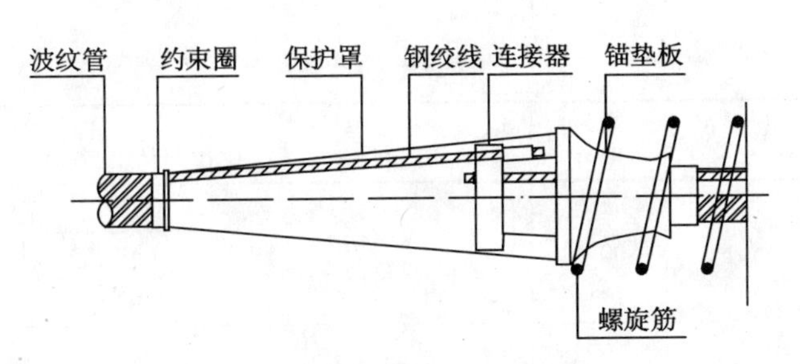

图 7　预应力筋连接示意图

为利于预应力筋开洞穿过，在梁端或柱外侧采用木模板。承压板用铁钉固定在木模板上或与钢筋焊接固定，在承压板与模板结合处塞上海绵条，并将承压板上的灌浆孔用海绵和胶带封死，防止进浆，其装配图见下图。安装完毕后，将波纹管与承压板间的空隙用海绵条塞实，具体见图 8 所示。

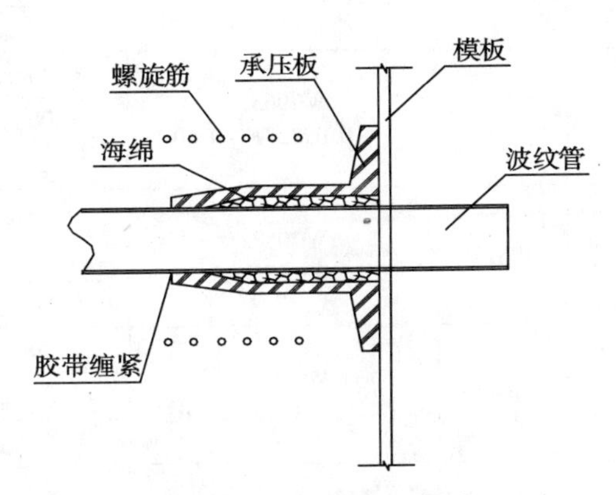

图 8　承压板装配示意图

焊接施工时，不得熔穿波纹管和损伤钢绞线；螺旋筋采用钢筋焊接固定的方式保证其与波纹管、承压板的对中同心，保证承压板垂直于波纹管、预应力筋。

2.6　预应力筋的张拉

2.6.1　预应力筋张拉前的准备工作

（1）检验张拉机具及仪表，材料及配套工具已准备齐全，千斤顶油表已标定完毕；

（2）计算预应力梁理论伸长值和张拉油表读数；

1）张拉力拉数值计算：

根据设计张拉控制应力 $\sigma_{con}=0.75f_{ptk}=0.75\times1860=1395\text{N/mm}^2$

单根预应力筋张拉力为 $N_1=A_1\times\sigma_{con}=140\times1395=195300N$

3 根预应力筋张拉力为 $N_3=A_3\times\sigma_{con}=3\times140\times1395=585900N$

9 根预应力筋张拉力为 $N_9=A_9\times\sigma_{con}=9\times140\times1395=1757700N$

12 根预应力筋张拉力为 $N_{12}=A_{12}\times\sigma_{con}=12\times140\times1395=2343600N$

2）根据千斤顶标定报告计算，油表读数见表 1。

油表读数的计算 **表 1**

钢绞线根数	设计张拉力（kN）	千斤顶编号	油表编号	报告编号及回归方程	油表读数（MPa）		备　注
1	195.3	1#	80011#	WG0683 $P=0.2334F-1.45$	$0.2\sigma_{con}$	7.7	
					$1.0\sigma_{con}$	44.1	
					$1.03\sigma_{con}$	45.5	
		3#	0011#	WG0685 $P=0.2156F-1.54$	$0.2\sigma_{con}$	6.9	
					$1.0\sigma_{con}$	40.6	
					$1.03\sigma_{con}$	41.8	
9	1757.7	1#	1101#	WG0679 $P=0.02188F+0.01$	$0.2\sigma_{con}$	7.7	
					$1.0\sigma_{con}$	38.5	
					$1.03\sigma_{con}$	39.6	
		2#	1099#	WG0680 $P=0.02197F+0.29$	$0.2\sigma_{con}$	8.0	
					$1.0\sigma_{con}$	38.9	
					$1.03\sigma_{con}$	40.1	
		3#	007#	WG0681 $P=0.02227F+0.60$	$0.2\sigma_{con}$	8.4	
					$1.0\sigma_{con}$	39.7	
					$1.03\sigma_{con}$	40.9	
		4#	1051#	WG0682 $P=0.02195F+0.72$	$0.2\sigma_{con}$	8.4	
					$1.0\sigma_{con}$	39.3	
					$1.03\sigma_{con}$	40.5	
12	2343.6	1#	1101#	WG0679 $P=0.02188F+0.01$	$0.2\sigma_{con}$	10.3	
					$1.0\sigma_{con}$	51.3	
					$1.03\sigma_{con}$	52.8	
		2#	1099#	WG0680 $P=0.02197F+0.29$	$0.2\sigma_{con}$	10.6	
					$1.0\sigma_{con}$	51.8	
					$1.03\sigma_{con}$	53.3	
		3#	007#	WG0681 $P=0.02227F+0.60$	$0.2\sigma_{con}$	11.0	
					$1.0\sigma_{con}$	52.8	
					$1.03\sigma_{con}$	54.4	
		4#	1051#	WG0679 $P=0.02195F+0.72$	$0.2\sigma_{con}$	11.0	
					$1.0\sigma_{con}$	52.2	
					$1.03\sigma_{con}$	53.7	

3）张拉伸长值的计算：

根据预应力筋张拉伸长值计算公式 $\Delta L=(N_P\times L_T)/(A_P\times E_P)$

式中　ΔL——预应力筋的理论伸长值；

N_P——预应力筋的平均张拉力；

L_T——预应力筋的曲线长度加直线段长度；

A_P——预应力筋的截面积；

E_P——预应力筋的弹性模量。

$$N_P = A_P\sigma_{con}\ [1 - (Kx + \mu\theta)\ /2]$$

$$\theta = 8h/L_{投}\ (rad)$$

式中　θ——预应力筋的曲线转角；

h——预应力筋曲线段的失高；

$L_{投}$——预应力筋曲线段的水平投影长度；

K——考虑孔道局部偏差对摩擦的影响系数；

μ——预应力筋与孔道壁的摩擦系数或预应力筋与护套的摩擦系数。

以 D 区 YWKL1 梁为例，上排筋曲线可分为 6 段，由 19 轴向 27 轴其转角分别计算如下：

θ_1：$h_1 = 0$；$h_2 = 0$；$h = h_2 - h_1 = 0$

$L_{投} = 1 + 0.5 = 1.500$

$\theta_1 = 2h/L_{投} = 2 \times 0/1.5 = 0$ (rad)

θ_2：$h_1 = 0.25$；$h_2 = 0.72$；$h = 0.47$

$L_{投} = 2.794$

$\theta_2 = 2h/L_{投} = 2 \times 0.47/2.794 = 0.3364$ (rad)

θ_3：$h_1 = 0.72$；$h_2 = 2.6$；$h = 1.88$

$L_{投} = 11.176$

$\theta_1 = 2h/L_{投} = 2 \times 1.88/11.176 = 0.3364$ (rad)

θ_4：$h_1 = 0.72$；$h_2 = 2.6$；$h = 1.88$

$L_{投} = 11.176$

$\theta_4 = 2h/L_{投} = 2 \times 1.88/11.176 = 0.3364$ (rad)

θ_5：$h_1 = 0.25$；$h_2 = 0.72$；$h = 0.47$

$L_{投} = 2.794$

$\theta_5 = 2h/L_{投} = 2 \times 0.47/2.794 = 0.3364$ (rad)

θ_6：$h_1 = 0$；$h_2 = 0$；$h = 0$

$L_{投} = 1 + 0.5 = 1.500$

$\theta_6 = 2h/L_{投} = 2 \times 0/1.5 = 0$ (rad)

L_{Ti}——每段孔道长度；

$$L_{曲i} = [1 + (8h_2/3_{L2投})] \times L_{投}$$

h——预应力筋每段曲线段的矢高；

$L_{投}$——预应力筋曲线段的水平投影长度；

θ_i——每段预应力筋的曲线转角，两端张拉时，θ_i 取转角的一半；

x_i——每段预应力筋从张拉端至计算截面的计算长度（以 m 计），对两端张拉取 $x_i = L_{Ti}$；

$P_{初i}$——每段曲线初张拉拉力；

$P_{末i}$——每段曲线末张拉拉力；

ΔL_i——每段预应力筋张拉理论伸长值。

$L_{曲1}$ = 〔$1 + (2h_2/3_{L2投})$〕 $\times L_{投} = 1.5$m

$L_{曲2}$ = 〔$1 + (2h_2/3_{L2投})$〕 $\times L_{投} = 2.847$m

$L_{曲3}$ = 〔$1 + (2h_2/3_{L2投})$〕 $\times L_{投} = 11.387$m

$L_{曲4}$ = 〔$1 + (2h_2/3_{L2投})$〕 $\times L_{投} = 11.387$m

$L_{曲5}$ = 〔$1 + (2h_2/3_{L2投})$〕 $\times L_{投} = 2.847$m

$L_{曲6}$ = 〔$1 + (2h_2/3_{L2投})$〕 $\times L_{投} = 1.5$m

$L_{直} = 2 \times (H + L_0) = 2 \times 0.5 = 1.0$m

将 $x_i = LTi/2$；θ_i 代入下列公式：

$\Delta = Kxi + \mu\theta_i$

$P_{末i} = P_{初i}(1 - \Delta)$；$P_{初i} = P$；$P_{初i} + 1 = P_{末i}$

$P_i = (P_{末i} + P_{初i})$

$L_i = (P_i \times L_i) / (A_P \times E_P)$

$L_1 = 0.01045$m　　$\Delta L_2 = 0.01045$m　　$\Delta_3 = 0.07142$m

$L_4 = 0.066$m　　$\Delta L_5 = 0.01535$m　　$\Delta_6 = 0.00814$m

$L = \sum \Delta L_i$ = 0.01045m + 0.01045m + 0.07142m + 0.066m + 0.01535mL + 0.00814m

= 0.1818m

下排筋：$\Delta L = 0.1917$m

每道梁张拉伸长值见表2。

D\ E 区张拉伸长值（mm）　　**表2**

梁　号	部　位	伸长值（mm）	伸长值范围（mm）	
YWKL1	上排筋	207	194.6	219.4
	下排筋	208	195.5	220.5
YWKL2	上排筋	279	262.3	295.7
	下排筋	282	265.1	298.9
YWKL3	上排筋	367	345.0	389.0
	下排筋	370	347.8	392.2
YKL1 中	上排筋	433	407.0	459.0
	下排筋	443	416.4	469.6
YKL2 中	上排筋	439	412.7	465.3
	下排筋	441	414.5	467.5
YL1		229	215.3	242.7
YL2		259	243.5	274.5
YL3	上排筋	320	300.8	339.2
	下排筋	320	300.8	339.2

续表

梁　号	部　位	伸长值（mm）	伸长值范围（mm）	
YL4	上排筋	350	329.0	371.0
	下排筋	350	329.0	371.0
YL5		409	384.5	433.5
YL6 西	上排筋	246	231.2	260.8
	下排筋	242	227.5	256.5
YL7 西	上排筋	436	409.8	462.2
	下排筋	436	409.8	462.2
YKL1 东	上排筋	100	94.0	106.0
	下排筋	100	94.0	106.0
YKL1 西	上排筋	100	94.0	106.0
	下排筋	100	94.0	106.0
YKL2 东	上排筋	101	94.9	107.1
	下排筋	101	94.9	107.1
YKL2 西	上排筋	96.1	90.3	101.9
	下排筋	96.1	90.3	101.9
YL6 东	上排筋	110	103.4	116.6
	下排筋	110	103.4	116.6
YL7 东	上排筋	120	112.8	127.2
	下排筋	120	112.8	127.2
L22		332.7	312.7	352.7
L23		334.4	314.3	354.5
L24		211.6	198.9	224.3
L25		329.4	309.6	349.2
L26		329.1	309.4	348.8
L27		217.3	204.3	230.3

（3）检查张拉区混凝土强度报告是否不低于混凝土强度的80%，混凝土龄期是否达到了7d，两者必须满足方可张拉；

（4）拆除梁端模板，清理张拉端的混凝土及杂物，无粘结预应力筋还要用刀子割去外包皮，擦干净预应力筋上油污，把锚具夹片安装完毕，搭设好张拉操作平台。夹片要安紧打平；

（5）准备张拉记录表格。

2.6.2　张拉顺序

（1）采用对称张拉总体施工顺序：每一区内先施工F轴—H轴区域，根据设计对施工段的划分，在4个矩形块中，第一次浇筑混凝土的区域为F轴—H轴间，首先张拉的区域也为此两轴间，先张拉此段横向预应力筋，张拉时采用四台千斤顶对称张拉，由中间梁开始向两边依次对称进行，如图 9 所示，张拉顺序为张拉 4 轴→3 轴、5 轴→2 轴、6 轴→1 轴、7 轴。

每根梁的张拉也尽量采用对称的形式，如图 10 所示，采用四台千斤顶两端同时对称张拉的顺序为 2 号、7 号→6 号、3 号→5 号、4 号→1 号、8 号。

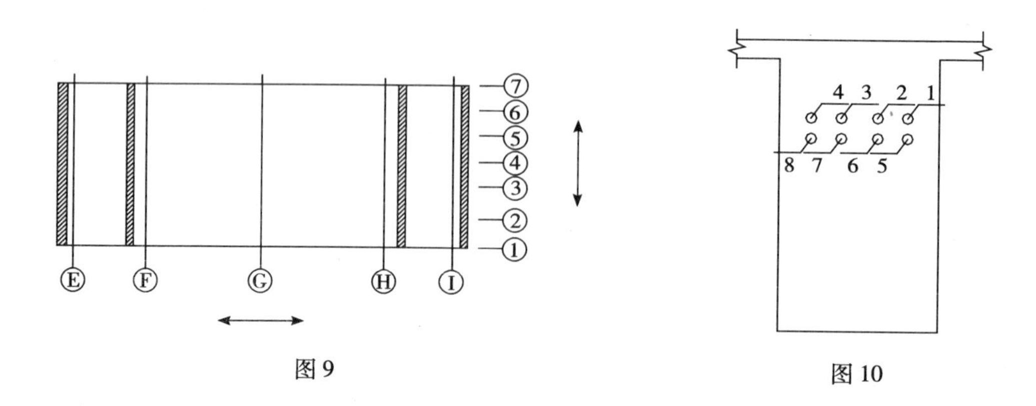

图 9　　图 10

按照设计要求张拉应分两批张拉，第一批张拉在混凝土浇筑 7 ~ 10d 后进行，张拉的数量按照对称的原则取梁中预应力筋的 50%，张拉控制力亦为 50% σ_{con}；待混凝土强度达到设计强度的 80% 以上时，将横向梁中预应力筋全部张拉完毕。但考虑到混凝土强度实际增长的速度，7 ~ 10d 的龄期其强度完全能达到设计强度的 80% 以上，因此取消设计提出的分两批张拉的要求，一次完成张拉，这样可避免了对钢绞线和锚具的损伤。

纵向预应力筋张拉完毕后，由中间向两端对称张拉横向预应力筋，张拉时也应保持居中对称的原则。待张拉灌浆完毕即可拆除梁板底模板。

同时，可安装连接器进行下段连续梁施工，E—F 轴，H—I 轴预应力筋在此段混凝土达设计及规范要求后按先横向再纵向的顺序张拉，张拉时也应保持居中对称的原则。

最后，将展厅与筒体间后浇带混凝土浇筑完毕，待龄期达要求后进行核心筒外部的张拉。

19—35 轴间两扇形块，其纵向在 27 轴伸缩缝两边板面留设后浇。此部分框架梁接点有无支座的现象，结构受力较复杂，张拉顺序经论证后施工顺序：

先纵向：G 轴 YWKL2（2）——YL3（2）、YL2（2）——YL4（2）、YL1（2）——H 轴 YWKL3（2）、F 轴 YWKL1（1）

后横向：23 轴 YKL2（4）——22 轴、24 轴 YL6（2）——21 轴、25 轴 YL7（3）——20 轴、26 轴 YL6（2）——19 轴、27 轴 YKL1（4）

无粘结预应力筋采取由南向北或由北向南依次张拉的顺序进行。

（2）预应力张拉完毕，校核伸长值观察梁应检查端部和其他部位是否有裂缝，无异常情况时应及时灌浆，否则查明原因采取相应的措施后进行下一道工序。

2.6.3　张拉工艺

清理张拉端部→穿锚环→安装夹片打紧→装千斤顶→张拉至初应力→张拉至控制应力持荷→千斤顶回程→卸千斤顶

1. 依据设计的张拉顺序和方向，依次进行各区梁板的预应力张拉；张拉前要认真检测承压板后的混凝土浇筑质量，检查承压板与预应力筋的垂直度，必要时，在锚板上加垫片，保证预应力筋、锚环、千斤顶的三对中，以防断丝事故的发生。

2. 张拉应力控制按设计要求达到预应力筋抗拉强度的75%，采取分级持荷超张拉至控制应力的103%，以避免混凝土拉裂、减少摩擦损失和补偿预应力损失。张拉程序：0→$0.2\sigma_{con}$→$1.0\sigma_{con}$→$1.03\sigma_{con}$→持荷→锚固。

3. 启动张拉机，控制好加压速度，给油平稳，匀速缓慢张拉。操作手加荷要缓慢、均匀，持荷要平稳，量测人员要与加荷同步，量测统一准确，记录要完整。

4. 测量伸长值：加压至$0.2\sigma_{con}$时测量千斤顶活塞初始长度L_1，至$1.0\sigma_{con}$时测量千斤顶活塞长度L_2，0→$0.2\sigma_{con}$时伸长推算值记为L_0，实测伸长值则为$L = L_2 - L_1 + L_0$；实测伸长值则为$L = L_2 - L,\ +L,\ -L_1 + L_0$；实测伸长值与计算伸长值进行校核，若偏差在计算伸长值的-6%~+6%区间，则继续张拉，否则应立即停止张拉，分析查明原因予以调整后，才能继续。张拉采取以应力为主，校核预应力筋伸长值。

2.7 灌浆工艺

有粘结预应力筋张拉完后应及时灌浆，灌浆时间不宜超过48h。灌浆前应检查清除孔口附堵物，打通灌浆孔和排气孔，将锚具外的多余钢绞线切除，锚具外露的钢绞线不得少于30mm，切割时应用砂轮切割机，防止损伤锚具，严禁用电弧进行切割。并用高标号水泥砂浆封堵锚具夹片缝隙，防止灌浆时水泥浆大量外溢。

灌浆用水泥采用PO.42.5水泥，水泥中掺加专用灌浆外加剂，水灰比为0.45，水泥浆的强度不小于M30；水泥浆的泌水率最大不超过3%，拌和3h后泌水率小于2%。

梁中的灌浆顺序为先灌下排孔，待下排孔灌完后依次向上进行。

灌浆由锚垫板的灌浆孔进行，灌浆进行到排气孔或灌浆孔由近到远依次冒出浓浆后，用木塞依次堵住排气孔和灌浆孔，继续加压，直到梁端孔冒出浓浆后封闭，再继续加压至0.5~0.6MPa，关闭进浆口阀门，卸下灌浆头并卸压。

2.8 锚具封闭要求

灌浆完成后，尽快对张拉端进行封闭，按设计要求清理张拉端，恢复普通钢筋或加设钢筋网片后，用C40微膨胀细石混凝土进行封堵。

预应力张拉完毕后须进行封锚，封锚混凝土尺寸按原凸台尺寸考虑，内设两层钢筋网片，见封锚图。为了使封锚混凝土与梁端混凝土较好的连接，不致脱落，需在梁端预留ϕ10插筋，封锚时将ϕ10插筋与网片筋焊接后浇筑混凝土。示意图如图11所示。

3 施工中遇到问题的解决

3.1 预应力筋连接处空间小

根据梁中预应力筋的设计布置，个别梁中连接器位置存在着放置不下锚垫板的情况，将其标高位置作适当调整才能满足要求。例如：19~35轴间YL3在连接器位置，YL3梁宽为700，三束钢绞线，锚垫板宽250，原设计三束并排放一排，无法放置，与设计院洽商，改为在连接器位置改位两排，将一束向上移150，两束下移100。满足施工要求。

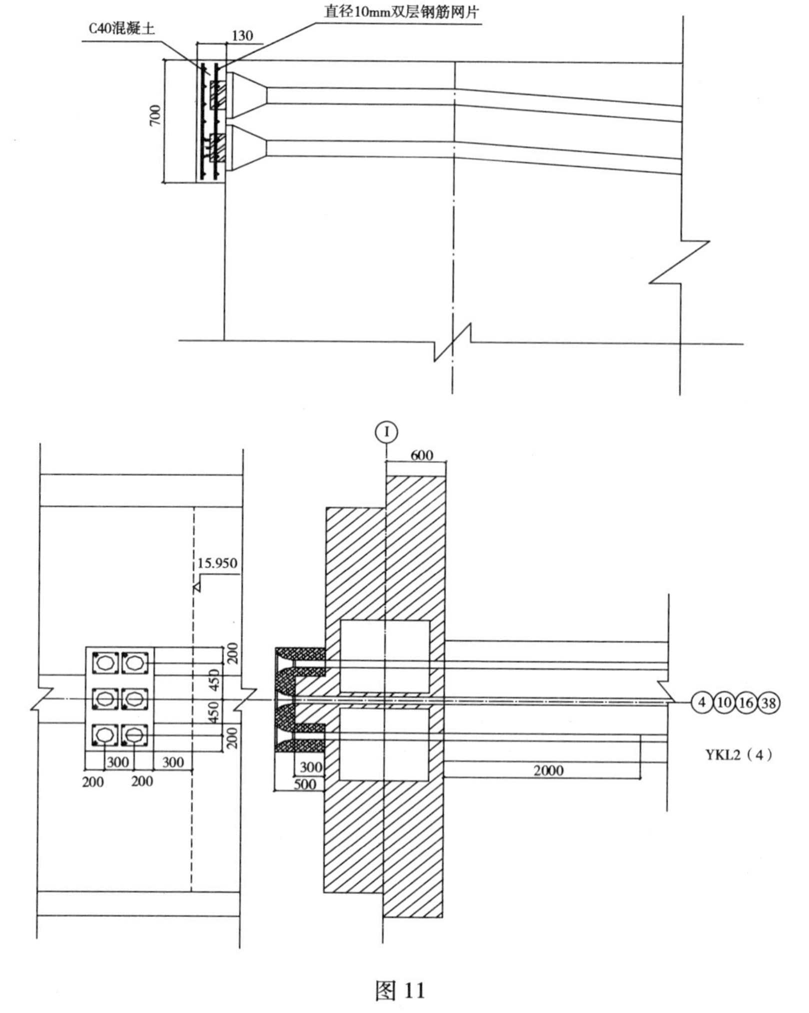

图 11

说明：1. 将两束在连接器处锚固，只将六束接长，钢绞线总根数仍为 6×12=72 根。2. YKL2 梁端孔道标高由 600、800 改为 500、800。

3.2 预应力筋如何通过钢骨柱

在横向预应力框架梁端部梁柱接头处，部分柱为钢骨混凝土柱，钢骨与预应力筋存在着位置冲突，钢骨上需要钻孔让预应力束通过，同时预应力束排列位置也可作适当调整绕开钢骨减少钻孔，以满足设计要求，例如 YKL2 原设计 8 束 12 根钢绞线，在过连接器后则为 8 束 9 根钢绞线，需在钢骨上钻直径 100mm 孔 8 个，经与设计院协商将 8 束 9 根钢绞线改为 6 束 12 根钢绞线，两束从两钢骨中间通过，这样在保证预应力筋不变的情况下，只需在钢箍柱上钻 4 个直径 100mm 的洞，从而保证了钢柱结构。具体布置如图 12 所示。

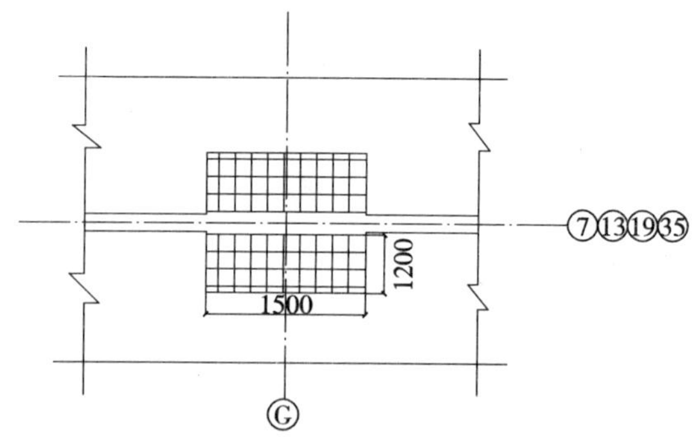

图 12　南北方向板面预留后浇张拉孔示意图

本图只为此类型结点示意，其余梁及次梁也参照上图施工

3.3 预应力筋与安装留洞处理

在梁中预埋的钢套管较多，施工前复核其标高与预应力筋标高的相对情况，及早与设计院协商作出调整，保证施工的顺利进行。

3.4 张拉空间预留

展厅部分顺南北方向框架梁及次梁的端部张拉时，需要将上部板面作局部后浇处理，留出张拉时操作的空间。

3.5 梁柱节点处柱主筋处理

对梁柱接头柱筋妨碍孔道通过的地方将柱筋往梁内侧弯，锚固于梁内，对于边支座无法锚固于梁中时，将其弯入柱内锚固。如图13所示。

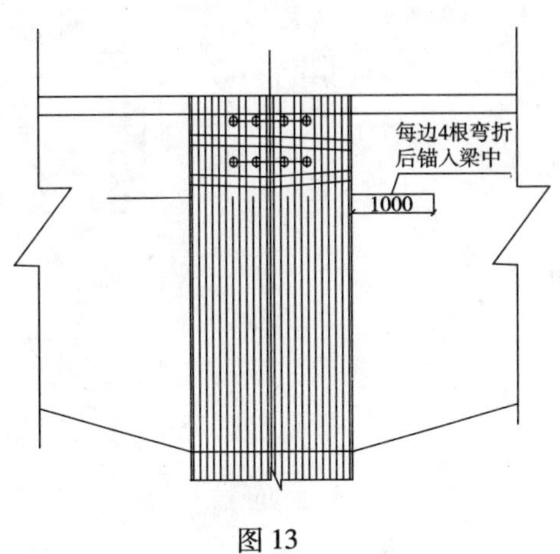

图13

3.6 钢筋密集处锚垫板的安装

预应力筋在E轴、I轴梁柱接点锚固，由于柱筋和梁锚固筋太密锚垫板无法安装，为保证预应力筋位置准确和非预应力筋的完整性，与设计院和监理协商对部分柱筋和锚固筋做了适当的调整，给预应力孔道和垫板安装让出位置；对放置不下垫板的位置将垫板后移300mm，设计为凸台形式，凸台按长为梁宽，双排垫板宽770mm，单排垫板宽400mm，凸台中增设钢筋骨架和网片，配筋经过计算和设计院校核，加设5片ϕ10钢筋网片，间距100mm。部分节点钢筋的调整和凸台的做法详见图14。

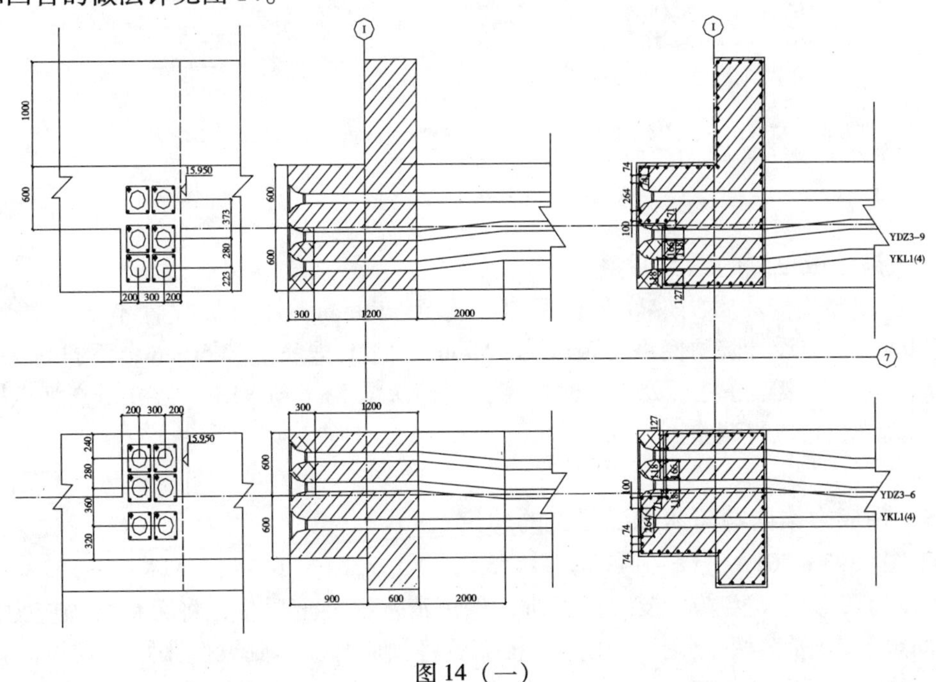

图14（一）

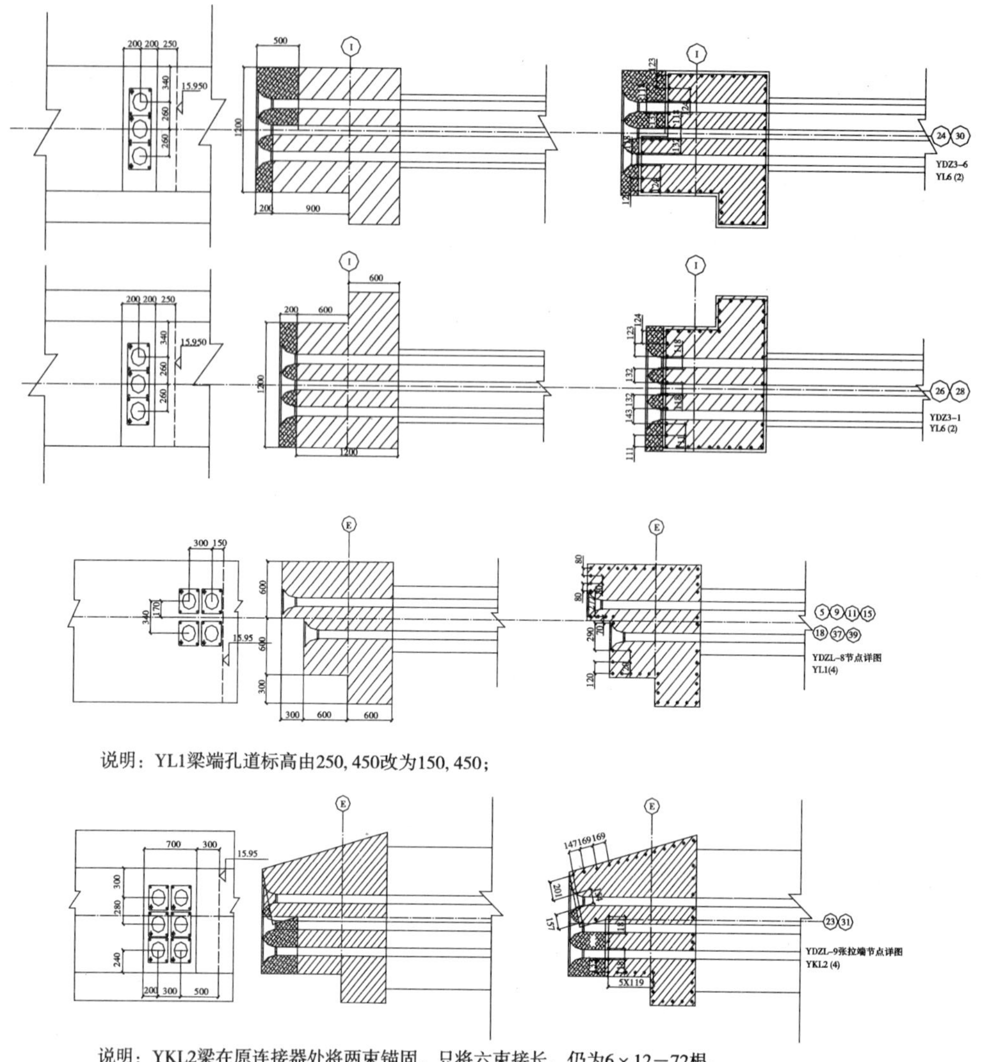

图 14（二）

3.7 锚垫板位置的适当调整

索形图端部垫板及后浇带处垫板两排中心距 200mm，锚垫板放置不下（垫板尺寸 270×270mm），与设计院协商将间距改为 250mm，将上排筋上移 50mm，下排标高不变。A、B、C、F 区框架梁在柱子处相交时标高相同，次梁 YK1 与 YL3 上层孔道交叉点标高相同，将标高进行相应得调整。

3.8 预应力锚固端与清水混凝土的冲突

由于图 9893－301A－12－143X；－145X；－147X；－149X；151X；－153X 中 J 轴外侧为清水面，为了避免模板支设的困难，保证清水混凝土质量，将无粘结预应力筋在 J 轴改为固定端，I 轴为两个张拉端相交，相交后将预应力筋引到梁侧张拉，在板面预留张拉洞口，详图 15、图 16。

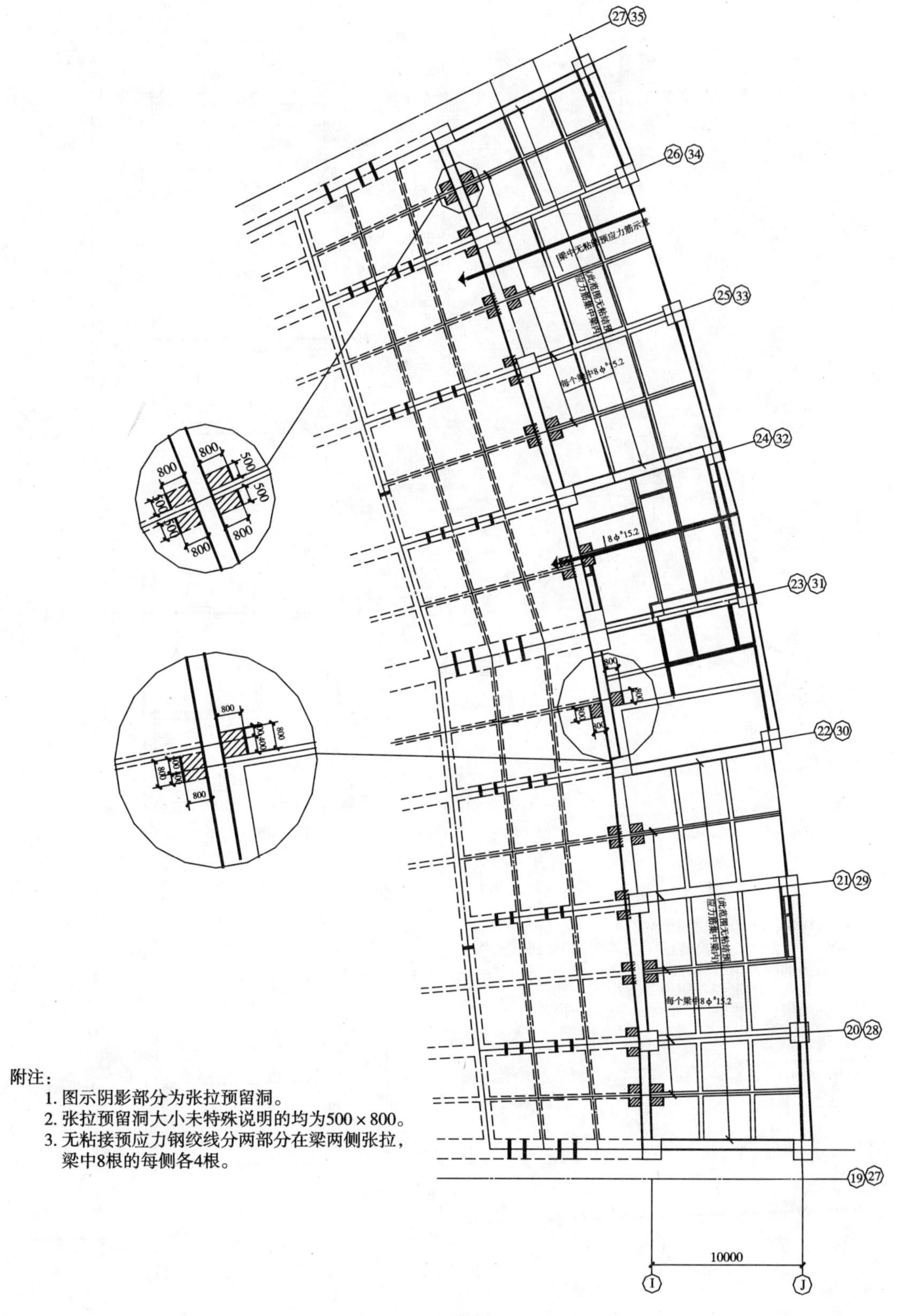

附注：

1. 图示阴影部分为张拉预留洞。
2. 张拉预留洞大小未特殊说明的均为500×800。
3. 无粘接预应力钢绞线分两部分在梁两侧张拉，梁中8根的每侧各4根。

图 15

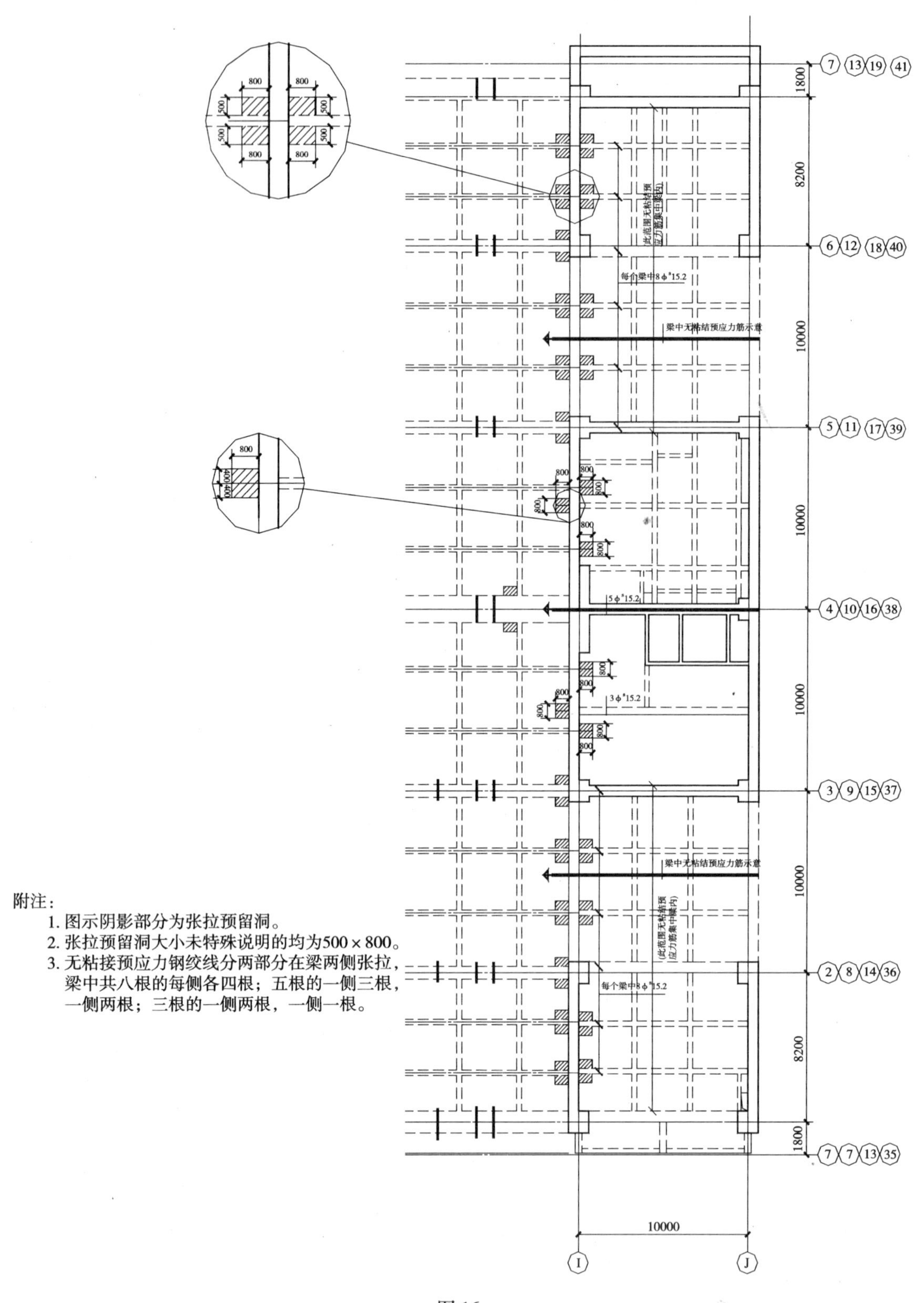

附注：

1. 图示阴影部分为张拉预留洞。
2. 张拉预留洞大小未特殊说明的均为500×800。
3. 无粘接预应力钢绞线分两部分在梁两侧张拉，梁中共八根的每侧各四根；五根的一侧三根，一侧两根；三根的一侧两根，一侧一根。

图 16

3.9　塔吊隔断处无粘结预应力筋的处理

预应力施工中，由于二区距18轴5500处二级次梁被塔吊断开，该段梁及无粘接钢绞线要在塔吊拆除后后浇施工，靠近张拉端一侧需在梁中预埋两根7m长Φ50波纹管预制成孔，张拉端预埋锚垫板，锚具改为2个4孔群锚；待浇完混凝土后，将无粘接预应力钢绞线穿入预留孔道后先灌浆后张拉，但由于张拉端在I轴墙内有一暗柱，钢筋太密波纹管无法通过，现将张拉端改为固定端，张拉端改在梁两侧张拉，在板上预留张拉洞，待后浇带浇筑7d后张拉。

钢结构测量放线定位技术

程瑞华　董苏洲
（浙江精工钢结构有限公司）

摘　要： 郑州国际会展中心屋盖钢结构的施工过程中，因其结构形式复杂，构件在安装过程中的定位、测量要求非常高，本文对该工程的测量技术进行了总结。

关键词： 测量　放线定位　施工

1　工程概况

郑州国际会展中心（展览部分）工程，在总体结构布置上采用50°的整体连接180m×115m和60m×115m矩形体布置，该大跨桁架结构主要由纵向的37榀主桁架，横向的19榀次桁架交错连接，并用11根主要桅杆通过拉索固定，最大跨度90m，其中采用了60m跨的张弦结构和30m的斜拉索结构共同组合而成，安装高度40m，在国内建筑尚属罕见。锥形桅杆上铸钢件的最大安装高度57m。

测量控制的顺序：测站设置→埋件检测→铸钢件安装测量→临时支撑安装测量→桅杆安装测量→桁架安装测量→安装完毕整体后检测。

2　测量原始控制点

本工程的测量原始控制点由总包中国建筑第八工程局和上海建科－河南卓越监理工程公司提供，具体点位见图1中*A*、*B*、*C*、*D*、*E*、*F*、*G*、*H*点，其坐标参数见表1。

原始控制点坐标参数　　**表1**

点　位	*X*（m）	*Y*（m）	*Z*（m）
A	0	0	0
B	10.005	0	0
C	20.006	0	0
D	30.007	0	0
E	30.004	81.015	0
F	20.0056	81.008	0
G	10.004	81.007	0
H	0	81.007	0

3 测量标准

（1）《城市测量规范》

（2）《三、四等水准国家测量规范》

（3）《工程安装设计的精度要求》

4 测量设备及其参数

根据本工程特点，保证测量的精度要求，特选用如下设备，具体详见表2。

工程测量设备 **表2**

名 称	型 号	测角精度	测距精度	数 量	备 注
全站仪	TC1610	2″	2+2PPM	1	
经纬仪	J-2	2″		2	
水准仪	DS-3			1	
对中杆				1	
棱 镜	GPH3			1	
脚 架				4	

5 测量时机的选择

为减小温度对测量结果的影响，全部测量工作均在早上9:00进行。

6 桁架测量控制

6.1 桁架测量

在测量放线之前，我们首先必须对总包和监理提供的原始测量控制点进行必要的相关检查。确认相对关系没有超过误差的点才能使用。

6.1.1 平面控制

根据现场已有的测量原始数据以及现场的施工条件，针对不同的区域，采取以下两种测量方法。

6.1.1.1 直角坐标法

本办法比较适用于标准区域轴线的放设。如图1，在㉟到㊶轴之间总包和监理一共提供了八个原始控制点，把仪器架设在*D*点，整平、对中，瞄准*E*点定向，沿视线方向量取2235mm可以测设㊱轴与Ⓗ轴的交点。同样量取62235mm可以测设出㊱轴与Ⓕ轴的交点。这样轴线㊱就测设出来了。把全站仪架设在㊱轴与Ⓗ轴的交点处，瞄准*E*点定向，旋转

90°，沿视线方向量取 10000mm 就可以测设出㊲轴与Ⓗ轴的交点，这样Ⓗ轴线就放设好了，采取同样的方法可以测设出各条轴线。在放设各个控制点时要注意和原始的测量控制点进行检查，保证轴线放设的精度。

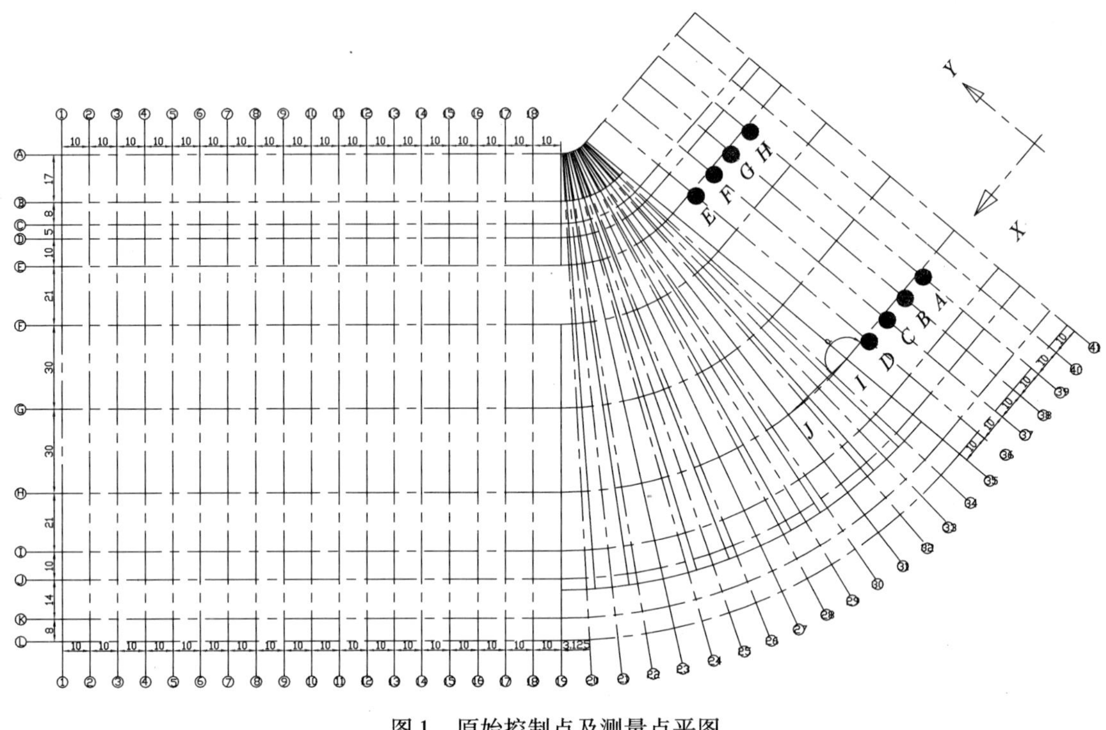

图 1　原始控制点及测量点平图

6.1.1.2　极坐标法

本办法比较适合非标准区各轴线的放设，所谓极坐标法就是根据一个角度和一段距离测设点的平面位置。如图 1，以放设㉛轴与Ⓗ轴的交点 *J* 为例。利用直角坐标法放设出㉟轴与Ⓗ轴的交点，定为 *I* 点，把全站仪架设在 *I* 点，整平、对中，瞄准㊶轴与Ⓗ轴的交点定向，旋转相应的角度测设 β 角，得出 *IJ* 方向线，再沿该方向线测设长度 *D* 就可以得出 *J* 点的位置。同样的办法测设出非标准区的其他各轴线交点，定出各轴线的位置。

6.1.2　高程控制

由于本工程主要是空间结构，利用水准仪测量很难测量指定点的高程，利用三角高程测量的方法测设不但方便而且精度也能达到要求。任意一点架设全站仪，把棱镜架设在已知的原始水准点上，测量出原始点和全站仪中心的高差 $\triangle H1$，把棱镜放在待测的点上，测量出高差 $\triangle H2$，$\triangle H1$ 加上 $\triangle H2$ 再加上原始点的高程就可以算出待测点的高程。

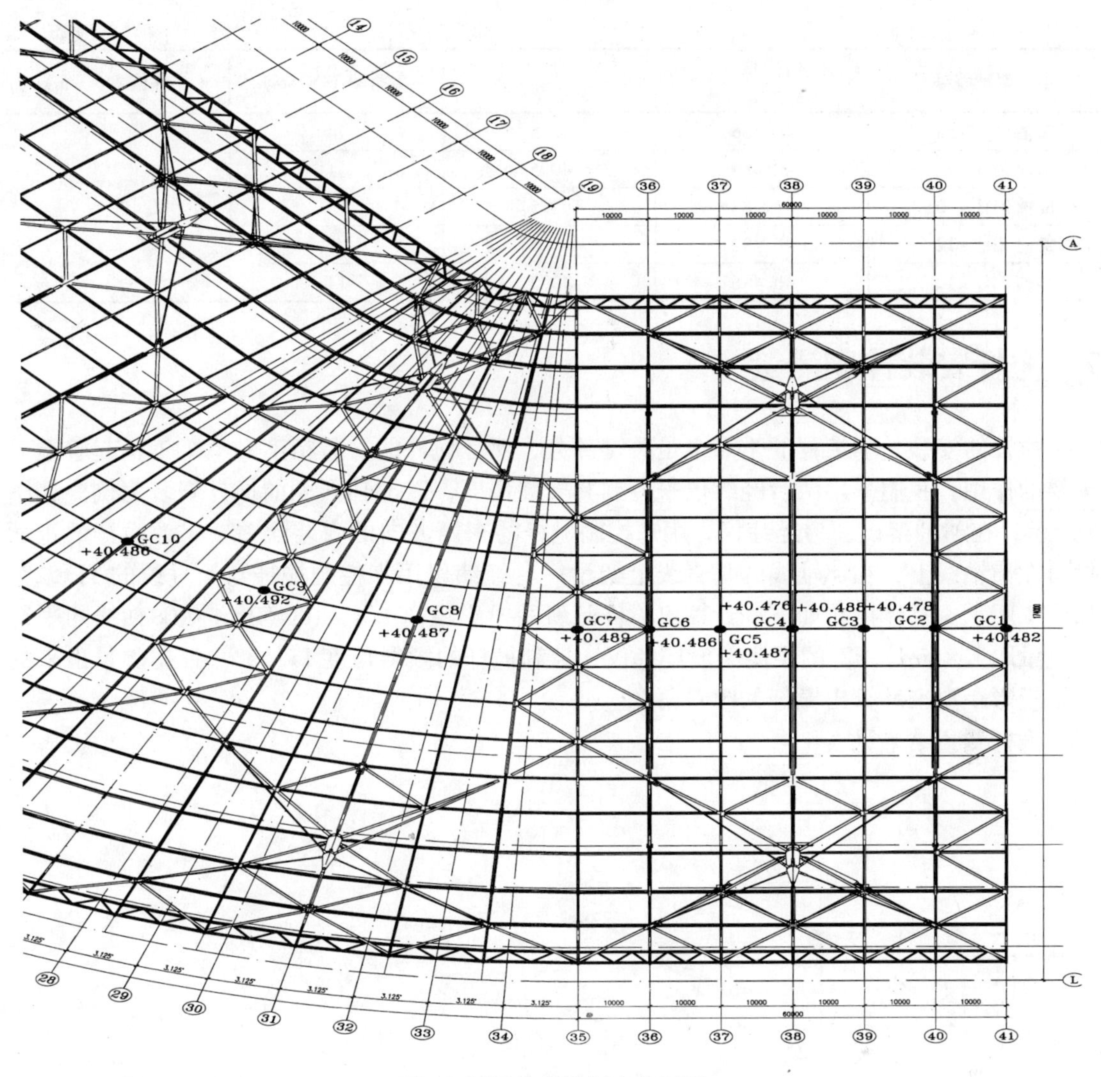

图2　测量检查控制点布置图

6.2　桁架测量成果

以⑲~㊶轴为例，测量检查控制点布置如图2，测量结果见表3。

主桁架跨中顶点标高检查表　　**表3**

主桁架轴线编号	桁架顶点标高测量（m）	设计标高（m）	实测偏差（mm）	允许偏差（mm）
㊶轴 ZHJ-1	40.482	40.5	18	30
㊵轴 ZHJ-2a	40.478	40.5	22	
㊴轴 ZHJ-3a	40.488	40.5	12	
㊳轴 ZHJ-4	40.476	40.5	24	
㊲轴 ZHJ-3	40.487	40.5	13	

续表

主桁架轴线编号	桁架顶点标高测量（m）	设计标高（m）	实测偏差（mm）	允许偏差（mm）
㊱轴 ZHJ－5a	40.486	40.5	14	30
㉟轴 ZHJ－7	40.489	40.5	11	
㉛轴 ZHJ－10a	40.487	40.5	13	
㉗轴 ZHJ－12	40.492	40.5	8	
㉓轴 ZHJ－10	40.486	40.5	14	

7 桅杆安装控制测量

桅杆的安装是本工程的重点也是关键部分，保证桅杆的安装精度对整个工程起着至关重要的作用。我们采用两台经纬仪来控制其安装精度，以㊳轴西侧的桅杆安装为例。如图3所示，在㊳轴架设一台经纬仪，用来控制桅杆的东西方向的安装误差，保证桅杆的正面投影在㊳轴线上，在㊳轴线的垂直线上架设一台经纬仪用来控制桅杆与铅垂线的11.52°，如图4所示。具体操作如下：计算出桅杆倾斜的投影距离 L×sin11.52°，在㊳轴线的平行线上量取 L×sin11.52°的距离架设经纬仪，控制桅杆的倾斜角度11.52°，根据测量出来的实际投影距离来反算出桅杆的倾斜角度。

桅杆测量结果见表4。

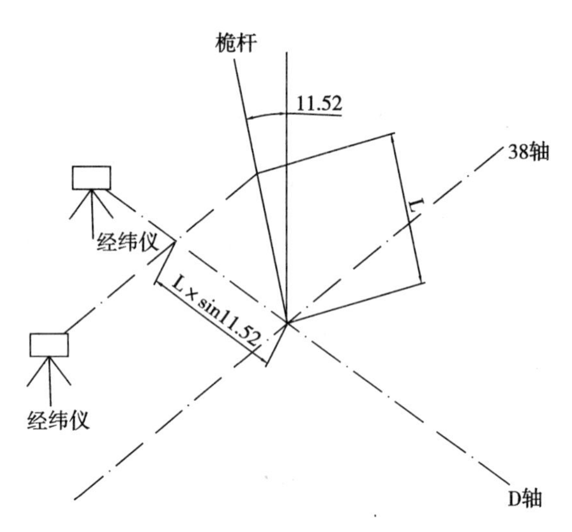

图3 桅杆安装控制图

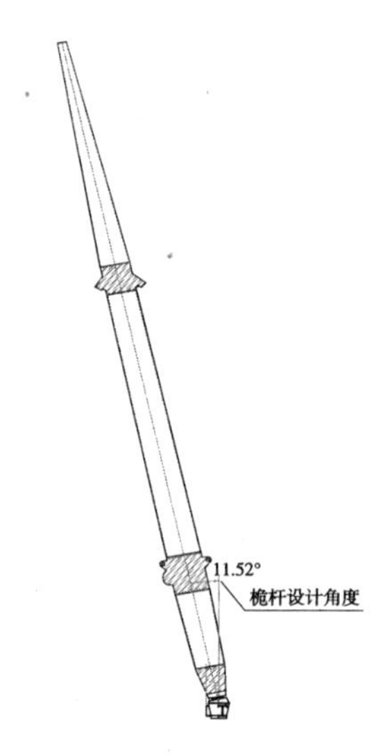

图4 桅杆设计角度图

桅杆角度偏移角度检查表 **表4**

桅杆位置	提升前桅杆角度（设计角度11.52°）	提升后相应的顶部位移（mm）	提升后桅杆角度（设计角度11.52°）	提升后相应的顶部位移（mm）
㊳轴东区桅杆	11.31	64.6	11.42	30.8
㊳轴西区桅杆	11.35	52.3	11.45	21.5
㉗轴西区桅杆	11.33	58.5	11.42	30.8
㉓轴东区桅杆	11.32	61.5	11.43	27.7
㉛轴东区桅杆	11.33	58.5	11.44	24.6

8 结论

从以上监测结果来看：参照《钢结构施工质量验收规范》（GB 50205—2001），桁架标高允许偏差小于 ±*H*/1000 且小于 ±30，测量结果在允许范围内。桅杆顶部偏移允许偏差小于 ±*H*/2500 且小于 50，测量结果在允许范围内。

大跨度钢屋盖施工技术

朱乐宁　程瑞华

（浙江精工钢结构有限公司）

摘　要： 郑州会展中心为大跨度无柱结构形式，安装难度大，技术含量高

关键词： 大跨度钢屋盖　大型铸钢件　桅杆　拉索

1　工程概况

郑州国际会展中心是郑州市郑东新区首个标志性工程，平面上由展览中心和会议中心组成，其中展览中心为地上 6 层，地下 1 层，建筑高度 40.5m，桅杆最高处高度为 71.783m。浙江精工钢结构建设集团有限公司承建的展览大厅钢结构工程郑州国际会展中心建筑安装工程的一个分部工程，也是该工程中最具形象性的分部工程之一。展厅钢结构工程总用钢约 8000t，在总体结构布置上采用了 50°的整体转角连接 180m×152m 的矩形结构和 60m×152m 的矩形结构，在国内会展类结构上显示了独具一格的特色。该大跨桁架结构主要由纵向的 37 榀主桁架、横向的 570 榀次桁架交错相连，并用 11 根桅杆通过拉索固定住。最大跨度 102m，其中采用了 60m 跨的张弦梁结构和 21m 的斜拉索结构共同组合组成，在国内也是首次采用该结构形式。工程中铸钢件总用量为 2200t，占总用钢量的 30%，其中最大铸钢件 35.8t，安装高度 40m，锥形桅杆上铸钢件的最大安装高度为 57m。

2　展览大厅平、立面图（图 1、图 2）

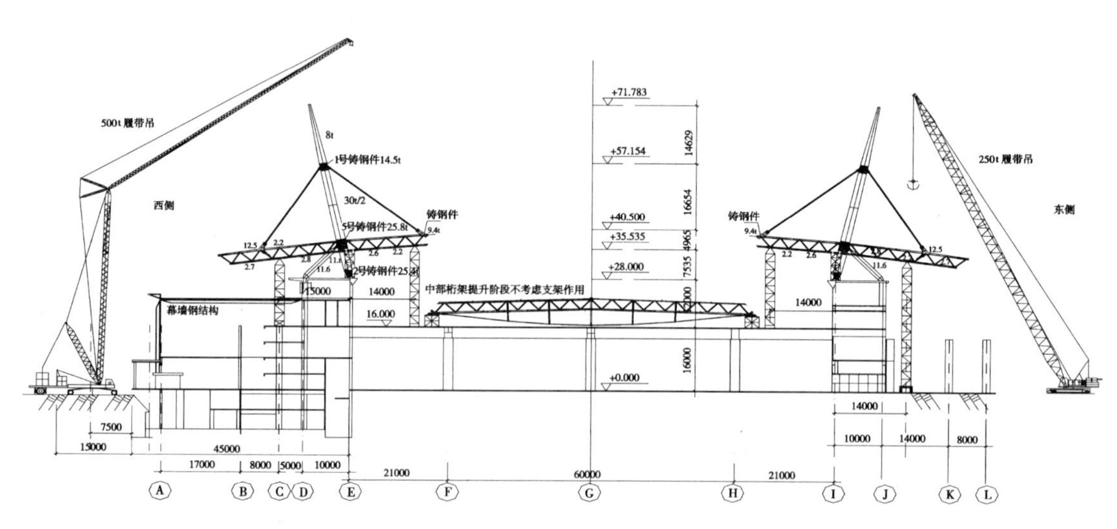

图 1　展览大厅立面图

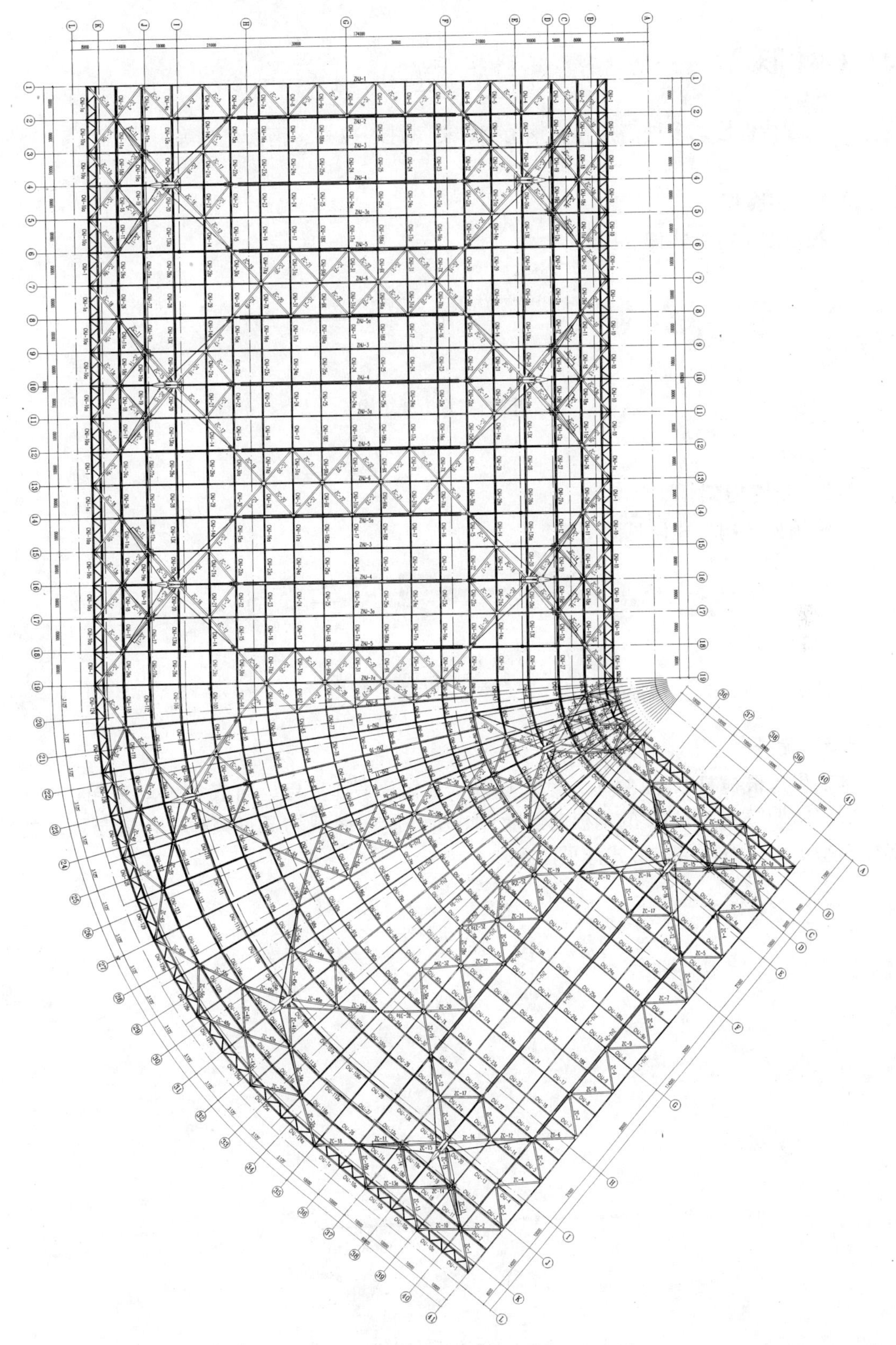

图 2　展览大厅平面图

3 构件形式

本工程构件形式多种多样，有钢桁架、铸钢件、拉索、钢管桅杆等。

3.1 实腹桁架

实腹桁架结构形式详见图 3。

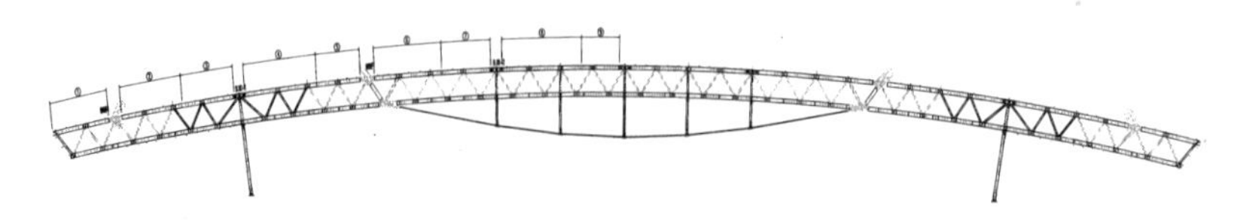

图 3　实腹桁架结构

3.2 空腹桁架

空腹桁架结构形式详见附图 4。

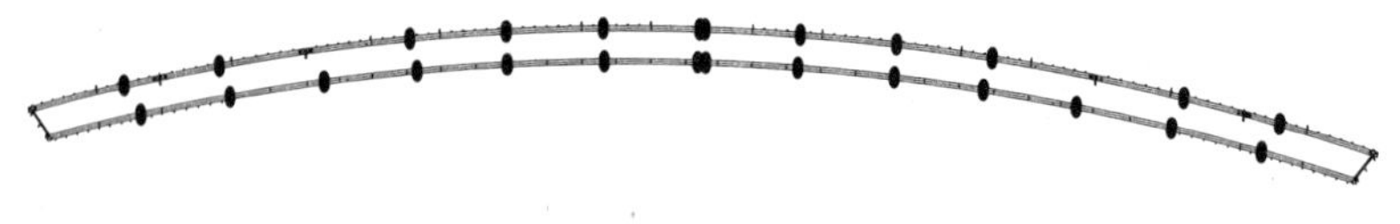

图 4　空腹桁架结构

3.3 桅杆

本工程每根桅杆长约 45m，重量 110t（含铸钢件），与竖向成 11.52°夹角，由 40、36、20、16 材质为 Q345C 的钢板卷制而成。所有屋面荷载均通过该桅杆传递至预埋的箱形柱至基础上，桅杆结构形式详见图 5。

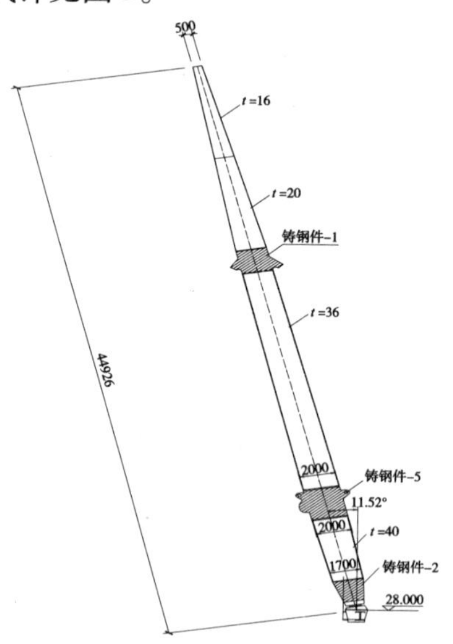

图 5　桅杆立面图

3.4 铸钢件

本工程铸钢种类繁多、结构形式复杂，其材质20Mn5（V），化学成分参照德国DIN17182标准，化学成分具体控制如下：

C：0.15%~0.18%　Si≤0.60%　Mn≤0.60%　P≤0.60%

S≤0.60%　Cr≤0.60%　Mo≤0.15%　Ni≤0.40%

机械性能要求如下：

屈服强度：≥230MPa　抗拉强度：≥450MPa

延伸率：≥22%　冲击功ak：≥45j

工程中使用的铸钢件类型主要有如下的1号~10号。

3.4.1 铸钢件1

1号铸钢件：单重14t，使用部位及构造如图6所示。

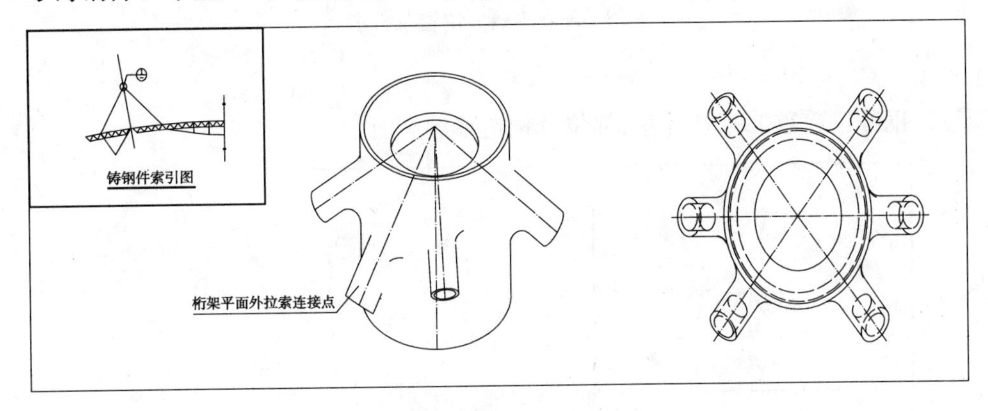

图6　1号铸钢件位置及构造

3.4.2 铸钢件2

2号铸钢件：单重25.4t，使用部位及构造如图7所示。

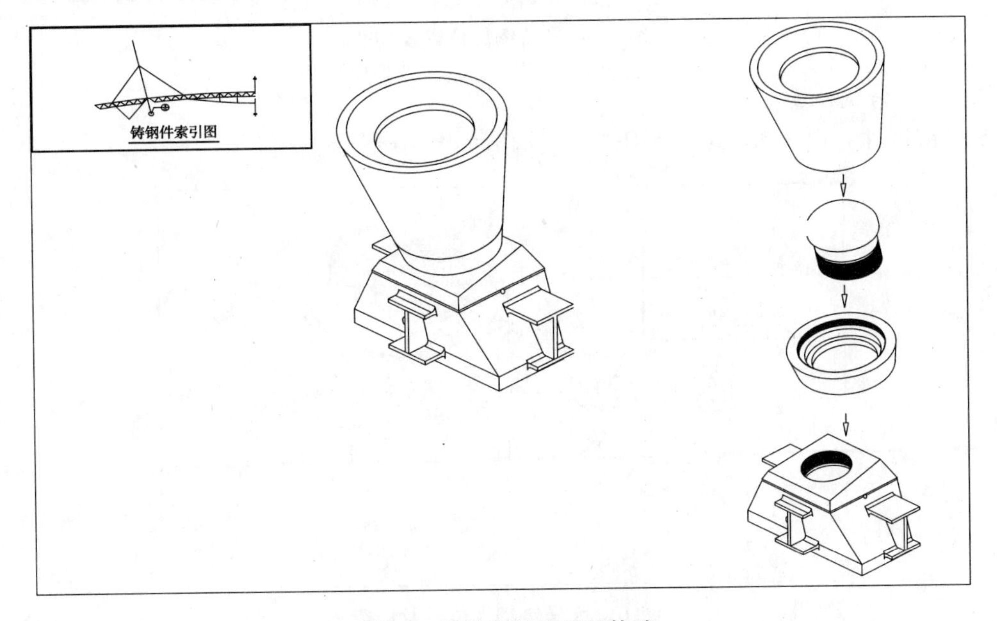

图7　2号铸钢件位置及构造

3.4.3　铸钢件 3

3 号铸钢件：单重 4.64t，使用部位及构造如图 8 所示。

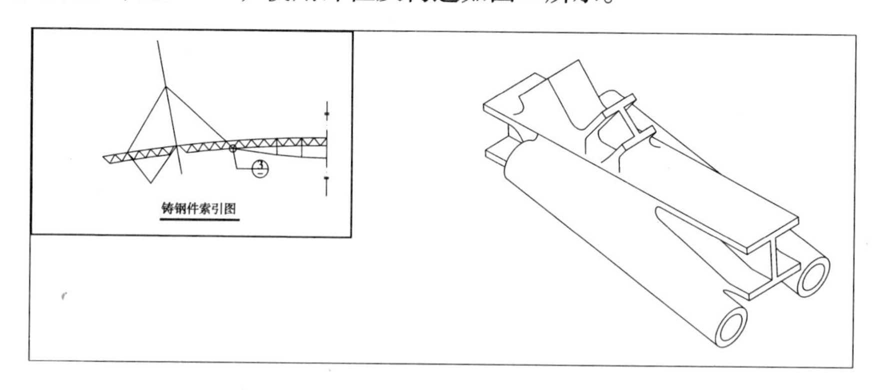

图 8　3 号铸钢件位置及构造

3.4.4　铸钢件 4

4 号铸钢件：单重 15.7t，使用部位及构造如图 9 所示。

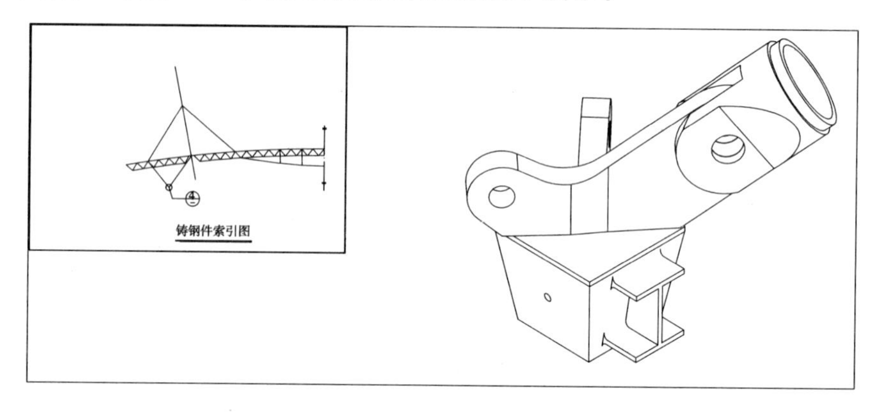

图 9　4 号铸钢件位置及构造

3.4.5　铸钢件 5

5 号铸钢件：单重 35.8t，使用部位及构造如图 10 所示。

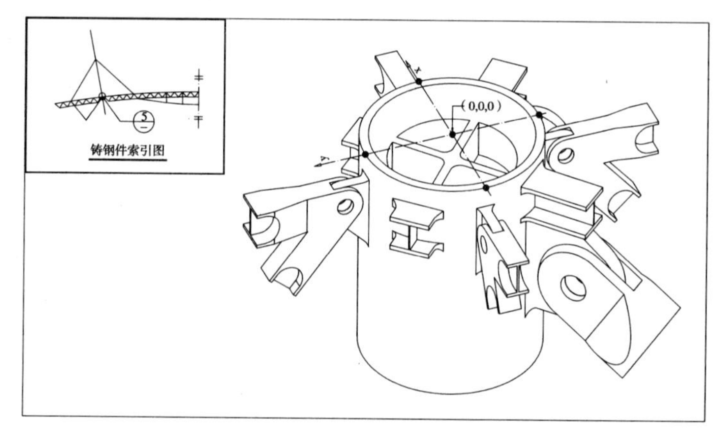

图 10　5 号铸钢件位置及构造

3.4.6　铸钢件6、7、8

6号、7号、8号铸钢件：单重9.1t，使用部位及构造如图11所示。

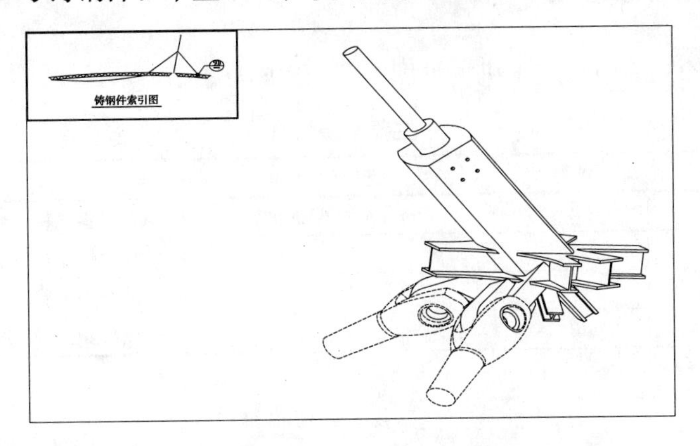

图11　6号、7号、8号铸钢件位置及构造

3.4.7　铸钢件9

单重10.8t，使用部位及构造如图12所示。

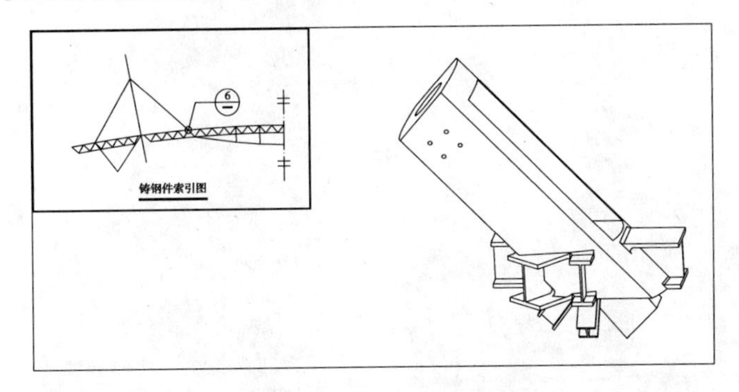

图12　9号铸钢件位置及构造

3.4.8　铸钢件10

10号铸钢件：单重0.618t，使用部位及构造如图13所示。

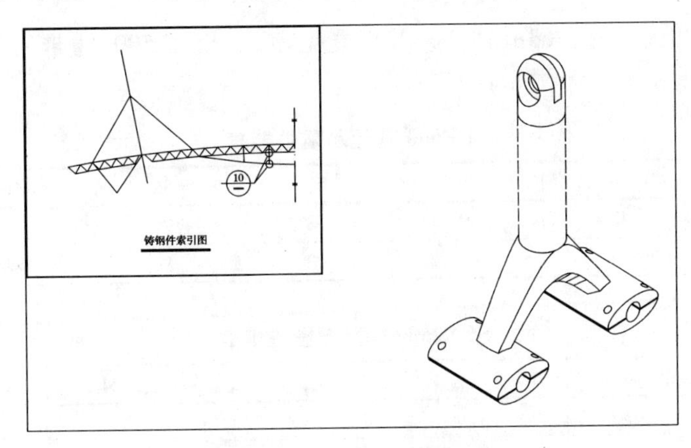

图13　10号铸钢件位置及构造

4 主要施工机械选用

施工中选用的主要吊装施工机械见图14、图15及表1。

主要吊装机械 **表1**

设备名称	数量	选用性能	主要用途
500t履带吊	1	49m主臂+63m铺臂	桅杆段钢结构吊装
250t履带吊	1		桅杆段钢结构吊装
50t履带吊	2		中弦桁架上料
16t汽车吊	2		中弦段钢结构16m平台安装

图14

图15

LR500t选用49m主臂、63m铺臂，其性能见表2；SCX2500t履带吊先选用70.10m主臂，其性能见表3。

LR500超起起重性能表 **表2**

半径（m）	44	48	52	56	60	64
起重量（t）	42	40	38	36	34	32
起吊高度（m）	92	91	90	89	88	82

SCX2500标准起重性能表 **表3**

半径（m）	16	18	20	22	24	26	28
重量（t）	43	41	40	36	32	28	25
起吊高度（m）	62	61	61	60	59	58	57

5 施工总流程图（图 16）

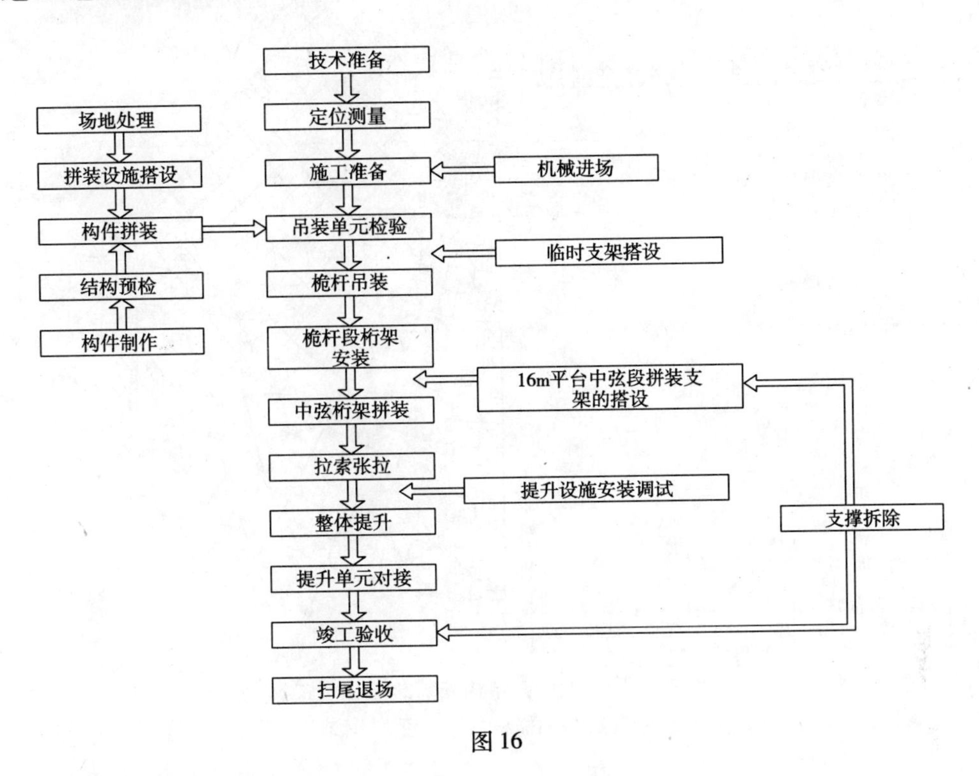

图 16

6 钢结构件安装总顺序（图 17 ~ 图 23）

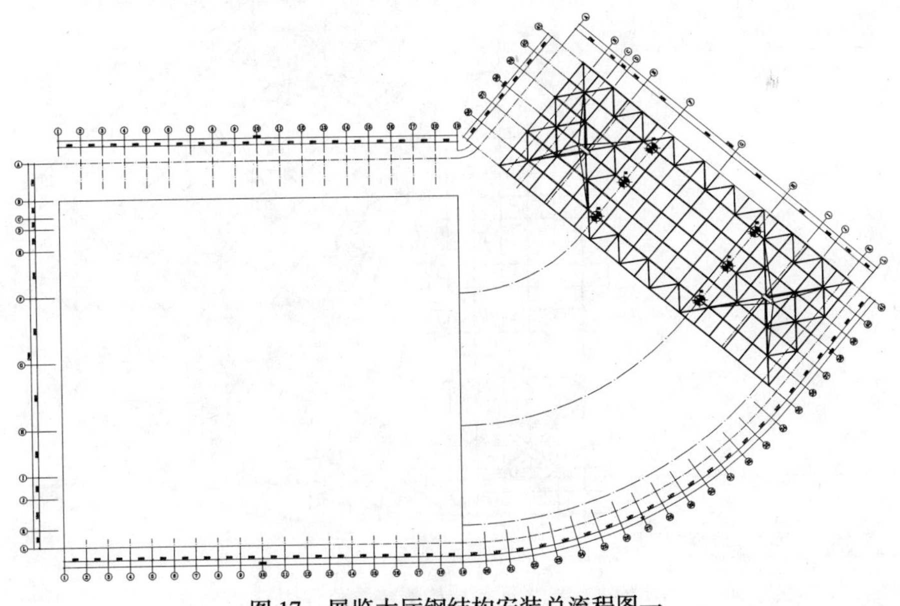

图 17 展览大厅钢结构安装总流程图一
安装㊶轴到㉟轴桅杆段、中弦段钢结构

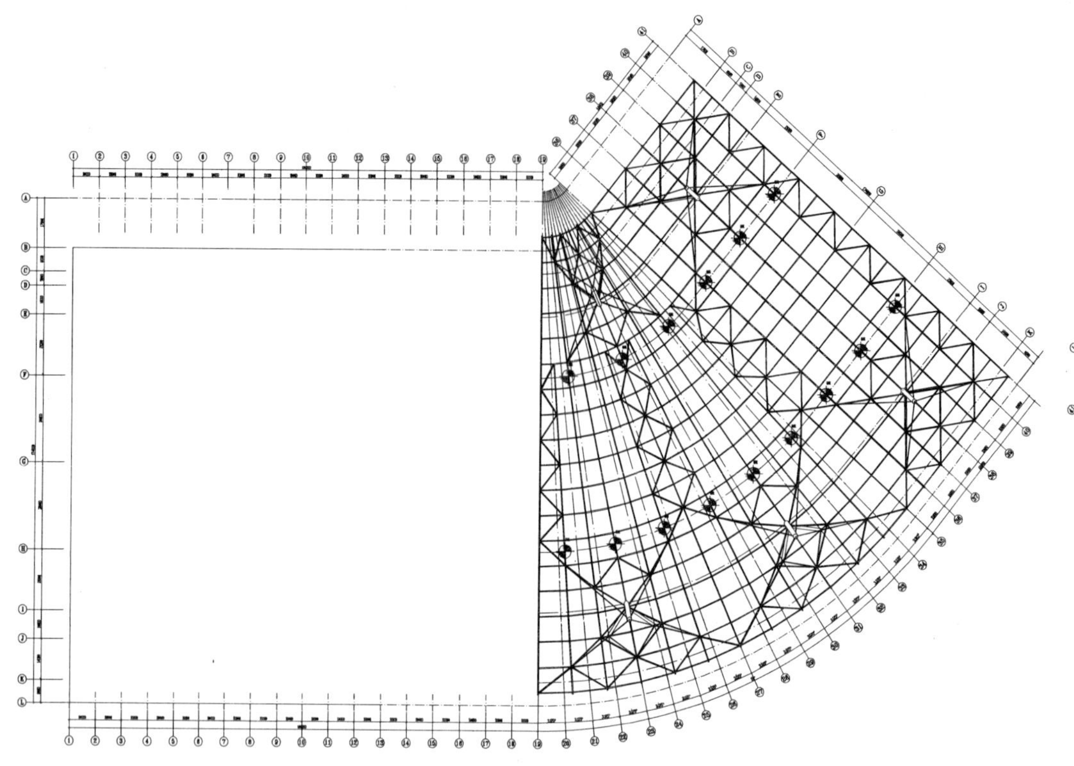

图 18　展览大厅钢结构安装总流程图二
安装㉟轴到⑲轴桅杆段、中弦段钢结构

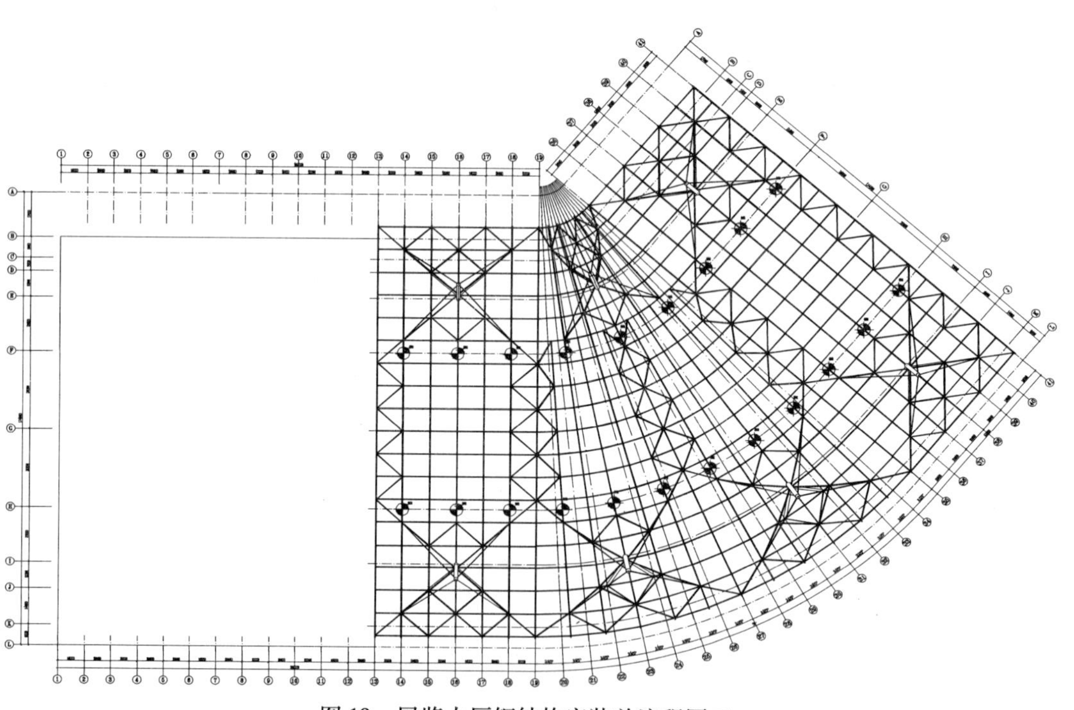

图 19　展览大厅钢结构安装总流程图三
安装⑲轴到⑬轴桅杆段、中弦段钢结构

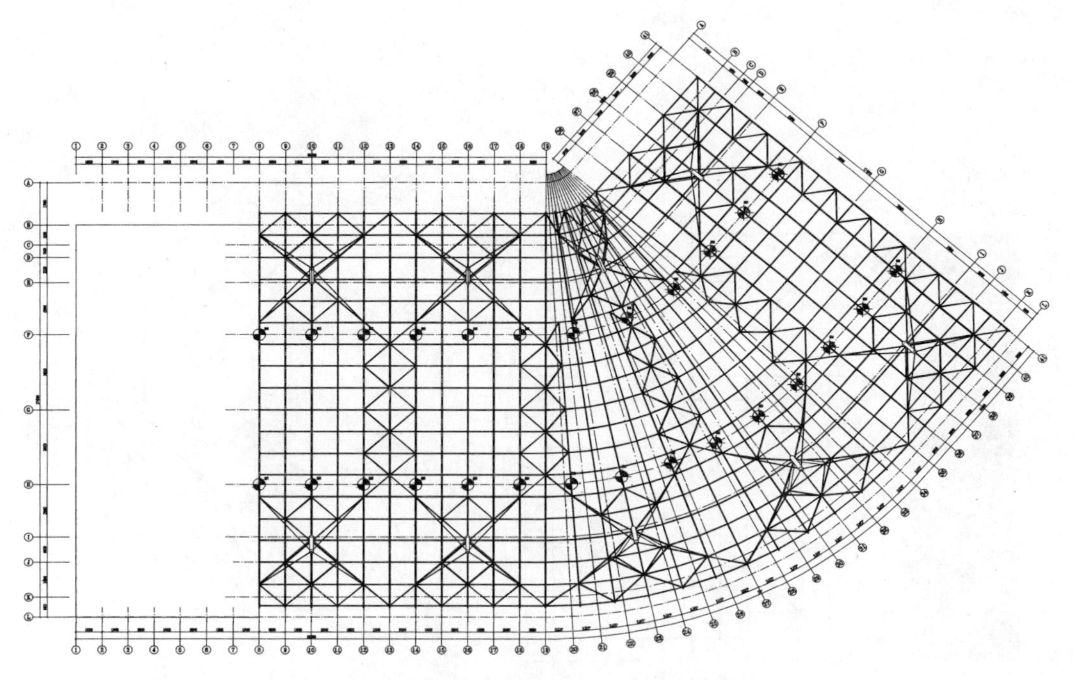

图 20　展览大厅钢结构安装总流程图四
安装⑫轴到⑧轴桅杆段、中弦段钢结构

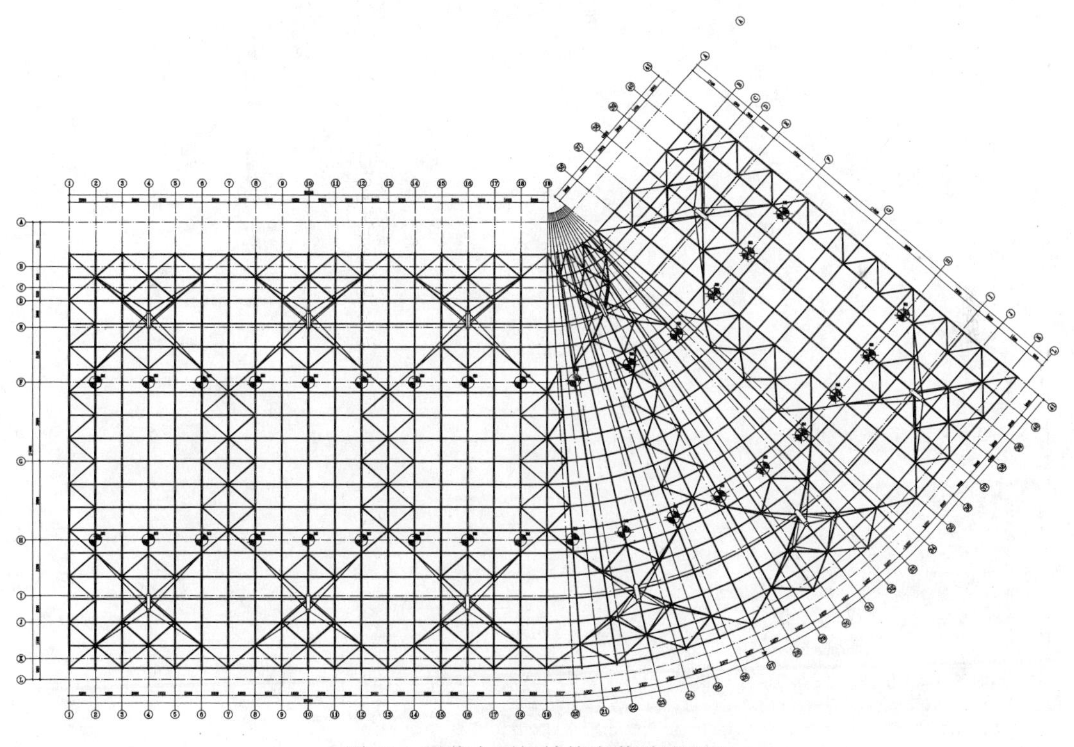

图 21　展览大厅钢结构安装总流程五
安装⑦轴到①轴桅杆段、中弦段钢结构

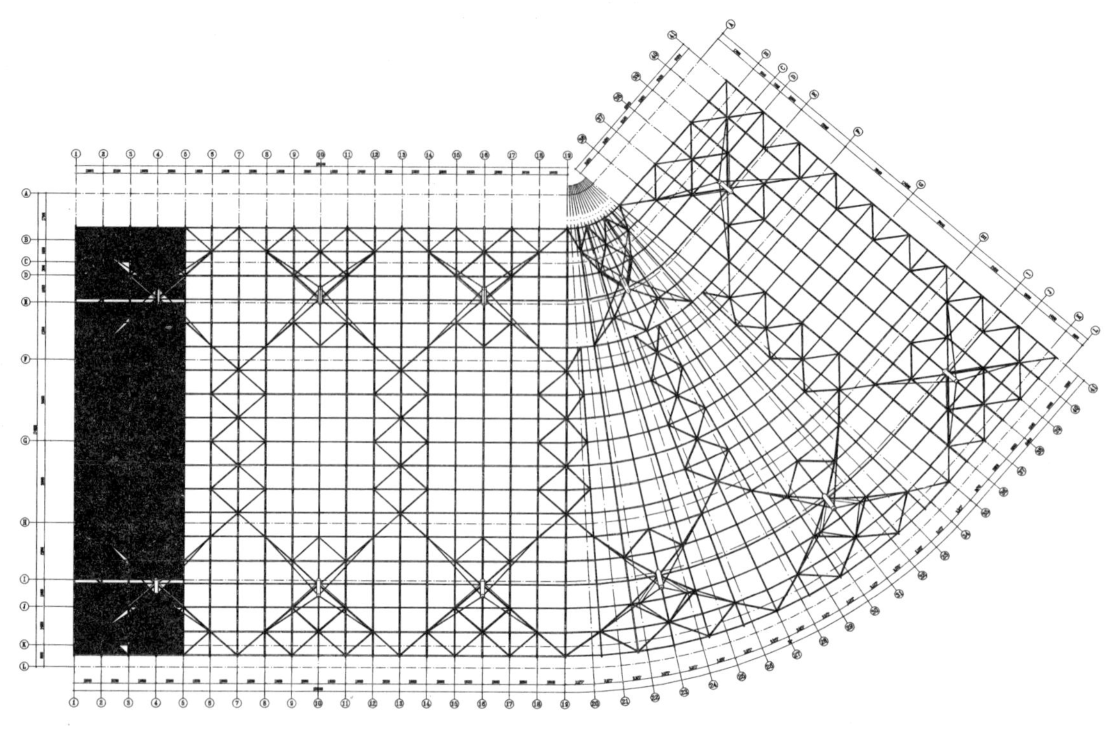

图 22　展览大厅钢结构安装总流程图六
屋面板安装

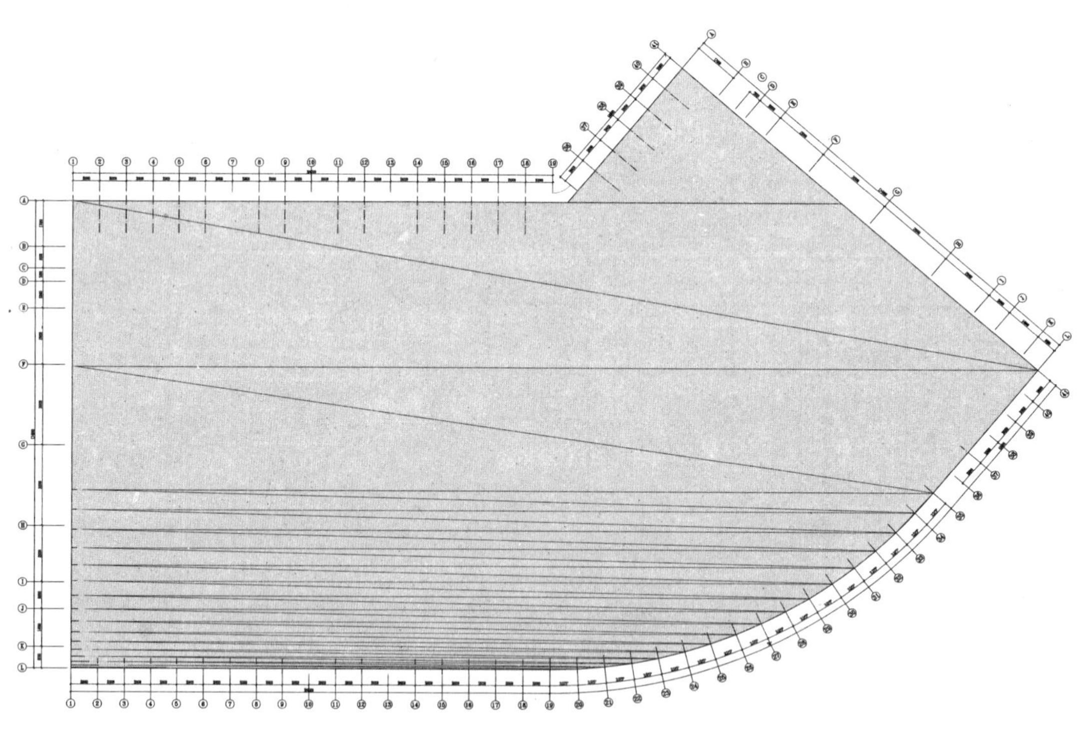

图 23　展览大厅钢结构安装总流程图七
屋面板安装完毕　钢结构工程结束

7 钢结构安装吊机布置图（图 24）

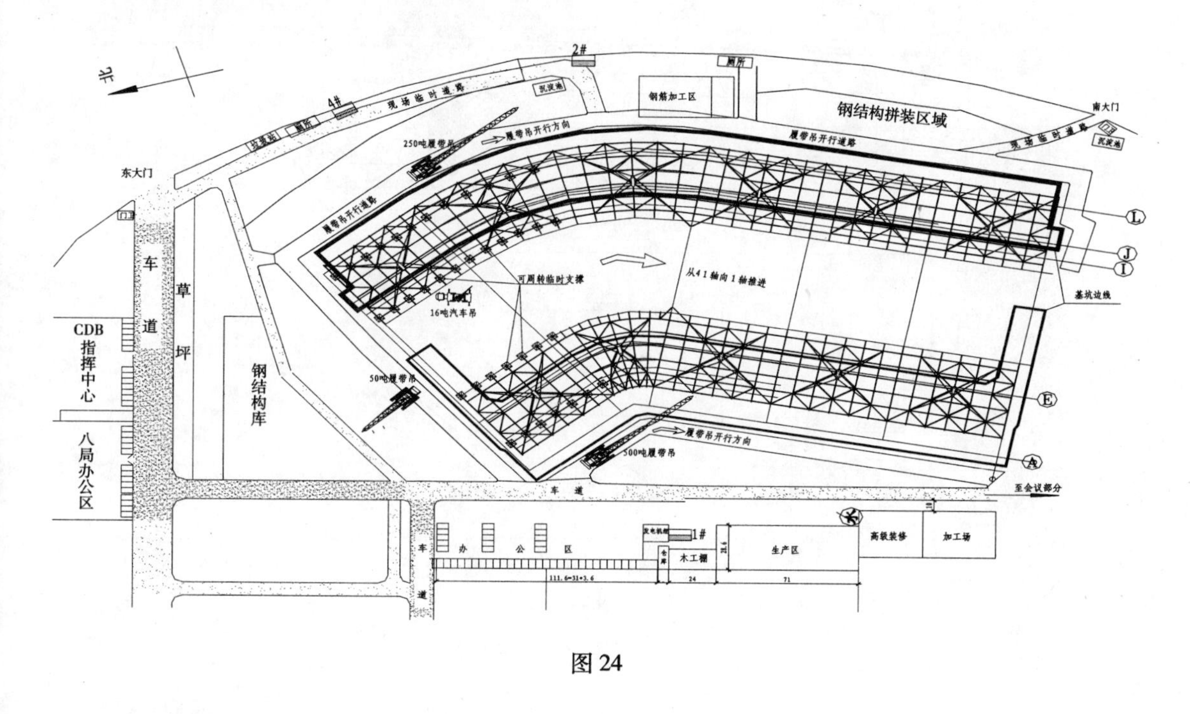

图 24

8 钢结构吊装工艺

桅杆段钢结构的安装采用 500t、250t 履带吊跨外吊装，最大安装半径控制在 64m，最重构件为 40t。

中弦段钢结构采用 16t 汽车吊在 16m 平台上将屋盖拼装于胎架上，然后分五次整体提升到位。

8.1 本工程难点

8.1.1 工程中大量使用厚壁铸钢件（壁厚最大 100mm），铸钢件加工及安装、焊接难度很大。

8.1.2 利用柔性结构体系为载体进行液压整体提升，变形不易控制。

9 桅杆段钢结构安装

9.1 桅杆与铸钢件地面预拼装

为了保证桅杆与桅杆、桅杆与铸钢件对口精度，在地面做胎架进行桅杆预拼装。参见图 25。

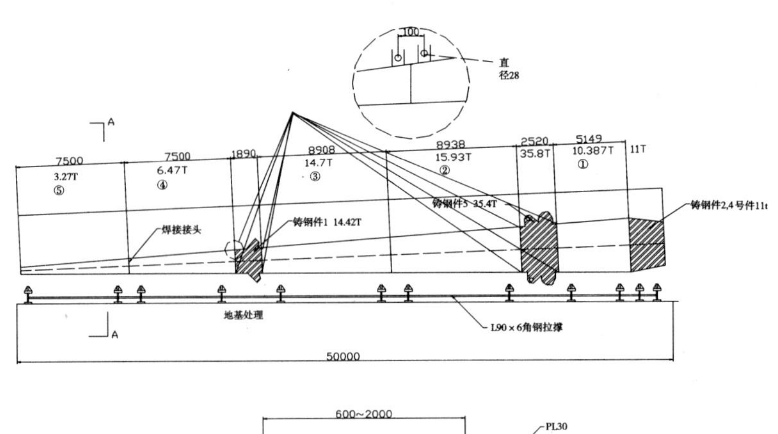

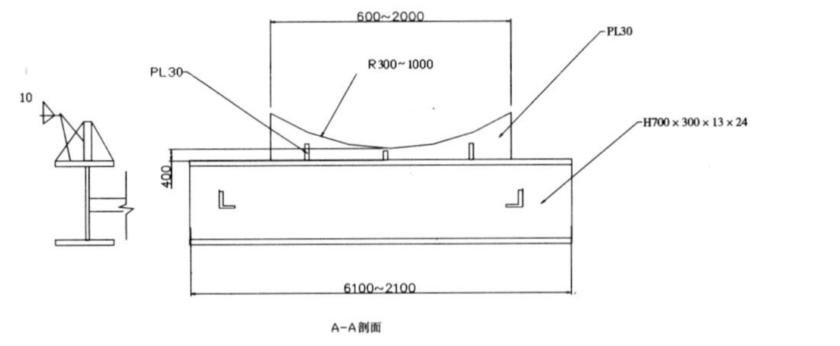

图 25

9.2 预埋件（2 号铸钢件）安装（图 26）

图 26

9.3 桅杆段桁架安装步骤（图27、图28）

图27

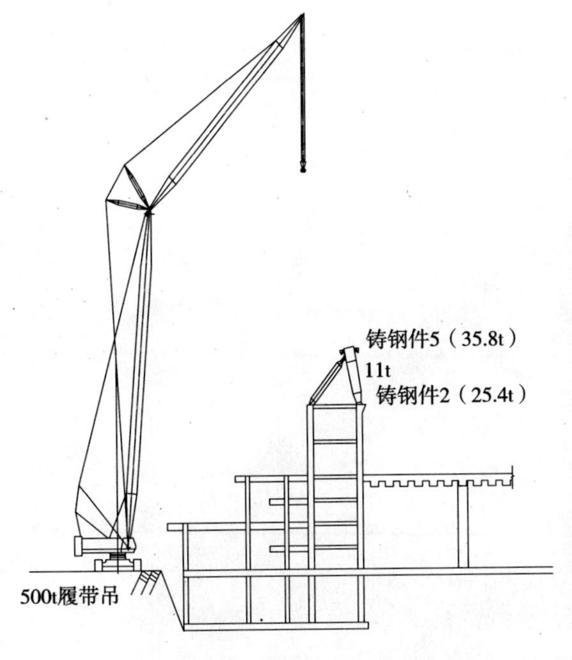

图28

9.4 安装5号铸钢件（图29）

图29

9.5 5号铸钢件安装结束照片（图30）

图30

9.6 临时支撑设置（图 31）

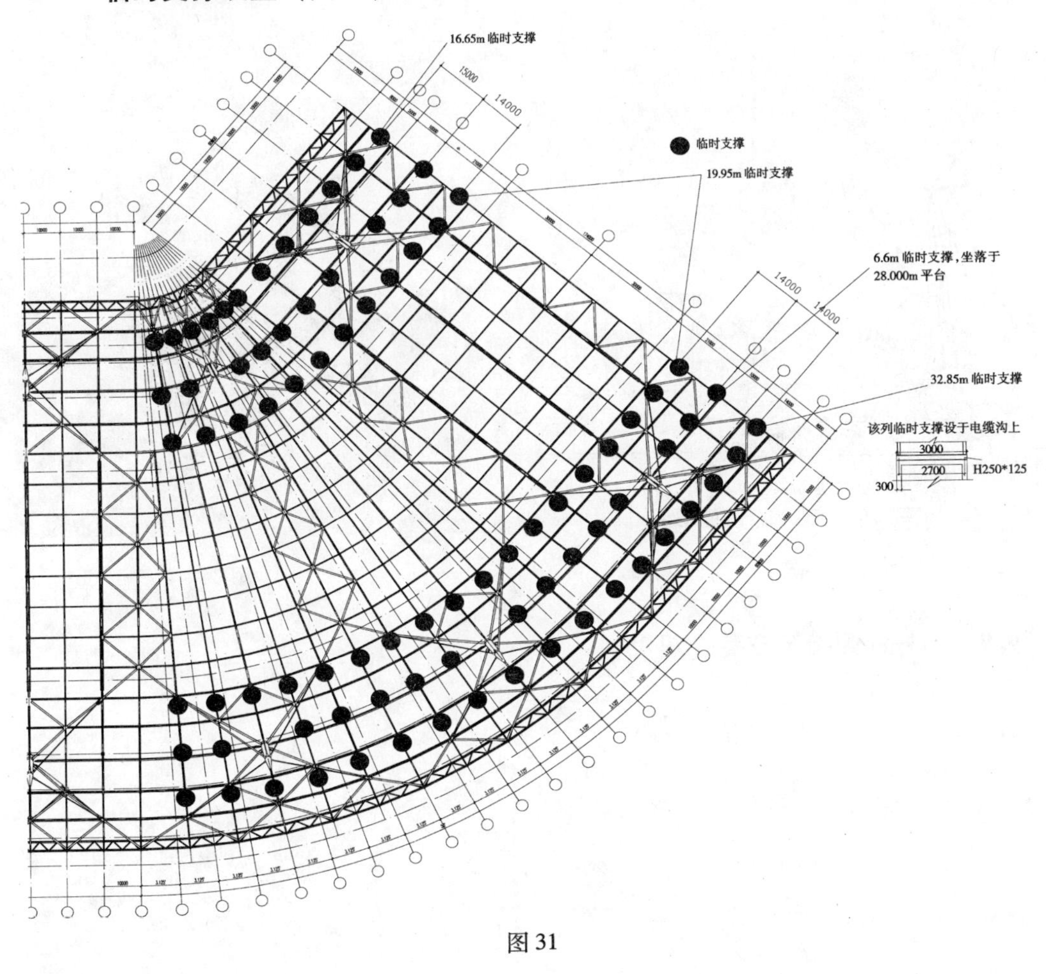

图 31

9.7 临时支撑安装照片（图 32）

图 32

9.8 桅杆内侧桁架安装（图33、图34）

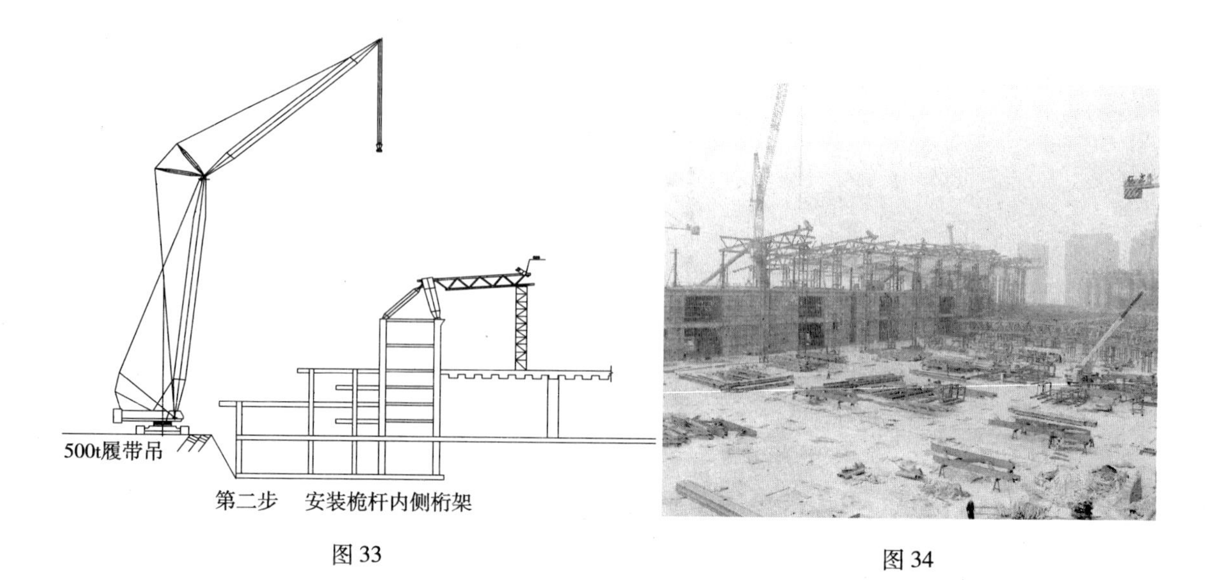

图33

图34

9.9 桅杆外侧桁架安装（图35）

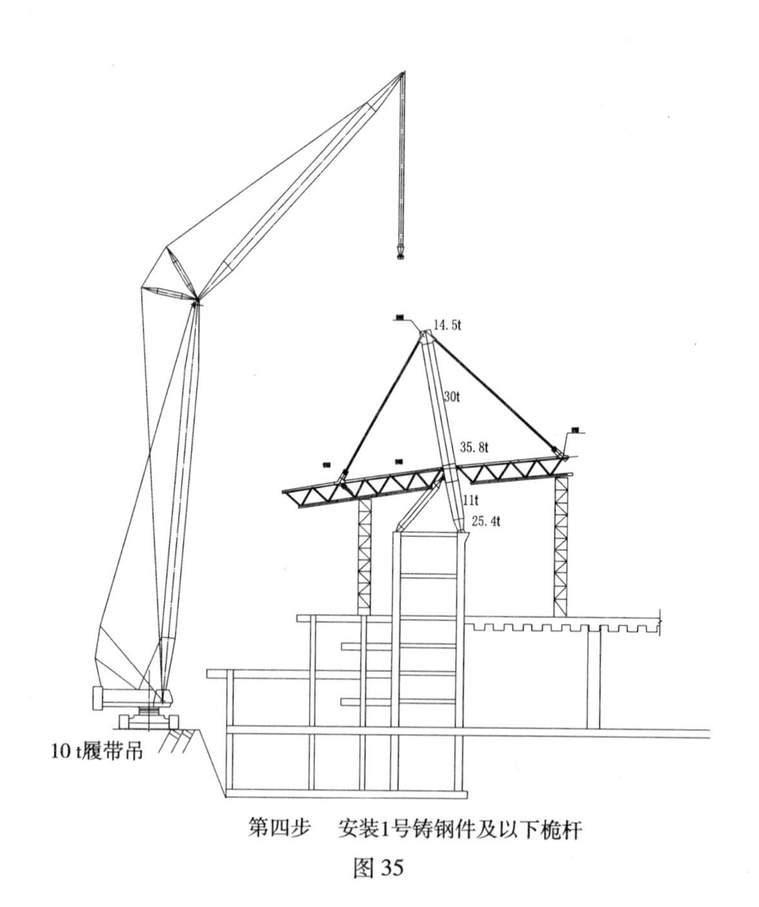

第四步　安装1号铸钢件及以下桅杆

图35

9.10 安装1号铸钢件（图36~图42）

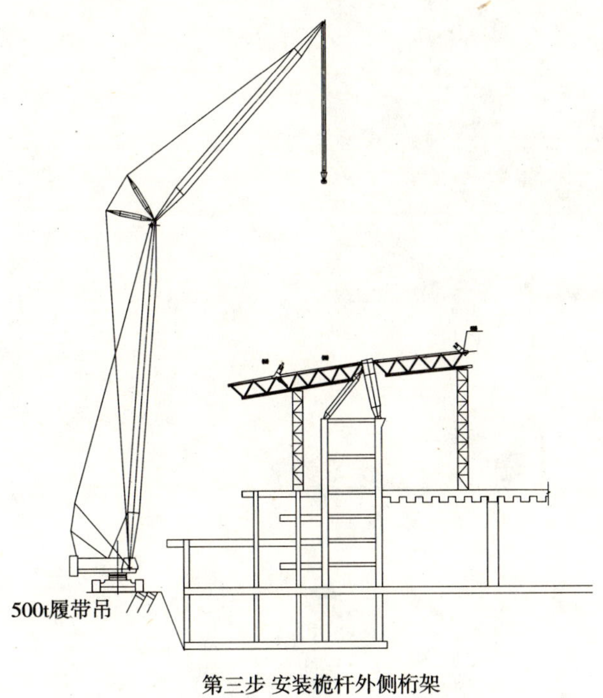

图36

图37

图38

图39

图 40

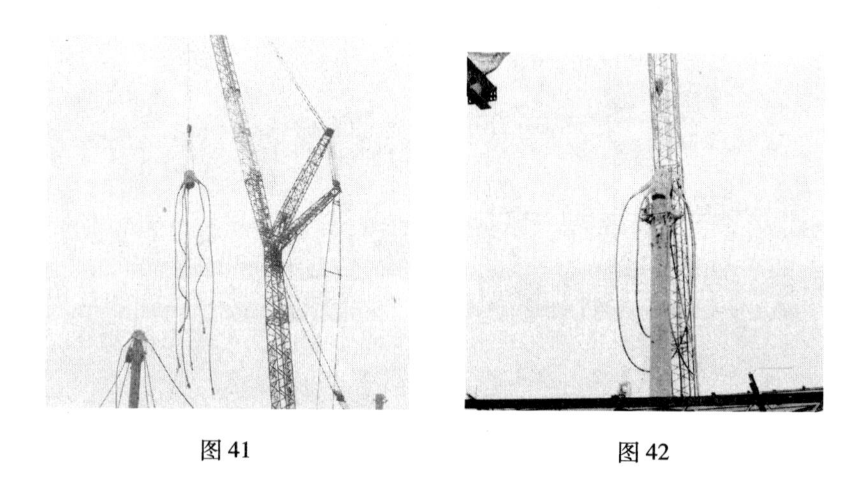

图 41　　　　图 42

9.11　桅杆最终段安装（图 43）

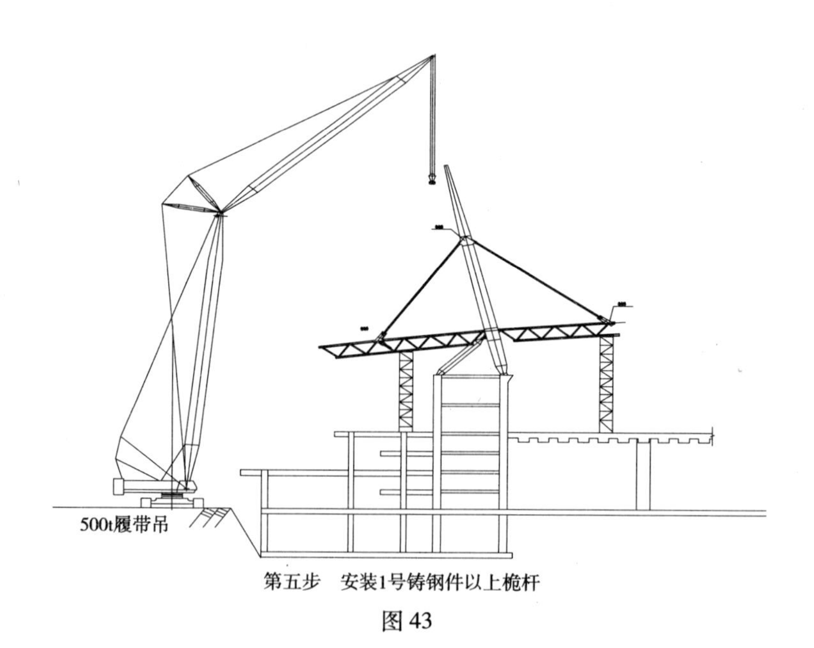

第五步　安装1号铸钢件以上桅杆

图 43

10　中部张弦桁架构件的安装

中部张弦桁架是采用在16m平台拼装，分级张拉到位后，以每对桅杆的覆盖范围为一单元，整体提升到位的安装方法。根据构件分段的重量和16m平台混凝土结构设计的承载能力，选用16t汽车吊即能满足构件的安装需要。汽车吊可以在平台上自由开行，但是在起吊工作时，支腿下必须设置必要的扩散措施，本工程采用20mm钢板扩散层，钢板的面积为2m×2m。参见图44、图45。

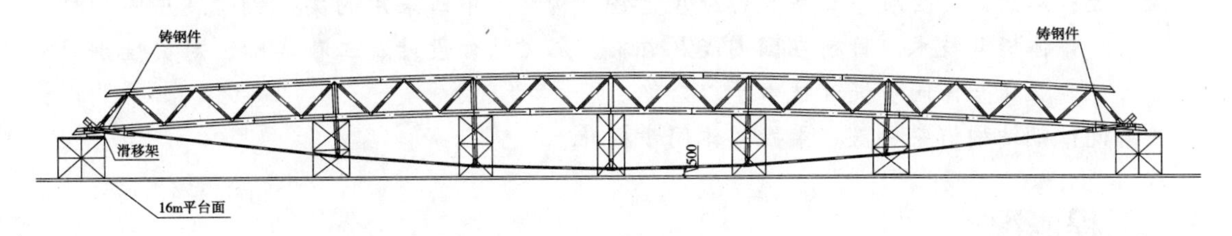

图44

图45　中弦段在胎架上拼装照片

大规模钢结构屋盖桁架柔性整体提升技术

程瑞华

（浙江精工钢结构有限公司）

摘　要： 郑州国际会展中心展览部分屋盖钢结构施工中所采用的柔性钢索液压同步整体提升技术，目前在国内尚属首次，本文结合设计及工程实际，对柔性钢索液压整体同步提升技术予以介绍。

关键词： 钢结构桁架屋盖　柔性整体同步提升

1　工程概况

由于施工场地及吊装设备的限制，郑州国际会展中心展览中心钢屋盖安装采用了目前国内最为先进的柔性钢索液压同步整体提升技术，整个钢结构屋盖分为五个提升区域，其中分为四个标准区和一个非标区，其中标准区最大重量为506t，非标区重量为862t，如此大的提升重量，采用柔索整体提升在国内尚属首次。展览大厅整体提升如图1所示。

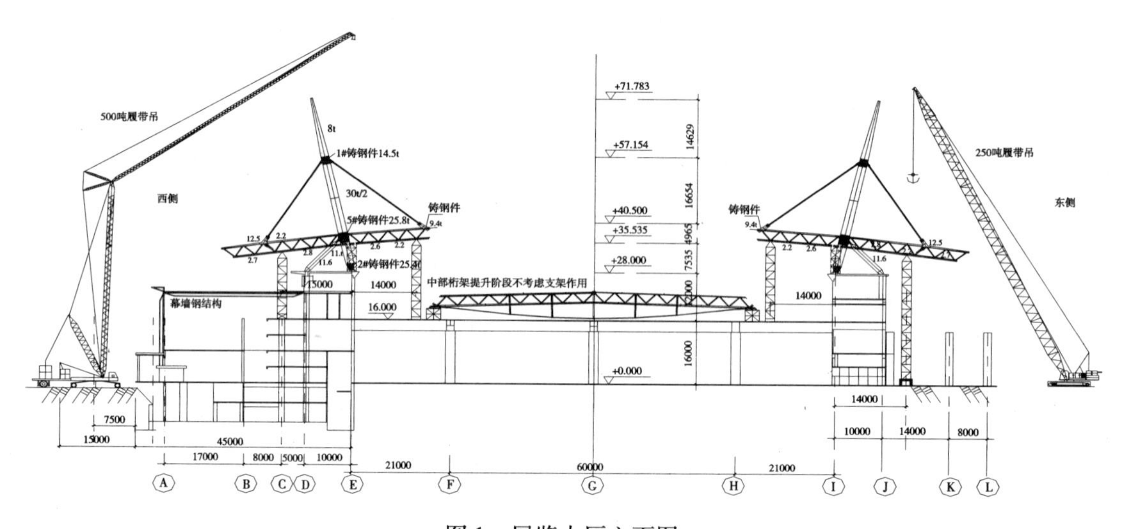

图1　展览大厅立面图

2　液压整体提升施工图

2.1　提升分区

液压整体提升根据整个钢屋盖的设计特点，在尽量不改变屋盖构件受力状态的前提下，将整个钢屋盖划分为五个整体提升区域。整体提升区域分别编号为Ⅰ~Ⅴ，其中前四个区域为标准区，外形及构件组成基本相同；Ⅴ区为非标准区，为整个弧形区域。因各区域间有共用主桁架，为保证分区整体提升过程中各提升点荷载均匀分布，将35线主桁架划分至Ⅰ区，13线主桁架划分至Ⅱ区，7线主桁架划分至Ⅳ区。详见图2所示。

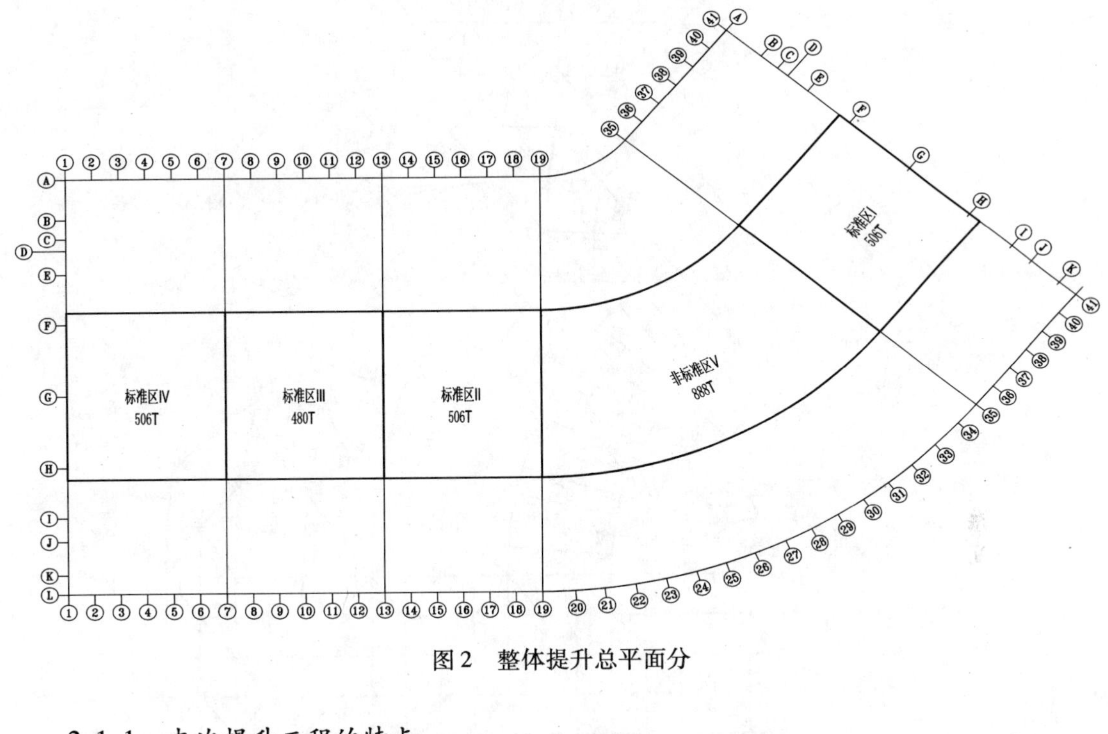

图2 整体提升总平面分

2.1.1 本次提升工程的特点

（1）提升区域面积大，提升过程中对钢屋盖各点的同步性要求较高；

（2）提升吊点载荷不同，每一桁架桅杆对应的三根斜拉索预应力不同。

2.1.2 液压同步提升的优点

（1）液压整体提升通过计算机控制各吊点同步，提升过程中构件保持平稳的空中姿态，提升同步控制精度高（约3mm内）；

（2）提升过程中各吊点受力均匀，提升速度稳定，加速度极小，在提升起动和停止工况时，屋盖钢结构不会产生不正常抖动现象；

（3）提升设备自动化程度高，操作方便灵活、安全可靠，构件提升就位精度高；

（4）可大大节省机械设备、人力资源。

2.2 提升吊点的设置

根据整体结构特点，在展览大厅布置提升吊点，如图3所示。

2.3 提升吊点

提升吊点如图4所示。

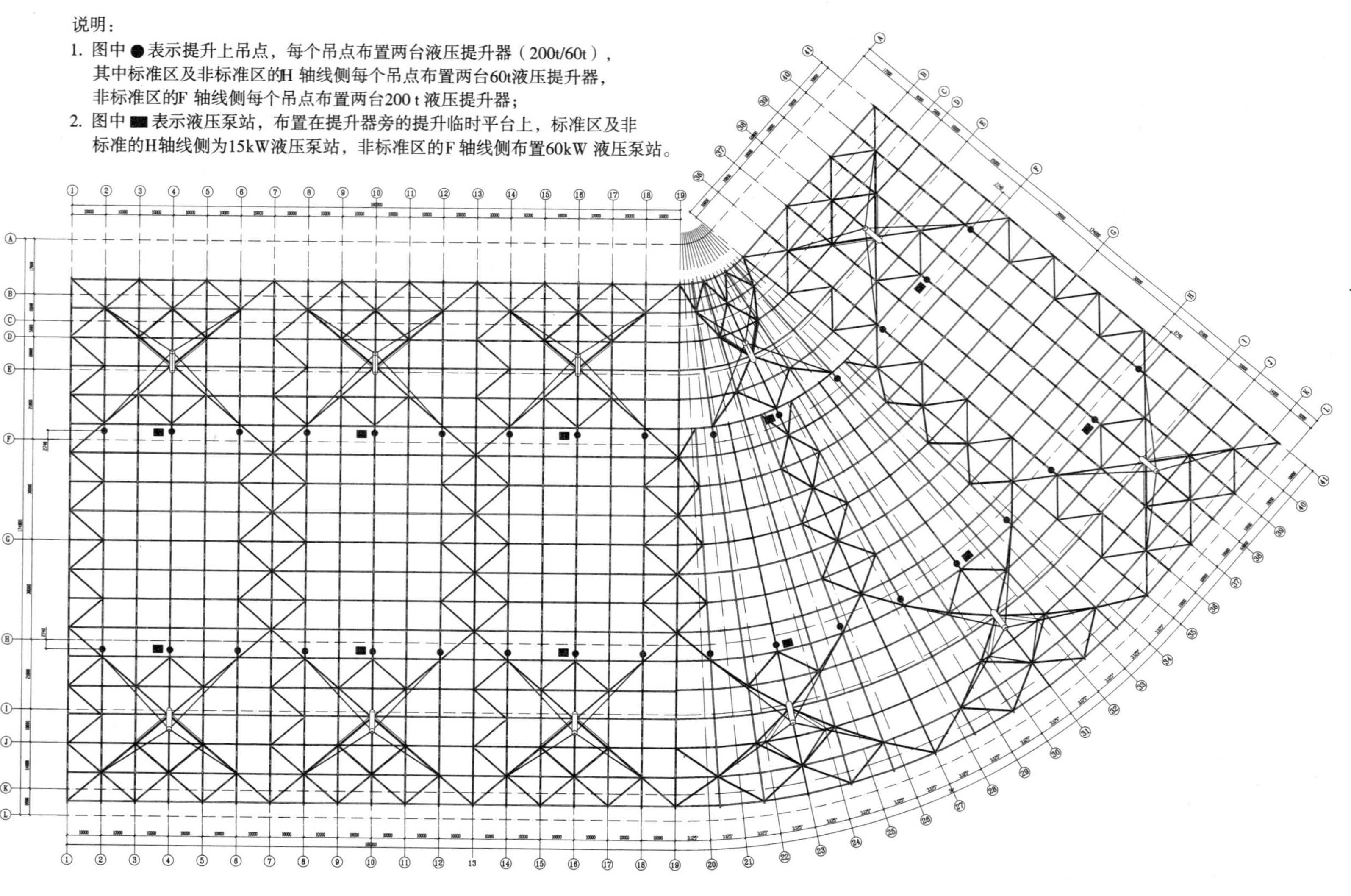

说明：
1. 图中●表示提升上吊点，每个吊点布置两台液压提升器（200t/60t），
其中标准区及非标准区的H 轴线侧每个吊点布置两台60t液压提升器，
非标准区的F 轴线侧每个吊点布置两台200 t 液压提升器；
2. 图中■表示液压泵站，布置在提升器旁的提升临时平台上，标准区及非
标准的H轴线侧为15kW液压泵站，非标准区的F 轴线侧布置60kW 液压泵站。

图 3　展览大厅提升总平面布置图

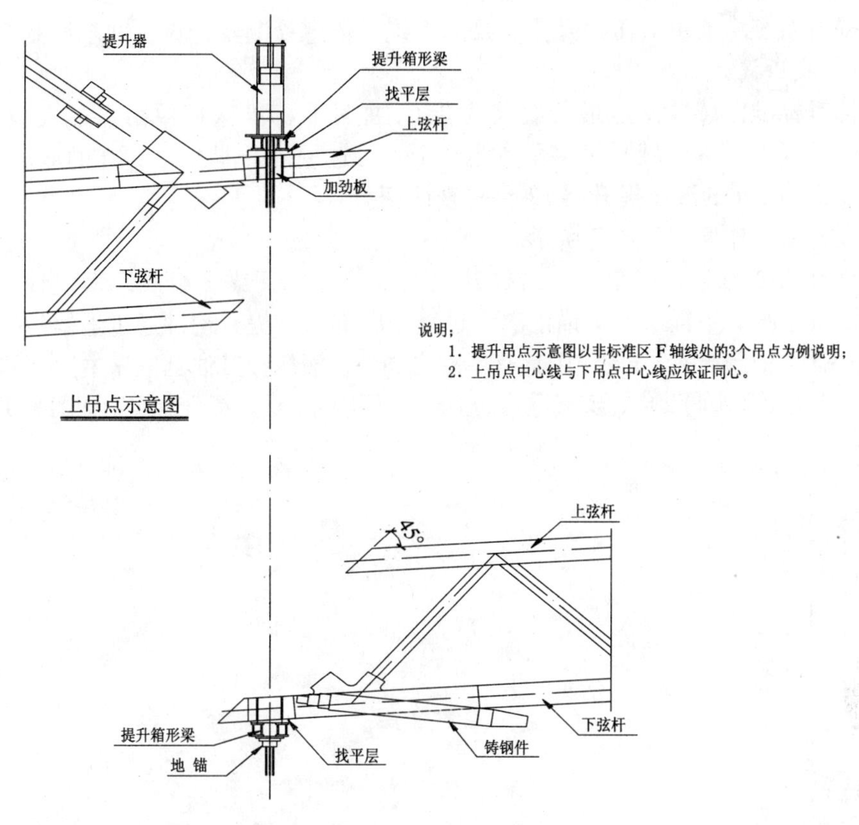

图4 上下吊点示意图

提升作业实物照片如图5、图6所示。

图5 提升吊点照片

图6 提升吊点照片

2.4 液压提升系统配置

液压提升系统主要由液压提升器、泵源系统、传感检测及计算机同步控制系统组成。

2.4.1 液压提升器及钢绞线

依据提升标准区域单吊点最大载荷为 85t，提升非标准区域单吊点最大载荷为 102t，一个提升区域（非标准区域）最多吊点为 9 个，可选用提升能力为 200t 的液压牵提升器 6 台及提升能力为 60t 的液压提升器 12 台配合使用。

液压提升器工作原理如图 7 所示。

液压提升油缸为穿芯式结构，由提升主油缸及上、下锚具组成，钢绞线从天锚、上锚、穿心油缸中间、下锚及安全锚依次穿过直至底部与被提升构件通过地锚相连接。

上、下锚具由于锲形锚片的作用具有单向自锁性，液压提升油缸依靠主油缸的伸缩和上、下锚具的夹紧或松开协调动作，实现重物的上升、下降或平移。提升器实物如图 8 所示。

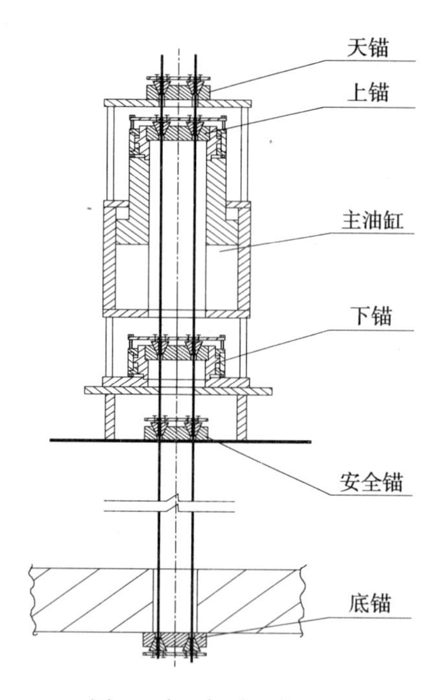

图 7 液压提升器构造图

图 8 液压提升器

钢绞线作为柔性承重索具，采用高强度低松弛预应力钢绞线，直径为 15.24mm，破断力为 26t。根据提升区域吊点载荷分布情况，200t 液压提升器中单根钢绞线的最大荷载为 51/18 =2.83t，单根钢绞线的安全系数为 26/2.83 =9.19；60t 液压提升器中单根钢绞线的最大载荷为 48.5/7 =6.93t，单根安全系数为 26/6.93 =3.75，多次的工程应用和实验研究表明，取用这一系数是可靠的。

2.4.2 泵源系统

泵源液压系统为提升器提供液压动力，在各种液压阀的控制下完成相应的动作。

在不同的工程使用中，由于吊点的布置和提升器安排都不尽相同，为了提高液压提升设备的通用性和可靠性，泵源液压系统的设计采用了模块化结构。根据提升重物吊点的布置以及油缸数量和泵源流量，可进行多个模块的组合，每一套模块以一套泵源系统为核心，可独立控制一组油缸提升，同时可用比例阀块箱进行多吊点扩展，以满足实际提升工程的需要。

2.5 电气控制系统

电气控制系统由动力控制系统、功率驱动系统、计算机控制系统等组成。

电气控制系统主要完成以下两个控制功能：

（1）集群油缸作业时的动作协调控制。无论是提升油缸，还是上、下锚具油缸，在提升工作中都必须在计算机的控制下协调动作，为同步提升（下降）创造条件。

（2）各吊点之间的同步控制。同步控制是通过调节比例阀的流量来控制油缸提升或下降的速度，保持被提升构件的各吊点同步升降，以保持其空中姿态。

本方案中依据整个屋盖桁架分区特点、每一分区桁架结构特点及桁架重量，与液压提升器配套选取一台60kW液压泵站、两台15kW液压泵站、1台比例阀块箱及相应动力启动柜、计算机同步控制系统。

2.6 提升系统的布置

根据屋盖桁架提升的特点，安装提升平台及提升上、下吊点；满足屋盖桁架提升的载荷要求，并应使每台提升器受载均匀；保证每台泵站驱动的提升器数量相等，提高泵站利用率；总体布置时，认真考虑系统的安全、可靠性，降低工程风险。

一个标准区最大整体提升重量约为490t，共选取12台60t液压提升器，总提升能力为720t，大于标准区屋盖重量；一个非标准区最大整体提升重量约为862t，选取6台200t液压提升器及12台60t液压提升器，总提升能力为1920t，大于非标准区屋盖重量（见展览大厅提升总平面布置图）。

2.6.1 标准区域系统布置

标准区域桁架上弦杆每一吊点平行布置2台60t液压提升器，桁架下弦杆下吊点对应布置提升所用地锚，提升器中心与对应地锚在布置时应保证同心。

每一标准区域共6个提升吊点，F、H轴线各3个吊点，每一吊点布置2台提升器，共布置12台60t液压提升器。动力系统布置于提升器附近提升平台上。

2.6.2 非标准区域系统布置

对于非标准区域，在H轴线的桁架每一上弦杆吊点平行布置2台60t液压提升器，桁架下弦杆下吊点对应布置提升所用地锚，H轴线共计6个吊点，共布置12台60t液压提升器；在F轴线的桁架每一上弦杆吊点平行布置2台200t液压提升器，桁架下弦杆下吊点对应布置提升所用地锚，H轴线共计3个吊点，共布置6台200t液压提升器。布置时提升器中心与对应地锚应保证同心。动力系统布置于提升器附近提升平台上。

2.7 提升同步控制策略

计算机控制系统根据一定的控制策略和算法实现对钢屋盖桁架提升的姿态控制和荷载控制。使被提升构件各吊点同步升降，以保持其空中姿态。在提升过程中，各吊点的提升高差和提升压力分别由高差传感器和油压传感器检测，检测结果在控制台的同步柜面板上显示，供操作人员监视。从保证结构吊装安全角度来看，应满足以下要求：

尽量满足各吊点均匀受载；

应保证提升结构的空中稳定，以便结构能正确就位，也即要求屋盖桁架各个吊点在上升或下降过程中能够保持同步；

根据以上要求，制定如下的控制策略：

2.7.1 标准区域

每一标准区域F轴线有6台60t提升器、1台15kW液压泵站，H轴线有6台60t提升器、1台15kW液压泵站和1台比例阀块箱，可采取3各总吊点A、B及C。

令F轴线侧为主令吊点A，1台15kW液压泵站控制6台60t提升器；令H轴线侧为跟随吊点（从令点）B、C，1台15kW液压泵站控制一边的3台60t提升器，1台比例阀块箱控制另一边的3台60t提升器。

2.7.2 非标准区域

非标准区域F轴线有6台200t提升器、1台60kW液压泵站，H轴线有12台60t提升器、2台15kW液压泵站，可采取3个吊点A、B及C。

令F轴线侧为主令吊点A，1台60kW液压泵站控制6台200t提升器；令H轴线侧为跟随吊点（从令点）B、C，1台15kW液压泵站控制一边的6台60t提升器，另1台液压泵站控制另一边的6台60t提升器，两台泵站之间不并联。

每一提升区域的跟随吊点（从令点）B、C以高差来跟踪主令吊点A，保证每个吊点在提升过程中保持同步，使屋盖桁架在整个提升过程中姿态正确。计算机控制系统除了完成上述的同步控制外，也对油缸、锚具缸之间的动作进行协调控制，同时还可对提升过程中的任何异常情况进行系统报警或自动停机。

2.8 提升力计算

利用SAP2000对标准区、非标准区提升力进行分析，计算出提升力，计算值如图9所示。

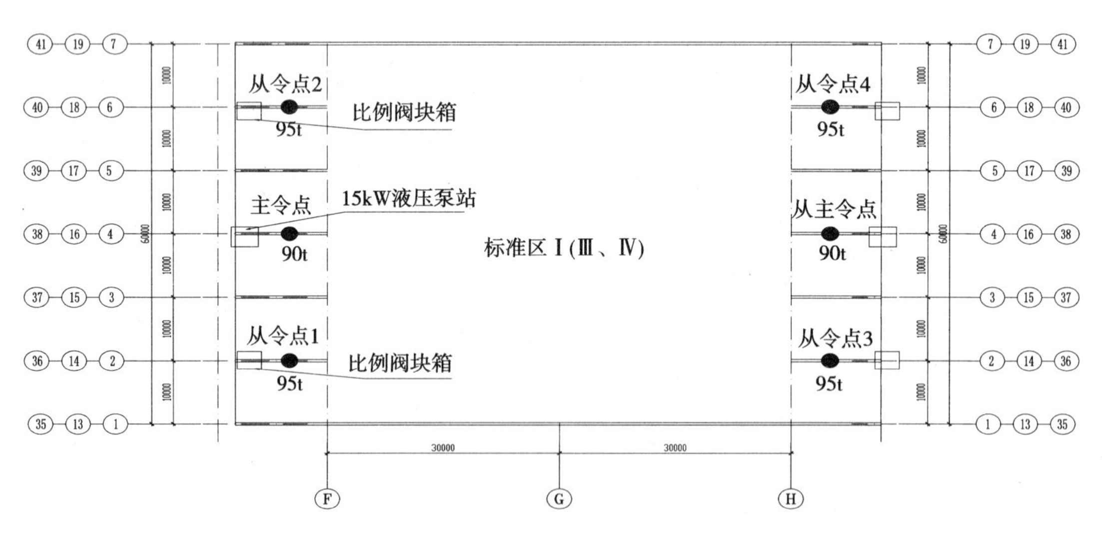

提升标准区Ⅰ(Ⅲ、Ⅳ)区各吊点载荷

图9 标准区和非标准区提升力分析（一）

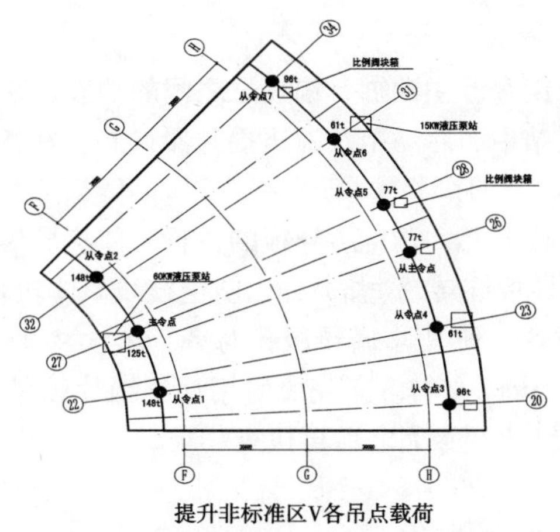

提升非标准区V各吊点载荷

图9　标准区和非标准区提升力分析（二）

注：各吊点载荷已考虑节点板、加劲板、螺栓等重量，取系数1.2。

2.9　提升速度及加速度

2.9.1　提升速度

提升系统的速度取决于泵站的流量、锚具切换和其他辅助工作所占用的时间。在本方案中，提升标准区域每台液压泵站的主泵流量为36L/min，每侧各1台泵站供应6台60t提升器，最大提升速度约为6m/h。

提升非标准区域F轴线侧液压泵站的主泵机流量为116L/min，共1台泵站供应6台200t提升器，H轴线侧液压泵站的主泵流量为36L/min，共2台泵站供应12台200t提升器，最大提升速度为6m/h。

在以往类似工程中经验证明，完全满足提升过程中结构稳定性和安装进度的要求。屋盖桁架提升高度约38m，预计正式提升时间约7h左右。

2.9.2　提升加速度

提升开始时的提升加速度取决于泵站流量及提升器提升压力，可以进行调节。

2.10　屋盖提升过程中稳定性控制

在提升的起动和止动工况时，屋盖桁架产生抖动是由于起动、制动的加速度过大和拉力不均匀引起。采用液压提升器整体同步提升构件，与用卷扬机或吊机吊装不同，可通过调节系统压力和流量，严格控制起动的加速度和止动加速度，保证提升过程中屋盖桁架系统的稳定性。

2.11　提升前准备工作

（1）F、H轴线侧屋盖桁架上、下吊点及吊点旁的临时平台等安装完成之后，吊机将提升器吊至桁架上吊点并固定、液压泵站等设备吊至提升平台上并固定；

（2）地锚安装固定于下弦杆下吊点，地锚中心应垂直对应上方提升器中心；

（3）提升器中钢绞线要在高空穿入，提升器（上吊点）旁应铺设临时平台，每台200t提升器穿18根钢绞线，每台60t提升器穿7根钢绞线，左、右旋钢绞线应间隔穿入提升器内；

（4）连接泵站与液压提升器主油缸、锚具缸之间的油管，连接完之后检查一次；

（5）电缆线连接好泵站中的启动柜及液压提升器，并装好各类传感器，完成之后检查一次；

（6）放下疏导板至地锚上部，调整疏导板的位置，使疏导板上的小孔对准提升器液压锁的方向，注意不应使疏导板旋转超过30°，以防钢绞线整体扭转；

（7）调整地锚孔的位置，使其与疏导板孔对齐，依次将18（7）根钢绞线穿入地锚中，穿出部分应平齐，约10cm左右。穿完之后用地锚锚片锁紧钢绞线，注意钢绞线穿地锚时，应避免钢绞线相互缠绕，穿完之后再检查一次。

2.12 提升前系统检查工作

（1）钢绞线作为承重系统，所以在正式提升前应派专人进行认真检查，钢绞线不得有松股、弯折、错位、外表不能有电焊疤；

（2）地锚位置正确，地锚中心线与上方对应提升器中心线同心，锚片能够锁紧钢绞线；

（3）由于运输的原因，泵站上个别阀或硬管的接头可能有松动，应进行一一检查，并拧紧，同时检查溢流阀的调压弹簧是否完全处于放松状态；

（4）检查泵站、启动柜及液压提升器之间电缆线的连接是否正确。检查泵站与液压提升器主油缸、锚具缸之间的油管连接是否正确；

（5）系统送电，校核液压泵主轴转动方向；

（6）在泵站不启动的情况下，手动操作控制柜中相应按钮，检查电磁阀和截止阀的动作是否正常，截止阀与提升器编号是否对应；

（7）检查传感器（行程传感器，上、下锚具缸传感器）；

按动各油缸行程传感器的2L、2L－、L＋、L和锚具缸的SM、XM的行程开关，使控制柜中相应的信号灯发讯；

（8）提升器的检查

下锚紧的情况下，松开上锚，启动泵站，调节一定的压力（3MPa左右），伸缩提升器主油缸，检查A腔、B腔的油管连接是否正确，检查截止阀能否截止对应的油缸；检查比例阀在电流变化时能否加快或减慢对应油缸的伸缩速度。

（9）预加载：调节一定的压力（3MPa），使每台提升器内每根钢绞线基本处于相同的张紧状态；

（10）比较并记录预加载前、后的桅杆斜拉锁预应力张拉有无变化、桁架悬调位置及桅杆顶端的偏移量；

（11）桁架上、下吊点安装、焊接情况以及屋盖桁架组装的整体稳定性。

2.13 钢屋盖桁架正式提升

一切准备工作做完，且经过系统的、全面的检查无误后，经现场吊装总指挥下达提升命令后，可进行正式提升。

2.13.1　试提升阶段

标准区Ⅰ、Ⅲ、Ⅳ区屋盖桁架重量约为490t，单吊点最大载荷为85t；标准区Ⅱ屋盖桁架重量约为406t，单吊点最大载荷为77t；非标准区Ⅴ屋盖桁架重量约位862t。单吊点最大载荷F轴线为102t，H轴线为97t。

经计算对于标准区Ⅰ、Ⅲ、Ⅳ分区屋盖桁架提升时提升器所需最大提升压力为17.7MPa；对于标准区Ⅱ分区屋盖桁架提升时提升器所需最大提升压力为16MPa；对于非标准区Ⅴ分区屋盖桁架提升时提升器所需最大提升压力F轴线侧为6.4MPa，H轴线侧为20MPa。

初始提升时，提升区域两侧提升器伸缸压力应逐渐增加，最初加压为所需压力的40%，60%，80%，90%，在一切都稳定的情况下，可加到100%。在分区屋盖桁架提升离开拼装胎架后，暂停，持续8h。全面观察各设备运行及提升构件的正常情况：

如上、下吊点、地锚、检查并记录悬挑桁架的变形情况、经纬仪监测桅杆的偏移情况、桅杆斜拉锁预应力张拉情况（与加载提升前比较，是否需二次预应力张拉）以及屋盖桁架的整体稳定性等情况。

一切正常情况下，继续提升。

2.13.2　正式提升

试提升阶段一切正常情况下开始正式提升。

在整个同步提升过程中应随时检查：

（1）悬挑桁架变形、桅杆斜拉锁受力稳定性以及桅杆偏移情况。

（2）屋盖桁架的整体稳定性。

（3）激光测距仪配合测量屋盖桁架提升过程中的同步性。

（4）同步监视：

1）同步柜面板上灯柱反映了各吊点的位置高差，每一个灯代表约2mm误差。当位置同步超过限值时，应立即停止运行，检查超差原因；

2）各吊点的油压取决于被提升构件在该点的反力，在提升过程中应密切监视。仅当上升伸缸时，油压显示的读数才是吊点的真正负载值。

（5）超差报警：

当位置误差超限，单向油压超载或压力均衡超差时，喇叭报警或系统自动停机，须经分析、判断和调整后再启动。

（6）提升承重系统监视：

提升承重系统是提升工程的关键部件，务必做到认真检查，仔细观察。重点检查：

1）锚具（脱锚情况，锚片及其松锚螺钉）；

2）主油缸及上、下锚具油缸（是否有泄漏及其他异常情况）；

3）液压锁（液控单向阀）、软管及管接头；

4）行程传感器和锚具传感器及其导线。

（7）液压动力系统监视：

1）系统压力变化情况；

2）油路泄漏情况；

3）油温变化情况；

4）油泵、电机、电磁阀线圈温度变化情况；

5）系统噪音情况。

2.13.3　提升就位

分区钢屋盖桁架同步提升接近设计高度位置时，微调液压同步提升系统各提升点，使屋盖各榀桁架上、下弦杆件接口位置达到设计位置。与悬调各杆件对口、焊接。

一分区钢屋盖桁架提升到位、安装焊接完毕后，液压提升系统卸载、拆除设备，准备下一分区钢屋盖桁架整体同步提升。

2.14　施工用主要机械设备表

按照单个提升区域最大用量（非标准区）配置，并考虑备用设备，如表1所示。

施工用主要机械设备表　　**表1**

名　称	规格	型号	应用数量	备用
液压泵站	60kW	TJD－30	1台	
	15kW	TJD－15	2台	
液压提升器	2000kN	TJJ－200	6台	1台
	600kN	TJJ－60	12台	1台
计算机控制系统	16通道	YK	2套	1套
动力泵启动柜		YG	3套	1套
传感器	行程、同步、锚具		与提升器配套	
控制线			与提升系统配套	
钢绞线	ϕ15.24mm	1860MPa		
激光测距仪		Desto pro	2台	

2.15　对接质量控制

钢屋盖在整体提升到位后，每一区上、下弦杆对接接头很多，以㉟～㊶轴标准区为例共有28个对接接头，桁架安装质量要求非常高，所以在提升过程中对对接接头的质量提出了很高的要求，提升后实测数据（以㉟～㊶轴标准区为例）表明，如表2所示，提升后对接接头质量控制的非常理想，均在规范要求之内。

2.16　液压整体提升流程图

液压整体提升流程如图10所示。

第一步：提升准备，

第二步：同步提升，

第三步：提升就位对接，

第四步：提升安装完毕，移交下道工序。

以Ⅰ区（①～⑦轴）为例详细说明。

根据设计分段，Ⅰ区钢屋盖在 +16.0m 平台胎架上组装成整体，桁架上弦杆吊点安装布置提升设备，液压提升器对应正下方下弦杆件安装提升用下吊点，建立提升设备之间连接，提升系统检测、调试。

多台液压提升器开始同步提升工作，Ⅰ区钢屋盖初始试提升离开拼装胎架约 50mm 暂停。检查提升上、下吊点、桅杆斜拉锁、悬挑桁架等构件安全稳定性。

一切正常情况下继续同步提升Ⅰ区钢屋盖直至设计高度附近，微调液压同步提升系统各提升点，使各榀桁架上、下弦杆件接口位置达到设计位置。主桁架各杆件对口焊接。

展览中心屋盖㉟~㊶轴整体提升对接接头尺寸偏差记录表　　表 2

轴线	㊱轴				㊲轴				㊳轴				㊴轴				㊵轴				㊶轴			
	一区		三区		一区		三区		一区		三区		一区		三区		一区		三区		一区		三区	
项目	上弦	下弦	上弦	下弦	上弦	下弦	上弦	下弦	上弦	下弦	上弦	下弦	上弦	下弦	上弦	下弦	上弦	下弦	上弦	下弦	上弦	下弦	上弦	下弦
标高偏差（mm）	1	3	1	1	1	2	5	4	1	2	1	3	3	2	1	2	1	2	3	4	2	2	3	1
轴线偏移（mm）	4	1	4	1	2	1	1	0	1	1	2	3	4	2	2	2	1	4	2	4	1	2	2	3

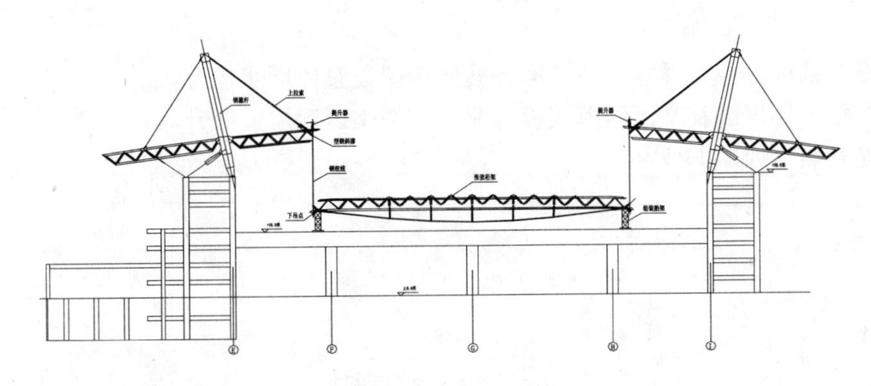

STEP1：提升分区组装完毕，安装提升装置。

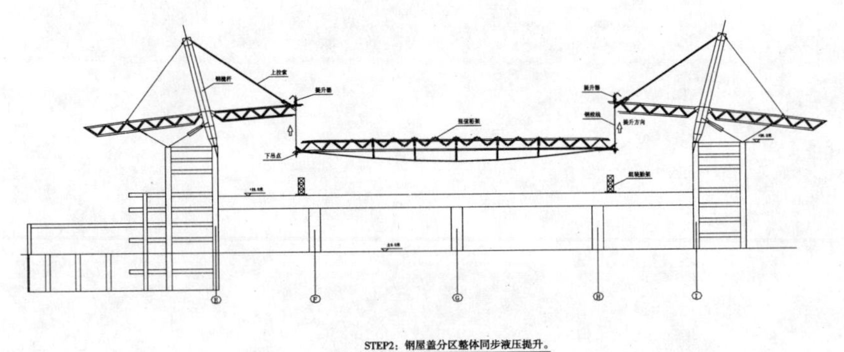

STEP2：钢屋盖分区整体同步液压提升。

图 10　液压整体提升流程（一）

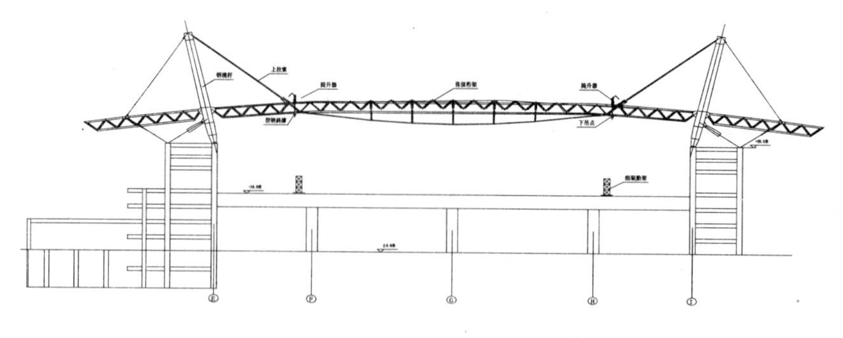

STEP3：钢屋盖整体提升到位，杆件对口焊接。

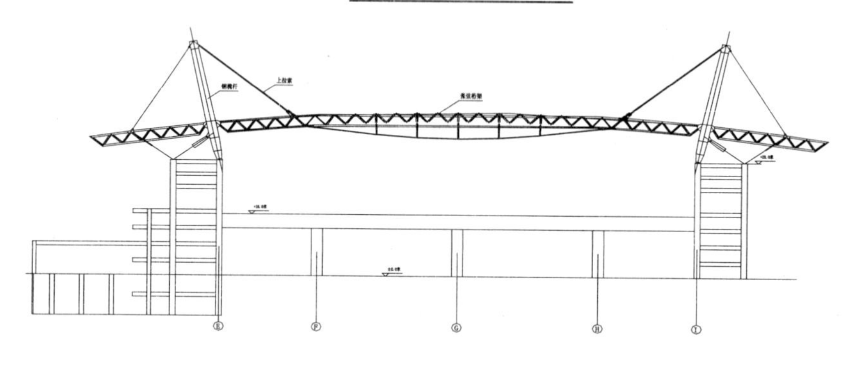

STEP4：拆除提升临时设施，移交下道工序。

图 10　液压整体提升流程（二）

液压提升系统卸载、拆除设备，准备Ⅱ区钢屋盖整体同步提升。

Ⅱ区、Ⅲ区、Ⅳ区及Ⅴ区钢屋盖提升流程相似Ⅰ区钢屋盖提升。

整体提升照片如图 11 所示。

图 11　整体提升实物照片

3 结束语

郑州国际会展中心钢结构屋盖施工过程中所采用的柔性钢索液压提升技术，目前国内属首次采用，该项技术的应用，解决了该工程工期十分紧迫，施工难度大，施工场地限制的难题，为了合理，有效，安全的进行整体提升，通过反复计算分析，最后确定了施工方案，实践证明，这是综合考虑了各种因素后的一种优选施工方案，也在本工程中得到了成功的应用，对于今后同类工程施工具有借鉴意义。

预应力拉索安装及张拉施工技术

程瑞华
（浙江精工钢结构有限公司）

摘　要： 郑州会展中心整个钢结构屋盖通过66根拉索传递到桅杆上，其结构形式新颖、独特，为国内建筑罕见。

关键词： 桅杆　前索　背索　张弦索

1　施工程序

1.1　总体部署

展览中心屋盖钢结构形式如图1所示，根据施工方法将一标准单元内桁架分为两边的桅杆体系和中间16m平台上的张弦梁体系，各自独立拼装完成后，再提升中部的张弦屋盖结构。为此，在桅杆及张弦梁部分钢结构安装的同时，即进行拉索的安装。待单个单元结构基本拼装完成后，即可对预应力拉索张拉，拉索位置详见图1。

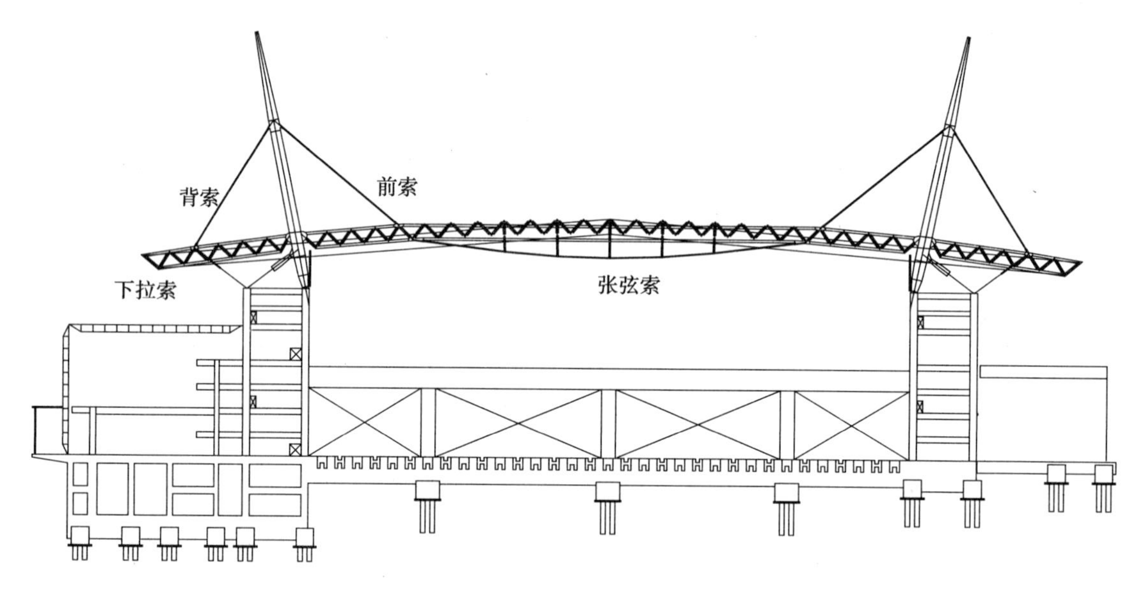

图1　桁架拉索位置示意图

1.2　施工安装流程

经分析，施工过程分为以下8个步骤：

（1）分别在地面与下部混凝土结构上安装胎架。

(2) 吊装桅杆，连接支撑，使之成为稳定体系。
(3) 在胎架上组装边桁架和挑篷，安装斜拉索。
(4) 张拉斜拉索。
(5) 在16m标高楼面上设置胎架，对中部桁架进行拼装，张拉悬索。
(6) 以端部桁架为支撑，对中部桁架进行提升，并连接联系杆件。
(7) 拆除胎架，完成结构受力的转化，所有结构自重由其自身承担。
(8) 安装屋面附件和设备，作为附加静载施加在结构上。

2 施工准备

2.1 索的进场摆放

成品索是成盘状或圈状包装出厂的，规格较大的索采用成盘包装，规格较小的索采用成圈包装。本工程中除了较短的下拉索采用成圈包装外，其余均要求采用成盘包装。

索进场后应检查索包装的外观，核对出厂的合格证及铭牌，由于成品包装的索需待安装前索盘就位后放索时才打开包装，因此本工程索体制作的厂家应选择质量与信誉可靠的国内知名厂商。放索后再次对索体进行检查验收，规格、长度、外观等均符合要求后方可挂索。

索堆放的场地应平整、坚实并有排水设施以保障堆放场地无积水，堆场位置应考虑运输方便。各类索体分类堆放，成圈堆放的索堆放过程中应注意锚具不可压伤索体保护层。所有索体均采用油布遮盖。

2.2 施工机械

施工中使用的主要机械设备详见表1。

主要施工机械设备 **表1**

序号	设备名称	型号	数量	备注
1	100t千斤顶	YCQ100	8	
2	23t千斤顶	YCN23	4	
3	油　泵	ZB4－500	4	
4	油　泵	JDBD	4	
5	卷扬机	1t	2	
6	葫　芦	3t	12	
7	放索用小车		2	
8	放索用滚轮		若干	

2.3 检测点的设置

本工程中拉索张拉阶段的监测内容包括节点位移、变形及拉索应力等。以关键点的位移及变形控制为主，拉索应力控制为辅。

监测点的布置拟选择一标准单元进行，包括张弦桁架及桅杆结构中部分节点的位移、各索的索力等。

3 索的安装工艺

3.1 桅杆索的安装

桅杆部分拉索的安装方法：地面上搭设胎架放置铸钢件以方便挂索，在节点上部焊接索头对正就位用调整架及牵引用滑轮组等索安装设施，铸钢件上所有索安装完成后，将索与铸钢件捆绑在一起，用吊机将铸钢件与索体整体吊装，索体螺旋放开，边吊边解除索体保护层。

挂索前按设计要求将各索的索头长度进行调节，使各同类索总长一致。

在胎架上挂牵引装置将索头提升，由于索头部分较重，用葫芦设备对索头的就位进行调整，将索头与铸钢节点连接。拉索的地面安装如图 2 所示。

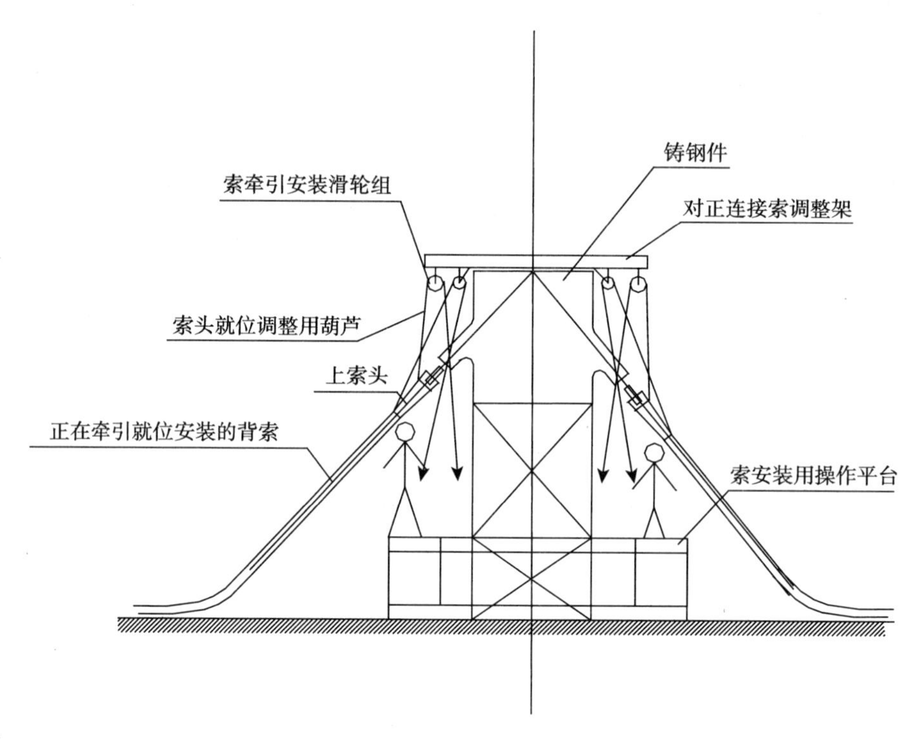

图 2　拉索地面安装示意图

桅杆上部钢索上端固定端安装完毕后，用手拉葫芦或千斤顶克服部分索在自由状态下的垂度，将索拉直，穿过固定的铸钢件，拧上索张拉端可调节螺母即可顺利安装就位。

上拉索安装完后，再安装下拉稳定索。稳定索与钢结构连接形式为叉耳式，将索的固定端一头垂直向上吊起，索体螺旋放开，边吊边解除索体保护层，将索固定端吊至耳板处，用葫芦拴住索头，进行微调，将柱销穿入索头和耳板内，最后松钩。同样将索另一端

（张拉端）吊起，用绳索拴在钢桁架的耳板上，索张拉端锚具螺杆的调节量放至最大，用手拉葫芦或千斤顶克服部分索在自由状态下的垂度，将索拉直，索张拉端叉耳的销钉可顺利安装就位。

3.2 张弦索的安装

用专门的放索盘进行放索，在放索过程中，因索盘自身的弹性和牵引产生的偏心力，索盘转动会使转盘时产生加速，导致散盘，易危及工人安全，因此对转盘设置刹车装置。索盘放索装置如图3、图4所示。

图3 索盘放索装置示意图

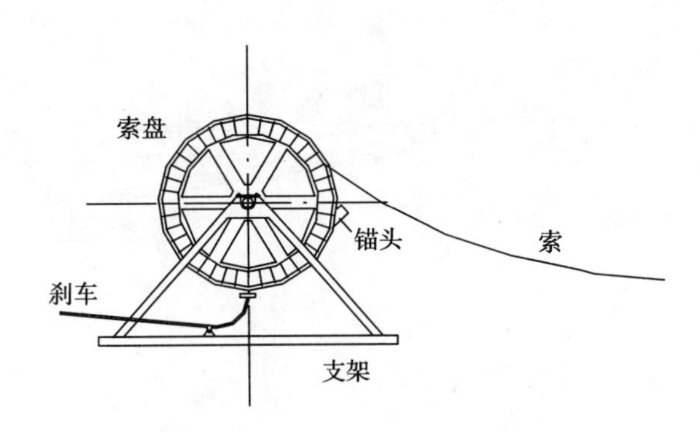

图4 索盘放索及刹车装置示意

对于张弦索采用1.0t卷扬机在索拱的另一端进行牵引放索，为防止索体在移动过程中与地面接触，损坏拉索防护层或损伤索股，采用在地面上垫滚轴的方法，将索逐渐放开并使索基本保持直线状移运。

索头放在端部小车上，将索逐渐放开，移运至胎架内，在胎架内设置滚轮，以保证索体不与地面接触，同时减少了与地面的摩擦力，滚轮的间距为6m左右，并使索基本保持直线状移运，滑轮架构造如图5所示。

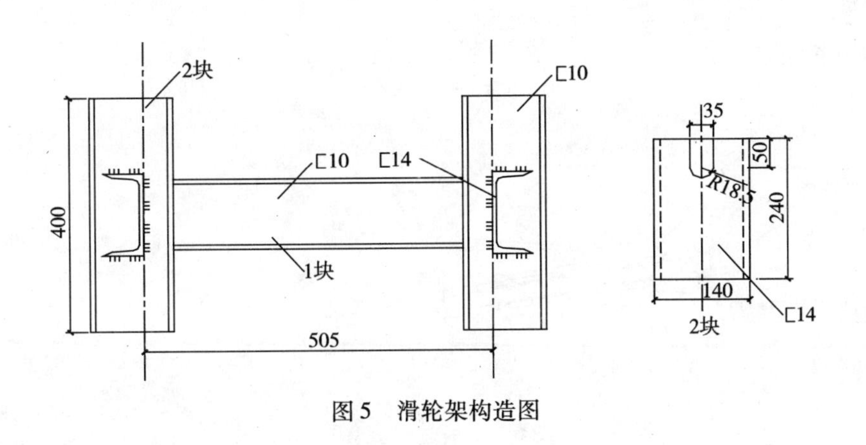

图5 滑轮架构造图

中间凹槽内安置滚轮。

张弦索安装前应完成张弦撑杆的安装，对于撑杆的安装可利用挂在桁架上的葫芦将撑杆吊至安装位置，与上支座连接即可。

张弦索放索运至张弦桁架下方后，对索体的摆放位置进行调整以减少索体的扭转。

利用设在张弦桁架两端的索体牵引装置（索的两端旋上牵引头，用钢绞线作为牵引索，钢绞线先穿入铸钢支座，在桁架两端用两台23t穿心液压千斤顶拽拉牵引索，将已安装索夹的索牵引提起，将索头引入张拉支座内（铸钢结点），旋上索端部螺母临时固定。按照先前在索体上标志出的索夹安装位置进行调整，然后自中部向两端逐个将索夹与撑杆连接，并经索夹再次调校后紧固。张拉后再紧固一次。张弦索安装步骤如图6所示。

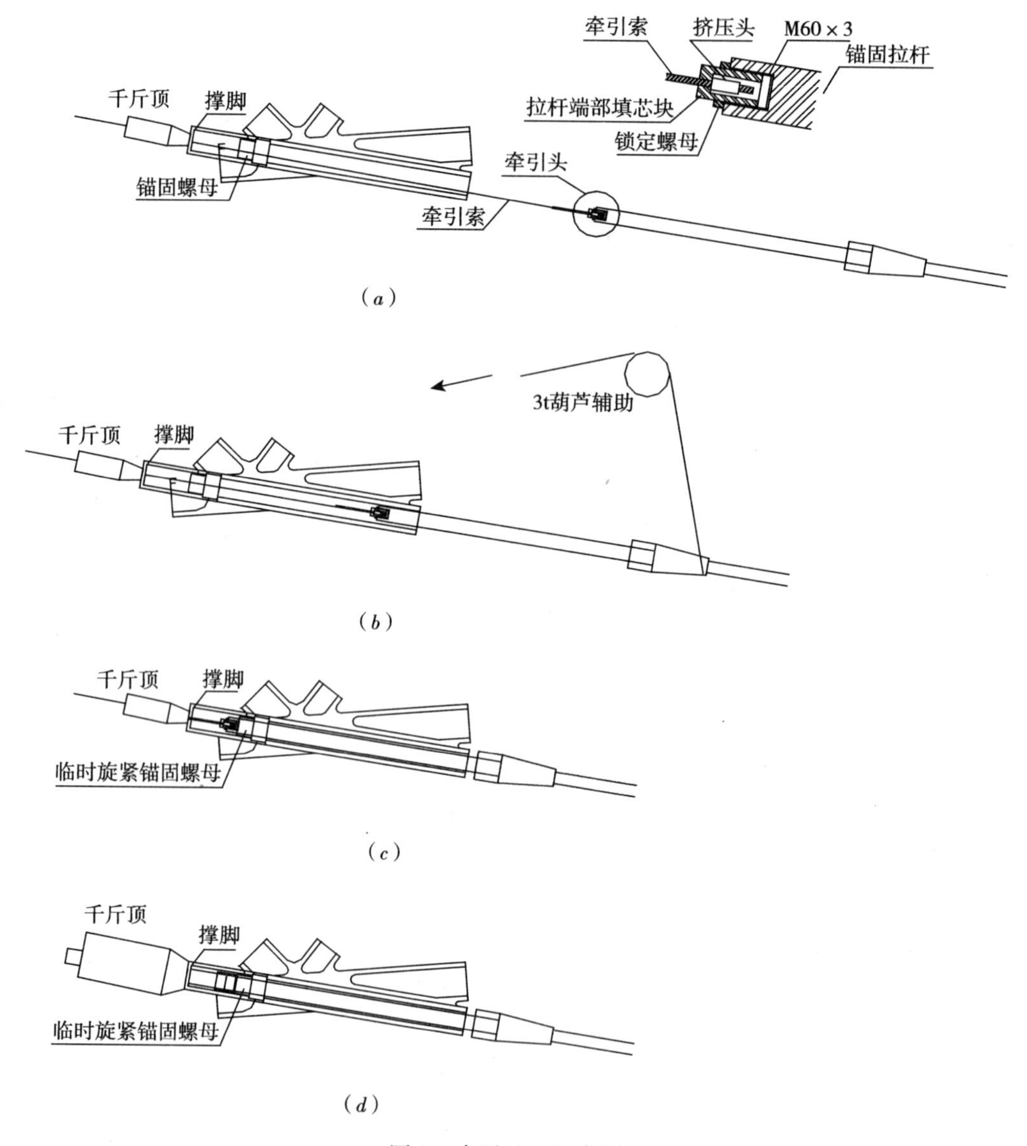

图6　牵引过程示意图

(*a*) 张弦索牵引过程一：索引提升中；(*b*) 张弦索牵引过程二：进入支座中；(*c*) 张弦索牵引过程三：挂索完成；(*d*) 拆除牵引装置，更换千斤顶张拉

4　索的张拉工艺

索的张拉按照节点位移与应力双控的原则进行，即不仅保证索体中建立有效的设计预应力值，又要确保控制节点在设计位置处。

其原则是索在张拉之前用葫芦或千斤顶进行预紧，主要是克服索体在自重下的部分挠度。检查各关键点位置后进行正式张拉，并一次张拉到位。张拉采用分级张拉程序：$0 \rightarrow 0.3\sigma_{con} \rightarrow 0.65\sigma_{con} \rightarrow 1.0\sigma_{con}$（最终值）→锚固。全部结构张拉完成后再对部分索体内的预应力进行个别调整（正常情况下无需调整）。

4.1　桅杆索的张拉

桅杆部分的斜拉索共有前索三根，记为C4、C5、C6；背索三根，记为C1、C2、C3；稳定索四根。前、背索的索力必须是相互协调的。而从另一方面来看，背索的索力也必须和稳定索相协调。前索、背索、稳定索和撑杆的空间分布，又保证了结构在纵向平面上的稳定性。根据计算必须对前、后索进行张拉，而对稳定索无需张拉。

4.1.1　张拉顺序

由计算分析结果可以看到，桅杆部分各斜拉索相互之间的影响比较敏感，桅杆顶端位移容易随着索力的变化而偏移，在施工过程中应该采取前后对称、左右对称的原则，分级张拉的方法控制结构的变形，才能保证索预应力的正确建立。

索的张拉顺序，按照先C5、C4、C6，再C2、C1、C3的顺序，分别单根张拉。桅杆拉索编号及对应位置详见图7。

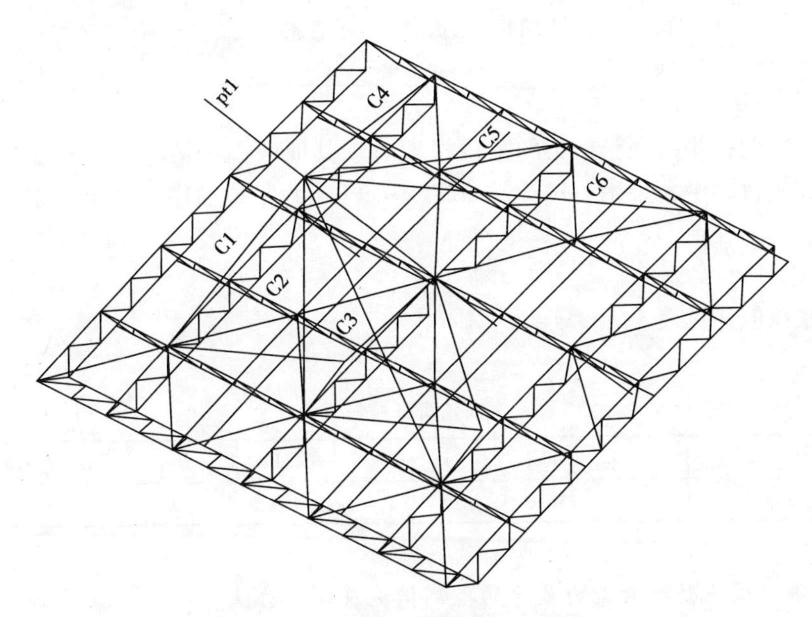

图7　桅杆部分拉索编号示意图

4.1.2　张拉力

桅杆拉索张拉力参数详见表2。

桅杆拉索张拉值　　表2

索编号	C1	C2	C3	C4	C5	C6
索张拉力（t）	51.0	135.9	74.0	46.0	56.5	66.4

4.2　张弦索的张拉

张弦索在张弦桁架制作完成后一次性张拉到位。张弦索位置及编号如图8所示。

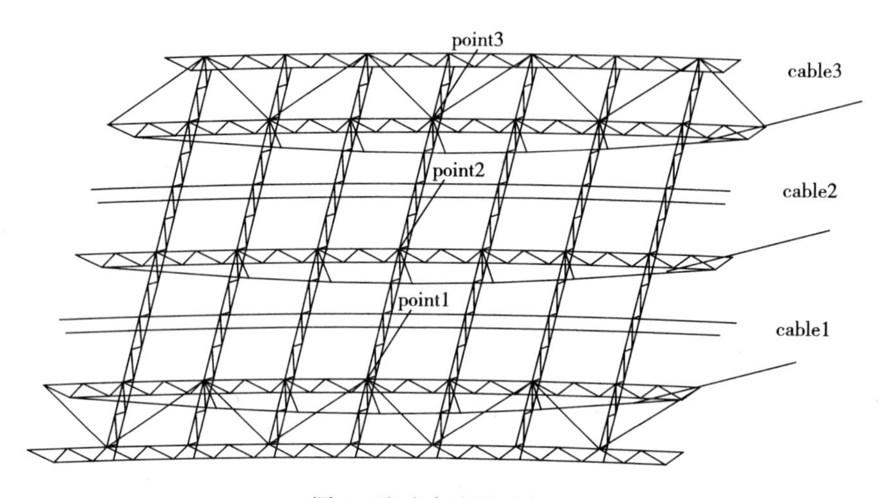

图8　张弦索编号示意图

4.2.1　张拉顺序

计算分析表明，张拉张弦桁架的某一根索对于其他两榀桁架的索力和变形影响很小，因此在实际施工过程中，采用 cable2→cable1→cable3 的张拉顺序，每组两根索同时张拉，一次拉足。

4.2.2　张拉力

张弦索张拉值详见表3。

张弦索张拉值　　表3

索编号	Cable1	Cable2	Cable3
索张拉力（t）	135.6	128.8	136.0

4.2.3　张弦梁下弦双索索力差异的控制措施及调整办法

张弦梁双索张拉是同步进行、分级进行的。张拉千斤顶在有资质试验单位的试验机上进行标定。油泵的油压表全部选用精度为0.4级的精密压力表，千斤顶与油压表配套校验。标定数据的有效期在6个月以内。张拉时，服从统一指挥，按给定的控制技术参数进行精确控制张拉。

张拉过程中应该考虑的异常情况及处理办法：张拉是分级进行的，且张拉时控制油压表读数缓慢上升，另在张拉的同时进行各关键点位移的测量，所以不会出现大的问题；如发生异常情况，因及时停止张拉，甚至将索力松掉，待查明原因后再进行张拉。

5 检测

5.1 监测控制原则

索拱与普通钢桁架的区别在于拉索的索力是可以调整的。采用千斤顶对拉索进行张拉或放松，可以调整索拱的标高，使其符合设计所选定的最佳形状。由于索拱的变形对预应力值十分敏感，应以控制变形（形状）为主，控制索力为辅。

桅杆索着重考虑，张拉完成后除了要建立设计要求的索力，还要控制桅杆的变形（桅杆顶部位移控制在1.5‰）。

在张拉、起吊、就位、滑移、提升使用等各阶段应保证其他杆件的安全。

5.2 监测管理措施

（1）成立了施工监控小组，组织对索力、杆力和桁架标高的工程控制。监控小组由设计代表、钢结构承包商专职的技术人员和固定的施工检测、检查人员和监理工程师组成。

（2）制定完善的施工方案，严格按设计及施工工艺规定的各项要求施工。

（3）在胎架拼装时，应严格保证精度，限制误差（按设计、监理要求）。

（4）先期完成试拼装索拱的全面测试工作，得到足够的数据、经验以指导后续施工。

（5）计算、优化起吊方案，实施时严格执行。注意侧向稳定问题。

（6）及时完成初张拉、吊装就位、滑移、屋面结构施工等各阶段的施工检测任务，提供准确、可靠的测试数据以作为施工控制的依据。

5.3 监测内容

对于索拱部分监测内容包括索拱节点位移、索力和杆力；对于桅杆部分监测的内容包括桅杆的变形、索力。实行位移和材料应力双控。监测部位、应力和位移控制标准由设计、监理、施工方会同确定。

5.4 监测仪器

5.4.1 索力监测——智能弦式数码压力传感器

索力监测采用智能弦式数码压力传感器。

该仪器具有高灵敏度、高精度、高稳定性的特点，适用于长期观测。该种压力传感器内置智能芯片，数字检测，信号长距离传输不失真，抗干扰能力强。内置存储芯片，具有智能记忆功能，出厂时已将传感器型号、编号、标定系数永久存储在传感器中，并可在测量时自动保存600次所需要的测量参数，如测量时间、测点温度、压力值、零点参数及温度修正值等。测试时既可直接测试压力值，又可显示振动频率。测量次数1次/s，测量直观、简便、快捷。内置温度传感器，测量过程中自动进行温度修正，剔除温度对测量值的影响。灵敏度达到 ±0.1kN，超载率 50%。

对于本工程这样重要的结构，进行施工阶段及长期监测是十分必要的。智能弦式数码压力传感器虽然成本较高，但使用方便、数据漂移小，适用于长期监测。传感器实物图形如图 9 所示。

图 9　测试仪器

5.4.2　位移监测仪器——全站仪

全站仪是目前在大型工程施工现场采用的主要的高精度测量仪器。全站仪可以单机、远程、高精度快速放样或观测，并可结合现场情况灵活地避开可能的各种干扰。

施工测量控制网是施工放样和施工中变形测试的基准，为了确保测量精度，一般需要在原有控制网的基础上进行网点加密，并对其进行严密平差及定期复测。高程控制网的两端必须进行水准校测，以保证两端高程的统一。高程控制网的布设应与平面控制网的布设同时进行，采用全站仪时放样用的主要平面控制点应纳入高程控制网，统一联测平差。高程控制网的基本网和加密网精度保持一致，其精度根据规范确定。复测精度与建网精度相同。

为保证施工放样或观测的精度和速度，对放样或观测的主要控制点应设强制对中固定观测墩座；对于其他控制点也应尽量设强制对中固定标志杆，以便于精确照准。

采用全站仪可直接由控制点进行三维放样，可达到很高的精度效果。

6　结束语

郑州国际会展中心钢结构屋盖施工过程中所大量采用的预应力拉索张拉技术，目前国内属首次采用，该项技术的应用，解决了该工程结构受力复杂、施工难度大的难题。为了合理、有效、安全的进行整体施工，通过反复计算分析，实践证明，最后确定的施工方案中所要求控制的索力及各关键节点位移均与方案一致。这是综合考虑了各种因素后的一种优选施工方案，在本工程中得到了成功的应用，对于今后同类工程施工具有借鉴意义。

钛锌合金屋面系统施工技术

马荣超
（浙江精工钢结构有限公司）

摘　要： 郑州国际会展展览中心金属屋面，采用钛锌合金金属屋面系统，系统中钛锌板支座定位是确保屋面板精确安装的关键，系统底板安装中将利用滑动吊篮作为施工作业平台，穿出屋面的桅杆、拉索铸钢件和屋面结合处的节点处理是屋面整体防水功能得以实现的关键。

关键词： 钛锌板　定位　焊接

1　工程概况

郑州国际会展中心的展览中心工程两面呈长方形，中间四分之一区域为圆弧形非标区；建筑物总体最高标高71.783m，屋面最高处标高40.5m，檐口处标高32.5m。整个建筑色彩基调偏黑，使展览中心显得庄重、大方。

屋面面积55000余m^2，主结构采用空间桁架结构，屋面系统采用国际最先进的专业屋面系统之一的BEMO系统，屋面上层板采用具有较好抗腐蚀、抗老化性能的黑灰色0.9mm厚钛锌合金板，面积达53468m^2。中间设50+60mm双层保温棉上下衬PVC气密层。底层板采用0.5mm厚彩钢板，HV-200型板，总计面积约27673m^2。天沟采用1.5mm厚不锈钢天沟。屋面四周铝单板封檐包边。屋面构造如图1所示。

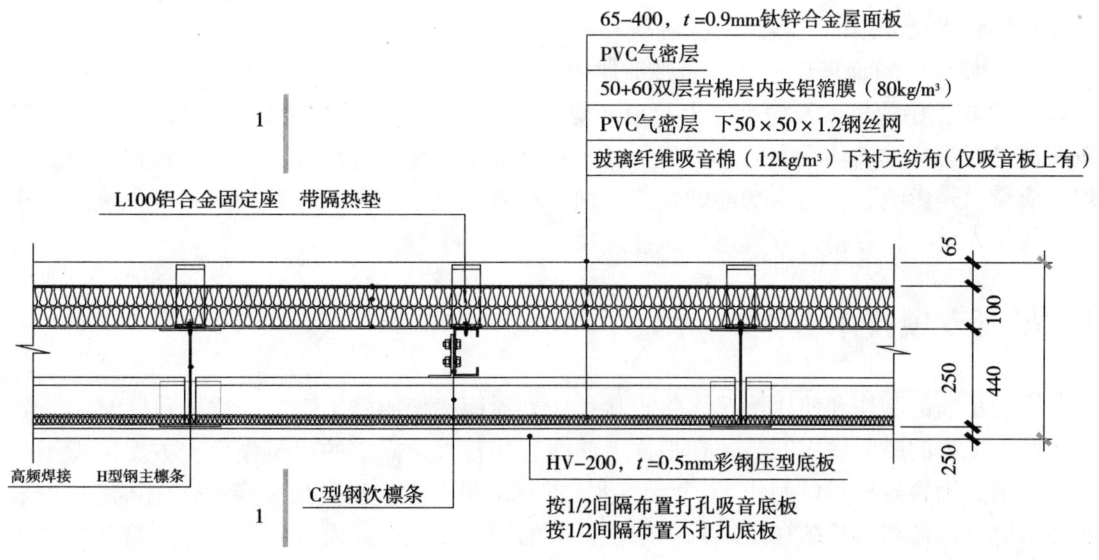

图1　屋面构造图

2 在施工过程中主要控制的重点

（1）屋面1/4非标扇形区域，13672m^2屋面板无切割搭接，必须使用专用设备压制扇形板，压型和安装的精度要求高，屋面板安装支座定位必须非常精确。

（2）整个屋面有11根桅杆和66根拉索穿出屋面，为保证屋面的防水性能，细部构造复杂，要求细部节点尺寸必须精确，技术上将解决钛锌板焊接的难题。

（3）屋面吊顶板施工高度较高，作业方向是由下向上，并有1/4面积为扇形区域，需搭设施工作业平台，安全施工技术要求高，作业难度大。

（4）屋面钛锌压型板最大成型长度为50.5m，其屈服强度为100N/m^2，自身较软，如不小心就会使屋面板产生变形、划痕等缺陷，因此，屋面板场内的垂直和水平运输是否达到要求将直接影响工程的进度和质量。

（5）屋面钛锌板现场压型工序是在冬季进行，室外气温基本在0℃左右，达不到钛锌板压型不低于+10℃的要求。

3 施工要点剖析

（1）在屋面板安装之前，标准区按照板宽，非标区按照圆弧弦长计算出的板大、小头宽度，先在屋面所有檩条上利用经纬仪标定出屋面板铝支座安装定位线，复核无误后用自攻螺丝将支座固定在檩条相应位置；屋面板安装时直接将屋面板的公肋扣在支座上。

（2）在屋面金属底板施工中，因其作业高度高，作业方向是从下向上，其如何就位安装是施工中必须解决的一大难点。从安全、速度、成本等多角度、全方位考虑比较，在每两榀主桁架间拉接水平钢丝绳，再在钢丝绳上挂可滑移施工吊篮作为屋面底板可滑动作业平台。

（3）由于本工程为北方的冬期施工，室外温度较低，因此，为保证钛锌板的压制质量，现场将搭设专用的压板暖房，确保卷材在+10℃以上进行压制作业。

（4）屋面板的垂直和水平运输必须使用专用转运筐。

（5）施工中的拉索及桅杆穿出屋面节点连接处等细微部位的处理，先根据制作详图，按实体进行翻样，确认无误后方可进行泛水板的加工制作及现场施工。钛锌板在节点处的焊接质量，是影响工程防水功能的重要方面，必须先进行地面同材质焊接实验，满足要求后，操作人员考核合格，方可进行实体焊接。

4 吊篮专项技术方案

滑动吊篮的制作和使用情况，将直接影响到屋面底板的施工安全、质量和进度。

因本工程的屋面底板安装，在平面上曲线变化较大无固定的建筑模数，方案考虑用槽钢、角钢、钢管等材料，制作12个长度8m的标准吊篮，扇型区随曲线的变化再制作少量非标吊篮，吊篮利用拉结在主结构桁架弦杆上的钢丝绳在作业面下方滑动，吊篮制作如图2所示。

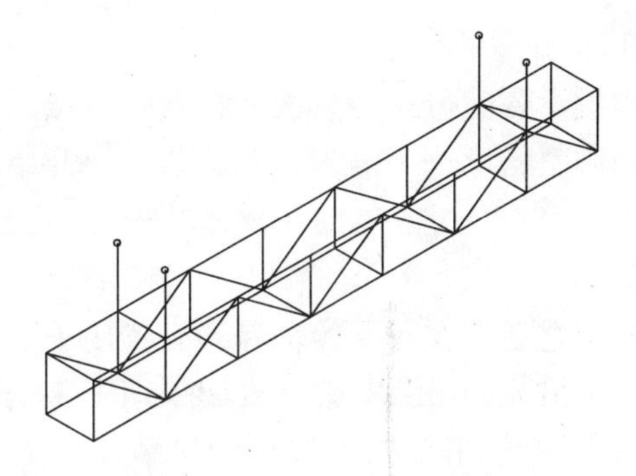

图 2　施工吊篮制作图

5　屋面板现场制作及搬运

由于本工程展览中心屋盖长度达 152m，且屋面使用材料钛锌板材质较软（屋面板屈服强度 $100N/m^2$），屋面板全部选用由德国比姆公司压制的 400mm×65mm 钛锌合金板。为确保屋面的防水性能，屋面板在天沟之间均为通长板，最大板长达 50 余米，屋面板的二次搬运难度较大；由于压型设备相对较重，不能在屋面进行压型作业，加之本工程工期紧，施工作业单位多，而施工场地又非常有限。考虑到以上种种方面，从安全和尽量减少交叉使用场地的角度出发，将屋面板的压制和垂直运输移至二层的 16m 高平台进行，这样既减少了半成品的二次搬运，又有利于屋面板压型的相对独立的操作，避免了不必要的作业干扰。

5.1　现场压制

为确保屋面板的现场压制质量，满足钛锌板压型温度不低于 10℃ 的控制要求，将在 16m 高平台上搭设两个 10m×20m 的专用空调暖房，用于对卷材进行压制前预加热。在暖房内将配置 6 台红外线暖霸，在暖房四角安放监控温度计，并设立专人专管制度，对暖房室内温度进行 24h 监控和管理，及时调节暖霸的开、关。要求暖房内室内温度持续不低于 20℃，压制前钛锌板卷材在暖房内的保温时间不少于 3d。

屋面板压制时，卷材从暖房到压型平台的运输，将利用 5t 铲车进行作业，钛锌屋面板压型制作如图 3 所示。

图 3　钛锌屋面板压型制作

5.2 现场加工工艺流程

生产平台搭设──→压型板设备就位──→卷板上料架──→接通电源──→输入样板轧制参数──→试压制──→检验──→调整精度──→输入轧制参数──→开始轧制──→移位堆放。

5.3 屋面板提升方案

当屋面板在地面压制成型之后，在⑲～⑳轴间，设置用于上板的主结构后补档预留区域。在屋面桁架焊接2个用于吊装的吊装支架，支架采用工字钢等型钢制作而成，将2台吊力2t的电动葫芦安装到屋面桁架主结构上焊接的吊装支架上，形成吊装系统。在地面压制成型的屋面板最长约50m，宽度400mm，屋面板厚度0.9mm，很容易变形，因此给吊装带来极大不便。为了对板进行吊装，并且保证屋面板在吊装过程中不变形，吊装前，先用方管□50×50×4及ϕ30×5圆管做好吊装用的吊篮，吊篮规格为45m×0.55m×0.4m（长×宽×高），吊篮上的吊耳采用ϕ18圆钢煨圆，与吊篮焊接牢固。吊篮做好后，将压制成型的屋面板每5张一摞，放在吊篮里进行吊装。吊篮自重加5块屋面板重量为1.8t，本吊装系统起吊能力完全能满足吊装要求。吊装时由两台电动葫芦同时平衡起吊，具体操作如图4～图6所示。

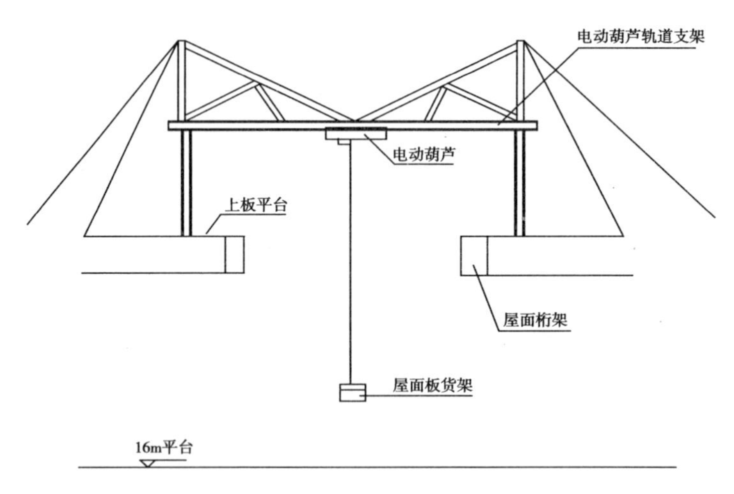

图4 屋面板上板示意图

图5 屋面板放置到吊篮

图6 屋面板提升机具

5.4 屋面板吊至屋面后搬运就位

当屋面板提升至屋面施工平台之后，在屋面上要搭设吊装用的临时平台，平台采用建筑钢管和脚手片在屋面主桁架和次桁架上铺设，吊装用的吊篮放置在平台上，再由工人将屋面板搬运至移动货架上，移动货架采用与提升吊篮相同的材料制作，制作几何尺寸与提升吊篮相同，在移动货架底部装好 10 只滑轮。屋面板在屋面的水平运输采用移动货架在钢管轨道上滑移的办法进行运输，屋面轨道采用建筑用脚手架钢管搭设，间距约 5m。钢管轨道下部用钢管支撑与屋面桁架焊接好，轨道搭好后，采用人工推运移动货架，将屋面板运至安装处就位，安装就位后空架子原路退回。采取这样倒装的顺序，可以防止工人在安装好的屋面上踩踏，避免了安装时对屋面的破坏。轨道及货架效果图见图 7。

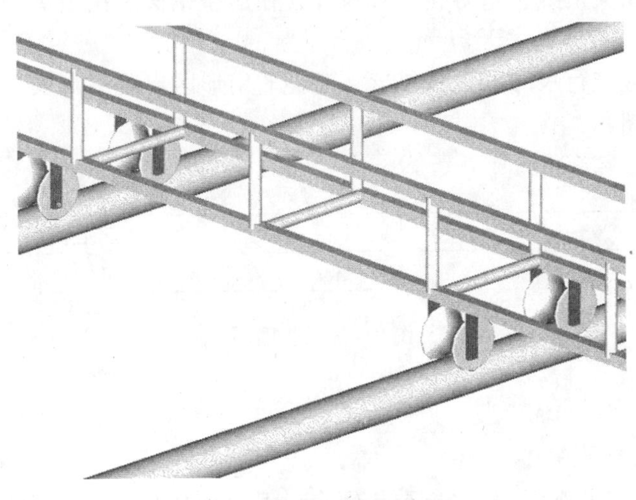

图 7 轨道及货架效果图

6 屋面系统的安装

本工程屋面板开始安装前，主构件及次构件应已安装完成，校正垂直并拧紧螺栓，通过相关人员的检验合格。

6.1 放线

本工程屋面成双曲面，屋面系统面板复杂多样，因此要编制施工平面排板布置图，屋面板安装前，应根据排板设计进行放线。

安装放线前应对安装面上的已有建筑成品进行测量，对达不到要求的部分提出修改。

屋面底板的安装线，根据排板设计确定排板起始线的位置。先在檩条上标定出起点，各个点的连线应与建筑物的纵轴线相垂直，在板的宽度方向每隔几块板连续标注一次，以限制和检查板安装中宽度方向上的偏差。不按照规定进行放线将出现锯齿现象或超宽现象，施工中应加以避免。

屋面板的安装放线，应将经纬仪架设到屋面，标准区根据屋面板块，用经纬仪每间隔 2m 在屋面每根檩条上标定出钛锌板支座定位控制线，2m 中间 4 块板的支座定位线利用两侧的控制线用钢尺确定。非标区屋面板安装放线时，首先，进行屋面两端弧长实测复核，确认无误后，将大圆的弧长按最大压型宽度等分，计算出钛锌板块数及板宽；用小圆弧的弧长除以计算出的钛锌板块数，计算出钛锌板小头的板宽；分别在圆弧两端的檩条上标定出板宽，用经纬仪确定控制两点间的控制直线；依次放出所有扇形板的支座定位线。

6.2 底板的安装

下层板的作业平台为施工设置的悬挂吊篮。

板材铺设：将制作并裁减好的下层板拉升就位，每根檩条处设一人，推紧下层板用自攻螺栓固定。自攻螺栓在顺檩条方向的间距为一个波谷的宽度，约为200mm。两块板拼装缝处，待第二块板就位后一起固定。

遇到立柱与檩条交汇处，量好位置和尺寸，在压型钢板上用电剪刀裁出缺口，缺口必须严格控制其偏差，要求不大于5mm。

每安装3块板应进行尺寸和位置复核，避免非扇形区出现扇形安装，如若出现应立即调整，底板板型见图8。

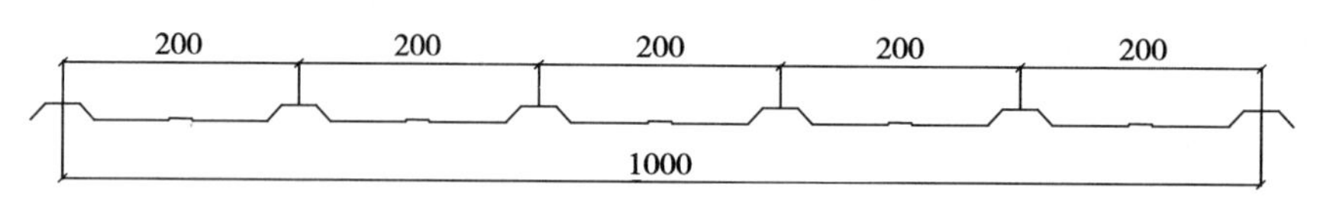

图8 底板板型图

6.3 屋面上层板安装

屋面上层安装工艺流程：钢丝网铺设──→固定支座安装──→PVC 气密层铺设──→50mm+60mm 保温棉（内夹铝箔膜）铺设──→钛锌屋面板安装就位──→检查调整──→固定──→密封──→清理检修。

本工程采用德国 BEMO 系统 0.9mm 厚钛锌屋面板，施工时必须按照规范操作，避免不当施工引起的质量问题，其安装步骤如下：

内层板及檩条安装完成后，在1/2有吸音板区域铺设好无纺布及吸音棉，钢丝网铺设完成后，在屋面檩条上按定位控制线固定屋面板支座，然后将上层屋面板的相关辅件，如PVC 气密层、50+60mm 厚保温棉（内夹铝箔膜），按先后分层铺设完成。这就是屋面板的安装。

第一步：支座安装。

在已放好线的基础上，按檩条间距（约750mm）进行安装，固定支座和檩条的连接，采用自攻螺栓进行紧密连接，每个固定支座上两颗自攻螺栓固定。

为了保证屋面板的安装质量，固定支座必须严格按照施工图图示方向进行施工；安装完成如图9所示，保温隔热层安装如图10所示。

第二步：屋面板安装。

固定座安装完成，检查其自攻螺栓固定无松动后，按照施工图纸顺序敷设屋面中间构造层，经隐蔽检查验收后，将制作好的钛锌屋面板放入固定支座，屋面板小头轻轻按入固定座，依次第二块、第三块的安装。屋面安装效果如图11所示。

图 9　支座安装完成图

图 10　保温隔热层安装

图 11　屋面板安装完成图

第二块板放置完成后，用手动咬边机将其咬合固定，这样依次安装四五块后，检查复验其安装尺寸，检查无误后用自动咬边机将各边咬合完成，这样依次安装，直至整个屋面施工完成。屋面板咬边施工如图 12 所示。

图 12　屋面板咬边作业图

屋面板施工中的成品保护必须注意以下几个方面问题：

屋面板施工过程中，必须设立专职巡查员，对屋面施工作业人员进行以下几方面的专项管理：

（1）不能穿皮鞋类的硬底鞋上屋面，在上屋面时，必须保持鞋底清洁；在上屋面的通道处安放专用的擦鞋软胶垫，上屋面作业前必须将鞋底擦净；

（2）施工时必须减少在屋面上来回走动；

（3）施工时，工具必须轻拿、轻放，尽可能随身带或放置在无铺设屋面板的地方；

（4）施工完成后，不能有铁屑等物留在屋面。

并在报经业主、监理及总包同意后，对业主、监理、总包的质量、安全检查人员以及其他作业单位需上屋面的人员，进行控制和管理；如果，达不到相应的成品保护要求，不得上屋面。

第三步：收尾板安装。

施工到最后，如果所剩的空间大于半块钢板的宽度而小于整块板宽度时，则可将超过的部分裁去，留下完整的中间肋，按以上方式将这块钢板固定在支座上。

如所剩的部分比半块钢板的宽度小，则可采用屋脊盖板或泛水板来覆盖。这时，最后一块完整的钢板必须以截短的支座上的短弯角扣住公肋，固定在檩条上。

7 泛水及收边

屋面泛水及收边的处理，直接影响到屋面工程的使用功能及工程的观感质量。

（1）外层屋面板端部搭接长度不得小于200mm，如图13所示。

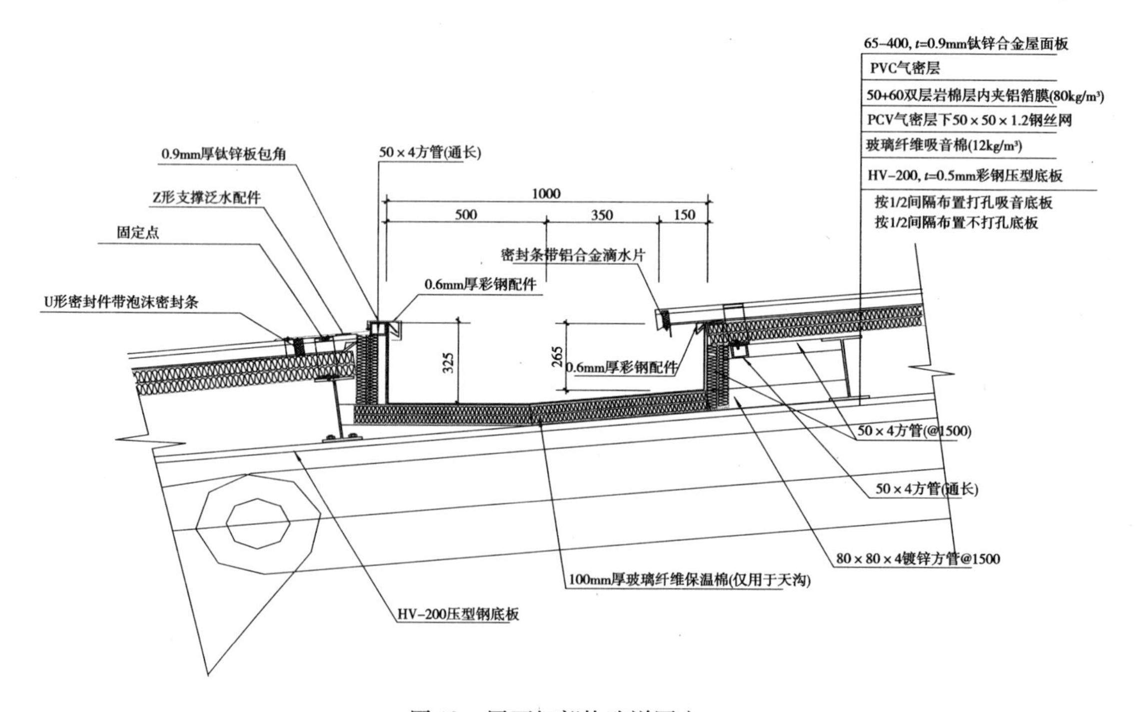

图13　屋面细部构造详图之一

（2）所有外层板泛水和天沟之端部搭接长度不小于200mm，用防水铆钉和密封胶密封，铆钉须穿过密封胶均匀排列，中心距不大于50mm；内收边端部搭接不小于60mm，用单排铆钉间距50mm。

（3）施敷密封胶前应使板材搭接部分清洁干燥，泛水搭接部分保护膜应予去除。

（4）桅杆、拉索穿出屋面节点的处理是确保屋面防水功能得以实现的关键，所以包括节点细部做法及钛锌板焊接在内的工程质量将是施工控制的重点。其细部做法如图14～图16所示。

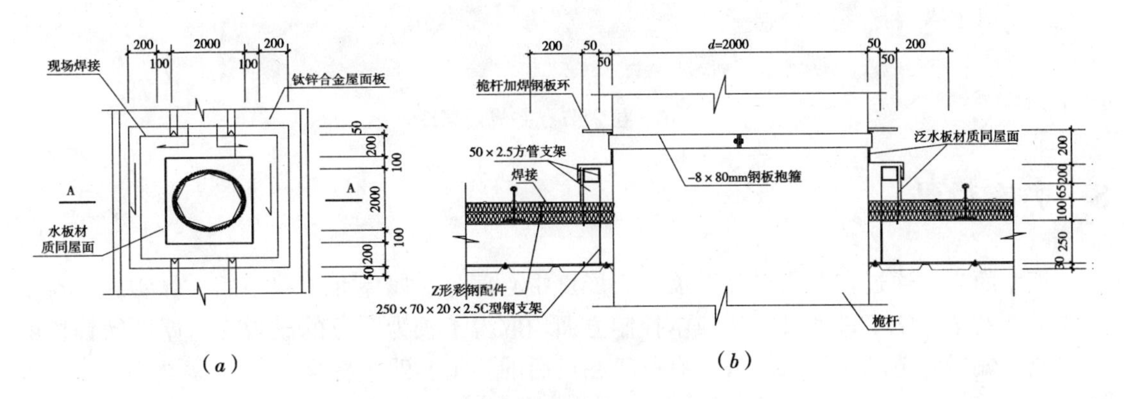

（*a*）　　　　　　　　（*b*）

图14　屋面细部构造详图之二

（*a*）桅杆与屋面连接详图；（*b*）A—A剖面

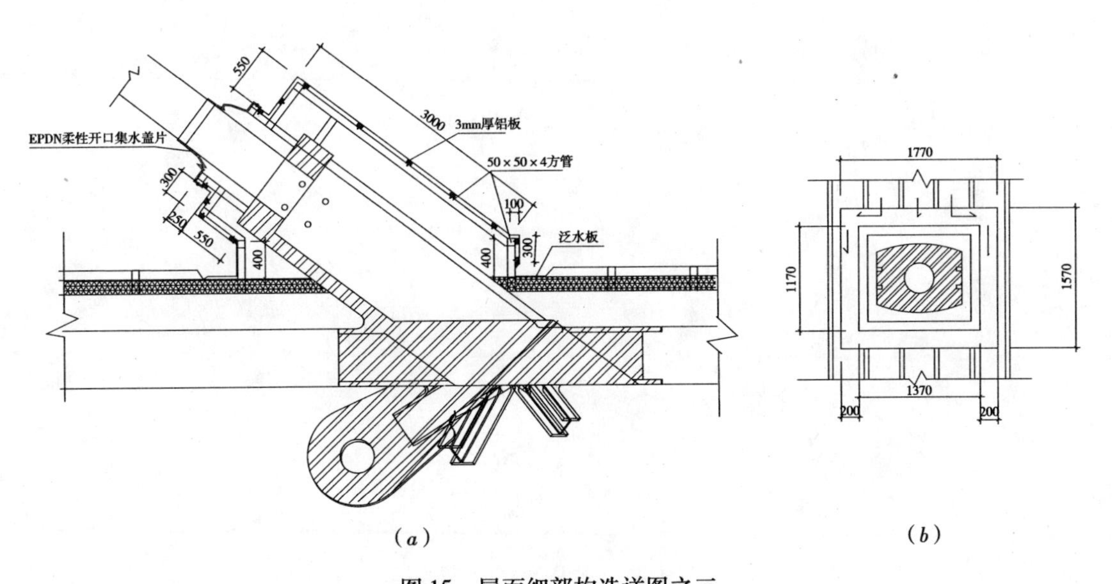

（*a*）　　　　　　　　（*b*）

图15　屋面细部构造详图之三

（*a*）拉索铸钢节点泛水收边；（*b*）连接位置

图 16　拉索节点完成效果图

8　方案总结

该屋面方案通过在郑州国际会展中心展览中心部分金属屋面工程中的整体实施，在工程质量、安全、施工进度及施工成本控制方面均取得了较为明显的成效，但屋面钛锌板的焊接速度偏慢，劳动力投入较大，有待于在以后的施工实践中提高。

郑州国际会展中心钢结构工程焊接技术及检测技术

朱乐宁　董苏洲
（浙江精工钢结构有限公司）

摘　要： 郑州国际会展中心钢屋盖工程中，大型铸钢件在民用建筑中还属首次采用，本文对大型铸钢件焊接技术及该工程中所采用的焊接技术进行了总结。

关键词： 大型铸钢件　焊接

1　工程概况

郑州国际会展中心工程是大跨度桁架结构，主要由纵向主桁架、横向次桁架交错相连，并由11根桅杆通过拉索固定。最大跨度90m，采用60m跨的张弦梁结构和30m的斜拉索结构共同组合而成。其面积约5.2万m^2左右，用钢量约8400t，其中铸钢件约2200t占总用钢量的30%，最大铸件为35.8t，直径2m，厚度40mm的桅杆上连接3个铸钢件，即1号、5号、2号，重量分别为14t、35.8t、25.4t。均采用焊接方法连接，现场安装所用焊材约45t左右（焊条、焊丝），该工程质量好坏取决于焊接质量好坏。因此，焊接方法、焊接工艺、操作程序、焊接管理、焊工素质等是影响焊接质量关键所在。

2　工程特点和难点

（1）材料分别为Q345C、Q345B、GS-20Mn5V，铸钢件约占钢结构总量的1/3左右，共2200t，全部采用焊接。该项工程主要受力节点采用10种不同形状的铸钢件相连，并且所用铸钢件是目前国内最大、最重、最复杂的，如5号铸钢件内径2m，重35.8t，与桅杆焊接连接，焊缝达120mm厚，用焊条约250kg左右。

（2）此项工程的难点，即超大型、大厚度铸钢件（材质GS-20Mn5V）与厚卷制桅杆（材质Q345C）对接焊，铸钢件厚度100mm，桅杆厚度36、40mm，而且焊缝质量要求采用超声波探伤达Ⅰ级。桅杆与5号铸钢件的焊缝需4名焊工连续不间断施焊36h。

3　焊接方法及工艺的确定

主要工作是依据构件材质厚度、接头形式、施焊条件等诸类因素来进行针对性的工艺评定，从而确定焊接设备、焊接材料、焊接方法、焊接参数，编制焊接工艺卡进行实施。根据母材钢号、规格、焊接方法等共进行了12项工艺评定即可覆盖全部工程。根据模拟焊接试验，确定收缩量与变形控制，分别采用手工电弧焊和 CO_2 气体保护焊两种焊接方法。因在地面施焊易采取防风措施，且 CO_2 气体保护焊既省电又提高工效，焊缝一次合格率经超声波探伤达 100%，所以除地面拼装焊的 2m 桅杆对接焊采用手工电弧焊外，其余凡有条件的情况均采用 CO_2 气体保护焊。因桅杆既大又重不易转动，故对接焊采用水平固定焊，焊材采用 J507 焊条。由于对焊工操作技能要求特别高，我们对几十名焊工进行优中选优。因管壁厚度达 40mm，焊前用火焰加温至 120℃时用测温仪实测，采取三名焊工分段退焊、连续焊接直至焊完。必须控制层面温度在 80℃左右，焊后应迅速用石棉布缠包使其缓冷。

4 焊接质量控制

4.1 5 号铸钢件与桅杆组对焊

5 号铸钢件壁厚 100mm，直径达 2m，其外形如图 1 所示。桅杆壁厚 36mm，桅杆与 5 号铸钢件对焊位置如图 3 所示。

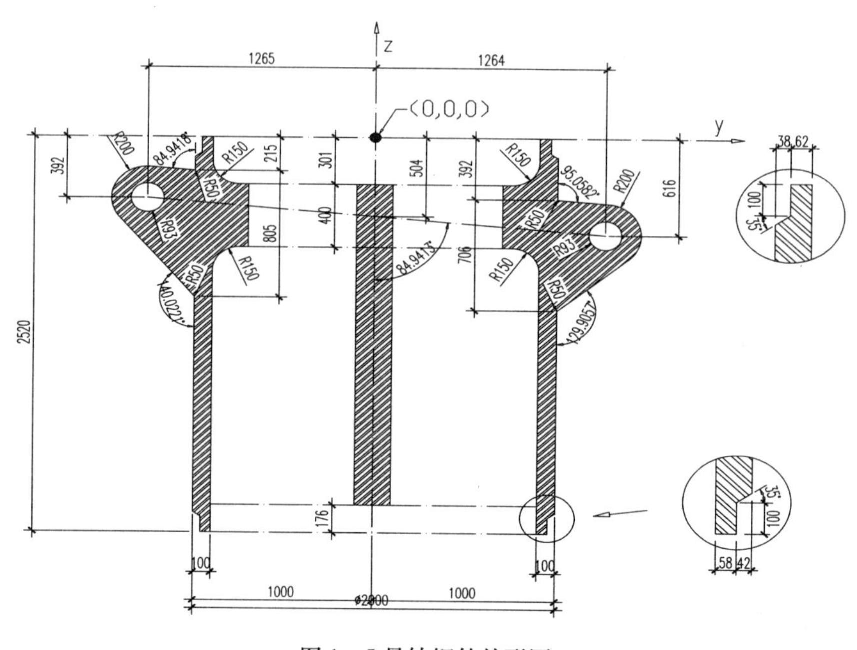

图 1 5 号铸钢件外形图

为了确保焊接质量，解决铸钢件和钢管对接焊的难点，实施过程中我们采用如下方法：

4.1.1 焊前预热

在焊接前 4 名工人采取乙炔枪对焊道进行预热，预热温度 120℃，用测温仪测定。

4.1.2 分段退焊

焊接由 8 名工人分成 2 个班组，每 4 人一班，从而保证焊接过程连续、不间断。

采用手工电弧焊由4人对称分段退焊，用507超低氢焊条打底，在运条时在铸钢件一侧略加停留，使铸钢件得到有效熔化，有利于确保焊缝熔合线质量。退焊顺序如图2所示。

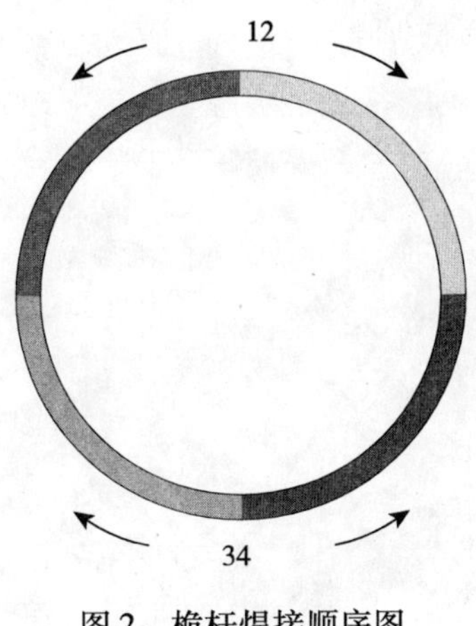

图2　桅杆焊接顺序图

焊后保温缓冷，详细如图3所示。

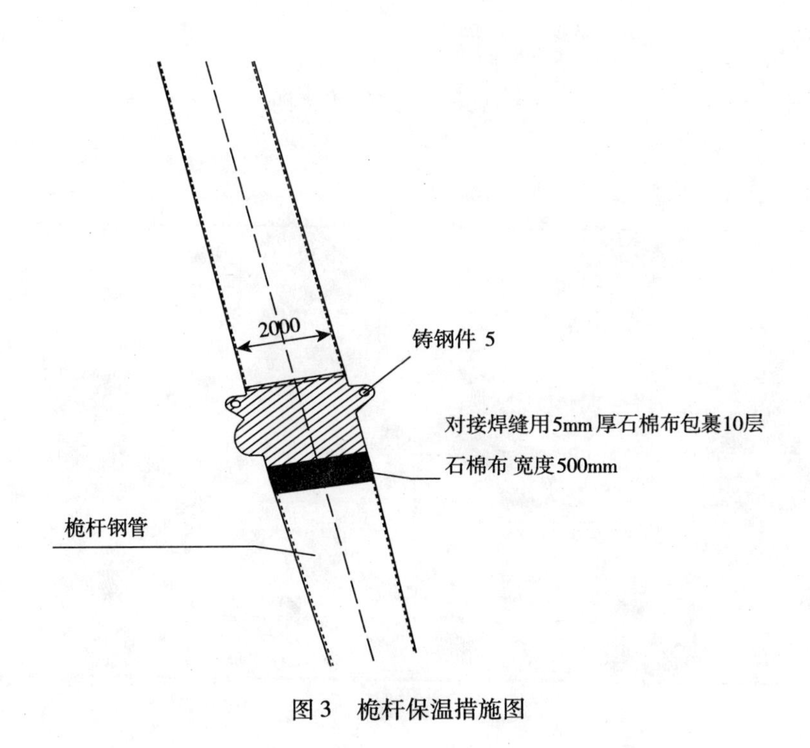

图3　桅杆保温措施图

4.2　桁架上铸钢件的焊接顺序

钢结构屋盖的桁架与铸钢件关系图详见图4，我们采用先主后次，即先焊断面大收缩的焊缝，后焊接小焊缝的原则进行实施。具体焊接顺序如图 5 所示。

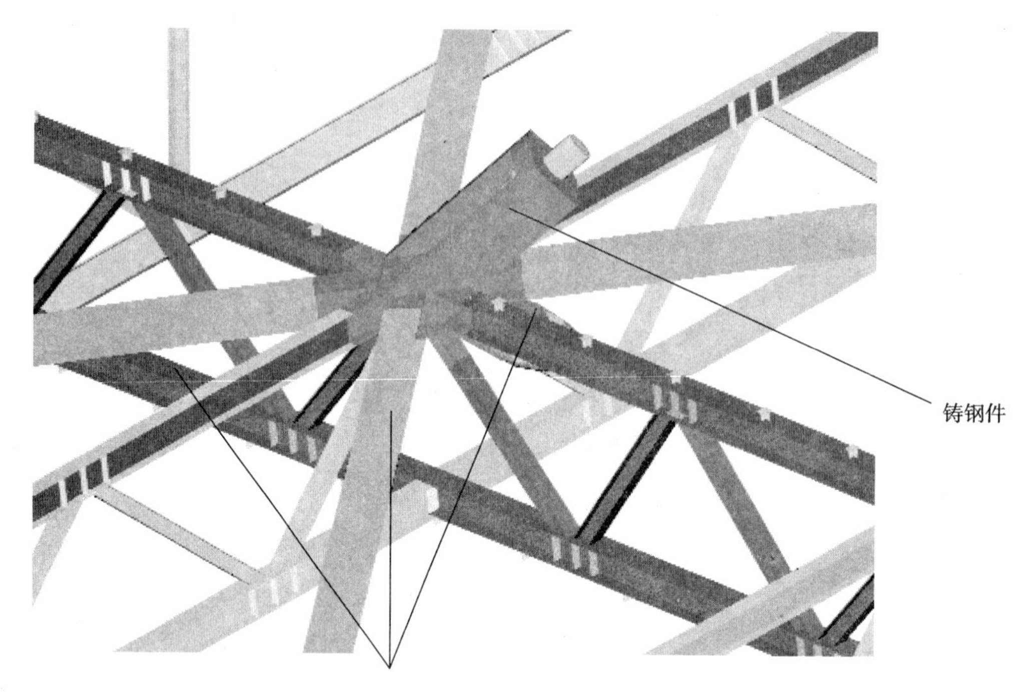

图 4　铸钢件与桁架关系图

图 5　桁架上铸钢件焊接顺序图

5　结束语

5.1　效果

由于我们对焊接工作科学管理，并且措施得当、方法正确，从而获得满意结果，即：超声波探伤一次合格率达97.5%，经上海材料研究所泛亚无损检测中心第三方抽检（采用超声波探伤和磁粉探伤），共抽查198条焊缝，合格196条，合格率99%，因而确保了钢结构施工质量。

5.2　体会

根据本工程的实践经验，我们得出如下几点体会：

（1）焊工操作水平的高低是焊接工作的重要因素，因此焊工上岗前必须经严格技能考试，择优选用。

（2）焊接设备的好坏是影响完成焊接工作的重要环节，必选择好的焊接设备，才能确保焊接质量。

（3）焊接材料必须复验，同时需采购信誉好的厂家的产品。

（4）必须严格遵照焊接工艺卡所规定的参数要求进行施焊、不得随意更改。

（5）焊前准备是十分重要的，如对口间隙坡口角度两侧清理，应严格按规定实施。

（6）焊条必须按规定烘烤放置保温筒内随用随取。

（7）需焊前预热的焊口必须进行预热，同时用测温仪进行测量并作记录，焊后应保温缓冷。

（8）铸钢件与低合金钢焊接，尤其厚度在36mm以上的采用超低氢焊条打底，对降低预热温度、防止裂纹是行之有效的。

（9）焊缝必须打上焊工钢印号，这样增强了焊工责任意识又可追溯责任。

第五篇　建筑智能化

建筑智能化系统应用

马正祥　史志杰　翟颂云
（同方股份有限公司）

摘　要：郑州国际会展中心智能化系统主要包括建筑设备监控系统（BAS）、安全防范系统（SAS）、通信网络系统（CAS）、会展管理信息系统（OAS）、火灾自动报警系统（FAS）及综合布线系统、电源与接地系统、系统集成。通过建筑智能化系统为郑州国际会展中心提供最先进的建筑设备管理手段及最舒适、最灵活多变的会议展览及办公方式和最现代化的通讯手段，实现高效率、快节奏的会议和展览。

关键词：智能化　楼宇自控　系统集成

1　概述

郑州国际会展中心智能化系统工程采用人性化设计，是一个标准化、多层次、全方位和集成化的现代化智能系统，它能提供最先进的建筑设备管理手段及最舒适、最灵活多变的会议展览及办公方式和最现代化的通讯手段，实现高效率、快节奏的会展和工作。

根据郑州国际会展中心的具体情况、使用单位需求及目前国际上先进的智能化技术，郑州国际会展中心智能化系统主要包括以下几个系统：

（1）建筑设备监控系统（BAS）：空调、给水排水、变配电、照明、电梯、热力等；

（2）安全防范系统（SAS）：防盗报警、闭路电视监控、巡更、门禁、对讲等；

（3）通信网络系统（CAS）：计算机网络、电子会议、背景音乐及紧急广播、卫星及有线电视、电话交换机等；

（4）会展管理信息系统（OAS）：会展业务、物业、办公、网站、视讯、门票等；

（5）火灾自动报警系统（FAS）；

（6）综合布线系统；

（7）电源与接地系统；

（8）系统集成。

各子系统间架构图见图1。

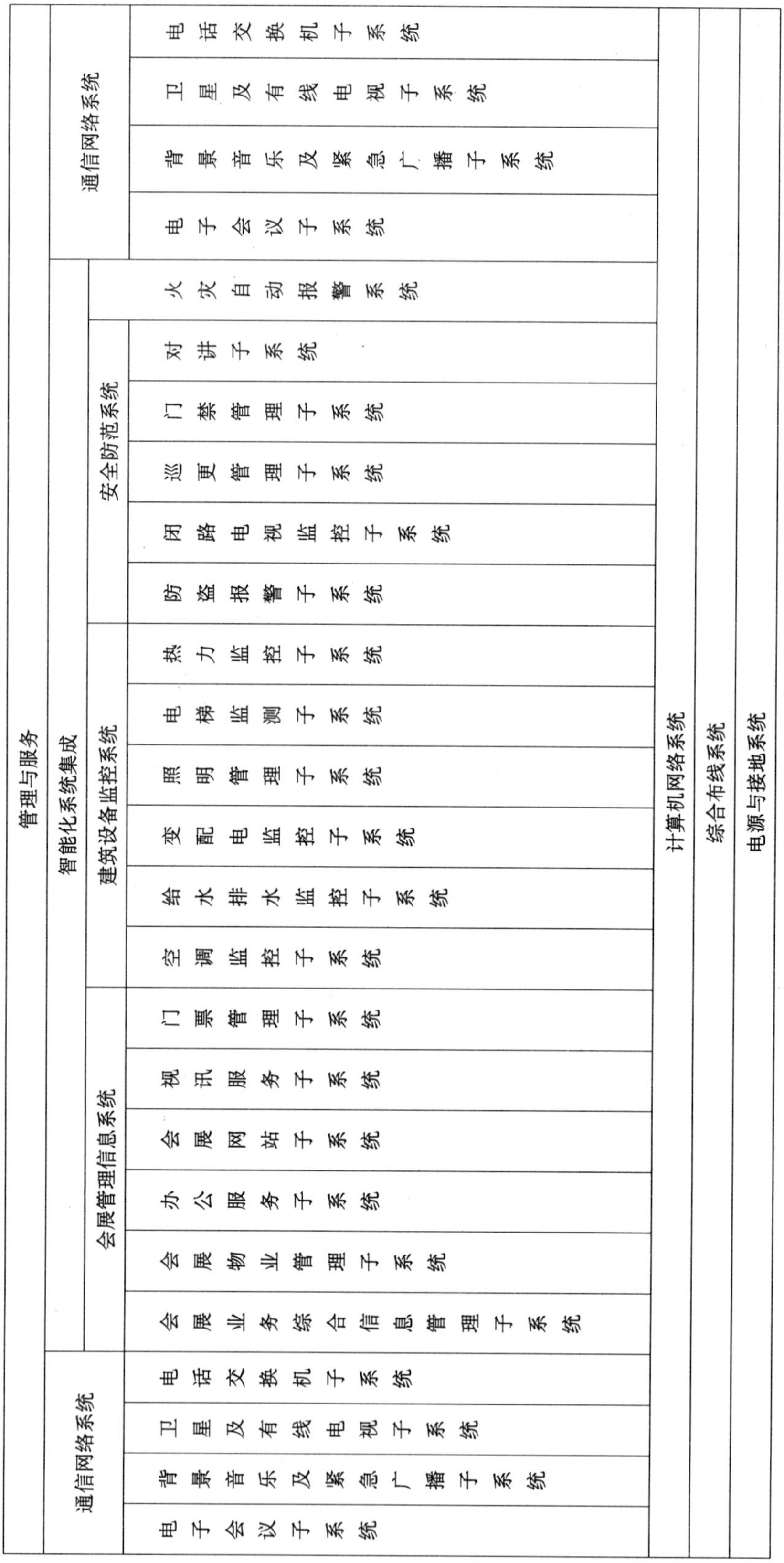

<table>
<tr><td colspan="26">管理与服务</td></tr>
<tr><td colspan="4" rowspan="2">通信网络系统</td><td colspan="18">智能化系统集成</td><td colspan="4" rowspan="2">通信网络系统</td></tr>
<tr><td colspan="6">会展管理信息系统</td><td colspan="6">建筑设备监控系统</td><td colspan="5">安全防范系统</td><td rowspan="2">火灾自动报警系统</td></tr>
<tr><td>电子会议子系统</td><td>背景音乐及紧急广播子系统</td><td>卫星及有线电视子系统</td><td>电话交换机子系统</td><td>会展业务综合信息管理子系统</td><td>会展物业管理子系统</td><td>办公服务子系统</td><td>会展网站子系统</td><td>视讯服务子系统</td><td>门票管理子系统</td><td>空调监控子系统</td><td>给水排水监控子系统</td><td>变配电监控子系统</td><td>照明管理子系统</td><td>电梯监测子系统</td><td>热力监控子系统</td><td>防盗报警子系统</td><td>闭路电视监控子系统</td><td>巡更管理子系统</td><td>门禁管理子系统</td><td>对讲子系统</td><td>电子会议子系统</td><td>背景音乐及紧急广播子系统</td><td>卫星及有线电视子系统</td><td>电话交换机子系统</td></tr>
<tr><td colspan="26">计算机网络系统</td></tr>
<tr><td colspan="26">综合布线系统</td></tr>
<tr><td colspan="26">电源与接地系统</td></tr>
</table>

图1　弱电智能化系统架构

2 建筑设备监控系统

建筑设备监控系统，又称楼宇自动化系统 BAS（Building Automation System），分为 TAC 楼宇控制系统、变电所自动化系统和照明自动化系统三部分。BAS 的主要目的是：提高系统管理水平，节省运行能耗。作为智能建筑的重要组成部分，监控范围通常包括冷热源系统、空调系统、送排风系统、给水排水系统、变配电系统、照明系统、电梯系统等。BAS 系统将对整座建筑的机电设备进行信号采集和控制，实现大楼设备管理系统自动化，起到改善系统运行品质、提高管理水平、降低运行管理劳动强度、节省运行能耗的作用。

TAC 楼宇控制系统网络体系结构如图 2，采用集散型控制方式，即现场区域控制，计算机局域网通信，最后进行集中监视、管理的系统控制方式。这种控制方式保证每个子系统都能独立控制，同时在中央工作站上又能做到集中管理，使得整个系统的结构完善、性能可靠。

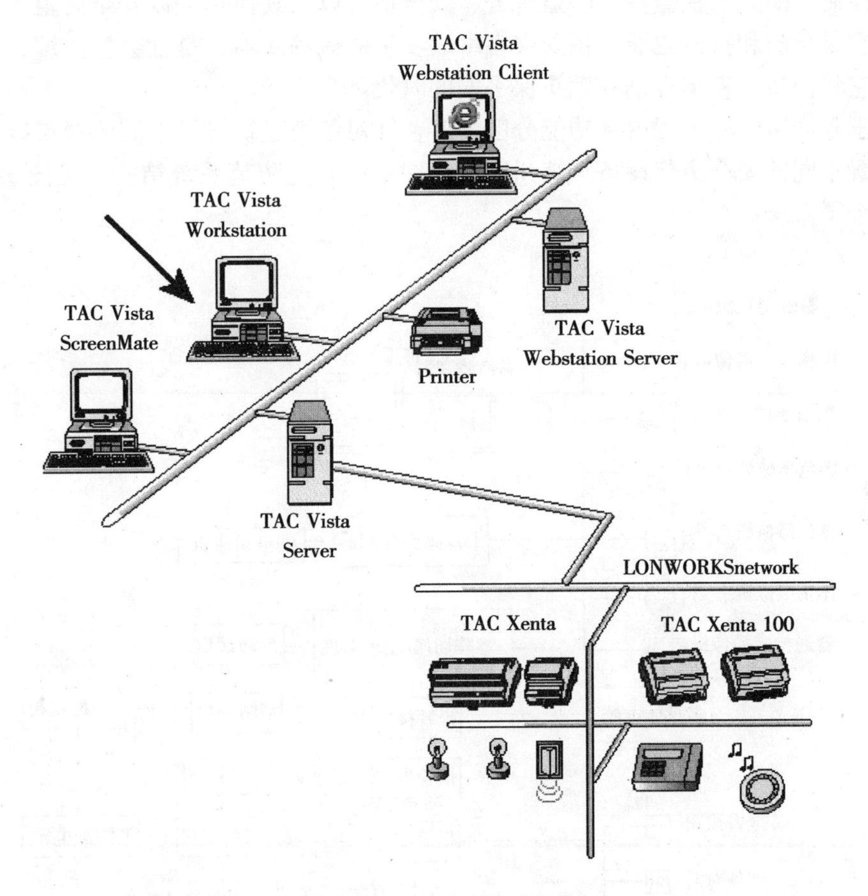

图 2　TAC 网络体系结构图

变电所自动化系统采用现场总线技术，实现高压配电和低压配电系统的远程监控管理，整个系统采用分层、分布式结构，包括中控层、前置层和现场层。中控层以工业控制计算机为平台，采用先进的 INT－SCADA 变电综合自动化管理软件实现整个高、低压配电系统的远程管理。前置层采用通信管理机为核心的现场控制系统，实现现场可通信设备的数据采集、通信管理、设备维护等功能。现场层采用具有通讯接口的可通信现场智能终端设备，主要为法国 DIRIS 系列低压智能仪表和万力达中压保护测控装置以及变压器的温控器等。

照明自动化系统采用先进的 C－Bus 智能照明系统，分为中央监控计算机、现场智能开关、输出执行设备。中央控制计算机完成所有对系统的设定、修改、图形控制、数据处理等高级功能。现场智能开关安装在各主要出入口，便于就近对区域的照明进行场景控制、区域控制。输出执行设备接收控制信号，控制照明回路的电源。

3　安全防范系统

安全防范系统是将现代的电子、通信、信息处理、微机控制原理和多媒体技术等应用于出入口控制、闭路电视监控、防盗报警、安全检查以及其他相关以安全防范为目的的系统工程。它是预防和打击犯罪、预防灾害事故发生的锐利武器，是社会治安综合治理的重要内容，它将使我们逐步告别一锁头保平安的时代。

郑州国际会展中心工程内部功能分区繁多，针对各类建筑格局不同的楼层以及各功能房间，设置不同的安全防范设备。郑州国际会展中心安全防范系统结构图见图3，主要包括如下几个子系统：

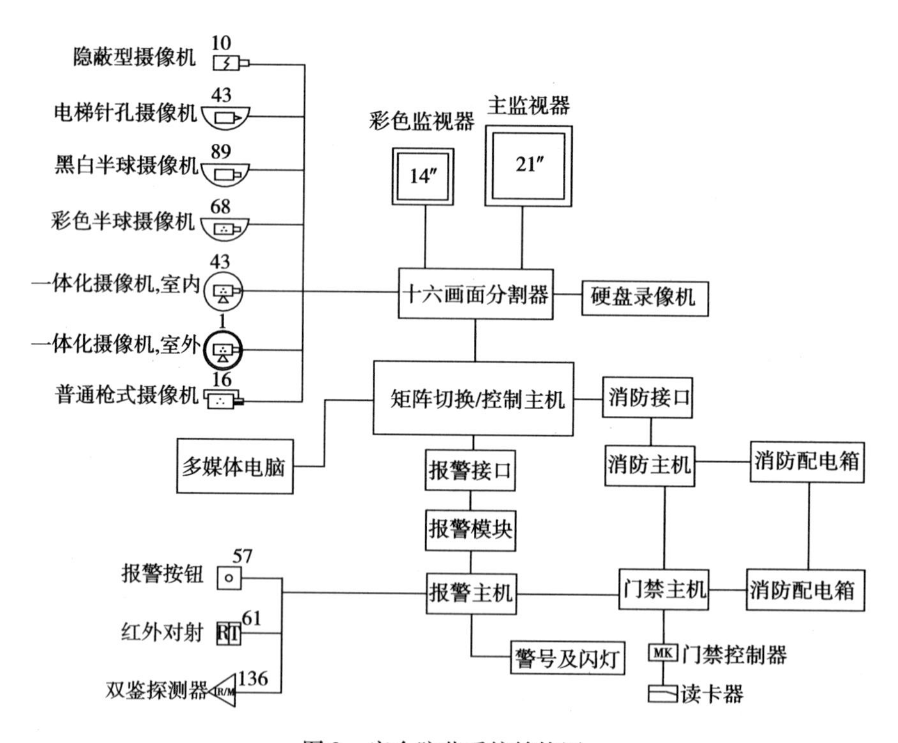

图3　安全防范系统结构图

（1）闭路电视监控子系统；

（2）防盗报警子系统；

（3）出入口控制与门禁子系统；

（4）巡更管理子系统；

（5）呼叫对讲系统。

3.1 电视监控子系统

系统主要由控制系统、前端摄像设备、控制室辅助输出设备组成。

一个联网控制系统主要由多媒体计算机、视频矩阵切换器和操纵控制键盘三部分构成，由多媒体计算机进行统一控制和管理。

前端摄像设备根据现代闭路电视监控系统的发展趋势和特点，前端摄像机根据现场条件尽量考虑采用隐蔽式监视，特别是重要的公共区域，如门厅、出入口等处。为此，在展览中心门厅、会议中心门厅设置一体化球形摄像机；在楼梯前室这些场所夜晚会成为危险性比较大的死角，我们采用黑白定焦摄像机，每一处楼梯间都保证有摄像机进行适当的监视，以获取更多的图像信息；展览中心的后勤出入口为重要的卸货区域，为防止有不法分子在参展商转移货物时混水摸鱼，在此处每个门口都配置了高性能的摄像机；此外，一体化摄像机还分布在会议中心的多功能厅入口与两部分的售票处，以保证在人流密集的场所能够使监控中心的保安人员实时掌握前方动态；在展览中心的展厅内部，配置一体化球形摄像机，保证在展会进行期间，在人流拥挤的条件下展厅内部的情况及时反应到监控中心，不但提高了会展中心的档次，给参展商留下安全而高档的良好印象，更重要的是为可能发生的危险留下可供日后查询的实时记录，颇为有效；对于后勤区的出入口，应当配置摄像机，但为使来客不至于感到自己受到监视，因此不应当让外来人员知道有摄像机的存在，因此选用一种非常实用的隐蔽型摄像机，类似于消防系统中的感烟探测器，吸顶安装于走廊吊顶等相应位置，能够有效且安全地监视走廊状态。

中心控制室选用高分辨率21″彩色监视器对所有摄像头所采集的图像进行监视；利用21″专业监视器组成电视墙，进行图像信号的循环显示；并且对一些特定场所，如展厅在举办展会期间的图像能够做成电视节目播放或者在大屏幕上实时显示，也可以加装分配器进行分路输出。

系统配备16路画面处理器与16路数字硬盘录像机，能以时分多制方式将N×16路视频信号记录在同一台数字硬盘录像机上，可以单画面、4画面、9画面或16画面等多种模式显示、检索、回放记录的视频图像，可以通过键盘对录像方式进行编程控制，设定或调整视频采样频率，对所选定的摄像机提供优先级别。数字硬盘录像机是将前端传来的模拟信号以数字格式（MPEG4）刻录到计算机硬盘上，特点是存储容量大，能够方便地进行回放等操作，并且保存时间长，相对于普通的模拟录像机来说更加实用且不需要占用很大空间，是目前CCTV系统录像机的发展方向。

本系统选用美国KALATEL系列产品，主机采用1台KTD-4M-192*28控制矩阵。

3.2 防盗报警子系统

防盗报警系统是在会展中心内一个或多个单位构成的区域范围内，采用无线、专用线或借用线的方式将各种防盗报警探测器、报警控制器等设备连接构成集中报警信息探测、传输、控制和声光响应的完整系统。

根据郑州国际会展中心的保安防盗要求，在主要出入口、楼梯间、要害部门设置双鉴探测器（吸顶式）以及红外对射，在走廊设置报警按钮。在中央控制室，配备报警控制主机，多媒体电脑及控制软件，可通过系统控制主机管理报警系统，使每一路报警通过报警接口的连接进入矩阵主机产生报警及 CCTV 的联动。另外，在闭路监控控制中心的管理计算机上，配置了多媒体软件，可通过本软件完成对任一路摄像机及云台的调用与控制，当有报警发生时，可在计算机平面图上直观看到报警发生的位置。同时闭路监控系统会自动将报警现场的图像切换到主监视器上来，大大加强了整个会展中心防盗安全性能，体现了现代化会展中心管理先进水平。系统具有声光报警及自动拨号报警等功能，使值班人员能清晰简明了解各楼层的报警位置即时情况。

本系统采用主要采用美国 ADEMCO 的系列产品，报警主机选用美国 ADEMCO 的报警旗舰产品 VISTA－120。

3.3 出入口控制与门禁子系统

门禁系统的作用是对出入口加强管理，划分授权区域，加强对办公区域的管理，非授权人不得进入重要管理区域活动。利用门禁系统，即可保证重要区域的安全性，又不必增加保安人员数量。

根据会展中心的门禁保安需求，在主要办公室、重要值班室、控制中心、关键通道等地点采用读卡开门方式，在每个门口配置门禁控制器、读卡器、电控锁、门磁和开门按钮，控制原理见图 4。

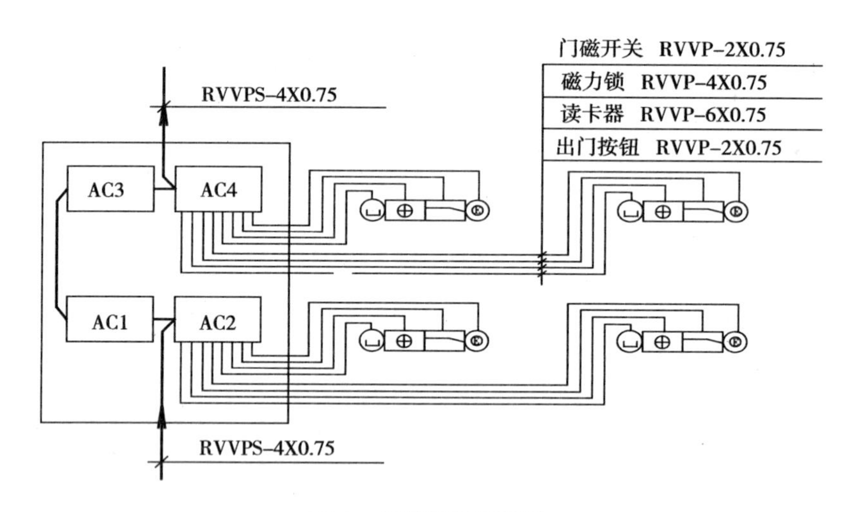

图 4 门禁控制原理图

在门禁管理中心内设门禁主机和管理软件，对各受到控制的门进行状态的监控，并可集成到 BMS 管理系统实现更轻便的管理。

门禁控制系统采用马来西亚的 ELID 公司产品，共设置 EL－2205－001 单门门禁控制器 38 个。

3.4 巡更管理子系统

巡更管理子系统主要是对保安巡逻、设备巡检的管理系统。针对本项目，选择美国LANDWELL公司感应式巡更管理子系统，配合L－3.0巡更管理系统软件，实现会展中心对所辖场所的巡更管理功能。可使巡更管理能更加合理、充分地分配警力，同时管理人员能快速查阅巡更结果，大大降低保安管理人员的工作量，并真正实现保安管理人员的自我约束、自我管理。

本系统主要由巡更信息点、巡更棒、数据传输器、电池、主控电脑（与门禁合用）、打印机、巡更管理软件等组成。

系统具有如下特点：

（1）非接触，信息点可暗埋于混凝土、大理石材、玻璃内，保证信息点的安全；

（2）无需布线、安装简便，扩展方便；

（3）操作简便、对使用人员要求不高；

（4）巡更信息点为无源器件、无需外部供电，无线激活存取数据，可穿透任何非金属物体；

（5）高可靠性、安全性，可防止已获得的数据和信息被恶意破坏或修改；

（6）巡更器体积小、重量轻、携带方便，反应速度快，一次存储3万条巡更信息；

（7）可作为巡更人员考核。

巡更器与计算机连接，用智能电子巡更管理系统软件可从巡更棒上提取巡更记录，并进行各种处理，达到完整的记录、考核功能，尽显数字技术带来的无可比拟的优越性。

3.5 呼叫对讲系统

呼叫对讲系统采用韩国金丽公司产品，主要实现会议展览中心的对讲呼叫，系统共设置LAP－100M网络主机2台，ML－700对讲分机43台。

4 通信网络系统

郑州国际会展中心通信网络系统主要包括计算机网络、电子会议系统、背景音乐及紧急广播、卫星及有线电视、程控电话交换机。

4.1 计算机网络系统

针对郑州会展中心网络系统的具体需求，在总体网络设计时对内网和外网进行分别设计，实现内网和外网的逻辑隔离；对内网和外网均采用层次化和模块化设计。网络拓朴图见图5。

从网络的逻辑结构来看，结合会展中心网络系统建设的特点，采用三层网络结构：核心层、汇聚层和接入层。通过应用网管平台、千兆核心设备、百兆交换设备，来构建会展中心网络系统，使得会展中心网络系统具有先进性、稳定性、安全性等众多特点，完全可以满足会展中心现在及未来若干年的发展需要。

对于会展中心的智能网络系统来说，主要的业务是对外提供会展等服务，因此，外网的建设至关重要，因此，我们将外网的两台核心交换机直接通过双链路接入防火墙，而各个汇聚层的交换机通过双千兆链路接入核心交换机，接入层交换机通过单千兆链路接入上

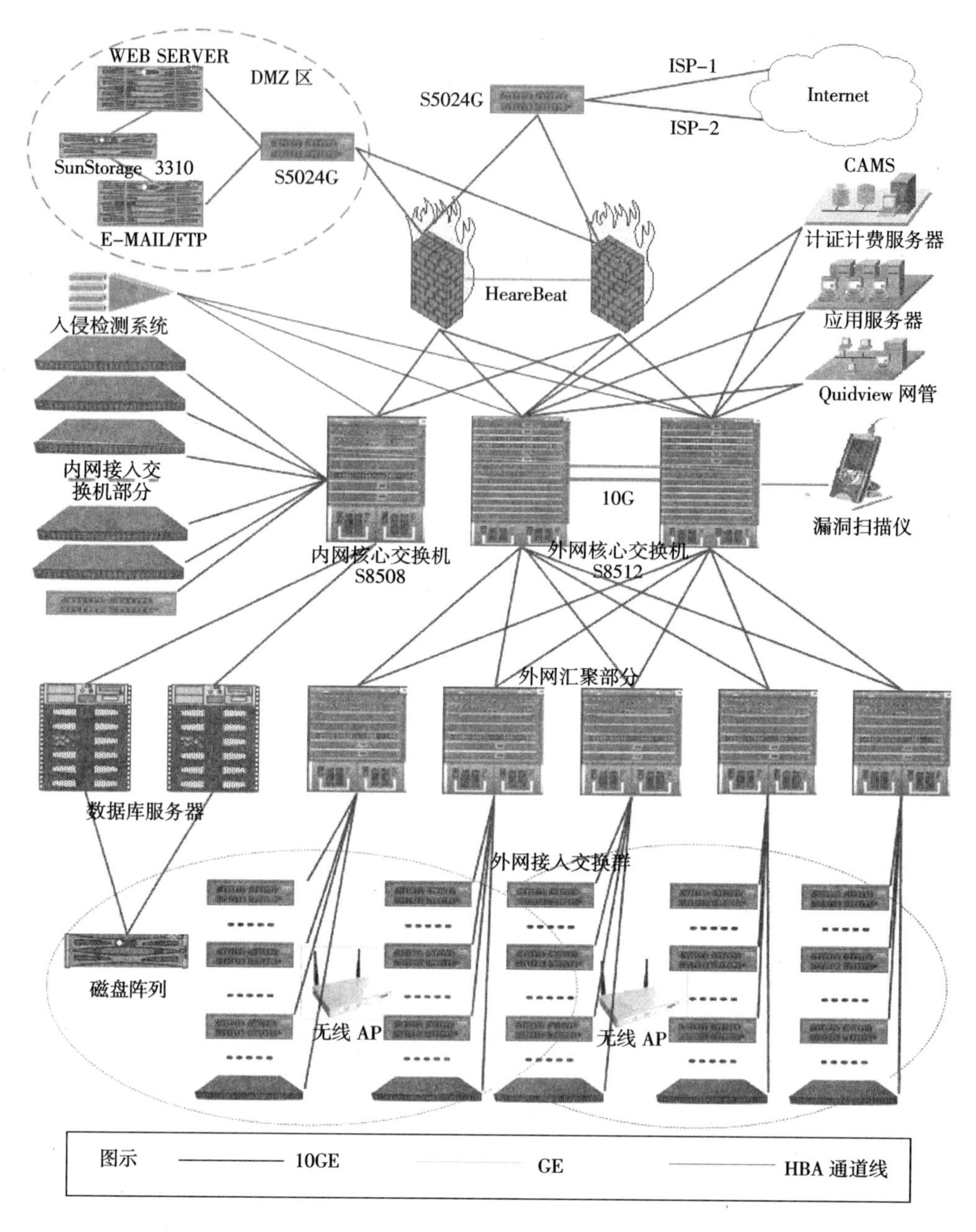

图 5　计算机网络系统网络拓朴图

层网络设备。

由于会展中心的内网部分主要对内部办公提供服务，因此，网络相对来说比较简单，在内网部分设计了紧缩核心结构：核心层、接入层。内网的核心交换机直接通过两条千兆链路分别连接到接入外网的骨干防火墙上。在进行组网访问策略时，在防火墙上设置一定的权限，譬如，允许内网用户访问外网用户和 Internet，允许外网用户访问 Internet 但不允许访问内网办公部分的相关后台设备。

外网网络平台是会展中心迎接大规模的国际化会议、展览任务的基础和保证，所有业务系统和信息资源库都依赖于网络平台。外网网络平台的优劣直接关系到整个会展中心智能化子系统管理和服务职能的实现。

网络设备选用华为交换机和 CISCO 无线 AP 设备，网络安全设备选用方正防火墙。

4.2 电子会议系统

郑州国际会展中心电子会议系统主要由会议集中控制系统、发言系统、音响扩声系统、多媒体视频显示系统、摄像录像系统、会议记录系统组成。

4.3 背景音乐及紧急广播系统

背景音响系统具有背景音乐广播、公共广播、火灾事故广播功能。

火灾事故广播功能作为火灾报警及联动系统在紧急状态下用以指挥、疏散人群的广播设施，在建筑弱电的设计中有举足轻重的作用。该功能要求扩声系统能达到需要的声扬强度，以保证在紧急情况发生时，可以利用其提供足以使建筑物内可能涉及的区域的人群能清晰地听到警报、疏导的语音。

本次设计选用日本 TOA 公司的专业公共广播音响系统。由于郑州国际会展中心的功能区比较复杂，系统要求全智能化管理，因此，选用 SX－1000 系列作为主控系统，对广播音响系统进行智能化管理；提供背景音乐系统和消防切换控制。

我们按照郑州国际会展中心的消防分区以及我们工程人员在实际操作中的经验并结合 TOA 的产品性能，将一些扬声器较少的消防分区合设为一个广播分区，但是要通过继电器模块连接在一个功放上，这样在有消防报警时可按消防分区来播放消防广播，满足了消防广播及背景音乐的需求，又可以节省造价。整个郑州国际会展中心共分为 37 个广播分区，为满足在一般情况下可对某个区域进行呼叫，配备 2 台呼叫站。系统原理图见图 6。

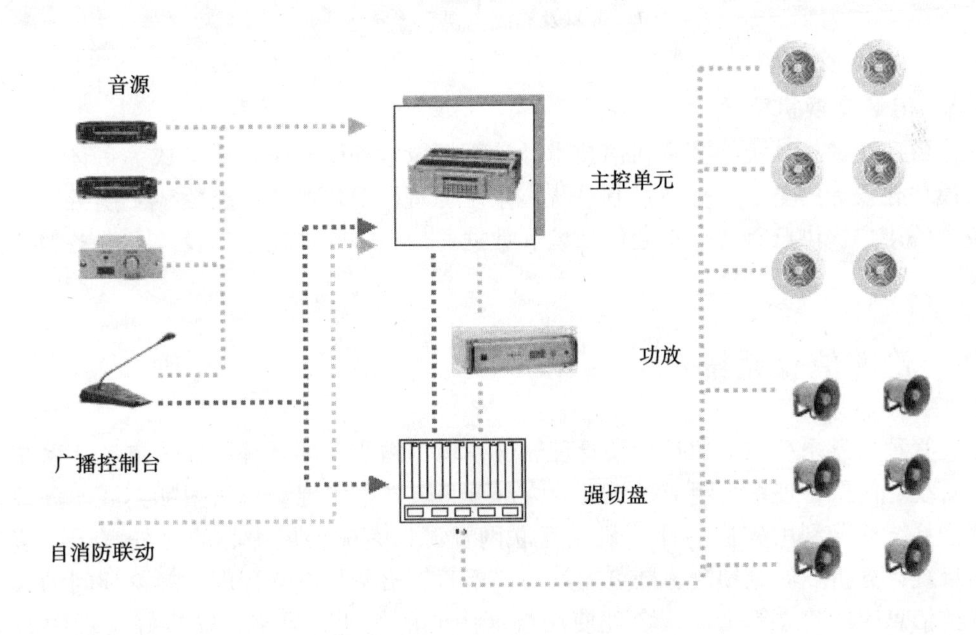

图 6　背景音乐及紧急广播系统原理图

4.4 卫星及有线电视

卫星电视及有线电视系统国际上称“Community Antenna Television”，缩写为 CATV 系统。本工程卫星接收及有线电视系统按独立前端系统设计，全系统包括前端、干线和分配网络，其核心在前端，系统原理图见图 7。电视终端安装在办公室、餐厅、多功能厅、会议厅及展厅等处，主机房将设置在会议中心的有线电视机房。

本系统前端部分天线选用无锡神广 WXHX 系列式天线，安装 PBI 公司的 DVR1000 卫星接收机 11 台和 DCH－2000DK 卫星解调器 1 台。

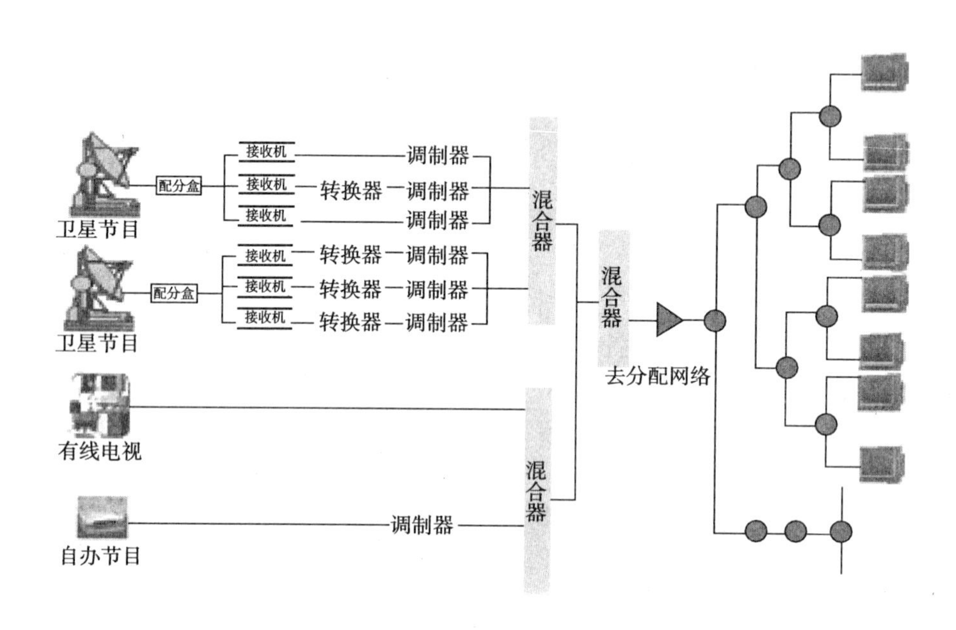

图 7 卫星及有线电视系统原理图

4.5 电话交换机系统

程控数字交换机系统将数字通信技术、计算机技术和微电子技术集成为一体，成为一个高度模块化设计的全方位分散控制系统，系统原理图见图 8。程控数字交换机系统向智能建筑中的用户提供已有的模拟通信环境和数据通信、多媒体通信以及综合业务数字网通信环境。

5 会展管理信息系统

会展管理信息系统主要包括会展管理软件系统、物业管理系统、办公自动化系统、视讯服务系统、门票管理系统组成，该部分大部分为软件来实现。郑州国际会展业务综合信息管理子系统充分利用先进的计算机及互联网资源，完成会展中心的对外宣传、信息收集、信息统计分析、展览预测、展览的策划、招商、招展、展位管理、展览期间的各项服务、各类信息库的建立等工作，合理使用会展中心的场所、设施，安排好会展中心的人流、物流和后勤保障，优化调度可能同时举行的各种展览，最大限度发挥会展中心的综合

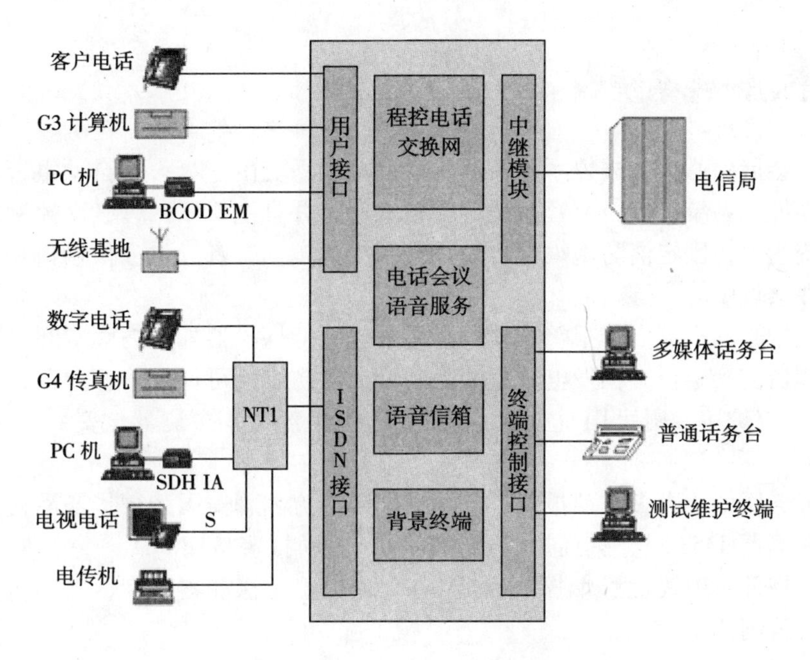

图 8　程控数字交换机系统原理

功能，扩大会展中心在国内外的影响力和号召力，与国内外的知名展览公司和各大企事业单位建立广泛的联系，以便举办更多的展览，吸引更多的厂商参展，创造更好的经济效益。

会展业务综合信息管理系统软件的功能基本上可以按举办展览实际流程分为展前、展中、展后以及系统数据维护几部分。系统逻辑结构图见图 9，分为下述三个子系统：

(1) 向 WEB 的展览发布系统：完成展览准备阶段的各项功能；

(2) 展览管理系统：完成展览阶段管理的功能；

(3) 展览维护系统：完成系统维护、数据升级更新的功能。

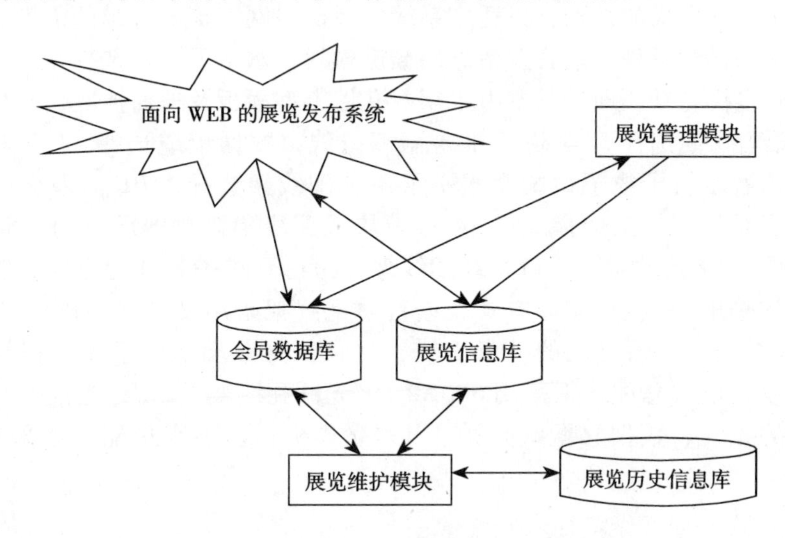

图 9　会展业务综合信息管理系统逻辑结构图

6 火灾自动报警系统

郑州国际会展中心火灾报警系统及消防联动控制系统由一套火灾自动报警系统和一套消防水炮联动控制系统组成，两套系统各自独立运行并且主机联网，联动控制以常规火灾自动报警系统为主，固定消防炮火灾自动报警系统为辅，二者经过通信接口相连。消防控制中心设置在会议中心一层。

国际会展中心的火灾自动报警系统除选用常规智能探测器外，高大空间设置红外对射线性感烟探测器交叉定位。在发电机房油箱间处设置防爆型可燃气体探测器，安装高度为距地0.3m。在锅炉房、厨房用气处及阀门处设置可燃气体探测器，安装在墙上或吸顶安装。

郑州国际会展中心火灾自动报警系统采用国际一流品牌美国爱德华产品，共有智能特征光电感烟探测器3353只，感温探测器484只，手动报警按钮364个，红外线火灾报警探测器8只，红外对射线性感烟探测器25对，防暴感温探测器1套，气体灭火控制盘9台，火灾报警控制器2台。

7 综合布线系统

综合布线系统（Premises Distribution System）全称“建筑与建筑群综合布线系统”，亦称结构化布线系统（SCS）。它是随着现代化通信需求的不断发展、对布线系统的要求越来越高的情况下推进的、从整体角度来考虑的一种标准布线系统。典型的SYSTIMAX SCS结构化布线系统示意图见图10。

综合布线系统采用美国AVAYA的SYSTIMAX SCS布线产品，SYSTIMAX GigaSPEED解决方案为建筑物提供高速的信息传输通道。主要包括工作区子系统、水平子系统、干线子系统、管理子系统、设备间子系统、建筑群子系统，采用了成熟、先进、实用的技术，利用模块化、开放式的结构，以适应系统的灵活组网、扩充升级的需要，实现信息共享、资源共享和科学管理。语音及数据的插座模块、水平干缆均选择6类产品，光纤信息点采用2芯多模光纤，面板基本上采用双孔墙上型面板及地面插座，暗装于墙面或柱面、地面，语音干缆选择3类50对非屏蔽双绞线，数据干缆选择12芯多模及单模光纤，管理间语音垂直干缆子系统及水平子系统配线架选择110DW型交叉连接配线架，数据水平子系统配线架选择6类24口模块式配线架，数据设备间及管理子系统采用600A2 19″光纤配线架及72口光纤配线架，考虑到维护管理的方便，管理间及设备间的配线架均采用19″机柜安装方式，语音总配线架采用交叉连接配线架（110DW型配线架），连接来自各管理间的语音干缆，并预留足够端子用于连接程控交换机配线架的语音线缆，数据总配线架采用600A2 19″光纤配线架及72口光纤配线架，连接来自各管理间的光纤；数据总配线架采用19″立式机柜，语音总配线架采用19″立式机柜安装。

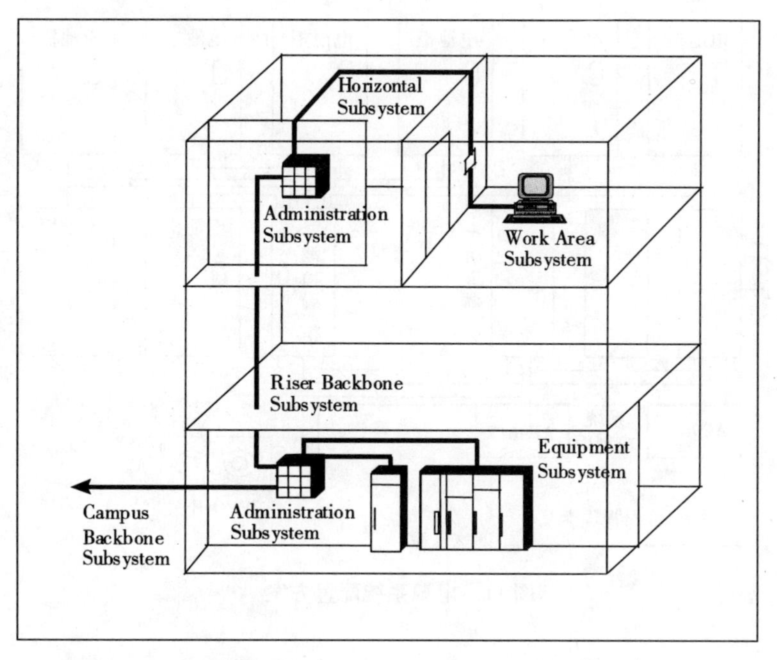

SYSTIMAX SCS 子系统说明
WORK AREA SUBSYSTEM —工作区子系统
HORIZONTAL SUBSYSTEM —水平支干线子系统
RISER BACKBONE SUBSYSTEM —垂直主干子系统
EQUIPMENT SUBSYSTEM —设备子系统
ADMINISTRATION SUBSYSTEM —管理子系统
CAMPUS BACKBONE SUBSYSTEM —建筑群主干子系统

图 10 综合布线系统示意图

8 电源及接地

8.1 电源部分

UPS 电源系统安装在会议中心的弱电控制室，对会展中心内需要 UPS 保护的设备集中供电。具体方法是从总配电中心引一路足够容量的电源到弱电控制室，接入 UPS 电源系统，再由 UPS 电源系统引出电源线，布到智能化系统各子系统的重要设备附近为其供电。这样无论大楼内其他系统发生何种供电事故，都可以保证智能化系统重要设备的正常工作，并可以及时为其他系统的故障查询和排除提供参考信息。

本方案中弱电控制室采用 2 台 APC 公司 Silcon 系列主机进行并机，系统配置方案见图 11。

主机型号为：SL120KH - S3。对于 120kVA 的 UPS 并机系统，每台 UPS 主机配置 12V100AH 电池 128 只，共 256 只，任何一台 UPS 的蓄电池均能确保单机满负荷工作时后备时间达到 1h，并机系统满载电池后备时间大约 2h。由于采用冗余并机方式，该方式两台 UPS 处于均分负载状态，这样 UPS 工作在较低的功率强度下，保证系统较高的可靠性，而且避免主、从机备份导致的 2 台 UPS 寿命不一致。当然该并机系统也可以设置为 1 主 1 备的工作方式，而且通过高级并机管理功能，可设置主、从机按照一定的周期进行循环切换，满足客户的要求。

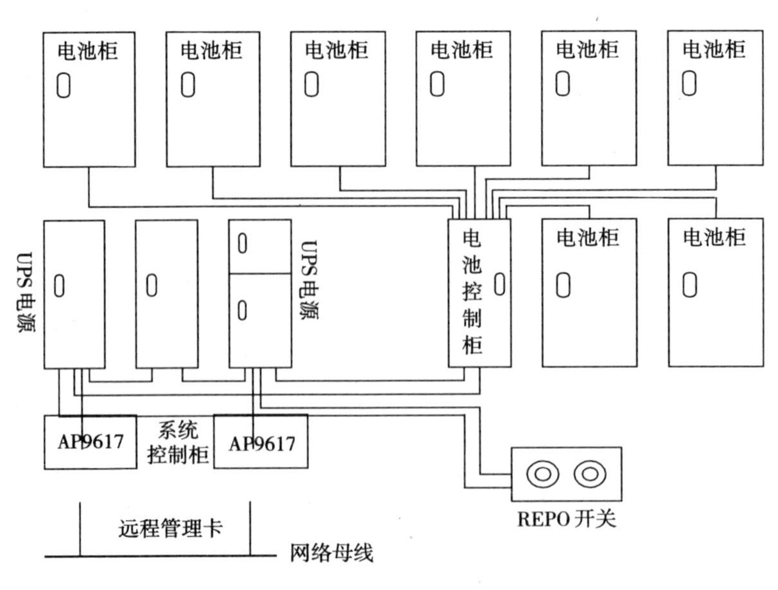

图11　电源系统配置方案

8.2　接地部分

机房设有四种接地形式，即：计算机专用直流逻辑地、配电系统交流工作地、安全保护地、防雷保护地。

机房内各种接地及弱电系统的接地均与大楼其他电气系统共用一个联合接地体，且要满足接地电阻不大于1Ω。

直流工作地网在计算机机房内的布局是：用3×20截面的铜排敷设在活动地板下，依据计算机设备布局，纵横组成1.8m×1.8m网格，配有专用接地端子，用编织软铜线以最短的长度与计算机设备相连。计算机直流地需用接地干线引下至接地端子箱。

容易产生静电的活动地板、饰面金属塑板墙、不锈钢玻璃隔墙均采用导线布成泄漏网，并用干线引至动力配电柜中交流接地端子。活动地板静电泄漏干线采用ZRBVR－16mm^{2}导线，静电泄漏支线采用ZRBVR－4mm^{2}导线，支线导体与地板支腿螺栓紧密连接，支线做成网格状，间隔1.8m×1.8m；不锈钢玻璃隔墙的金属框架同样用静电泄漏支线连接，并且每一连续金属框架的静电泄漏支线连接点不少于两处。

为防止感应雷、侧击雷沿电源线进入机房损坏机房内的重要设备，在电源配电柜电源进线处安装浪涌保护器，或者在计算机设备电源处使用带有防雷功能的插座板（如“突破”）。

9　系统集成

本次会展中心的中央系统集成管理系统的需求主要在BMS层面，并应为升级到IBMS集成进行充分规划。因此，应该根据郑州国际会展中心工程进展的实际情况，本着“一次规划，分步实施，集中管理，分散控制”的指导思想，先期实现BAS、SAS、FAS等各子系统到BMS的集成，同时考虑与CNS、OAS集成的接口（系统集成的结构见图12），为将来条件成熟时实现IBMS层次的集成做好充分准备工作。

本工程的集成系统是统率相应子系统的一体化集成系统，能够实现本工程底层设备、中间层通信网络和上层应用信息资源的采集、存储和共享，能为本工程今后的管理提供先进的手段、科学的信息依据，能为本工程的决策者、管理者和使用者提供高效、优质服务。

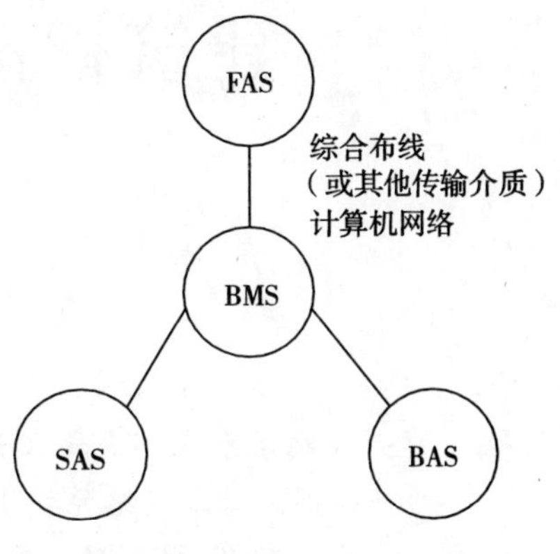

图12　系统集成示意图

本系统将在四个层次上进行集成：设备、技术、功能和管理。

设备集成也可称产品集成，它是按照会展中心的具体情况，购买各种产品去实现具体的应用。这个层次的集成方法主要用于各个子系统的组建。

技术集成是对所用的产品进行技术上的统筹，合理地进行产品技术的搭配、融合与运用。

功能集成是根据会展中心现实和发展的应用需求，从功能的角度考察产品与技术并合理地调配各项功能，充分发挥各自的优势，使整体的弱电智能化系统达到功能最优。

管理集成是强调本系统的集成不仅在于设计和实施，而且还要考虑系统的使用、维护与管理。

系统集成的四个层次体现在整个工程项目的筹划、设计、实施的各个方面。

10　结束语

建筑智能化系统涉及面广，技术性强，工程实施中要有全面的观点。随着现代社会高新技术的发展，对建筑智能化及计算机控制通信和设备自动化管理技术要求也日益提高，这就要求不断掌握新技术，更新新技术。创造投资合理、环境舒适的智能建筑的建设是迫切需要的。

参考文献

[1] 中华人民共和国建设部．智能建筑工程质量验收规范．中国建筑工业出版社，2003
[2] 中华人民共和国建设部．智能建筑设计标准．北京：中国建筑工业出版社，2000
[3] 张言荣．智能建筑综合布线技术．北京：中国建筑工业出版社，2002
[4] 陈龙．智能小区及智能大楼的系统设计．北京：中国建筑工业出版社，2000
[5] 花铁森．建筑弱电工程安装施工手册．北京：中国建筑工业出版社，1999

建筑智能化系统集成的应用

马正祥　史志杰　白彦坤

（同方股份有限公司）

摘　要： 智能化系统集成是把若干个相互独立、相互关联的系统（包括通信网络系统CNS、信息网络系统INS、建筑设备监控系统BAS、火灾自动报警系统FAS、安全防范系统SAS等）集成到一个统一的、协调运行的系统中，实现建筑管理系统BMS。

BMS可进一步集成办公自动化系统OAS、物业管理系统MIS、视频会议系统、CRM，ERP系统、与建筑物相关的应用信息系统等“纯”IT系统，实现更高层次的建筑集成管理系统（IBMS）。实现建筑物设备的自动检测与优化控制，实现信息资源的优化管理和共享，为使用者提供最佳的信息服务，创造安全、舒适、高效、环保的工作、生活环境。

关键词： BMS　IBMS　BAS　SAS　FAS　CNS　OAS

1　概述

作为在新世纪建设的大型多功能会展建筑，郑州国际会展中心肩负着多重使命，是集展览、会议、商务、餐饮、娱乐为一体、功能齐全、设备先进的大型综合性现代化的会议展览中心。最能体现会展中心智能化水平的中央系统集成管理系统，应充分考虑到目前应用的需要和今后技术、功能、需求增加的需要。

通过对功能需求的研究分析，为了将郑州国际会展中心建成“国际先进、国内一流”的现代化综合型会展建筑，会展中心的智能化系统集成既要采用先进的技术，又要考虑到系统集成的主次顺序，做到先进性与实用性、可靠性的统一。

会展中心的中央系统集成管理系统的应用目前主要在BMS层面，并为升级到IBMS集成进行预留接口。因此，根据郑州国际会展中心工程进展的实际情况，本着“一次规划，分步实施，集中管理，分散控制”的指导思想，先期实现BAS、SAS、FAS等各子系统到BMS的集成，同时考虑与CNS、OAS集成的接口，为将来条件成熟时实现IBMS层次的集成做好充分准备工作。

针对以上原则，本工程的BMS系统集成是将郑州国际会展中心内的若干个既相对独立又相互关联的系统组成具有一定规模的大系统的过程，这个大系统不是子系统的简单堆积，而是把现有的分离的设备、功能、信息组合到一个相互关联的、统一的、协调的系统之中，从而能够把先进的高技术成果，巧妙灵活地运用到现有的智能建筑系统中，以充分发挥其更大的作用和潜力。

集成系统是统率相应子系统的一体化集成系统，能够实现底层设备、中间层通信网络和上层应用信息资源的采集、存储和共享，为今后的管理提供先进的手段、科学的信息依据，为决策者、管理者和使用者提供高效、优质服务。

2 设计原则

2.1 开放性

系统集成将是一个完全开放的系统，集成接口遵循开放、通用的国际标准，如被称为“工业监控软件的现场总线”的OPC规范、XML规范、Portlet规范、模块化的J2EE系统架构。

2.2 模块化和工程的分步实施

所提供的系统的应用软件严格遵循模块化的结构方式进行开发，系统软件功能模块根据用户的实际需要和控制逻辑来编制。

2.3 设备的互连性

集成系统完全基于局域网，在物理上和逻辑上可以实现相互之间的互连。

2.4 可管理性

网络是系统集成的基础，在完善的网络管理和信息安全管理体系下，制定切实可行的管理措施，保证系统集成高效、可靠、安全运行。

2.5 先进性

采用符合国际技术发展潮流的技术和配套产品，建立一个可扩展的平台，保证和各种先进技术（J2EE、NET、XML、Web Services等）的衔接，保证前期系统与今后系统提升在技术先进性方面的可延续性。

2.6 经济性

经济成本是系统集成的因素之一，从系统目标和实际需求出发，选择具有先进性、成熟的、最经济的优质产品；并在系统合理配置和兼容性方面进行充分论证，删除不必要的设备冗余，以节省投资费用。

2.7 可靠性

系统采取多种措施来保证本系统是一个可靠性和容错性极高的系统，使系统能不间断正常运行和有足够的延时来处理系统的故障，以确保在发生意外故障和突发事件时，系统都保持正常运行。

2.8 人机界面

系统是中文界面，同时采用图形方式来显示信息点的状态，以及采用表格填充的方式来编制应用软件。

2.9 综合节能管理

系统集成采用多种措施和方法来计量、统计及分析本工程的能源消耗，以达到节能管理的目的。

3 系统集成的结构及实现的主要功能

3.1 系统集成的结构

系统集成采用三级网络结构，如图 1 所示。

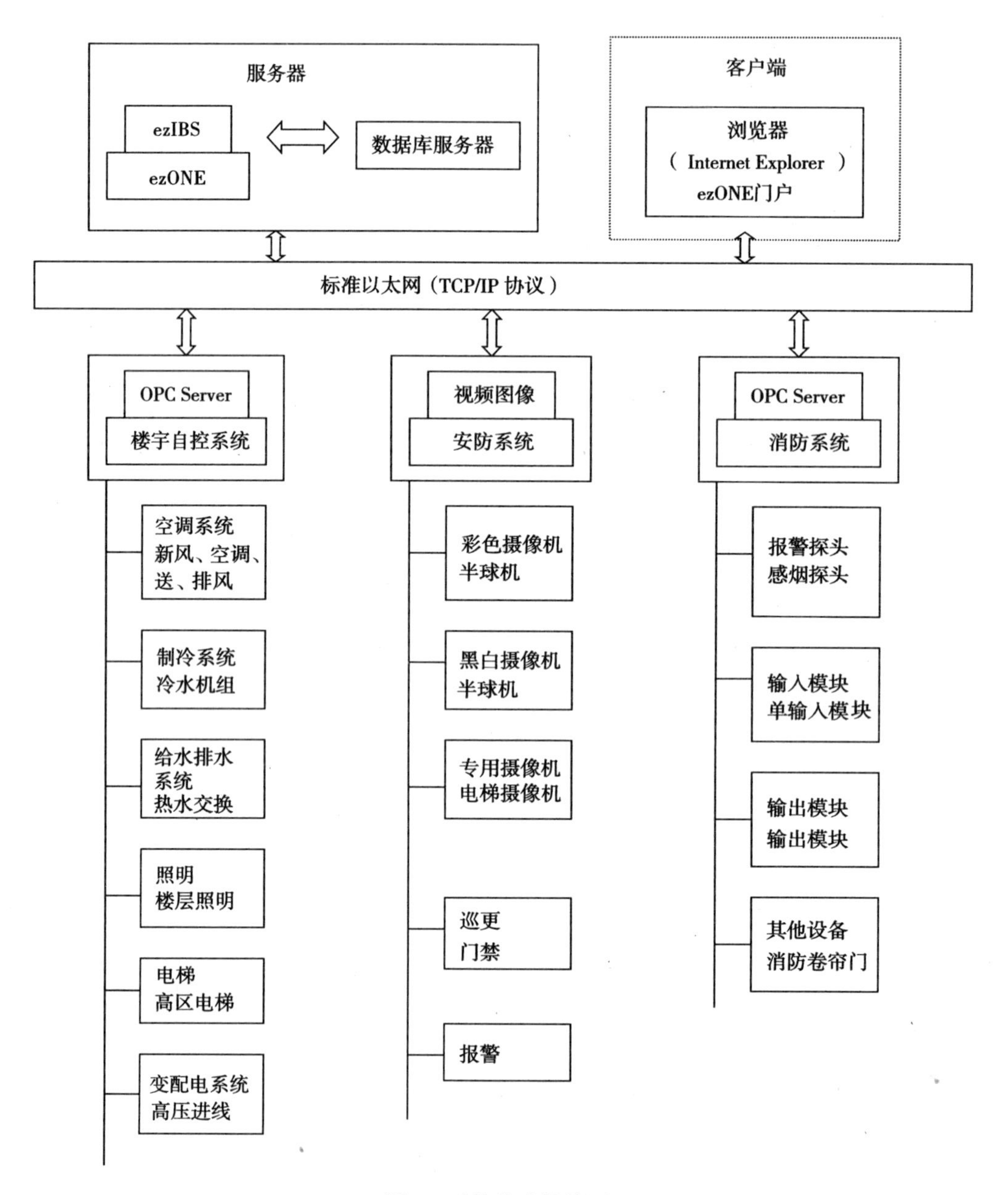

图 1　系统集成结构图

3.2 建筑设备监控系统（BAS）

可以将BAS中所有监控信息及数据都传送到BMS中，通过客户端软件可以从控制中心管理设备，其典型功能如下：

（1）当发生报警或接受到其他联动要求后，按要求启动或停止BA设备；

（2）提供经选择的设备启停，报警状态的信息；

（3）提供经选择的探测器所检测参数的变化值，以及过限报警的信息；

（4）提供已编制的时间或事件自控程序应用软件的信息，信息内容包括：编制内容、编制者姓名、编制时间和修改姓名、时间及修改内容；

（5）提供系统操作员确认各类报警信息的时间及确认人姓名的资料；

（6）提供设备运行电力和能源消耗的统计信息；

（7）提供设备所需的各类报表文件。

3.3 火灾自动报警系统（FAS）

将消防系统的原来接口进行标准化，如按OPC标准进行统一包装，这样可以与任何遵循OPC标准的BMS系统软件完成无缝集成。当完成和消防系统的系统集成后，BMS负责向消防系统采集数据，并根据用户需求可向用户提供如下报表：

（1）提供各类火灾报警探测器的报警统计，归类和制表；

（2）提供以事件联动程序信息为主的报表，报表内容包括：报警设备地址码，描述，联动设备名称，描述；

（3）提供消防值班员确认火灾报警信号的时间和修改者姓名的资料；

（4）提供消防设备运行状况的信息。

3.4 防盗报警系统与闭路电视监控系统

BMS与CCTV/防盗报警系统集成除完成报警器的数据收集外，还能完成如下联动及其他功能：

（1）当防盗报警系统报警时，除CCTV联动外，由BMS根据联动关系，自动打开相关区域照明及关闭相关区域的门禁等；

（2）发生报警（如门禁收到非法闯入信号或火灾报警信息）时，BMS根据联动关系将最接近现场的摄像机对准报警部位，将该摄像机的图像信号立即切换到主监视器上，自动开始录像工作并自动打开相关区域照明及关闭相关区域的门禁等；

（3）控制摄像机转动、俯仰及变焦对焦（PTZ）；

（4）根据需要启动、关闭相应录像机；

（5）自动产生报警记录明细报表。

3.5 巡更管理子系统

BMS与电子巡更系统进行集成后，能完成如下联动及报表功能：

（1）自动短时打开巡更点区域的照明，以利于保安人员对附近区域进行观察；

（2）提供所有巡更路线的运行状态；

（3）提供所需巡更站点的信息（太早、正点、太迟、未到、走错）；

（4）提供巡更信息的历史记录。

3.6 门禁系统与照明系统

BMS与门禁系统和照明系统进行集成后，能完成如下联动及报表功能：

（1）当光线不足时，自动打开相关区域的照明；

（2）当发生非法入侵警报时，自动打开相关区域照明，并自动将CCTV系统在相关区域的摄像机自动转至预定位置，切换显示器和录像机，以便保安人员进行观察；

（3）提供所有门禁系统和照明系统的状态；

（4）提供人员的考勤报表。

3.7 变配电综合自动化子系统

BMS与变配电监测进行集成后，能完成如下报表功能：

（1）监视设备的运行工况；

（2）事件管理：对变电站发生的所有事件进行报警并保存；

（3）提供电度量的各种统计信息；

（4）提供设备运行的各类报表文件。

4 综合服务环境的共享信息内容及处理

4.1 BMS系统集成部分

（1）提供经选择的联动序列的启/停、执行状态的信息；

（2）提供经选择的子系统所有参数的变化值，以及故障报警的信息；

（3）提供已编制的事件或事件联动程序应用软件的信息，信息内容包括：编制内容、编制者姓名、编制时间及修改者姓名、时间及修改内容；

（4）提供系统操作员确认各类联动、报警信息的时间，及确认人姓名的资料；

（5）提供设备设备运行有关资料的统计信息；

（6）提供管理所需的各类报告文件。

4.2 网络设备及终端节点

（1）提供有关响应时间、可能性、利用率信息；

（2）对各部件延迟的监视；

（3）提供故障管理能力，包括智能故障判定、智能故障诊断、故障隔离和恢复、智能故障跟踪和控制。

4.3 全局事件的触发、响应状况

（1）提供突发事件的触发、响应状况，包括火灾事故、安全事故、危险品和有毒化学事故、电梯停梯、停电、紧急医疗、地震/台风等；

（2）综合节能的全局优化控制状况，包括设备启停、定时控制、参数调整；

（3）公共服务区域公共服务的规则、调度及时间响应状况，包括电梯、照明、背景音乐、电子信息服务以及空间限制；

（4）服务区域设备资源、信息服务资源的规划、调度及服务请求响应状况；

（5）物业、办公信息管理的文件、事务处理流程、信息库的传送流程状况；

（6）综合服务的实施状况；

（7）所有故障状况的智能诊断及故障维修体系响应状况；

（8）设备备件的库存、家具以及其他非分布式网络上的在用的特殊设备状况信息。

5 综合控制与管理

综合控制与管理由全局联动逻辑库以及相应库的管理、联动逻辑的选择（由库提供可选择的基本集合）加以实施。库管理应具有按对象组织的机制，具有由管理者使用简单的事件描述语言或图示符号扩充、编辑修改联动逻辑库，并进行逻辑动态仿真的能力；更改的联动逻辑程序应具有动态加载的能力。

6 具备完善的设备运行、维护管理体系

系统通过预先制定的规范化的系统操作流程、智能化的设备运行和故障报警处理环境、操作员上机时计算机安全访问限制管理环境，实现可靠的设备运行管理环境；通过快速响应的故障维修体系和科学的维护保养体系将智能建筑物业管理环境中在线和离线的设备管理结合在一起，将一体化分布网络系统监测的设备故障自动记录在设备管理的文档中，将离线设备的设备故障人工记录在设备管理的文档中，由故障类型触发维修工作管理流程，同时给出故障解决措施。当系统和物业管理维修部门不能自己解决时，通过预先制定的通过电子邮件、无线或有线通信发出远程维护请求的功能，请求厂商、物业管理公司等进行远程维护服务。

而预防性维护保养则由日常维护保养、定期检测及改良性维护组成。日常维护保养通过日常系统自诊断程序检查，并生成相应的设备状况报告，以通过建立某种程度的设备分析程序或人工分析发现潜在的故障前兆，并进行及时的维护保养。定期检测则是建立在计划和时间表的基础上，在设备使用期内进行定期保养、检测和分析，以防止设备和系统可能发生的故障和损坏。改良性维护主要是指对设备和系统通过历史纪录报告智能或人工分析得出的系统存在的问题进行自动调整或人工解决所采取的系统自适应改造措施或为增加系统功能结合系统性能所采取的更新措施。

（1）具备集成处理业务信息能力。按照管理者授予业务操作者的权限，系统自动分配规划的相应的信息资源，并提供操作者可按不同的分类要求，如时间、时间区间、设备类别、楼层、功能等进行综合处理（统计、格式化列表、分析处理、动态仿真、演示等）

按照服务对象的不同服务级别，在系统可提供的服务集合资源中，在保持系统资源最优的情况下，提供相应的服务资源，使客户的服务请求通过系统自动转变为对系统设备服务、信息服务资源的调度、控制指令，并加以实施。

（2）依靠 Internet/Intranet 功能系统，提供建筑物管理应用中办公自动系统、公共多媒体信息服务系统、商业信息服务系统的管理和支持环境。所支持的功能如下（但不仅限于）：

①办公处理；

②行政管理；

③电子邮件；

④本建筑物与广域网、国际互联网的互联；

⑤服务与管理。

各子系统之间还包含一些横向关系，即全局联动响应的实现不一定完全依靠 BMS 的设备。如火警的报警带来的电气设备自动断电（空调、照明等），安全防范报警和照明系统的联动等等。

7 产品选型

根据项目的具体情况，考虑到系统的先进性、开放性和扩展到 IBMS 的需要，应选用基于子系统平等的集成方式，不应是基于 BA 系统的集成。

在业界，采用基于 BA 系统的集成方式很多，如 HONEYWELL、TAC、ANDWOR 等厂家均能提供基于楼宇自控系统的集成方式，而基于子系统平等方式的成熟系统以清华同方的 eHome 智能建筑平台和西安协同的 SynchroBMS 系统。

本项目选用清华同方自主研发的 eHome 智能建筑平台产品。

8 系统硬件支持

根据系统集成的实施经验，监控图像的网上传送数据量较大，需专门的一台视频服务器来完成，可以将服务器放在机房，这样便于管理，同时对监控图像的控制需要另一台在监控室的计算机来完成。这台计算机专门作为集成系统保安监控部分的服务，包括在网络上提供视频图像，对矩阵切换主机的控制等。

集成系统其他的部分可以用一台服务器来实现，包括 WEB 服务、数据库服务、集成数据处理等。

BMS 的工作站直接采用高档 PC 即可。

9 实施方案

9.1 系统集成手段

以计算机网络为基础、软件为核心，通过信息交换和共享，将各个具有完整功能的独立分系统组合成一个有机的整体，提高系统维护和管理自动化水平及协调运行能力。在网络集成的基础上，彻底实现功能集成，软件界面集成。

设计所选的集成管理系统是建立在标准以太网基础上的开放的系统，它可以把不同系统的运行信息，通过相应的网关软件，收集到集成管理系统中去，进行综合性的处理，将处理好的信息提供给客户，同时在必要的时候联动相关系统。

集成管理系统采用标准的B/S系统结构，集成的信息是通过网站的方式发布的，用户可以使用本机自带的浏览器，通过以太网直接访问集成管理系统。同时本集成系统可以通过网站与其他管理系统无缝连接，实现更大更全面的系统集成。

对于较小的子控制系统，需要首先通过自有的通信方式，集成到相应的分控制系统中去，然后再通过分控制系统集成到集成管理系统中去，如冷水机组、变配电系统，首先集成到BA系统，然后再集成到集成管理系统中去。

9.2 系统集成层次

本系统将在四个层次上进行集成：设备、技术、功能和管理。

设备集成也可称产品集成，它是按照会展中心的具体情况，购买各种产品去实现具体的应用。这个层次的集成方法主要用于各个子系统的组建。

技术集成是对所用的产品进行技术上的统筹，合理地进行产品技术的搭配、融合与运用。

功能集成是根据会展中心现实和发展的应用需求，从功能的角度考察产品与技术并合理地调配各项功能，充分发挥各自的优势，使整体的弱电智能化系统达到功能最优。

管理集成是强调本系统的集成不仅在于设计和实施，而且还要考虑系统的使用、维护与管理。

系统集成的四个层次体现在整个工程项目的筹划、设计、实施的各个方面。

本集成系统的设计首先对整个工程项目的筹划、设计、实施提出了要求，同时在系统实施后又集中体现了各个方面系统集成的思想。

10 调试方案

集成系统是一个比较特殊的系统，它通过以太网分别与楼宇自控系统、安保系统、消防系统、智能卡系统等连接，将各分系统优化、整合，协调各分系统运行，使之成为一个有机的整体，充分地发挥了各系统自身的潜能。并采集各系统的运行数据，进行整理、保存和综合处理，方便系统管理者及时了解系统的运行情况，有效地提高管理水平。

它的特殊之处在于它的内容是以各分系统的内容为基础，在新的平台上重新进行了综合和加工处理。正因为该系统的特殊性，它的实施与验收也有自己的特点，实施需要分系统的实施方给予大力的支持与配合，同时需要与使用方进行多方面的交流，以便更充分地发挥集成系统的作用，也使集成系统的操作界面更加友好。

11 系统集成的实施

11.1 实施内容

由于当前市场各种系统设备的通信协议和数据格式并未完全统一，想一步实现本工程各子系统集成，条件尚不成熟，所以我们提出“全面规划，整体设计，预先布线，分步实施”的设计原则，为本工程的实施制定以下内容：

（1）对相应子系统供货商提出系统集成的技术要求。

（2）构架通信网络。充分考虑实际情况和相应子系统对网络的要求以及将来的信息传输量，采用先进的铜缆、光缆布线系统、千兆主干网络。

（3）保证相应子系统正常运行。相应子系统安装、调试后，能独立正常运行。

（4）根据项目情况确定集成系统内容（所要集中管理的信息）。

（5）实现基本服务功能使用成熟的软件，能开展正常的业务。

（6）有限子系统间集成。与供货商配合实现本工程管理集成，为经营管理者提供有关管理方面的实时、非实时数据资料。

（7）与供货商配合实现楼宇设备综合管理集成，为设备管理者提供本工程环境、机电设备的实时、非实时数据资料。

（8）实现本工程一体化集成。由使用方制定所需集成信息，完成一体化集成工作，以实现本工程最上层的监控管理功能。

11.2 实施方案

与土建工程配合，本方案实施可分为四个阶段：

（1）确定供货商

向使用方提出集成系统的数据格式和通信协议要求，使用方从提供产品性能、价格、工程实施能力、满足集成要求、提供售后服务等方面综合考察确定供货商。合理选择供货商是继确定总包后关系到集成是否成功的重要阶段。

（2）系统安装

完成相应子系统的安装、调试，经检验可独立正常运行。此阶段工作应在本工程试运行之前完成，并进行验收。

相应子系统同时做集成的数据转换工作，为下阶段系统集成做准备。

（3）集成阶段

对成熟系统进行分步集成。

（4）一体化集成阶段

在第三阶段的基础上，根据使用集成系统的情况提出进一步需求，结合使用方要求和技术发展变化情况，进行一体化集成。

12 结束语

在现代化智能建筑中，通过系统集成把若干个既相对独立又相互关联的系统组成具有一定规模的大系统，是一个标准化、多层次、全方位和集成化的现代化智能系统，它能提供最先进的建筑设备管理手段及最舒适、最灵活多变的会议展览及办公方式和最现代化的通信手段，实现高效率、快节奏的会展和工作。同时建成后为物业管理部门提供一个智能化的管理平台，随时了解整个展馆和会议室的各系统运行情况。从而能够把相关的系统运行在最佳的状态，以充分发挥其更大的作用和潜力。

参考文献

[1] 程大章. 智能建筑工程设计与实施. 上海：同济大学出版社，2001

[2] 中华人民共和国建设部. 智能建筑工程质量验收规范. 北京：中国建筑工业出版社，2003

[3] 中华人民共和国建设部. 智能建筑设计标准. 北京：中国建筑工业出版社，2000

[4] 龙惟定、程大章. 智能化大楼的建筑设备. 北京：中国建筑工业出版社，1997

第六篇　节能环保及其他

会展中心施工测量监理复核外控方法研究

——距离侧方交会方法运用

吕伯民[1]　**卫荣富**[2]

（1. 上海建科建设监理咨询有限公司；2. 河南卓越工程管理有限公司）

摘　要：为解决测量放线复核工作时间要求紧、精度要求高、现场有障碍物等问题；郑州国际会展中心测量监理工程师在建立场区控制网的基础上，全面实施外控法复核测量，采用距离侧方交会方法测量外控点，利用“误差缩小”特征，提高工程测量控制精度。

关键词：外控　距离侧方交会法　误差几何缩放　误差缩小

1　引言

郑州国际会展中心工程坐落在郑东新区 CBD 中央商务区（原郑州机场内）。该工程规模大，造型别致，加之施工工作面多、质量要求高。作为监理工程师必须在施工单位上报了测量放线报验申请表后，尽快进行复核，签署可否进行施工的意见。可见，监理验线必须既紧张又严密，确保质量，为排除验线被动局面，我们逐步熟悉并运用了距离侧方交会方法。经过近三年的作业实践，我们认识到：采用距离侧方交会方法测量控制点坐标，有明确、可靠的精度，方法灵便，测量误差易于控制，在各种规模的露天施工场地都可以广泛运用；经过努力，这种测量方法可以解决 100m 高度以下建筑物施工中“外控”放线问题。

2　交会点图形

如图 1 所示，A、B、C、D、E 是分布于施工建筑物周围的工程控制点。这些点的精度等级依据该工程的技术目标确定。其中，B、D 点位适于架置测距反光棱镜，称为置镜点。为了在建筑物某一施工层面放线，可选定 P 点，使用全站仪观测 A、B、C 三点水平方向值和测定 PB（S_2）平距边长。如此，我们便可利用 $\triangle ABP$ 和 $\triangle BPC$ 求得 P 点的平面坐标。同样，我们可在另一位置测定 N 点。如果 P、N 两点通视并且观测，便可构成理想的交会图形。

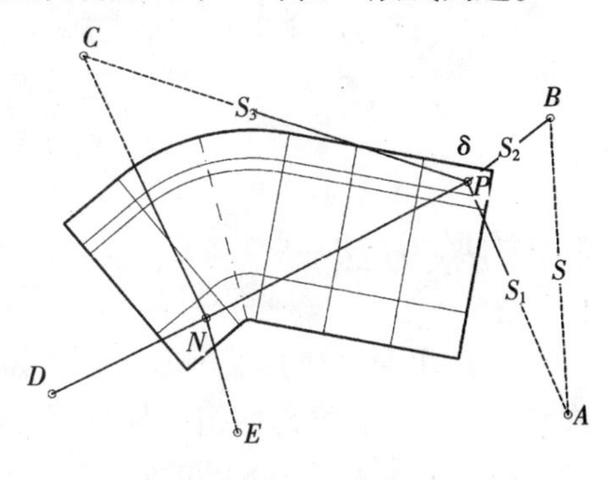

图 1　工程布点示意图

在实际作业中，因受施工障碍的影响，选定的 P 点并不适合放线作业。这种情况下，可将 P 点视为已知控制点，再发展一次，形成多个放线测站点。这种“一站一点”（设一个测点，求得一个点位坐标）的交会方法，我们称为距离侧方交会。

3 计算公式

郑州国际会展中心工程的监理测量使用的是2秒级的全站仪，距离测量精度已达到较高的质量级。于是，我们就有条件采用距离交会方法利用外部空间布设测量控制点。思路是：利用余弦定律计算出交会三角形边长，然后以距离交会公式计算 P 点坐标。

3.1 交会边长 S_1 计算公式推导

在图1所示的 ABP 三角形中，S 为已知点 A、B 间边长，S_2 和 γ 角为观测值，

于是有：

$$S^2 = S_1^2 + S_2^2 - 2S_1S_2\cos\gamma \quad (1)$$

$$S^2 - S_2^2 = S_1^2 - 2S_2\cos\gamma \cdot S_1$$

令

$$C = S_2^2 - S^2, \quad b = 2S_2\cos\gamma$$

得二次方程

$$S_1^2 - bS_1 + C = 0 \quad (2)$$

其解为

$$S_1 = \left(b \pm \sqrt{b^2 - 4C}\right) / 2 \quad (3)$$

该方程有两个根，必有一根与实际边长不符。编程时可引入变号因子 K（令 $K=1$ 和 $K=-1$），式（3）变为

$$S_1 = \left(bK\sqrt{b^2 - 4C}\right) / 2$$

多数情况下，取 $K=1$，便有正确结果；如果计算结果出现异常，比如边长为负值；或者过长、过短与实际交会图形不相似，可令 $K=-1$ 再算一次，即可得到正确结果。

3.2 P 点坐标计算公式

为便于叙述，现将测量教科书中距离交会公式结合图1编号改写如下：

令 $A=X_a$，$B=Y_a$，$C=X_b$，$D=Y_b$，$E=S_1$，$F=S_2$；w 为 A 点至 B 点的坐标方位角。

$R = \left(E^2 - F^2 + S^2\right) / 2S$；$H = \sqrt{E^2 - R^2}$，于是得：

$$X_p = R\cos w + H\sin w + A$$

$$Y_p = R\sin w - H\cos w + B$$

4 检验方法

（1）用两个交会三角形检验：如前所述，在 P 点上至少观测三个已知点方向值，组成两个三角形，算出两组坐标进行比较。

（2）如果只能观测到两个已知点，则必须测定两条交会边的边长和交会角。这样，就有了多余观测量，不仅起到检验作用，也起到平差作用。

（3）发展同类型控制点进行检验：如图1所示，发展 N 点。这是最佳检验方法。

（4）用后方交会方法检验：在待定点 P 和 N 上，我们观测了三个已知方向，这就构成了简单的后交点图形，可以算出待定点的坐标以资比较。当然，后交点的定位精度与其所处图形的位置有一定关系。待定点位于三个已知点构成的三角形内，计算结果可靠；最佳点位在已知三角形的质心附近。就我们所设定的作业条件而言，待定点都可处于或接近

于后交图形的最佳位置。检核作业中所布设的测站点基本上都处于理想位置，最后成果普遍接近距离交会计算结果，坐标分量较差绝对值在 2 ~ 6mm 之间。由此可见，后交点计算结果也可起到检验作用。

5 作业技术指标确定

参照《工程测量规范》（GB 50026）条文说明，编算作业技术指标见表 1。

控制点技术指标 **表 1**

控制点类别	轴线点定位误差（mm）	边长 S（m）	点位误差（mm）	分量误差 m_s（mm）	m_s/S	测角中误差 $m\gamma''$
场区控制网点	10	200	8	5.66	1/35000	5
	5	200	4	2.83	1/70000	3
放线控制点或放线测站点	7	200	6.3	4.45	1/45000	4.6
	7	300	6.3	4.45	1/67000	3
	5	200	4.0	2.83	1/70000	3
	5	150	4.0	2.83	1/53000	4

表 1 的上部，是场区控制网应当达到的精度指标；编算方法与条文说明相同。表 1 的下部，是放线测站点应当达到的精度指标（对场区控制点而言）。编表时，假定放线误差为 ±3mm。

由表 1 可知：

（1）如果要求建筑物定位的点位中误差不大于 ±5mm，那么就应当按照四级精密工程水平控制网的要求建立场区控制网。一般性建筑物，不必采用这一组标准。

（2）如果要求放线误差（对于场区控制点）7mm，放线测站距置镜点 300m，那么单程测距误差应不大于 4.5mm，交会角测量误差应不大于 3″。如此类推。

（3）建筑物整体定位完成之后，放线作业主要关注自身的相对精度。如果坚持“三固定”，即：全站仪固定（包括建立控制网和施工测量作业）、置镜点位固定和交会图形固定；这样，放线测站点位误差椭圆基本固定（相当于点位固定），放线测量会达到较高精度。

6 实际运用

6.1 测设骨架控制点

随着工程进展，地面上的控制点不便利用。因此，我们必须在布设场区控制网的同时，采用严格的作业方法测定若干个可以长期利用的骨架控制点。骨架控制点分布于建筑物周围。选定的目标如避雷针、屋顶塔尖和特别设置的置镜点标志等。置镜点高度应适合全站仪测距，可选在地面、楼顶、阳台等稳固部位。我们可以采用精密方向交会和近距离极坐标方法，使骨架控制点的相对点位精度达到或者接近场区控制点的精度。应当指出，骨架控制点的测量精度是距离侧方交会方法成功的根本条件。认真作业，容易达到预期目标。

6.2 使用2秒级全站仪作业

全站仪及其配件必须处于正常工作状态。200m以内，单程测距误差（含各种因素产生的测距误差）应不大于3mm。减小测距误差是提高点位精度最有效的技术手段。

6.3 交会角观测方法

（1）交会角的测量误差 $m\gamma$ 应与测距相对误差 m_s/S 相匹配

即
$$m\gamma = m_s \cdot \rho''/S$$

参照表1并采用全站仪的实际测距精度（经验值），求得 $m\gamma$ 值，进而确定交会角观测测回数。

（2）作业时间从容。我们应当按照规范要求进行水平方向观测；但是，在作业时间紧迫的情况下，我们应当关注交会角的实际测量精度，不必计较记录成果的形式（有特殊要求者除外）。于是，我们可以采用简便的观测方法，即：一个度盘位置，多次照准目标并读数，取平均值为观测方向值。我们的经验指标是：

照准目标次数：1　2　4　6

测角精度（S）：4　3　2　1.5

6.4 计算结果处理方法

如果有多余观测量，会有几组计算成果。就我们的作业实验资料看，坐标分量互差大都在1～5mm之间，最大值为7mm。最后成果选取方法：

（1）图形条件接近者，取平均值；

（2）图形条件有明显差异，结果差值稍大，可考虑综合条件配权，取权中数，或舍劣取优；

（3）如果后交点计算结果的比较差值不大于4mm，也可参与取平均值。

7 计算举例

计算举例观测示意图见图2，已知数据见表2，观测数据见表3，计算结果见表4，PN 边长比较见表5。

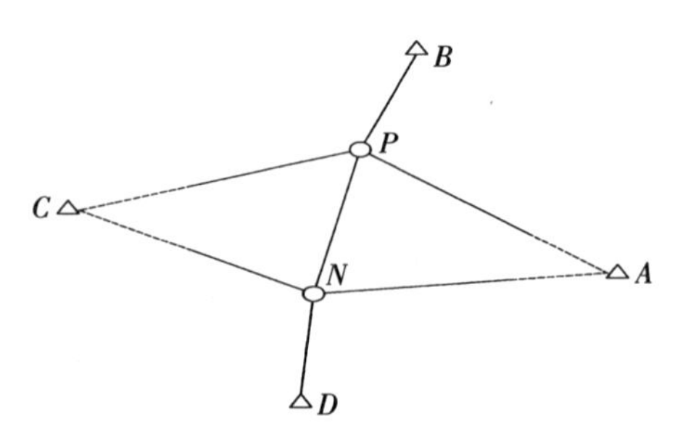

图2　计算取例观测示意图

已知数据　　表2

点　号	A	B	C	D
X	207.654	389.710	216.830	158.208
Y	659.347	553.314	104.990	480.586

观测数据　水平方向值/测距边长（m）　　表3

测站点	A	B	C	D	P	N
P	0°0′00″	253°05′13″	133°55′27″			81°49′00″
		93.203				45.884
N	0°0′00″		155°12′25″	84°28′13″	277°55′36″	
				104.454	45.883	

计算结果（m）　　表4

点　号		图形Ⅰ	图形Ⅱ	平均值	后交图形
P	△	ABP	BCP		ABCP
	X	300.9834	300.9823	300.9828	300.9771
	Y	524.7764	524.7799	524.7782	524.7772
N	△	CDN	AND		ADCN
	X	259.9435	259.9425	259.9430	259.9388
	Y	504.2613	504.2655	504.2634	504.2615

PN 边长比较　　表5

类型	实测边长 a	间接边长 b	$\Delta s=b-a$	$\Delta S/a$
距离侧方交会	45.8835	45.8816	-0.0019	1:2.4万
后 方 交 会	45.8835	45.8807	-0.0028	1: 1.6万

算例中的水平方向值为两次照准读数平均值，使用的全站仪单程（200m内），测距误差约为±1.5mm。

8　点位精度问题

8.1　比较与验证

用经典的误差理论分析距离侧方交会点的点位精度比较困难，这里仅作简单讨论。与其他形式的测量定点方法比较，可以看出距离侧方交会方法有以下特征：

(1) 重要的边、角未知量直接测量，有利于控制误差。点位精度取决于技术努力程度。

(2) 一般情况下，都有较好的交会图形，即交会角适中，容易保持边交会的点位精度。

（3）少设测站，减少操作误差积累，可实现“测站对中零误差”作业。

（4）实际作业中，会发觉一种奇妙现象：待定点虽然起自于骨架控制点，但是，待定点间相对点位误差绝对值（可理解为相邻点间距离误差），不是在起算点误差的基数上增加，而是随着交会图形面积的缩小而明显减小。为初步认识这种误差传播过程中的“负增长”现象，我们进行了实测验证。

（5）误差“负增长”现象的数学解释就是倍乘误差中的 K 值小于1。这是各种交会点图形由大化小，误差也随之缩小的结果。我们的实验条件与算例相同。方法是：以距离侧方交会和三点后方交会法测算出9个点的坐标（取至0.1mm），反算边长与钢尺丈量边长（取至1mm）比较。实验中，最长边为32m，有一个小三角形，边长小于1m。结果如表6。

实验结果（mm） **表6**

图形	边长误差最大值			小三角形边长差值		相邻点间距离中误差	相对点位误差	
	同组	不同组	a	b	c		平均	最大
侧交	1.0	3.5	0.1	1.0	0.1	0.66		
后交	3.1	8.2	3.1	0.2	0.3	1.48	5.0	8.2

注：不同组是指起算点不完全相同。后交点无多余观测量，属于附带验证；相对点位误差，是对侧交点而言。

实验量不大，但足以说明误差“可缩小”现象；这种现象就是人们熟知的“误差几何缩放”特征，对于工程测量实在是太重要了。

9 结论与建议

（1）距离侧方交会方法定点精度高，并且具有明显的“误差缩小”特征。我们可以通过建立适当规模的精密控制网，使交会图形由大化小，首先提高放线控制点（测站点）相对点位精度，最终达到精确放线的目的。这种方法可在建筑工程、矿山和大型水利工程、桥梁建筑，甚至某些精密安装工程中广泛使用。

（2）长久以来，测量工程师只重视控制“误差放大”；现在，应当利用“误差可缩小”特征提高测量精度，提出新的工程测量方法。

参考文献

[1] 候湘浦. 地形测量. 北京：煤炭工业出版社，1998
[2] 武汉测绘学院. 测量平差基础. 北京：测绘出版社，1978

断热节能玻璃幕墙的研究与应用

高树鹏

（广东金刚幕墙工程有限公司）

摘　要：本文结合断热节能玻璃幕墙在郑州国际会展中心的应用，从玻璃幕墙的热工性能及断热铝型材的断热原理，分析断热铝合金玻璃幕墙与普通铝合金玻璃幕墙的差异；从铝型材与尼龙断热条组合，断热铝型材与充入惰性气体的中空玻璃组合在提高玻璃幕墙节能性能方面的研究与应用。

关键词：节能性能　断热铝型材　惰性气体　中空玻璃

1　工程概况

玻璃幕墙的节能途径通常是通过采用镀膜玻璃、LOW－E 玻璃、热反射玻璃、中空玻璃及断热桥铝型材来降低结构传热系数，消除结构体系“热桥”，降低空气渗透热损失，提高密封性等来实现的。郑州国际会展中心展览大厅东、西、南、北立面 28.20m 以上，观景走廊西立面 0.00～6.50m、8.00 ～22.20m、北立面 8.00～22.20m、南立面 0.00～22.20m，连接桥东西立面 0.00～16.20m，次入口东西立面 0.00～6.50m，如图 1 所示，均采用白色透明框断热 6＋12AR＋6 中空玻璃幕墙，面积约 15000m^2。工程通过采用断热铝型材及充入氩气的中空玻璃结构实现断热节能，降低了通过传导的热量损耗，降低室内水分因过饱和而冷凝在铝型材表面的可能性。

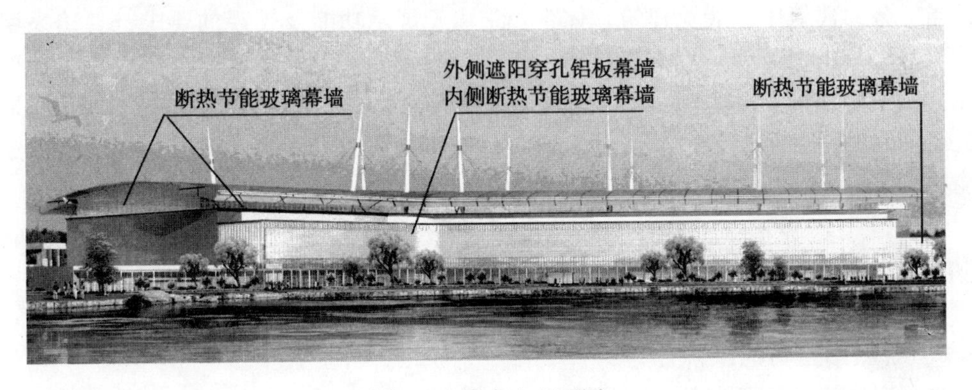

图 1　会展中心立面图

2　玻璃幕墙的热工性能

玻璃幕墙作为建筑外围护结构，其传热耗热量及冷风渗透耗热量所产生的热损失占全部建筑能耗的40%～50%，如果玻璃幕墙采用合理的结构则可大幅降低能量损耗。玻璃幕墙的热工性能主要包括：传热系数K、遮阳系数S_c和抗结露系数。传热系数K值是指由于玻璃热传递和室内外温差所形成的空气到空气的传热量，其传热过程包括对流和导热两种方式。传热系数是玻璃幕墙热工性能的重要方面，我国《建筑幕墙物理性能分级》中的保温性能即由此划分，K值越低，通过玻璃的传热量也越低。玻璃幕墙的遮阳系数是指在相同条件下，太阳辐射能量透过幕墙玻璃的热量与透过3mm原透明玻璃的热量之比，S_c值越小，阻挡阳光直接辐射的性能越好。所以较低的K值和较小的S_c值即可有效地降低三种热传递。

根据实验结果，导热及对流传热的能力可以用传热系数来衡量，辐射传热能力可用遮阳系统来控制，建筑物的传热是上述三种方式综合作用的结果。玻璃幕墙的节能设计重点是设计合理的控制手段以达到节能目的，影响玻璃幕墙的热工性能可以通过控制传热和增加遮挡来实现节能。

传热系数 $$K_0=1/(R_i+d/\lambda+1/R_e)$$

式中 R_i，R_e——表面热转移系数；

λ——介质导热系数；

d——介质厚度。

K_0被称为总传热系数，R_0被称为总传热阻，$R_0=1/K_0$，K_0和R_0是在建筑幕墙热工计算中的两个非常重要的物理量。

玻璃幕墙热桥是结构的一部分，由于它的导热性能太好而造成整个结构综合断热能力下降。在普通玻璃幕墙中，铝合金框架是玻璃幕墙的热桥，它的导热能力是玻璃的上百倍。冷桥是一种独特的热桥，是未经断热处理的结构或构件将热量导走的速度比周围的区域和桥内侧表面都快，因此它的温度较低，这种类型的热桥，俗称为“冷桥”。在冬季未经断热处理的铝型材就是冷桥，室内水蒸气在冷桥的同表面及周围形成冷凝水，冷凝水的存在会增加构造处理的难度及在幕墙收边的室内装饰面提供发霉的条件。

在当今公共建筑中，展览建筑、体育建筑出于展示功能及美观的要求，普遍采用大面积的玻璃幕墙，由于玻璃是热的良导体，为了节能大多采用中空玻璃或LOW－E玻璃。郑州国际会展中心采用6＋12AR＋6中空玻璃，其传热系数为2.00W/（m^2·K），如果采用普通玻璃幕墙的铝合金框架，其传热系数为203.00W/（m^2·K），铝合金框架将形成热桥产生能耗。

3 断热铝型材的断热原理及与尼龙断热条组合的可行性

3.1 断热铝型材的断热原理

断热铝型材的断热原理是基于产生一个连续的断热区域，利用断热条将铝合金型材分隔成2个部分。断热条“冷桥”选用材料为玻璃纤维增强聚酰胺尼龙（简称PA66），它是玻璃纤维含量为25%左右的聚酰胺尼龙66，其导热系数为2.50［W/（m^2·K）］，远小于铝合金的导热系数，而热膨胀系数、力学性能指标与铝合金相当，断热铝型材解决了普通铝型材截面的“冷桥”问题，这样的组合材料既能满足结构的力学性能要求，又能满足断热性能要求。同时采用中空玻璃，多道胶条及多层空腔形成密封体系，降低室内外热量通过传导、对流等传递方式造成的影响，将断热铝型材、中空玻璃以及性能良好的密封材料有机地结合起来，达到最佳的节能效果。断热铝合金型材玻璃幕墙开发设计的总体思路是：在铝型材截面不变的情况下，通过改变断热条和胶条的尺寸，分别装配不同厚度的中空玻璃，从而达到不同的断热设计要求。

3.1.1 断热铝型材的分类

断热铝型材分成两大类：一类是穿条式，一类是注胶式。

由于目前市场超过86%采用的是穿条式断热铝型材，穿条式断热铝型材是把传统的一体性铝型材一分为二，然后由两支低热导性能的断热条通过机械复合的手段再将分开的两部分连接在一起，通过这种方式来解决因热传导而造成的能耗问题。

3.1.2 断热铝型材的构成

断热铝型材由铝型材和尼龙断热条构成。尼龙断热条以高性能的尼龙66树脂为基材，采用先进的复合工艺，使玻璃纤维均匀分散在尼龙树脂基体中，通过精密的挤出系统使这种复合材料被挤压成所需之形状。铝型材和尼龙断热条靠燕尾槽结构通过插接滚压咬合后形成一体，如图2所示。铝型材的性能参数见表1。

图2 铝型材和尼龙断热条图

铝型材与尼龙断热条性能参数 **表1**

技术参数 \ 材料名称	铝合金6063-T5	尼龙66树脂
拉伸强度（MPa）	85.5	110
线性膨胀系数（1/℃）	2.35×10^{-5}	3.08×10^{-5}
弹性模量（MPa）	70000	7420
导热系数［W/（m^2·K）］	203.00	2.50

3.2 断热条的截面形状

断热条的截面形状分为实心型和空腔型两类，规格及截面如图3所示。尼龙断热条的性能参数见表1。

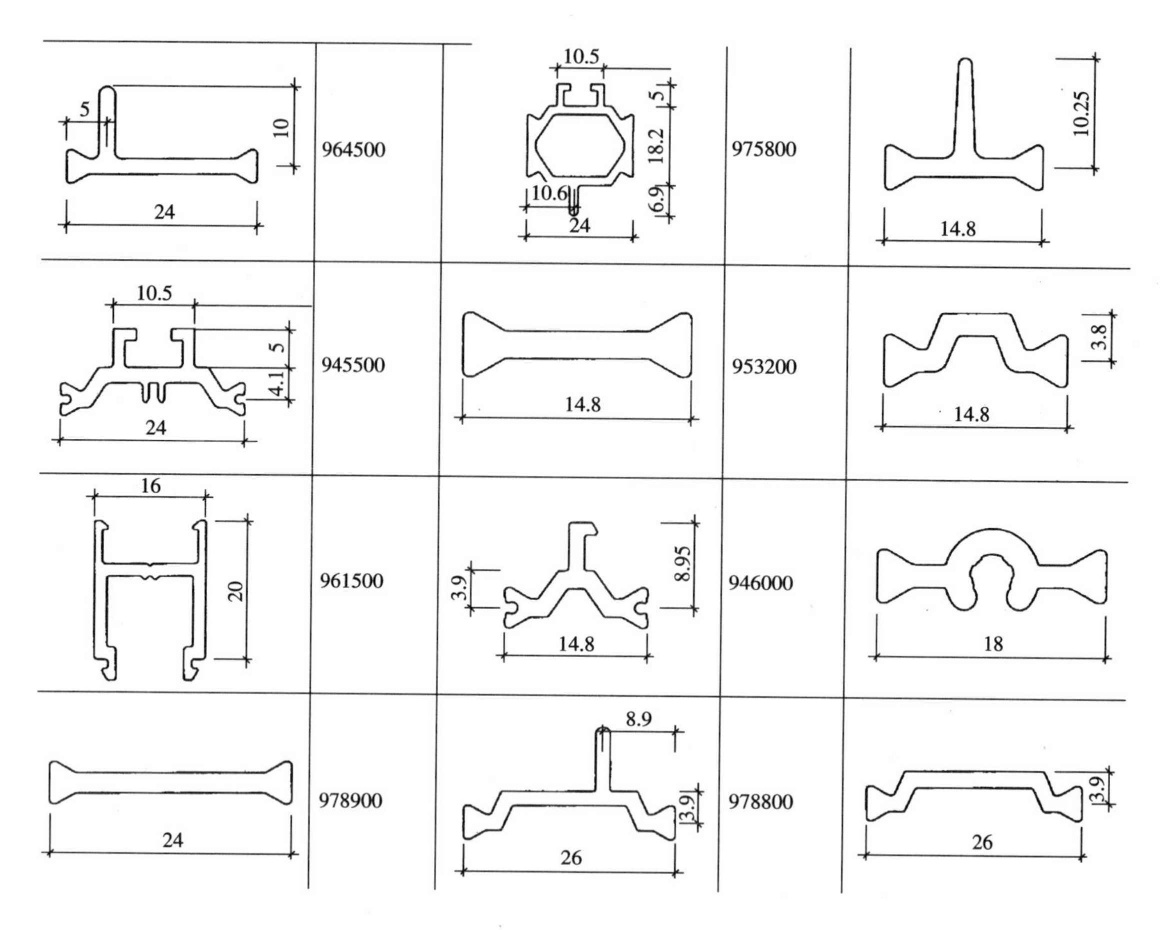

图 3　断热条的截面

3.3　铝型材和尼龙断热条组合的可行性

（1）尼龙断热条热膨胀系数为 3.08×10^{-5}，铝型材热膨胀系数为 2.35×10^{-5}，两种材料保持了伸缩一致性，防止了热胀冷缩而引起拉断及脱槽的现象。

（2）特殊的偶联剂配方，最大限度地提高了玻璃纤维与尼龙基体树脂间的作用力，赋予断热条卓越的力学性能，组合后不削弱铝型材的力学性能。

（3）铝型材和尼龙断热条组合后具有优异的热氧稳定性和耐候性，抗碱、抗弱酸、抗盐雾性能好，具有优良的机械加工性能，可紧固五金件。

3.4　穿条式断热铝型材的加工工艺流程

穿条式断热铝型材是采用带强化玻璃纤维的聚酰胺尼龙制成的断热条，插入两根铝型材专门的槽口内，经过专用机床滚压、连成一体，具体工艺流程如下：

（1）打毛：将铝型材上要嵌断热条的槽口部分打毛。这道工序是提高复合型材抗剪力的关键。通过使用硬质磨轮，在专用设备上将槽口部分打毛。

（2）穿条：将断热条插入两根铝型材的相应槽口内。用自动插条机，确保插条准确插入两根铝型材的相应槽口内，为组合滚压提供准确位置，并大大提高生产率。

（3）滚压：将已插入断热条的型材，用三组六个滚轮将铝型材的槽口把断热条压紧。精确、高质量的滚压是确保框和断热条紧密结合及垂直度的主要因素。三组六个滚轮的作用：第一组导向及预夹紧；第二组主要夹力作用；第三组水平和垂直的校正。

（4）检测结合面抗剪力：在生产过程中，用专用剪力器检测复合材料与型材结合面的抗剪力，这是断热冷桥技术不可缺少的工序。

4 断热铝型材推广应用中存在的问题

目前，一部分工程项目为降低成本，采用 PVC 断热条替代尼龙 66 断热条。由于 PVC 的线膨胀系数与铝合金的线膨胀系数相差甚远，而且其强度低（仅 30N/mm^2 左右）、耐热性差（80℃）、抗老化性能差等诸多缺陷导致用 PVC 断热条穿条复合后的断热铝型材在实际安装使用后由于热胀冷缩的原因会造成 PVC 断热条在铝型材内出现松动，甚至完成脱离，轻则导致松动、变形，从而破坏气密性和水密性，重则导致整体松散、脱离。断热条也是断热玻璃幕墙的功能件。在承载受力的同时，断热条还承担密封、传接的功能。如果通过机械复合滚压在一起的断热条与铝型材基质的热膨胀系数不一致，那么在热冷不均的条件下，必然会出现变形不一的现象，不能保证铝型材与断热条这两个完全独立的组合部分“伸缩同步”，那么就必然导致要么断热条在铝型材槽内的松动，要么在断热铝型材上产生变形应力。

另外，断热条作为断热铝型材的一个重要组成部分，它的尺寸精度直接决定了复合成型的断热铝型材尺寸精度。玻璃幕墙的装配精度是 0.2～0.3mm，那么为了保证断热玻璃幕墙抗风压性、气密性、水密性，再考虑累积误差的余量，若断热条本身的外形尺寸不能严格控制在 0.1mm 以下的精度，就很难保证整体玻璃幕墙的装配精度。

《铝合金建筑型材》（GB5237—2004）代替旧标准 GB/T5237—2000，已经从 2005 年 3 月 1 日开始实施，新标准增加了断热型材标准，随后断热条的建筑行业标准也将出台。有了规范化的生产运作参照后，各方面都将对断热玻璃幕墙的制造、安装给予充分的重视，也会进一步推动断热玻璃幕墙市场的规范化发展。

5 断热铝型材与充入惰性气体的中空玻璃组合应用

建筑幕墙是建筑围护结构的组成部分，是建筑物热交换、热传导最活跃、最敏感的部位，玻璃作为建筑幕墙的重要组成部分，是建筑物外墙的各种材料最薄、最容易传热的材料，所以要节约能源，就要改变玻璃的热工性能。中空玻璃是由两片或多片玻璃组成，玻璃间用内部灌有干燥剂的空心铝管隔离，同时中空部分充入干燥空气或惰性气体，并用丁基胶、聚硫胶或结构胶进行密封处理而成。在某些条件下，中空玻璃的断热性能优于一般混凝土墙，普通双层中空玻璃比单层玻璃热传导系数小 30% 左右，反射中空玻璃比单层玻璃的热传导系数小 70% 左右，同时中空玻璃具有极好的隔声性能，一般可使噪声降低 39～40dB。如采用两片不同厚度的玻璃原片制成的中空玻璃，由于减少了共振，其隔声效果更佳。

在室内一定的相对湿度下，当玻璃表面的湿度达到露点以后，势必结露，直至结霜

(零摄氏度以下)，这将严重地影响透视和采光，并由此引起一些其他的不良效果。若采用中空玻璃．则可以使这种情况大大地得到改善。在通常情况下，中空玻璃接触室内高湿度空气的时候，玻璃表面温度较高，外层玻璃显然温度较低，但接触到的空气湿度也较低，所以不会结露。中空玻璃内部空气的干燥程度是中空玻璃最重要的指标，中空玻璃内部的露点温度一般可在 -40℃。另外，中空玻璃采用双层玻璃结构，抗风力及外冲击力较好。

中空玻璃空气间层充入惰性气体，相对于充干燥空气可使中空玻璃传热系数降低 0.4 ~0.5W/(m^2·K)，大大减少了室内外的热交换，降低了建筑制冷或采暖能耗，限制了表面的冷凝现象，给人们的工作、生活提供了舒适的室内环境。

6 技术实施效果

断热玻璃幕墙使用断热铝型材代替传统的铝型材，提高玻璃幕墙的断热性能，同时也提高玻璃幕墙的三项性能。施工前制作了与工程实际情况一致的实验板块，送广东省建筑幕墙质量检测中心进行检验。检验结果三项性能指标均超过或达到设计要求。空气渗透性能：固定部分，$q_0 < 0.01m^3/(h \cdot m)$，达到国标Ⅰ级；开启部分，$q_0 = 0.33m^3/(h \cdot m)$，达到国标Ⅰ级。雨水渗透性能：开启部分，$\Delta p = 500Pa$，达到国标Ⅰ级；固定部分，$\Delta p = 1600Pa$，达到国标Ⅱ级；风压变形性能指标达到 $p_3 = 2100Pa$。

在郑州市炎热的夏季，太阳暴晒的情况下，室外玻璃幕墙表面温度通常达 40℃左右，而室内空调环境仍可维持在 25℃左右，室内外温差高达 15℃左右；郑州寒冷的冬季，在供暖情况下，室内外温差高达 25℃左右。

$$\text{能耗量 } Q = (K_1 - K_2) \times M \times n \times \Delta T \times t$$

式中 Q——能耗量；

K_1、K_2——材料的传热系数；

M——玻璃幕墙的使用面积；

n——铝型材或玻璃在玻璃幕墙中所占面积的比例；

ΔT——室内外温差；

t——每天采暖或制冷的时间。

郑州国际会展中心采用断热铝型材有效地减少热量的传递，减少制冷及供暖费用。以断热铝型材代替普通铝型材，在冬季每天采暖时间以 12h，室内外温差以 25℃计算，15000m^2 的玻璃幕墙根据能耗量计算公式，每天可节约能耗 $Q_1 = (K_1 - K_2) \times M \times n \times \Delta T \times t = (203.00 - 2.50) \times 15000 \times 0.02 \times 25 \times 12 = 18045kW \cdot h$。幕墙中空玻璃在空气间层充入氩气，根据能耗量计算公式，在冬季供暖情况下能耗量 $Q_2 = 0.45 \times 15000 \times 0.98 \times 25 \times 12 = 1984.5kW \cdot h$。

7 结束语

断热铝型材与充入惰性气体的中空玻璃组合在郑州国际会展中心玻璃幕墙工程应用，在冬季室内外温差达 25℃的情况下，通过计算每天可节约能源 20029.5kW·h。建筑幕墙专用断热型建筑铝型材的开发成功并大批量的推广应用，是我国幕墙行业重大技术创新成果，为开发节能环保型建筑幕墙提供了新的技术基础。使用节能建筑幕墙产品往往比使用普通铝型材与中空玻璃幕墙产品先期投入价格要高出10%～30%，但通过对建造成本及运营成本的综合分析表明，通常在建筑使用3～5年即可收回由于采用断热铝型材与充入惰性气体的中空玻璃组合的节能产品而增加的投入，可使投资者在以后的使用过程中降低运营成本。“十五”期间，建筑幕墙产品将以开发环保、节能产品为主，未来环保、节能、智能化及新材料的应用将统领建筑幕墙技术，断热铝型材和充入惰性气体的中空玻璃相结合节能技术将在未来工程项目中得到广泛地推广应用。

参考文献

[1] GB/T 15225－1994 建筑幕墙物理性能分级

[2] GB 5237－2004 铝合金建筑型材

[3] JG/T 175－2005 建筑用隔热铝合金型材穿条式

[4] 广东金刚玻璃科技股份有限公司．特种玻璃结构幕墙技术．汕头：汕头大学出版社，2003

压力流（虹吸式）屋面雨水排水系统的研究与应用

徐志通　高俊斌　张亦达

（北京泰宁科创科技有限公司）

摘　要： 分析了国产压力流（虹吸式）屋面雨水排水系统的工作原理、技术优势，技术特性及管材的选用，阐述了水力计算要点。

关键词： 压力流（虹吸式）屋面雨水排水系统　虹吸式雨水斗　原理　水力计算　管材

目前，虹吸式雨水斗的国家标准图集01S302已经出版发行，图集提供了两种国产虹吸式雨水斗的安装方式。随着对该系统的原理、水力计算的理解与实践的深入，推广压力流（虹吸式）屋面雨水排水系统的条件已经具备。

1　工程概况

郑州国际会展中心总建筑面积214366m²，屋面总汇水面积60808m²（其中会议中心22080m²，展览中心52057m²）。该项目雨水排水工程作为安装工程的分项工程，本雨水排水工程中采用北京泰宁科创科技有限公司的虹吸（有压）雨水排水系统，共45个系统（其中会议中心24个，展览中心21个），虹吸式雨水斗共221个。

2　系统的技术优势

从水力学的观点，屋面雨水排水系统可分为重力流屋面排水系统和压力流屋面排水系统两类。不同的屋面雨水排水系统，在设计时采用的计算方法也不同。此前，我国的屋面排水系统按重力流设计，屋面重力流雨水排水系统采用重力式雨水斗，雨水斗的排水状况是自由堰流，流入雨水斗的雨水掺入空气，形成水气混合流，雨水斗的设计流量小；按重力流计算的悬吊管要求不大于0.8的充满度和大于5%的坡度，因此需要较大的管径和坡降。为了维持连接在同一悬吊管上的各个雨水斗的正常工作，限定连接雨水斗的数量不多于4只，导致雨水立管的根数增加。重力流屋面雨水排水系统受其水力特性的限制，造成排水立管多、管径大、排水能力小、噪声较大，对建筑物的空间利用率不利，尤其是在大面积工业厂房及公共建筑屋面雨水排水中这些问题更为突出。压力流（虹吸式）屋面雨水排水系统，采用虹吸式雨水斗，排水能力有很大的提高。在符合水力计算的条件下，接入悬吊管的雨水斗的个数不受限制，因此减少了立管和埋地管的数量。悬吊管不需坡度，安装方便、美观。系统按虹吸流计算，可以减少选用管道的管径，管内流速增加，有利于提高自净能力。单一系统的水平悬吊管长度可达150m，主立管可以根据室内空间的需要灵活布置，且建筑物内可以不需做管道井、不埋设管道，对于建筑物内地下管道较多或不宜设井的场所尤为适宜，形成虹吸时，是满管流，噪声很小。可见，压力流（虹吸式）屋面雨水排水系统与重力流相比有明显的技术优势。

3 雨水排水系统的工作原理

压力流（虹吸式）屋面雨水排水系统由虹吸式雨水斗、雨水水平悬吊管、雨水立管、埋地管、雨水出户管（排出管）组成（见图1）。

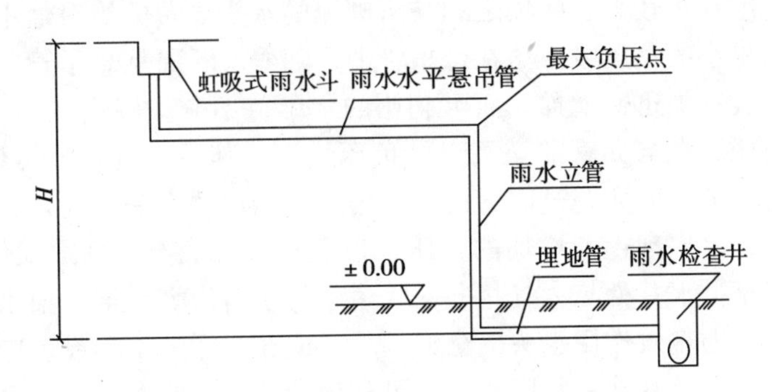

图1 压力流（虹吸）屋面排水系统

国产化的压力流（虹吸式）屋面雨水排水系统开发了具有良好整流功能的下沉式雨水斗系列产品，在设计降雨强度下雨水斗不掺入空气，降雨过程中相当于从屋面上一个有稳定水面的小水池向下泄水，经屋面内排水管系，从排出管排出，管道中是全充满的压力流状态，屋面雨水的排水过程是一个虹吸排水过程。压力流（虹吸式）屋面雨水排水系统内管道的压力和水的流动状态是变化的。降雨初期降雨量较小，悬吊管内是一有自由表面的波浪流。随着降雨量的增加，管内呈现脉动流、拉拔流，进而出现满管气泡流和满管气水乳化流，直至水的单相流状态。降雨末期，雨量减少，雨水斗淹没泄流的斗前水位降低到某一定值。雨水斗开始有空气掺入，排水管内的真空被破坏，排水系统从虹吸流工况转向重力流，在降雨的全过程中，随降雨量的变化，悬吊管内的压力和水流状态会反复变化。与悬吊管的情况相似，在水量增加时，立管内水流会从附壁流向气塞流、气泡流、气水浮化流、水单向流过渡。

压力流（虹吸式）屋面雨水排水系统水力分析见图2。

下式列出2－2和$x-x$断面的伯诺里方程：

$$H+\frac{P_2}{r}+\frac{U_2^2}{2g}=H_4+\frac{P}{r}+\frac{U_x^2}{2g}+h_{2-x} \qquad (1)$$

式（1）等式右边，第一项称为位置水头，第二项称为压力水头，第三项是速度水头，第四项是两断面间的水头损失。以上各项均具有

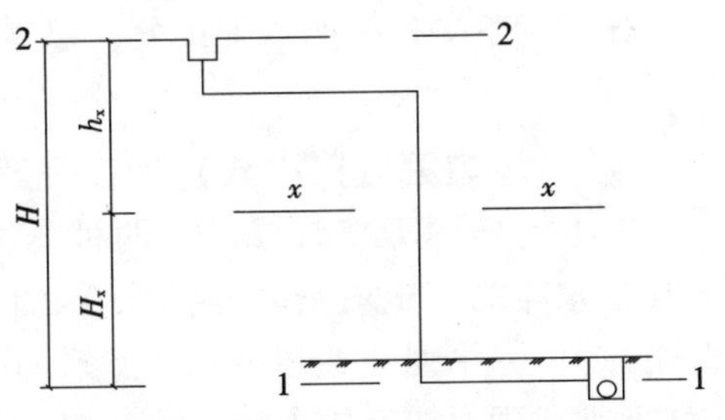

图2 压力流（虹吸）屋面排水系统水力分析

长度［L］的量纲 m。

由于上式中，$P_2=0$，$U_2=0$，$r=1$，$h_x=H-H_x$，代入（1）式中得

$$P_x=h_x-\frac{V_r^2}{2g}-h_{2-x} \tag{2}$$

式中 P_2——管道 x 断面处的压力水头。

式（2）是计算管道中任一断面处压力水头的基本公式，它的物理含义是管道中任一点的压力水头等于该点与雨水斗的高度差减去该点的速度水头及该点至雨水斗管段的总水损失。

通过改变断面 x 在管道系统的不同位置，可以清楚地判明全系统的压力。在雨水斗的接出管上，由于一般的虹吸式雨水斗都有较大的水头损失，加上雨水斗的出水管较细，管道内流速较快．速度水头较大，两项之和与可利用的水头之差的绝对值不大。雨水斗以下的连接管，管道内呈小的负压或正压在悬吊管上，随着 x 断面从悬吊管的最远端向立管一侧偏移，管道的水头损失迅速增加，而可利用的水维持不变。按式（2）计算的结果，管内呈不断增大的负压，在与立管的交叉点处负压最大。其后，从立管与悬吊管交点向下，可利用的水头迅速增加，大大超过因管道长度增加而增加的水头损失，管内的负压值也随之很快减少至零，继之出现逐渐增加的正压。正压在立管底部达到最大值后再逐渐减少，正压逐渐被消耗，至排水井处与大气相通，管道中的压力为零。至此雨水斗的进水水面至排出口的总高度差，即有效作用水头，全部用尽。但在实际的工程设计中，考虑到计算的误差，也基于安全，以及其他一些因素，对可利用的总水头的使用常留有一定的余量。对于高大建筑，可利用的总水头比较富余，临界点宜选在排水管的出口处，把排水出户管列入压力管段的计算范围，以减少该管段的管径，降低造价；反之，如果建筑物的可利用总水头不太富余，则可以把临界点的位置移到立管的下部，排出管按重力流计算，节省水头损失，使系统能在虹吸状态下工作。

4 压力流（虹吸式）雨水斗的基本特性

4.1 压力流（虹吸式）雨水斗的基本结构

压力流（虹吸式）雨水斗材质为铸铁或不锈钢，图 3 是其结构示意图。降雨过程中，通过格栅盖进入雨水斗的屋面雨水落入深斗内，斗内带孔隙的整流罩使于涡流状态的雨水平稳地以淹没泄流进入排水管。下沉式雨水斗的好处在于最大限度减小了天沟的积水深度，使屋面承受的雨水荷载降至最小，同时使雨水斗的出口获得较大的淹没水深，消除了在设计流量下工作时的掺气现象，提高了雨水斗的额定流量。

4.2 压力流（虹吸式）雨水斗的额定流量

表 1 列出了 *DN*50，*DN*75 两种压力流（虹吸式）雨水斗的额定流量和斗前水深，同时也将 87 型雨水斗一并列出，以便于比较，可见压力流（虹吸式）雨水斗有较小的斗前水深和较大的额定流量。

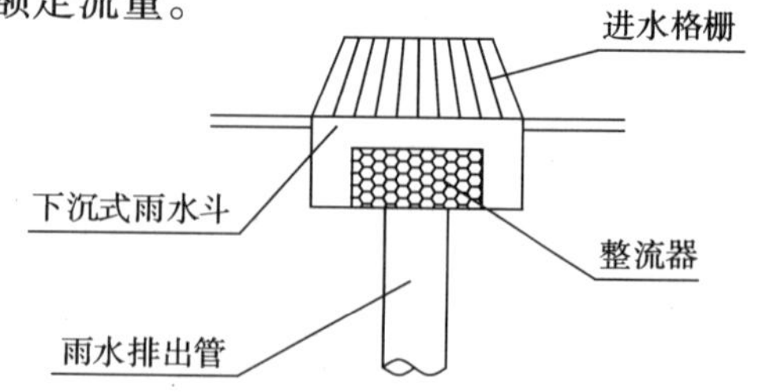

图 3 压力流（虹吸）雨水斗结构图

雨水斗的额定流量与斗前水深　　表1

雨水斗规格、型号		87式雨水斗			压力流（虹吸）雨水斗		
		*DN*75	*DN*100	*DN*150	*DN*50	*DN*75	*DN*100
额定流量（L/s）		6.0	12.0	26.0	6.0	12.0	25.0
斗前水深（mm）		60	70	95	45	70	
排水状态	自由堰流		淹没泄流				

表1中列出的斗前水深，对于不同型式的雨水斗的含义是不同的。排水状态为自由堰的雨水斗斗前水深小于给定值时才能保证系统在重力流状态下工作；对于压力流（虹吸式）雨水斗，表中给出的是在额定流量下相应的斗前水位，斗前水位增加，雨水斗淹没泄流增加，斗前水位减少，泄流量减少。虹吸形式时雨水斗的斗前水位比额定流量下的斗前水位小得多，以YT50A雨水斗为例，当泄流量为6L/s时，相应斗前水深45mm，虹吸形式时的斗前水深约为15mm。斗前水深大于或小于额定流量下淹没深度相应值的一定范围内，雨水斗都可正常工作。雨水斗的额定流量是一个设计中的推荐值。

4.3　额定流量下雨水的水头损失与局部阻力系数

雨水斗的局部阻力系数因雨水斗的结构、尺寸、材质不同而有所差别。国产的压力流（虹吸式）雨水斗的局部阻力系数见表2。

国产压力流（虹吸式）雨水斗局部阻力系数　　表2

雨水斗型号	YT50	YG50	YT75	YG75	YG100
局部阻力系数	1.3	1.3	2.4	3.4	2.6

5　压力流排水系统水力计算要点

水力计算的目的是充分利用系统提供的可利用水头，减少管径，降低造价；使系统各节点由不同支路计算的压力差限定在一定的范围内；保证系统安全，可靠、正常地工作。

水力计算是在初步布置的管路系统上进行的，计算的成功要遵守水力计算的各项要求。因此，管路系统不同区段的管径、连接的配件，以至管路的布置都可能有所变动。水力计算的要点如下：

（1）管道的设计最小流速不小于1m/s，以减小水流动时的噪声，最大不大于10m/s。系统底部的排出管的流速压力流不于1.5m/s，减少水流对排水井的冲击。

（2）排水管系统的总水头损失与排水管出口速度水头之和应小于雨水斗天沟底面与排水管出口的几何高差，其压力余量宜稍大于100mbar（1mbar = 100Pa）。

（3）压力流（虹吸式）屋面雨水排水系统的最大负压值在悬吊管与总立管的交叉点。该点的负压值，应根据不同的管材而有不同的限定值。对于用铸铁管和钢管的排水系统应小于 -900mbar；对于塑料管道，管径50～160mm应小于 -800mbar，管径200～300mm应小于 -700mbar。

（4）压力流（虹吸式）屋面雨水排水系统各节点由不同支路计算得到的压力值不大于－150mbar 。

（5）压力流（虹吸式）屋面雨水排水系统使用内壁喷塑柔性排水铸铁管或钢管及高密度聚乙烯管等，采用海澄—威廉公式计算管道的沿程阻力损失，并采用不同的海澄—威廉系数 C 值。

（6）压力流（虹吸式）屋面雨水排水系统管道的局部阻力损失的系数参见表3。

局部阻力系统 **表3**

管件名称	内壁涂塑铸铁或钢管	塑料管
900°弯儿	0.8	1.00
450 弯头	0.30	0.40
干管上斜三通	0.50	0.35
支管上斜三通	1.00	1.20
转变为重力流处出口	1.80	1.80
压力流（虹吸式）雨水斗	厂商提供	

6 设计步骤

（1）计算屋面面积；

（2）计算总的降雨量；

（3）布置雨水斗，组成屋面雨水斗排水管网；

（4）绘制水力计算草图，标注各管段的长度；

（5）估算管径：对水平悬吊管采用悬吊管的总阻力损失值700mbar，除以总等效长度，计算出单位管长的压力损失的计算值，以此选出各管段的管径。立管与排出管管径可采用相应的控制流速初选管径。一般立管可比悬吊管最大直径小一号；

（6）进行第一次水力计算，计算结果若已满足本文“5 压力流排水系统水力计算要点”的要求，则可按计算结果给成正式图纸；

（7）若第一次计算不满足本文“5 压力流排水系统水力计算要点”的要求，则应对系统中某些管段的管径进行调整，必要时有可能对系统重新布置，然后再次进行水力计算，直至满足为止，按最后结果绘制图纸。

7 计算公式

压力流（虹吸式）屋面雨水排水系统按满管压力流进行计算。降雨强度计算中建议采用较大的重现期 $P=3\sim5a$。

7.1 降雨量

$$Q=\frac{A_r}{100} \tag{3}$$

式中　Q——降雨量（L/s）；

A——屋面面积（m^2）；

r——降雨强度［L/（s · 100m^2）］

7.2　系统可利用的最大水头相应的压力

$$E = \rho RH \frac{1}{a} = 98.1H \tag{4}$$

式中　E——系统可利用的最大水头相应的压力（mbar）；

H——系统可利用的最大水头高度（m）；

P——水密度（1000kg/m^3）；

g——重力加速度（9.81m/s^2）；

a——重力单位 Pa 与 mbar 的换算系数，$a = 100$；

7.3　等效长度初始估算值

$$L_0 = kL \tag{5}$$

式中　L_0—— 等效长度（m）；

L——设计长度（m）；

k——考虑管件阻力引入的系数，钢管、铸铁管 $k = 1.2 \sim 1.4$，塑料管 $k = 1.4 \sim 1.6$。

7.4　单位等效长阻力损失的初始估算值

$$R_0 = \frac{E}{L_0} \tag{6}$$

式中　R_0——单位等效长度的阻力损失初始估算值（mbar/m）；

E、L_0 同前。

7.5　局部阻力损失

$$Z_j = \sum T \frac{\rho V_x^2}{2a} = \sum T5V_x^2 \tag{7}$$

式中　Z_j—局部阻力损失（mbar）；

T——局部阻力系统；

V_X——管道某一断面处流速（m/s）。

ρ_u、a 同前。

7.6　沿程阻力损失

$$Z_1 = RL \tag{8}$$

式中　Z_1——沿程阻力损失（mbar）；

R——单位长度阻力损失（mbar/m）；

L——管道设计长度（m）。

7.7 管道阻力水头损失

$$\sum Z = Z_1 + Z_L \tag{9}$$

式中 $\sum Z$——管道总阻力损失（mbar）；

Z_1、Z_L 同前。

7.8 单位长度的阻力损失

采用海澄—威廉公式：

$$R = \frac{6.05 \times Q^{1.85} \times 10^8}{C^{1.85} \times d_j^{4.87}} \tag{10}$$

式中 Q——流量（L/mim）；

R——单位长度的阻力损失（mbar/m）；

d_j——管道的计算内径（mm）；

C——系数，铸铁管 $C=100$，钢管 $C=120$，塑料管 $C=140$。

7.9 管道某—*x* 断面处的压力

$$P_x = 98.1 \times h_x - 5V_x^2 - \sum Z_{x-2} \tag{11}$$

式中 P_x——管道某一 x 断面处的压力（mbar）；

h_x——雨水斗顶面至计算断面的高度差（m）；

V_x——管道某一 x 断面处流速（m/s）；

$\sum Z_{x-2}$——雨水斗顶面至计算断面的总阻力损失（mbar）。

7.10 压力余量

在式（11）中以 H 代 H_x 得出

$$\Delta P_r = 98.1H - 5V_1^2 - \sum Z$$

式中 P_r——压力余量（mbar）；

V_1——排水管出口的管道流速（m/s）；

H——雨水斗顶面与排水管出口的高差（m）；

$\sum Z$——排水系统的总阻力损失（mbar）。

8 计算过程

现以展览中心 YLB1、YLC1 这两个系统为例，简单说明一下压力流雨水排水系统计算过程（后附计算表格）：

（1）根据设计规范确定该类工程设计重现期，溢流重现期：设计重现期 $P=50$ 年，暴雨强度 $q_5=9.15\text{L}/(\text{s}\cdot 100\text{m}^2)$。

（2）确定屋面汇水分区，计算该分区汇水面积：$F = 3121.2\text{m}^2$；

（3）该分区所负担雨水量：$Q = F \times q_5 =$ 3121.2 ×9.15/100 =285.59L/s；

（4）根据屋面分区特点，选择适合雨水斗：YGB110 型雨水斗 8 个；

（5）确定立管位置及出户位置标高；

（6）绘制系统草图（见图 4），草图应表示雨水管长度、雨水斗标高、雨水斗流量、出户标高等；

（7）水力计算详见表 4；

（8）根据计算绘制 YLB1、YLC1 系统图施工图，如图 5 所示。

9 压力流（虹吸式）屋面雨水排水系统安装

（1）压力流（虹吸式）屋面雨水排水系统应使用压力流（虹吸式）雨水斗。平屋面排水应采用 *DN*50 雨水斗。*DN*75、*DN*100 雨水斗用于设有天沟的屋面排水。

（2）雨水斗的安装见《给水排水国家标准图集》（01S302）。

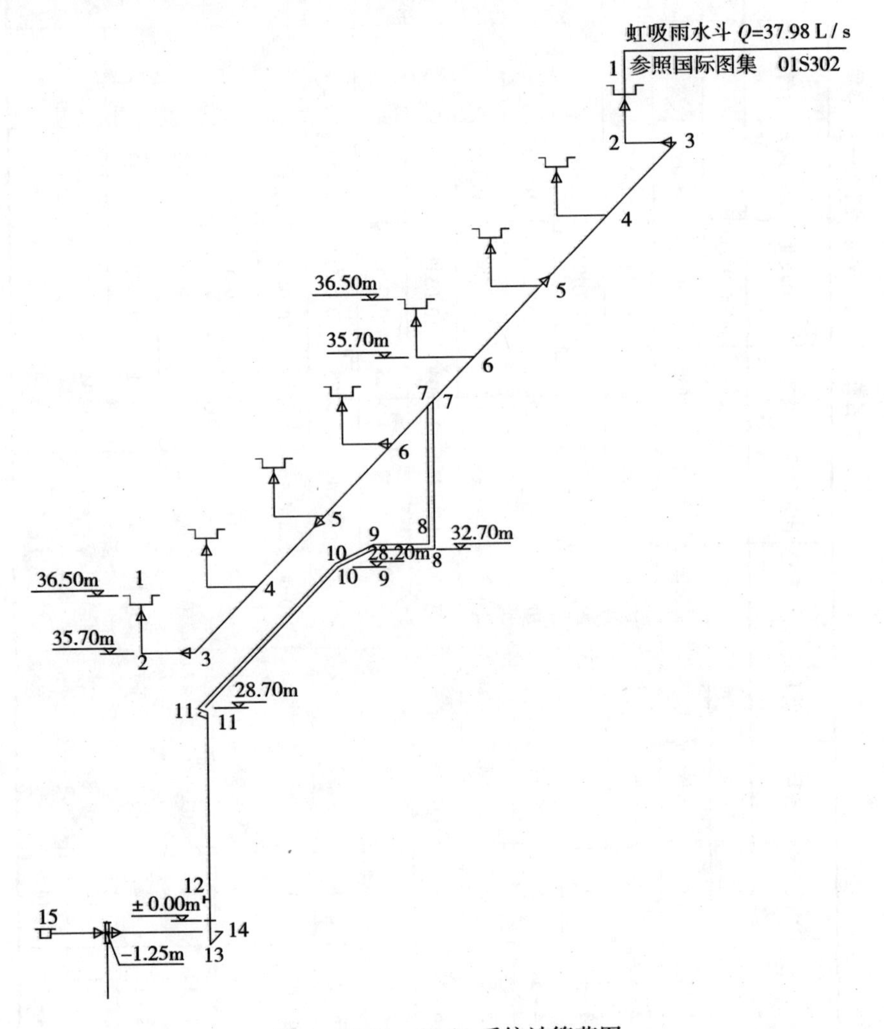

图 4 YLB1、YLC1 系统计算草图

表 4

水力计算表

工程名称：郑州国际会展中心——展览中心　　系统编号：YL－B1/C1

	管段编号	流量	管长	公称直径	计算内径	流速	水力坡度	管段损失	管件类型	节点位高	局部阻力系数	管件局部阻力损失	管段总损失	节点压力	备注
		L/s	m	mm	mm	m/s	m(H_2O)/m	m		H		m（H_2O）	m（H_2O）	m（H_2O）	
1－2	1	37.98	0.30	110.00	101.40	4.7032	0.2057	0.062		0.40	2.70	3.05	3.1088	－3.84	
2－3	2	37.98	1.30	160.00	147.60	2.2197	0.0331	0.043		0.90	1.26	0.32	0.3597	－2.82	
3－4	3	37.98	7.50	200.00	187.60	1.3740	0.0103	0.077		0.90	1.40	0.13	0.2120	－2.88	A
4－5	4	75.96	7.50	200.00	187.60	2.7481	0.0371	0.278		0.90	0.60	0.23	0.5092	－3.67	A
5－6	5	113.94	7.50	250.00	234.40	2.6404	0.0265	0.199		0.90	0.50	0.18	0.3768	－4.02	B
6－7	6	151.92	3.15	250.00	226.20	3.7804	0.0537	0.169		0.90	0.80	0.58	0.7525	－5.15	
7－8	7	151.92	3.00	250.00	234.40	3.5205	0.0452	0.136		3.90	0.80	0.51	0.6414	－2.69	
8－9	8	151.92	2.50	250.00	234.40	3.5205	0.0452	0.113		3.90	0.80	0.51	0.6188	－3.31	
9－10	9	151.92	12.90	250.00	234.40	3.5205	0.0452	0.583		8.40	0.80	0.51	1.0886	0.10	
10－11	10	151.92	19.50	250.00	234.40	3.5205	0.0452	0.881		8.40	1.60	1.01	1.8925	－1.79	C
11－12	11	303.84	29.45	250.00	234.40	7.0411	0.1628	4.795		37.85	1.60	4.05	8.8424	16.92	
12－13	12	303.84	45.00	250.00	234.40	7.0411	0.1628	7.327		37.85	0.52	1.32	8.6426	8.28	
13－14	13	303.84	3.00	450.00	450.00	1.9104	0.0068	0.020		37.85	1.60	0.30	0.3183	10.30	
14－15	14														
													27.3637		

续表

	管段编号	流量	管长	公称直径	计算内径	流速	水力坡度	管段损失	管件类型	节点位高	局部阻力系数	管件局部阻力损失	管段总损失	节点压力	备注
		L/s	m	mm	mm	m/s	m(H_2O)/m	m		H		m (H_2O)	m (H_2O)	m (H_2O)	
1－2	1	37.98	0.30	110.00	101.40	4.7032	0.2057	0.062		0.40	2.70	3.05	3.1088	－3.84	
2－3	2	37.98	1.30	160.00	147.60	2.2197	0.0331	0.043		0.90	1.26	0.32	0.3597	－2.82	
3－4	3	37.98	7.50	200.00	187.60	1.3740	0.0103	0.077		0.90	1.40	0.13	0.2120	－2.88	A
4－5	4	75.96	7.50	200.00	187.60	2.7481	0.0371	0.278		0.90	0.60	0.23	0.5092	－3.67	A
5－6	5	113.94	7.50	250.00	234.40	2.6404	0.0265	0.199		0.90	0.50	0.18	0.3768	－4.02	B
6－7	6	151.92	3.15	250.00	226.20	3.7804	0.0537	0.169		0.90	0.80	0.58	0.7525	－5.15	
7－8	7	151.92	3.00	250.00	234.40	3.5205	0.0452	0.136		3.90	0.80	0.51	0.6414	－2.69	
8－9	8	151.92	2.50	250.00	234.40	3.5205	0.0452	0.113		3.90	0.80	0.51	0.6188	－3.31	
9－10	9	151.92	12.90	250.00	234.40	3.5205	0.0452	0.583		8.40	0.90	0.57	1.1518	0.04	
10－11	10	151.92	19.50	250.00	234.40	3.5205	0.0452	0.881		8.40	1.55	0.98	1.8609	－1.82	C
11－12	11														
1－2	1	37.98	0.30	110.00	101.40	4.7032	0.2057	0.062		0.40	2.70	3.05	3.1088	－3.84	
2－3	2	37.98	1.10	160.00	147.60	2.2197	0.0331	0.036		0.70	2.10	0.53	0.5643	－3.22	A
3－4	3														
1－2	1	37.98	0.30	110.00	101.40	4.7032	0.2057	0.062		0.40	2.43	2.74	2.8041	－3.53	
2－3	2	37.98	1.10	125.00	115.20	3.6438	0.1105	0.122		0.70	2.10	1.42	1.5442	－4.33	B

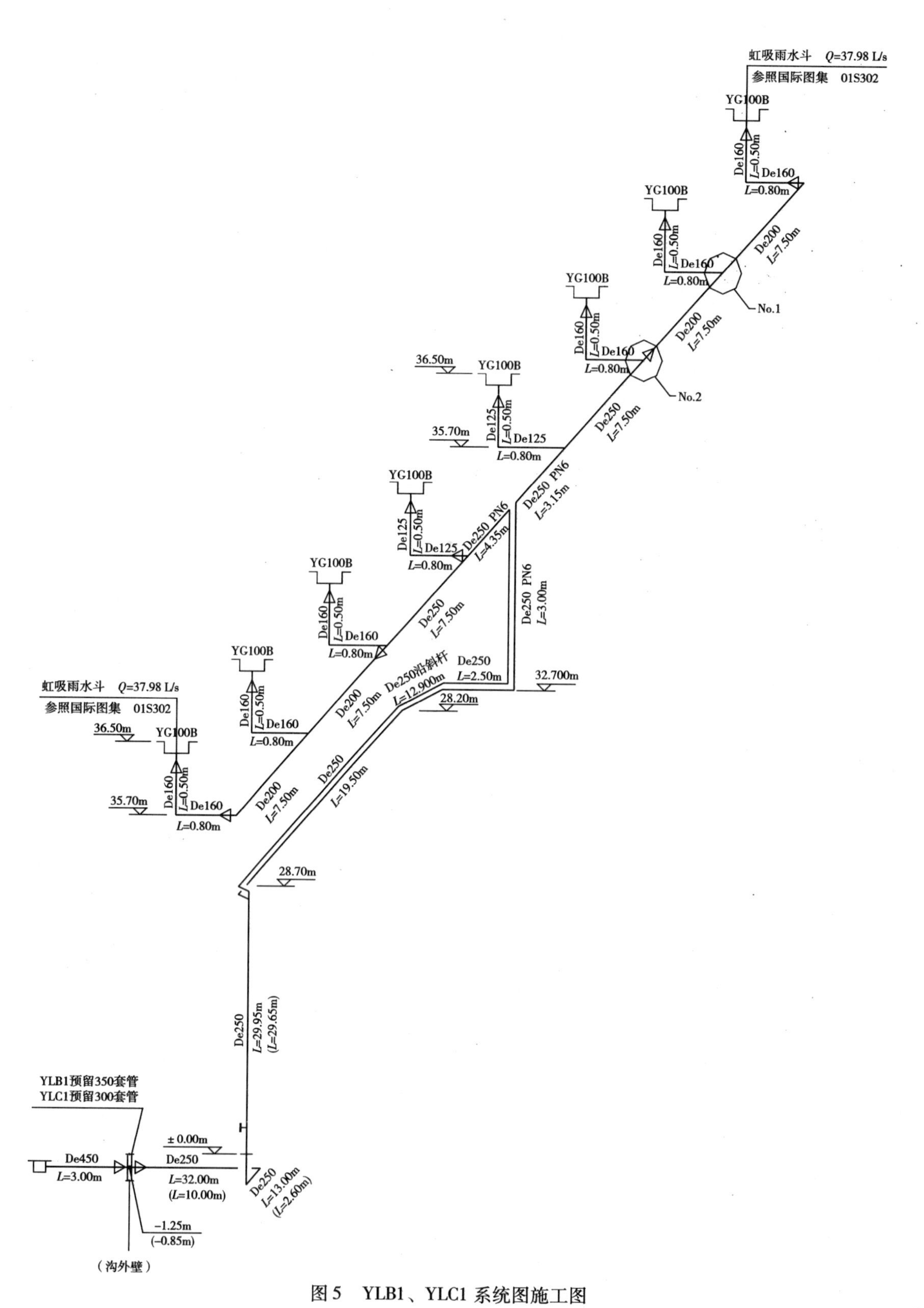

图5 YLB1、YLC1 系统图施工图

注：括号内适用于 YLC1

（3）雨水斗的间距应由汇水面积的计算并结合结构和柱网情况决定。一般雨水斗的间距可采用 12～24m。

（4）同一系统的雨水斗应该设在同一水平面上。

（5）压力流（虹吸式）屋面雨水排水系统的悬吊管不要求安装坡度。

（6）雨水斗安装于金属屋面天沟内，*DN*50 雨水斗天沟宽度应大于 450mm，*DN*75 雨水斗天沟宽度应大于 500mm。

（7）同一建筑物的雨水排水立管不少于 2 根。

（8）立管在于 ±0.000 地面上 1m 处设检查口。

（9）多只雨水斗的排水系统，靠近主立管的雨水主支管不可以直接与主立管相接，应接在水平悬吊管上。

（10）出户管与排水井连接处必要时应做消能稳流处理。

郑州国际会展中心透水混凝土广场构造设计及施工技术工艺

梁远森[1]　潘开名[1]　闫建民[1]　周占秋[2]
（1. 郑州市建设委员会；2. 河南省第五建筑安装工程公司）

摘　要： 文中介绍了透水混凝土的特性及其使用范围，阐述了郑州国际会展中心透水混凝土广场的构造设计选型；进而说明了该透水混凝土广场的有关技术参数，包括广场的设计条件、强度要求、透水混凝土的主要用材、配合比等；最后从模板设置、拌合摊铺、养护以及施工管理人员、机械材料的组织配备、质量管理等方面，详细介绍透水混凝土广场的施工技术工艺和组织管理过程，可供同类工程参考。

关键词： 透水混凝土广场　构造设计　施工工艺　组织管理

1　引言

郑州国际会展中心室外展场面积达 4 万多 m^2，它集功能性、景观性、标志性于一身。考虑到展场的承载力、建筑风格的整体性要求，本着节能、节水、节材、环保及以人为本的原则，会展中心室外展场采用了整体性透水混凝土铺筑。透水混凝土是一种高孔隙混凝土材料，具有良好的排水、透水性。它能够将雨水渗透到地下，可大大改善地下生态，增加地下水涵养，有助于水资源永久保持，同时降低热岛效应，减少能源消耗等优点，广泛用于人行道、展场、停车场、广场和其他轻型交通车道。其发展最早开始于欧洲，20 世纪 70 年代中期在欧洲地区大量使用，日本则于 20 世纪 80 年代开始研究开发并倍受政府重视，截至 2000 年，仅东京铺设透水路面面积就达 2700 万 m^2。近两年我国才开始着手研发透水性路面，但在我国尚无大面积成功应用的工程实例。

2　透水混凝土广场构造设计选型

根据设计要求，郑州国际会展中心室外广场还必须兼有展场的功能，并具有承受 30t 大型车辆轮压的承载能力。从适用性考虑，当时可以选择的广场面层做法方案有大理石、陶瓷透水砖、透水混凝土等，通过查阅相关技术资料、实地考察（上海东方电视台庭院内的部分人行道及上海万科广场等），邀请包括长江学者在内的多位我国著名的广场道路

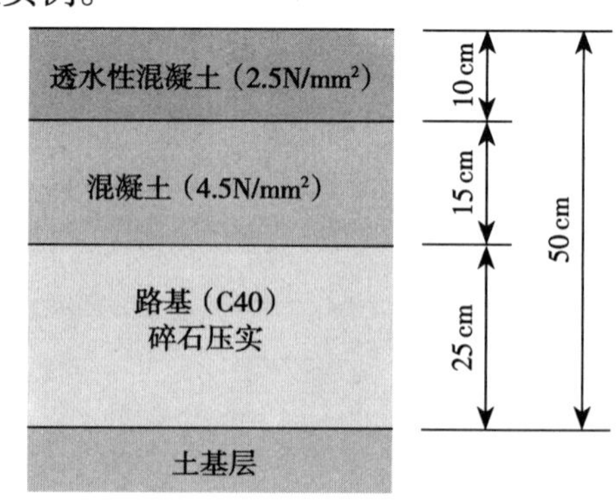

图 1　排水型透水混凝土剖面

铺筑专家、日本佐东奥科贸（上海）有限公司的专家进行室外广场设计方案论证，最终采用了排水型透水混凝土设计方案（垂直于中心湖沿湖边每间隔 20m 设花岗岩分隔带），并确定聘请日本佐东奥科贸（上海）有限公司的有关专家及施工技术人员做设计阶段及施工阶段的技术指导。经设计计算及相关试验验证，最终确定了如图 1 所示的构造形式，相关试验过程参见图 2。

(*a*)

(*b*)

图 2　抗折试验图片

(*a*) 抗折试验图片 1；(*b*) 抗折试验图片 2

3　透水混凝土广场的有关技术参数

3.1　透水混凝土广场的技术参数

广场使用条件：承受 30t 大型车辆轮压的承载能力；10000 台/年；50 年使用年限。广场设计强度要求：透水性混凝土强度 2.5N/mm^2（黏合添加剂 6kg/m^2）以上；混凝土强度 4.5N/mm^2（C35）以上；路基支持力 15kg/cm^2 以上；土基支持力取 CBR5%。

3.2　透水混凝土的主要用材

透水混凝土的主要用材包括水泥、硬质砂岩粗骨料及粘合添加剂等，详见表 1。

主要材料　　表 1

名称	型号	生产商及产地
水泥	普通硅酸盐水泥	Tokuyama 水泥（株）比重 3.16
粗骨料	最大粒径：10mm	中国硬质砂岩
黏合添加剂	帕米尔 S：Ps	佐藤 道路（株）比重 2.4

3.3 材料标准试验结果

从标准试验结果得出的使用材料的质量见表2、表3。

标准试验结果　　表2

标准物性	
项　目	粗骨料
最大尺寸（mm）	10
表面干燥状态的比重	2.74
吸水率（%）	0.72
单位容积质量（t/m^3）	1.630
绝对容积比（%）	59.5

筛分试验结果　　表3

筛孔	通过质量百分比（%）
13.2	100
9.5	97
4.75	12
2.36	1
1.18	0
粗粒率	5.90

3.4 室内配合比试验

单位骨料量，在骨料的单位容积质量的96%～100%范围内，因骨料的粒度和形状会产生不同。本次使用的骨料，考虑到骨料的形状和粒度，修正了单位骨料量。单位黏合添加剂量为6kg/m³、单位水泥量在270～330kg/m³的范围内调整，进行试验。水、水泥比根据目测决定，制作试块。然后进行密度、透水系数、抗折强度的确认。试验配合比如表4所示，测定结果如表5所示。

试验配合比　　表4

配合	$W/(C+P_s)$（%）	单位量（kg/m^3）				设计密度（t/m^3）	理论密度（t/m^3）
		W	C	G	P_s		
1	30	83	270	1580	6	1.939	2.594
2	30	92	300	1580	6	1.978	2.582
3	30	101	330	1580	6	2.017	2.571

测定结果　　表5

配合	水、水泥比（%）	实测密度（t/m^3）	空隙率（%）	透水系数（cm/s）	σ_7 强度（N/mm^2）
1	30	1.944	25.1	1.1×10^0	2.57
2	30	1.968	23.8	9.2×10^{-1}	2.78
3	30	2.010	21.8	6.8×10^{-1}	2.94

3.5 根据室内配合比试验决定的配合比

根据室内配合比试验的结果，设计密度及决定的配合比如表6所示。

根据室内试验决定的配合比　　表6

空隙率（%）	水、水泥比（%）	单位量（kg/m^3）				密度（t/m^3）	理论密度（t/m^3）
		W	C	G	P_s		
23.4	30	92	300	1580	6	1.978	2.582

4　透水混凝土广场工程施工技术工艺

4.1　施工工艺流程图（见图3）

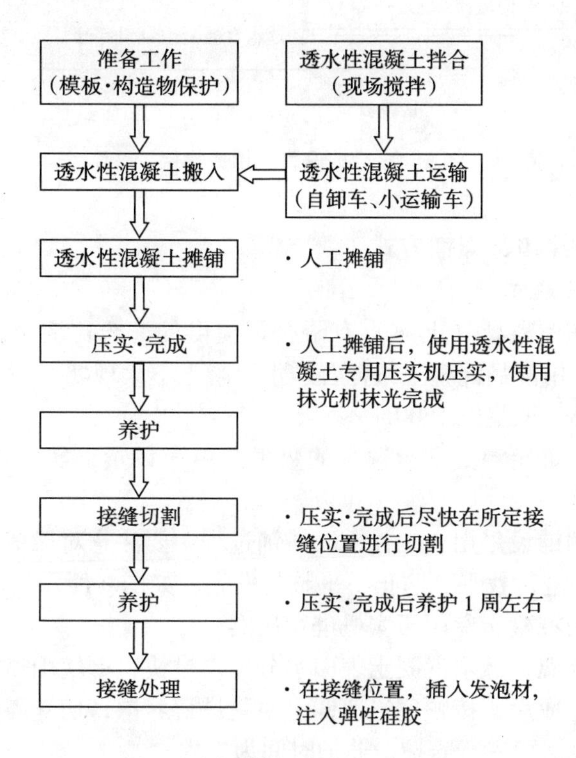

图3　透水混凝土施工工艺流程图

4.2　模板设置

测量员根据设计图纸上花岗岩分隔带坐标位置定位出花岗岩分隔带位置线，在相邻的两花岗岩分隔带之间铺设部分等分成5份，设置厚度为9cm的钢模（考虑到基层混凝土表面平整度的施工偏差），在浇筑透水混凝土时，在钢模上铺设1cm的木条以便保证透水混凝土的总设计厚度，模板支设分格图4所示。

4.3　构造物保护（展场范围内检查井等）

铺设透水混凝土时，为不弄脏施工范围内的构造物，根据需要用塑料薄膜保护其表面如图5所示。

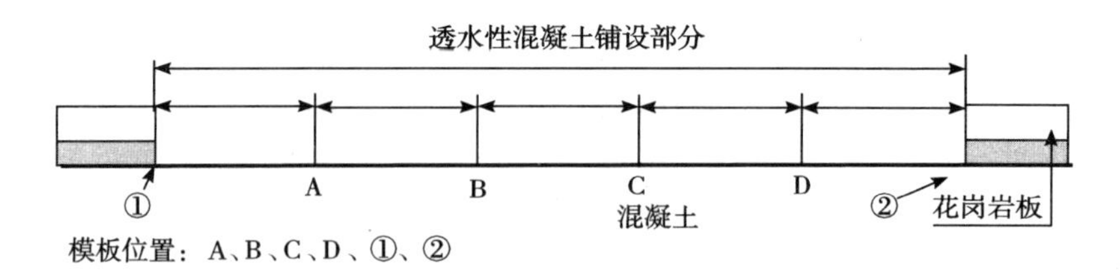

图4　钢制模板位置图例（5等分）

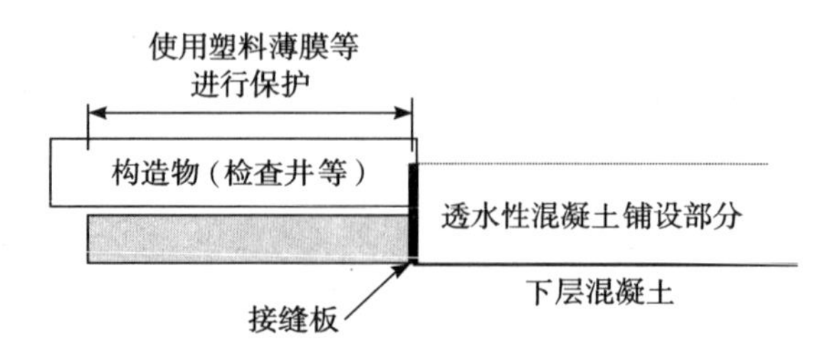

图5　接缝板设置和构造物保护

4.4　透水混凝土拌和、摊铺方式

4.4.1　透水混凝土施工

（1）根据日本佐东奥科贸（上海）有限公司提供的配合比清单，结合现场不能连续大面积施工的情况，采用商品混凝土站拌合透水混凝土不太现实，我们建设了透水混凝土现场搅拌站，建站规模保证浇筑1500m^2/每天。

（2）根据运输距离确定混凝土运输车的数量及单车载量，实际采用的是装载1m^3三轮自卸车，如图6所示。

（3）透水混凝土的铺设采用人工摊铺，摊铺过程中要注意对摊铺厚度进行确认，端部用泥刀、小型振动机械进行找平，防止不平整的发生，如图6所示。

（4）摊铺后，使用混凝土专用压实机进行压实。

（5）考虑到夏季高温，透水混凝土表面水分蒸发过快，可使用喷雾器洒水。

（6）平整、压实完成后，按顺序迅速铺上薄膜进行养护，切缝需暂时去掉薄膜时，待切缝完毕后应马上覆盖继续进行养护，养护时间为1周。

（7）由于透水混凝土下基层普通C35混凝土不透水，透水混凝土透下的水靠设计坡度排向中心湖边的排水明沟，为了将透水混凝土中的雨水全部排出，将和花岗岩分隔带同方向的收缩缝全部切透（类型A），垂直于分隔带方向的收缩缝切割深度5cm左右（类型B），如图7所示。收缩缝（类型A）同时具有膨胀缝的机能（缝宽20mm）。

4.4.2　接缝处理

（1）透水混凝土与边沟的交接处为使透水混凝土的雨水顺利排出，边沟的侧壁面的接缝构造为中空，接缝上部进行处理，如图8所示。

（2）伸缩缝处理：所定养护时间结束后，在切断的接缝处，插入发泡材，注入弹性硅胶，如图9所示。

图 6　施工现场照片

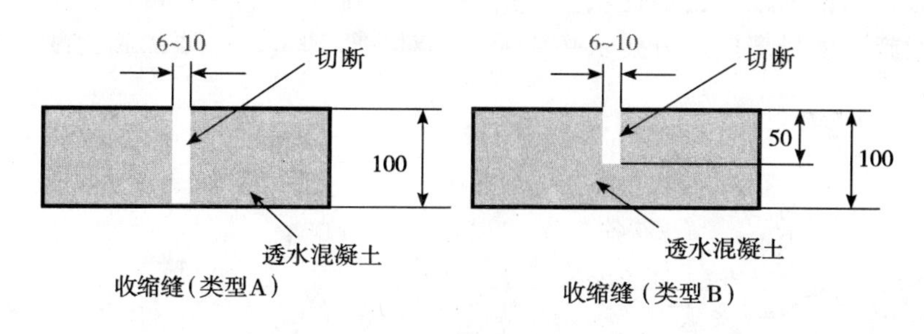

图 7　收缩缝详图（单位：mm）

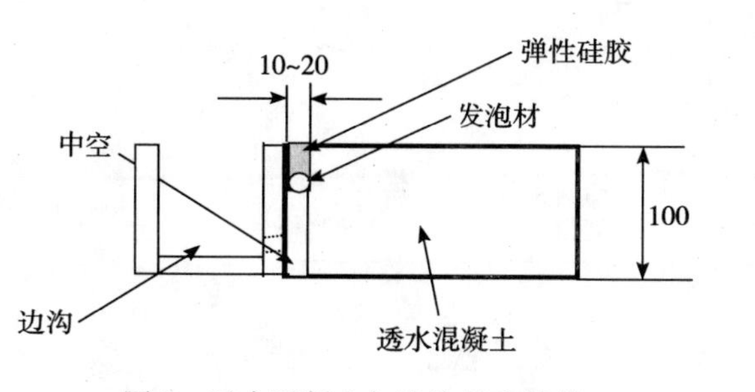

图 8　透水混凝土与边沟的交接处

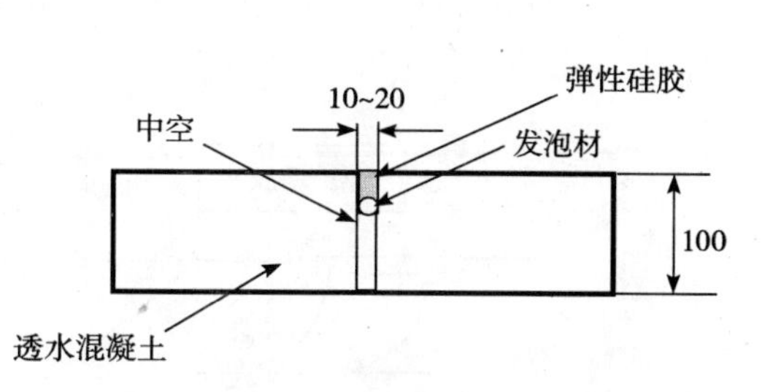

图 9　伸缩缝处理

4.5 施工顺序

（1）搬运车辆按指定路线通行，如图10箭头所示方向施工。

（2）从左侧广场开始至搅拌站方向依次完成。

（3）透水混凝土的铺设、切缝、养护完成后粘贴花岗岩石材。花岗岩石材粘贴时要切实注意对透水混凝土的成品保护，做到不弄脏、不弄坏。

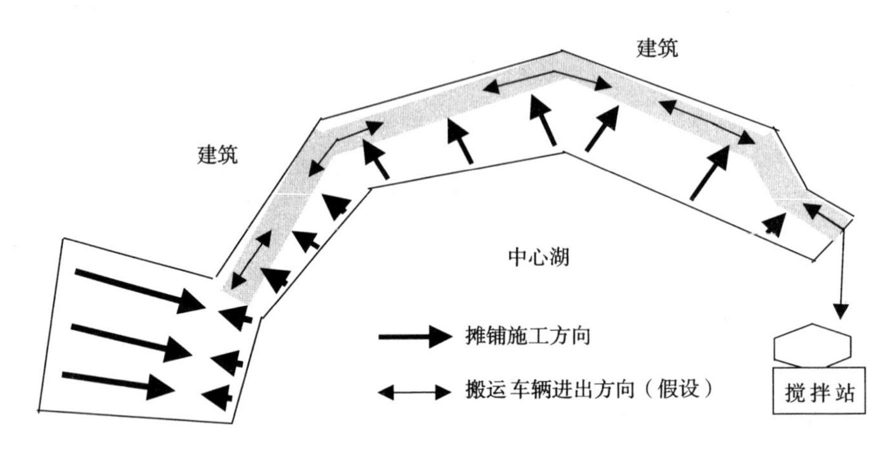

图10 透水性混凝土搬入摊铺平面图

5 施工管理

5.1 人员配备

由于日方技术咨询服务公司提供技术指导，现场配备了混凝土摊铺、压实等工序专门负责人。我们施工项目部按日方要求必须配备一对一管理员，必要的施工配备人员，如图11、表7所示。

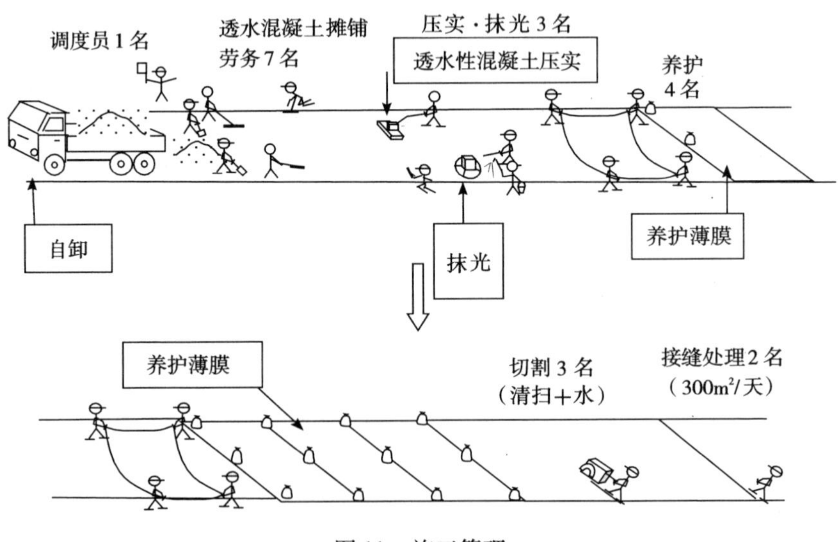

图11 施工管理

必要人员数（拌合为每2台） 表7

施工区分	准备工作模板、构造物保护	拌合（2台）	铺设（每班）				接缝工
		试验员+拌合	调度员	摊铺	压实、抹光完成	养护	切割接缝处理
人力施工	5	1+14	1	7	3	4	5

搅拌机2台所需工作人员14人的配置

搅拌机操作	骨料计量投入	水泥计量投入	水·添加剂计量投入	合计
2	2	4	4	14

5.2 施工机械

施工机械中压实机由日方专门提供，其他由项目部配备，主要机械如表8所示。

主要施工机械 表8

机械名称	型式	生产商	台数	使用目的
透水性混凝土专用压实机	EY-15	新明和	2~3	压实
抹光机	ϕ900	/	2~3	表面抹光
自卸车	三轮自卸	/	6~10	混合物的运输
翻斗运输车辆	200kg左右	/	2~4	模板、水桶、薄膜等的搬运
手推车	/	/	2~4	狭窄处的搬运
高压清洗机+运水车	/	/	2~4	散水、清扫、养护等

5.3 质量控制依据

现场抽查和试验项目如表9所示。

现场抽查和试验项目 表9

现场抽检

工种	项目	测定值	10个测定值的平均值	频度
透水性混凝土	厚度	-1cm以上	-0.35以内	每1000m^2

试验项目

工种	项目	规格值	频度
透水性混凝土	抗折强度	每次（试件3个的平均值）的试验结果在标准强度的85%（$2.5\times0.85=2.125N/mm^2$）以上，同时3次试验结果的平均值在标准强度以上。	1次/天
	现场透水系数	每处的测量结果在0.1cm/s以上	1000m^2/每处

6 结束语

响应国家倡导的建设节能环保型社会的号召，郑州国际会展中心工程在建设室外广场时，注重科学民主决策，大胆引入透水混凝土的设计施工技术，以我国设计施工队伍为主体刻苦攻关，成功建造了面积达 4 万多平方米的透水混凝土广场，这在我国同类技术中属里程碑式的事件。从两年多来的实际使用来看，郑州国际会展中心室外透水混凝土广场无论从使用功能，还是从视觉观感的角度，都完全达到了预期的效果。特别是在雨雪天气时，透水混凝土广场完全避免了积水与潮滑，这一特点是一般常规广场无法具备的。可以预见，透水混凝土以其优越的特性、广泛的适用性将会在我国建筑市场得到越来越广泛的推广使用，具有十分广阔的发展前景。

无动力生物处理污水装置技术应用实例分析

周占秋　王建华　李　敬　周　阳

（河南省第五建筑安装工程有限公司）

摘　要： 随着经济社会的快速发展和民众物质文化水平的不断提高，根治水源污染、提高生活环境质量成为广大民众的迫切愿望。彻底有效的污水处理是改善民众饮水状况的关键一环，我国目前除了建设污水处理厂之外尚无其他有效的处理办法。无动力污水处理装置的研究成功与推广应用开创了我国在生活污水处理方面的一场革命。在本次工程施工中，我们选用了HZ440型奥德曼组合式生物化粪池，奥德曼污水处理系统是引进美国高新技术，属无动力净化环保设备，被环保专家誉为“微型污水处理厂”。

关键词： 组合式　生物法　污水处理装置

1　概述

随着经济社会的快速发展和民众物质文化水平的不断提高，根治水源污染、提高生活环境质量成为广大民众的迫切愿望。据报道，全球因饮用不洁净水导致的疾病就有50多种，平均每天与水污染有关的病人有64万，每天要夺去万人的生命，污染的水严重影响着人类健康、生育能力与后代的发育成长；WHO曾报告“全世界有80%的疾病与水有关，每6个人中就有1个饮用被污染的水”，世界各国对城市污水污染问题都非常重视，国际上的粪便污水处理率都很高，德国达到95%，荷兰达到98%，而我国工业和生活污水只有15%得到处理，值得幸运的是政府正逐步加大污水处理的力度，中央领导人对污水治理有很大的决心和信心，国务院总理温家宝同志指出：“目前城市生活污水已成为我国城市水的主要污染源。城市生活污水处理是当今和今后城市水环境保护工作的重中之重，要把处理生活污水问题摆在城市政府工作的重要位置，认真研究解决。”河南省人民政府2005年也投入巨资专门下文打造深水机井，要彻底改变河南人民目前的饮水状况！除此之外，彻底有效的污水处理也是改善民众饮水状况的关键一环，我国目前除了建污水处理厂之外尚无其他有效的处理办法，无动力污水处理装置的研究成功与推广应用开创了我国在生活污水处理方面的一场革命。

我单位承建的郑州国际会展中心室外展场工程总面积约7万m^2，在会议中心西侧施工了一个HZ440型奥德曼组合式生物化粪池，容量为30m^3，专门处理会议中心会议厅部分的生活污水，该化粪池引用美国高新技术、国家专利奥德曼生活污水处理新技术系统，属无动力净化环保设备，利用粪便生活污水滋养生物菌的再生来回循环对有机物的不断分解，达到一次性投资、长期受益的目的。下面以工程应用为例，阐述一下组合式化粪池的施工技术。

2 可行性分析

（1）该化粪池服务于郑州国际会议中心会议厅，会议中心工程属大型公共建筑，几个会议厅共可容纳2000人，加上其他公共房间，平均日人流量1800人左右，根据化粪池容量计算公式：

$$W = W_1 + W_2 \tag{1}$$

式中 W——化粪池有效容积；

W_1——化粪池内污水部分容积；

W_2——化粪池污泥容积

$$W = W_1 + W_2 = \frac{1}{24} \times 1000 N_Z aqt + 1.2\ (0.00028 N_Z at) \tag{2}$$

其中 N_Z——化粪池设计总人数（人）；

q——每人每日污水定额［L/(人·d)］；

t——污水在化粪池内停留时间，按12h或24h计算；

α——实际使用卫生器具的人数与设计总人数的百分比，按大型公共场所，$\alpha = 10\%$。

经过查询经验数值参考表，有效容积30m³能够满足会议厅部分的需要。

（2）因会议中心周围地下构筑物和各种管线较多，而组装化粪池在施工过程中比较灵活方便，能够绕过其他障碍物。另外，生物化粪池使用过程中清掏周期长，对人流量大的高档公共场所——郑州国际会展中心来说，使用这种化粪池比较适合。

（3）一般化粪池都设透气帽，并且引到环保草坪上，而该生物化粪池池顶为花岗岩石材，位于会议厅次出入口的附近，该生物化粪池可以化解这种矛盾。

3 功能介绍

3.1 基本原理

基本原理为A/O法生物化处理。它由生物化粪池池体、微生物菌群、微生物载体等组成，主要是通过人工强化技术，将微生物菌群一次性投入化粪池内，在池内的生物载体上逐渐形成菌群生物膜，利用生物菌的新陈代谢作用吸附、消化来分解有机物，达到净化水质的目的。该工艺采用多级生化处理工艺组合而成，整个系统埋在地下，污水流进化粪池后不需要任何动力，利用流体推流虹吸技术，自动沿内部分层结构逐次流动，历经调节、沉淀、分离、多级生物处理、氧化、澄清等处理过程。经过处理的污水，水质达到国家二级排放标准（无异味、无异样），同时可设配套回水装置，用于浇花草、冲洗车辆、厕所等，达到回收再利用的效果。

3.2 工艺流程

该化粪池的工艺流程为：厌氧分离池→生物腐化池→酸化池→氧化池→排放，如图1所示。

3.3 优点

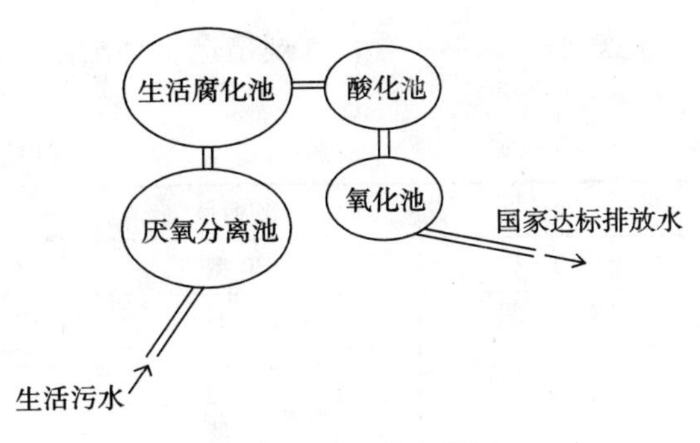

图1 化粪池工艺流程图

（1）从工艺流程上讲：传统化粪池是利用三格式结构使有机物在化粪池里沉淀发酵，易漏出恶臭味、易使管道阻塞，只是对污水存储的过程，隔三个月或半年时间就得清掏一次，给居民生活带来不便，也加大了物业管理费用；无动力生物污水处理装置，对污水中的有机物进行分离、降解、酸化、氧化，它是对污水处理的过程，只需根据使用情况对其中的无机物进行清掏一次（一般为8~10年）。

（2）从结构上讲：传统化粪池池体可用砖砌、混凝土或玻璃钢制作，上面用预制板封顶。它承重能力小、易渗漏，玻璃钢易风化；生物化粪池采用钢筋混凝土预制构件，内置钢筋组装而成，顶板大多采用现浇混凝土结构，封顶严实，有利于生物菌对有机物进行充分分解，其承重力达40t以上。

（3）从布局上讲：传统化粪池占地面积大，布局不灵活；生物化粪池可根据人数和地形实际情况进行任意组合排列，不受地域限制，不受气温气候影响，该装置全部埋于地下，不占地表面积。池顶可作为绿化带、停车场和路面。

（4）从排放上讲：传统化粪池是经过沉淀后排放，易使管网阻塞，水直接排到城市河流，易造成二次污染；生物化粪池是把有机物让微生物消解，变成气体、热量和水排出，处理过的水质符合国家排放标准，同时可重复利用。

（5）从综合效益上讲：传统化粪池一次投资大，运行费用高，需专人管理，清掏时间频繁，异味大；生物化粪池采用“生物化学+物理化学”原理，投入小，功效高，埋在地下靠虹吸自然流动，不需要任何动力，不需要专人看管，清掏周期长，管理费用低。

4 施工工艺质量控制

（1）由于池体为混凝土预制构件，在吊装过程中需专业人员安放，以免预制构件损伤。

（2）预制构件安放后，管件与池体接缝要做防水处理，先将接触处凿毛、用清水冲洗干净，然后用防水砂浆在接缝内外角抹成坡口砂浆带，必要时，接缝外周要用加设膨胀剂的细石混凝土浇注一个5~10cm高的止水台。

（3）在做各个池体连接管时，开凿连接管孔要用专用钻孔机，连接管安装后，同样要做防水处理。

（4）池体预制构件安装符合要求后，池内要清理干净，由专业技术人员将生物载体及生物菌群植入池内。

5 结构、规格选型标准

结构形式为采用预制混凝土构件组装，池顶设检修口、清渣口，可根据现场实况分别采用矩形、圆形装置，其规格选型标准如表 1 所示，不受其他限制。

规格选型标准　　表 1

编号	HZ 型号	容积（m^3）	日处理污水能力（t）
1	130 型	10	20 以下
2	220 型	16	30 以下
3	330 型	22	40 以下
4	440 型	30	50 以下
5	500 型	38	55 以下
6	660 型	42	60 以下
7	800 型	52	80 以下
8	1000 型	62	100 以下
9	特大型	100 以上	

6　结束语

组合式生物化粪池是目前处理生活污水最有效的方式，适用于办公楼、居民区、商业社区、宾馆、酒店、食堂、学校和其他公共地域、人口密集地域的生活污水处理。

在对传统化粪池结构局部修改，植入生物载体和微生物菌群运行后，同样可以达到国家规定的排放标准。

池体组装时，池内严禁有杂物存在，投入运行后，短期内不要清掏；组装单位一般均有售后服务人员，发现杀菌类化学剂进入池内的状况后，及时与他们联系，采取补救措施。

池内淤泥的清掏周期一般为 6 ~ 10 年，可采用泥浆泵抽，槽罐车清运；清掏后，检查口要及时盖好，避免安全隐患。

郑州国际会展中心石材整体研磨

王京江　李金锋
（北京洪涛石材养护有限公司）

摘　要： 文中从石材整体研磨的基本概念、内涵入手，论述了石材整体研磨的一般工艺，进而详细介绍了郑州国际会展中心地面石材整体研磨如何选取设备、材料及针对性的具体工艺细节，最后给出了地面石材研磨前后的效果对比以及整体研磨对于这座宏伟建筑的重要点睛意义。

关键词： 郑州国际会展中心　整体研磨　无缝处理　结晶硬化　平整度　光泽度　清晰度

1　引言

郑州国际会展中心工程地面石材整体铺装前，业主项目部组织各参建单位的有关人员对国内的类似项目进行了大量的考察。在考察中，石材方面普遍存在的剪口、水斑、黄斑、缝隙污染等质量通病引起了他们的关注，他们对此非常重视。回来后即指示有关部门组织有关方面的专家进行研讨，征求意见，商量办法，制定避免石材质量通病的施工方案及控制措施。项目部最后决定为保证石材铺装质量最终达到国内一流水平，必须从石材质量源头抓起，对石材加工、防护、铺装、养护等环节层层把关，并针对会展中心约 20000m^2 公共空间部分的地面石材铺装工艺，在最后环节采用国内最先进且成熟的整体研磨施工技术。

整体研磨技术是一门综合技术，是指利用可移动的桥式研磨机械，配合特定的磨料，在已铺装养护好的各类天然石材、人造石、水磨石、高温通体砖等可磨抛地面进行现场研磨、修补、抛光等程序的施工技术，用于石材地面的整体研磨技术简称石材整体研磨技术。石材整体研磨技术与石材翻新的区别：石材整体研磨是一种新技术、新工艺，石材翻新是一种目的。石材翻新是石材整体研磨技术应用之一，它还可应用于石材大分割尺寸薄板化的施工、仿古石材地面的现场整体施工、毛板铺装现场整体研磨、石材地面特殊效果的现场制作等。反之，石材整体研磨技术也只是实现石材翻新的手段之一，目前也仅限于地面石材。

2　研磨设备与材料

石材整体研磨设备可分为如下几类：

（1）桥式研磨机（如图 1 所示）：20 世纪 90 年代创新研制产品，研磨机的支撑臂长（1～1.2m），处理地面剪口时对地面的平整度控制性好，整机马力大、重量大，施工速度快，工作效率高，使用的各种磨块与工厂流水线所使用优质磨料材质相同，研磨后的光泽度、清晰度高，润度等视觉效果好；

（2）圆盘机（如图 4 所示）：在三合一清洗机的基础上改造而成。重量轻，易于搬运，造价低。因其重量轻、没有支撑臂，不能有效地去除石材地面的剪口，对所施工面的平整度难以控制，以及不方便使用磨块施工，所以只适合小面积、地面平整区域的石材地面翻新施工。

郑州国际会展中心工程石材整体研磨采用了图 1～图 4 的石材整体研磨设备及意大利进口的专用菱钻土、树脂磨块（图 5）。

图 1　桥式研磨机

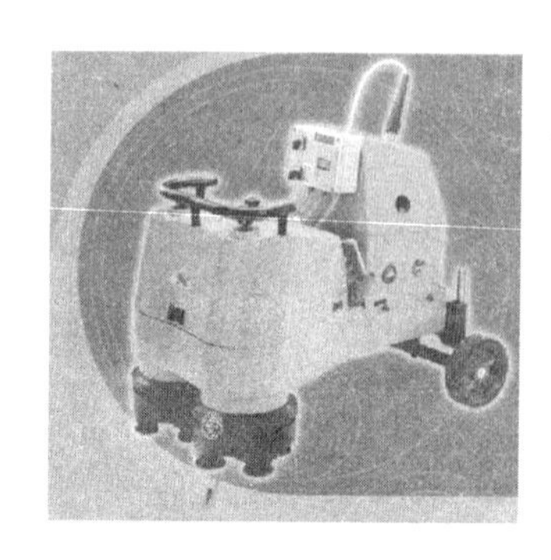

图 2　双头磨机

图 3　台阶机

图 4　圆盘机

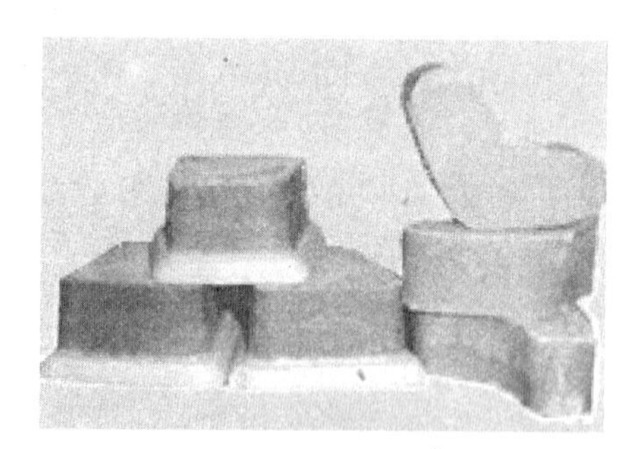

图 5　菱钻土、树脂磨块

图 6　钻石磨片

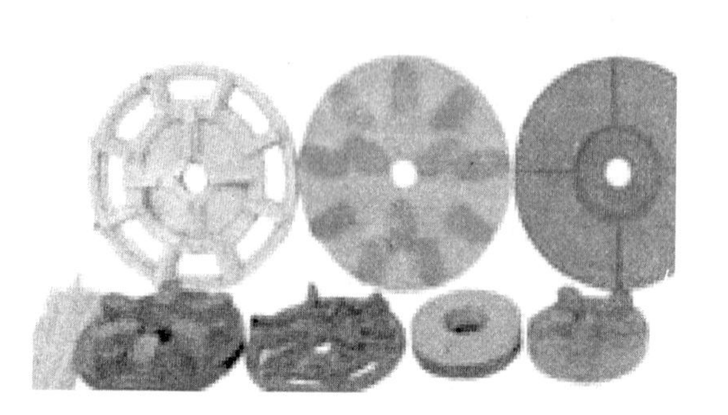

图 7　金刚石磨块

3 石材整体研磨施工工艺流程

为保证施工总体方案的实施效果，也针对郑州国际会展中心展览部分地面石材的实际情况，我们对公司以前的施工工艺流程进行了优化。

石材整体研磨施工工艺是指导施工企业正确制定施工技术方案、施工组织计划、制定验收标准及评比的核心。抛光石材地面整体研磨工艺流程：施工前对已铺装石材地面的检查—成品保护—裁缝处理—防渗、强化处理—修补、嵌缝处理—粗磨部分—细磨部分—抛光部分—再次修补处理—结晶硬化处理—拆除成品保护—清场。

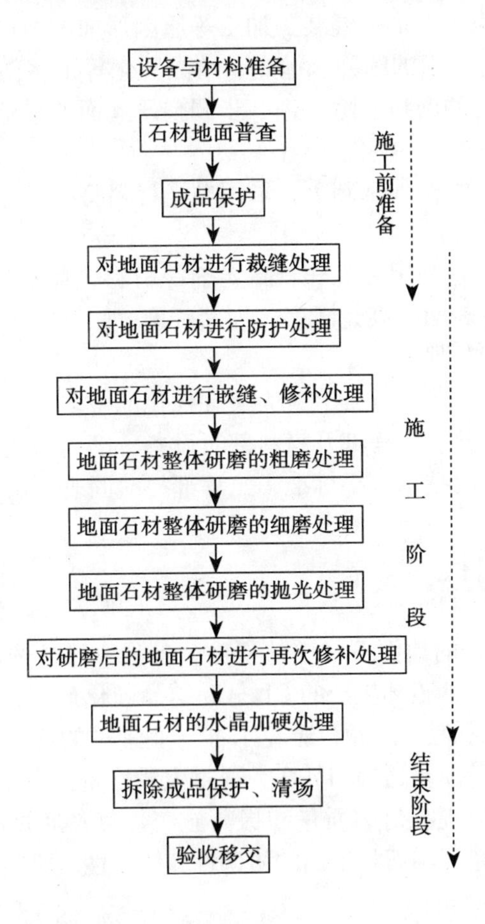

（1）施工前石材地面的检查：对铺装后整体研磨施工前的石材地面的保养期、平整度、空鼓、明裂暗裂、缺边掉角、防护效果等进行检查，是为了避免如下问题发生：1）保养期不够，导致石材空鼓现象的产生；2）平整度差，导致整体石材地面的平整度差；3）空鼓，容易导致石材在研磨时产生破裂现象；4）明裂暗裂，致使石材研磨抛光后裂痕明显无法使用；5）缺边掉角，研磨抛光后虽经修补，质感仍难与大面积石材协调一致，影响整体效果；6）防护效果不佳，石材在研磨中容易产生水斑、氧化等有害现象。

（2）成品保护：为了防止由于施工带来的各种污染，对施工现场内的各种成品造成破坏，或为清场时省时省力所采取的一些有效保护措施。

（3）裁缝处理：是为了解决石材铺装或石材规格尺寸不统一，安装后出现缝隙不均匀的问题，裁缝后保持石材与石材之间的间隙均匀，最后通过整体研磨达到更好的观感效果。

（4）防渗、强化处理：使风化、材质疏松的石材得到加固强化，并使石材具有防水功能，以避免石材在研磨时出现破碎、水斑等现象，同时可增加石材的耐磨度、光泽度。

（5）修补、嵌缝处理：修补石材磕边掉角现象，嵌缝处理是因为石材地面受以前的嵌缝材料所限，粘接强度差（大部分容易脱落）并不具防水防污功能。以防止在研磨时水从石材侧面渗入石材出现水斑、氧化等现象。另外，使石材缝隙处的色泽、质感与地面石材相协调，大大提高石材饰面的整体效果。

（6）粗磨：将石材由于变形、铺装、加工等原因形成的剪口、高低不平和在施工中造成的划痕等打磨平整，为后面的细磨、抛光、结晶硬化等工序创造条件。

（7）细磨：将粗磨时的磨痕去除，进一步调整研磨面的平整度，并为下一步的抛光做准备。

（8）抛光：在粗磨、细磨的基础上，采用抛光材料将石材饰面磨抛到高光效果，并为后面的结晶硬化处理做准备。

（9）结晶硬化处理：是利用有机硅、高光剂等材料，使石材饰面的表层增加胶结料，提高密度、硬度。使石材表面提高光泽度、表面硬度、耐磨度、防滑度及抗污染能力，有利于石材地面的日常使用与保养。

在施工工艺流程进行优化的基础上，为实现优化的工艺流程，也为每项施工工艺能够实现提供物质基础，技术部、工程部及材料部对设备、磨料、嵌缝材料、附属设备、特殊工具等进行了认真研究，由技术部提标准，工程部提时间表，由材料部具体实施。

4　研磨前后效果对比

郑州国际会展中心工程的地面石材整体研磨，首先，通过选用意大利进口桥式研磨设备，意大利进口优质磨料，西班牙生产的 C1、C2 结晶硬化剂等，解决剪口处平整度、研磨光泽度、结晶硬化后的清晰度等问题，避免了本行业常见的剪口处凸凹不平、研磨光泽度低、结晶硬化后清晰度差等质量通病。其次，通过大量配备技术工人、桥式研磨设备，实现石材整体研磨流水作业，以提高研磨质量和提高施工速度；通过嵌缝材料一次性工厂化配色，来保证石材嵌缝材料色泽与石材地面的协调性和统一性。研磨前后有关指标对比见表 1。

研磨前后有关指标对比　　　　**表 1**

有关指标	研磨前	研磨后
剪口平整度	0～3mm	0mm
整体平整度	0～3mm	0～0.5mm
光泽度	70～79 度	88～96 度
缝隙处抗污染能力	易被污染	不易污染
缝隙处光泽度	无	高光
缝隙处与石材颜色协调性	不协调	协调一致

全部使用意大利进口研磨设备及研磨材料，采用9道研磨工艺，保证研磨的平整度、光泽度、清晰度和耐久度，地面石材研磨后的装饰效果明显提高。

5 结语

郑州国际会展中心项目的石材整体研磨施工是非常成功的，其成功体现在如下几个方面：（1）接缝处平整度的误差为零且没有凸状现象，2m检测尺检测90%的检测点小于0.5mm，其余10%检测点都能控制在0.6mm以内，该检测结果远高于国家即将颁布的行业标准；（2）嵌缝方面，利用计算机辅助配色且一次完成配色，使嵌缝材料与石材的色泽相协调，保证嵌缝材料本身颜色一致，这在国内是首创；（3）光泽度方面，整体研磨后测光表检测98%超过78度，最低度数也能达到75度，结晶硬化后测光表检测100%超过88度，此检测结果高于即将颁布的行业标准；（4）清晰度方面，由于革新了研磨工艺增加了研磨道数，并且全部选用意大利进口优质磨料，磨削度好，且磨料目数、道数匹配合理，致使石材表面被研磨得细腻，抛光后的清晰度好，经打点检测100%合格。此外，郑州国际会展中心工程在超大面积地面石材的花形、色差控制得很好；石材防护效果比较理想，没有出现大面积水斑、空鼓、返碱、黄斑等质量通病；这两方面的成果为石材整体研磨技术的实施提供了很好的基础。